仓颉

编程基础及应用

陈波 向涛 何睿 编著

清华大学出版社

北京

内 容 简 介

本书以仓颉编程语言为载体，是一本面向零基础读者的程序设计教材。通过阅读本书，读者可以掌握仓颉的基本语法，了解基础的算法及计算思维，并通过书中大量的实践案例，获得将语法知识及算法理论应用于工程实践的切身体验。本书以"知其然，更知其所以然"为理念，从计算机底层模型出发，由浅入深，逐步构建程序思维，在讲解语法的同时，始终贯穿对程序运行本质的剖析，帮助读者建立扎实的计算机科学基础及程序思维。

本书可作为高等学校公共程序设计课程的教材，也可作为期望使用仓颉开发鸿蒙应用的软件工程师的参考用书。

图书在版编目（CIP）数据

仓颉编程基础及应用 / 陈波，向涛，何睿编著 . -- 北京：清华大学
出版社，2025. 8. -- ISBN 978-7-302-69934-7

Ⅰ . TP312

中国国家版本馆 CIP 数据核字第 2025QS6108 号

责任编辑：黄 芝 李 燕
封面设计：刘 键
版式设计：方加青
责任校对：韩天竹
责任印制：丛怀宇

出版发行：清华大学出版社
　　网　　址：https://www.tup.com.cn，https://www.wqxuetang.com
　　地　　址：北京清华大学学研大厦 A 座　　　　邮　　编：100084
　　社 总 机：010-83470000　　　　　　　　　　邮　　购：010-62786544
　　投稿与读者服务：010-62776969，c-service@tup.tsinghua.edu.cn
　　质 量 反 馈：010-62772015，zhiliang@tup.tsinghua.edu.cn
印 装 者：三河市铭诚印务有限公司
经　　销：全国新华书店
开　　本：185mm×260mm　　　　　印　　张：26　　　字　　数：649 千字
版　　次：2025 年 9 月第 1 版　　　印　　次：2025 年 9 月第 1 次印刷
印　　数：1 ～ 1500
定　　价：99.80 元

产品编号：111262-01

书用文字写就，软件则由程序设计语言编写。用造字的仓颉来命名由华为公司开发的先进编程语言，确实是一个富有文化底蕴和科技内涵的选择。这一命名既是对中华传统文化的致敬，也彰显了华为以创新连接过去与未来、推动数字文明发展的雄心。

随着原生鸿蒙系统的正式发布，在操作系统这一重要的信息化基础领域，自主可控的国产产品替代进程迎来拐点。不难预测，在未来数年中，搭载原生鸿蒙系统的计算机和移动终端的数量将迎来爆发式增长，海量的App将由Android、iOS和Windows迁移至鸿蒙系统。与之相适应，与鸿蒙应用相关的工作岗位将呈现井喷式增长，形成全新的产业链和人才需求体系。作为为鸿蒙量身打造的全场景智能应用编程语言，仓颉将在相关产业链中发挥关键作用。

身居高校的青年学生们学习和使用仓颉，正逢其时。而将仓颉广泛地引入高等学校的教育体系，首先需要解决教材问题。我们合作编写的这本教材，应该是当前少有的由在职高校教师编写，适用于高等学校课堂教学的仓颉语言教材（适用于仓颉LTS 1.0.0及更高版本）。本书编写团队得此机缘，将仓颉这门优秀的语言推介给广大高校学子和教学同行，深感荣幸。

全书共分15章：第1章介绍计算机的基本模型、仓颉语言及编译器的基本概念、仓颉开发环境的搭建过程；第2～8章由浅及深、循序渐进地讲授仓颉基础编程知识，包括基本和复杂的数据类型，顺序、分支以及循环的程序结构，面向过程、面向对象以及函数式程序设计方法；第9章讨论容器；第10章讨论泛型程序设计；第11章讲授异常处理方法；第12章讲授文件及I/O操作；第13章深度讨论程序并发执行的方法和原理；第14章从一个极其简单的示例出发，讲授使用仓颉语言开发鸿蒙应用的原理、过程及方法；第15章则更进一步，带领读者使用仓颉语言搭建一个基于鸿蒙的聊天机器人App，该App通过网络与DeepSeek大语言模型进行交互。

笔者在重庆大学讲授"程序设计基础""算法设计与分析"课程已近20年，在此期间，也一直以C、Python、Java等语言为工具，在医疗电子、工业自动化等领域进行程序设计实践，未曾间断。基于这些自认丰富的程序设计教学和实践经验，编写团队试图在本书中实现下述目标：

- 提供一本初学者可流畅阅读和理解的教科书。编写团队耗费大量精力梳理与教学目标相关的知识体系，试图构造出一条曲折但畅通的学习路径；刻意避开了简单堆砌知识点的做法，而是通过科学的知识架构和学习路径设计，引导初学者在不断的自我肯定中步步为营，勇往直前。

- 内容兼顾HOW & WHY。只有当读者将抽象的语法与CPU、内存层面的具体行为关联起来时，才能真正理解语法本身。编写团队在书中设置了大量"知所以然"环节，以帮助读者建立对程序和计算思维的更深刻理解。

- 程序设计能力训练和软件工程习惯养成并举。编写团队力求在书中提供整齐有序、符合工程实践规范的代码示例，摒弃不规范的"教学代码"风格，在潜移默化中向读者传递"优美、良好的编程风格"的理念。

- 案例设计贴近工程实践且富趣味性。书中的教学案例来自经济学、数学、管理学、医学等众多学科领域。期望通过对本书的学习，读者可以获得切实的通过程序设计解决实际工程问题的体验。

- 将算法之"盐"融入语法之"水"。根据语法学习的需要，本书适当引入了一些算法和数据结构示例，包括但不限于选择排序、折半查找、散列数据结构与递归等。此外，在这些示例的讲授过程中，本书还力图潜移默化地向读者传递程序效率、计算复杂性、松散耦合等设计思想。

实践是检验真理的唯一标准。本书的实践价值尚需全国同行和读者们的实践检验。编写团队虽尽心竭力，但水平有限，书中难免有疏漏之处，敬请读者批评指正。

本书的撰写得到了华为公司仓颉语言生态与产业发展总监王学智先生、华为基础软件人才发展总监王景全先生、华为仓颉编程语言团队技术专家刘俊杰先生的大力支持，其中，刘俊杰先生向笔者提供了本书第15章示例的初始版本，王景全先生提供了国内基础软件产业发展建议，在此表示感谢！

除书中二维码所提供的电子资源外，编者团队将持续丰富本书配套的学习资源（在华为ICT学院及B站提供本书的视频MOOC，在拼题A等平台提供配套的在线评测习题集），欢迎读者朋友们检索使用。

最后，怀着谦恭之心，诚邀全国高校教学同行加入我们的工作，共同把优秀的国产语言和系统推介给青年学子。也期待第二本、第三本乃至无数本仓颉与鸿蒙教材面世，因为唯有百花齐放，方能成就产业的真正繁荣与长足发展。

陈　波

2025年6月于重庆大学虎溪校区

目录
CONTENTS

第1章 学习准备

> 我觉得每个人都应该学习一门编程语言，因为学习编程可以教你如何思考，就像学习法律一样。学习法律并不一定是为了成为律师，而是教你一种思考方式。学习编程也是一样，我把计算机科学看作基础教育，每个人都应该花至少一年的时间学习编程。
>
> ——史蒂夫·乔布斯

思维导图

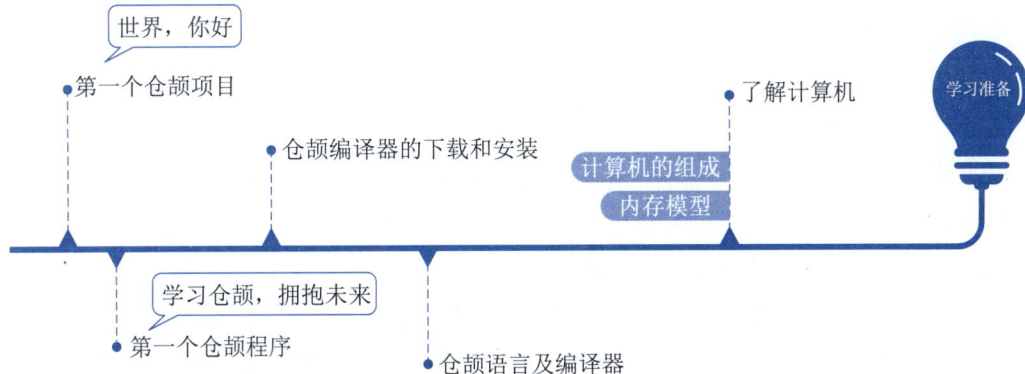

操作指南　随书代码的下载及使用

扫描左侧二维码可以下载本书的随书代码包，其中包含本书的全部源代码及相关数据文件。

1.1　了解计算机

1.1.1　计算机的组成 ▶

美籍匈牙利裔科学家冯·诺依曼（von Neumann）于 1945 年提出了冯·诺依曼体系结构。在该结构中，计算机被认为由运算器、控制器、存储器、输入设备和输出设备共 5 大部件组成，如图 1-1 所示。

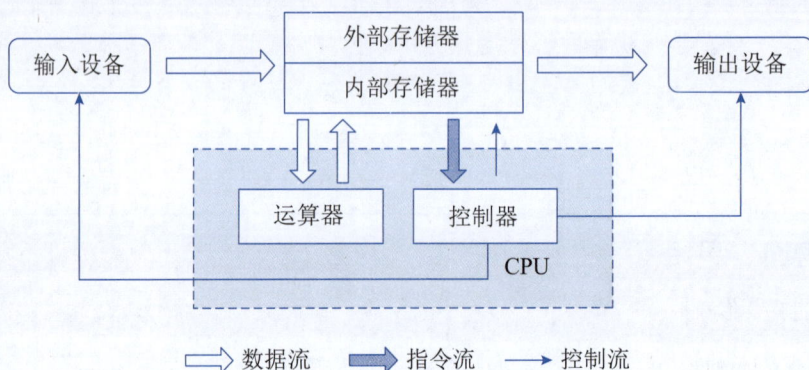

图 1-1　冯·诺依曼体系结构

其中，典型的输入设备包括键盘、鼠标、网络适配器等，它们负责从计算机外部输入数据到计算机；典型的输出设备包括显示器、打印机、网络适配器等，它们负责将计算机内部的数据输出到计算机外部。网络适配器既是输入，也是输出设备。

中央处理单元（central processing unit，CPU）是计算机的核心。它由运算器和控制器组成。其中，运算器负责加、减、乘、除四则运算，与、或、非、异或等逻辑操作，以及移位、比较、传送等操作。控制器则是计算机中指令的解释和执行机构，它控制运算器、存储器、输入输出设备等部件的协调动作。

存储器又分为内部存储器及外部存储器两部分。其中，内部存储器简称内存，通常是易失的，容量相对较小，但存取速度显著快于外部存储器。所谓易失，是指计算机断电后，内存中的数据会自动丢失。外部存储器通常指硬盘、固态硬盘、U 盘等存储设备，相对于内存，其数据可以在断电后永久保存，容量通常也更大，但数据存取速度通常显著慢于内存。如果把计算机看作一个完成计算任务的计算员，则内存可以理解为计算员的草稿纸，它存储计算步骤以及临时的中间结果；而外存，则用于存储计算任务的输入及计算的最终结果。

冯·诺依曼计算机是存储程序计算机，计算机处理的数据和指令（程序）一律用二进制表示，并存储于存储器中。在 CPU 内部控制器的控制下，CPU 从存储器逐条读入并执行程序的指令。每条指令执行一个单一的任务，如将寄存器 R0 与整数 3 相加，并将计算结果存储到指定地址的内存单元中。借助于跳转、逻辑判断等指令，程序员可以将各种简单的计算操作进行组合，从而让计算机完成诸如从大量图片中找出加菲猫等复杂任务。

计算机可以执行的原始指令的集合称为指令集。当代计算机中最主要的指令集分为两类，一类是 Intel 的 x86 指令集，主要用在笔记本电脑及台式计算机上；另一类则是 ARM 的 ARM 指令集，主要使用在手机等移动终端，以及大量的嵌入式低功耗计算机上。上述两类指令集均是商业指令集，任何公司如果期望生产使用上述指令集的计算机，需要获得相应的授权。为了实现更美好的共享的全球化的世界，另一种开源的指令集 RISC-V 于近年来异军突起，得到工业界相当多的关注和支持。

> **⚠ 注意** ◂
>
> 　　本节所描述的计算机结构是一个极简化的版本，真实的情况要复杂得多。广义地说，一台笔记本电脑、一部手机、一台洗衣机、一张IC银行卡上的IC，都属于计算机的范畴，其具体结构的差异非常大。

1.1.2　内存模型 ▷

计算机内存在逻辑上可以粗略地用图 1-2 表示。存储器的最小单位为比特（bit），1 比特可以存储 0 和 1 两种状态，对应一个二进制位。每 8 比特被组织成一个单元，称为 1 字节（byte），其比特位按位权从低到高编号为第 0 位至第 7 位。1 字节的 8 比特可以表示 2^8，即 256 种组合，当视为无符号数时，其储值范围为 0 ~ 255；当视为有符号数时，符号位要占掉 1 位，只余 7 位表示有效值，其储值范围为 −128 ~ +127。如果要表示更大的数，则可以将 2 字节、4 字节或 8 字节联合使用，其可以表达的组合数分别为 2^{16}、2^{32} 及 2^{64}。

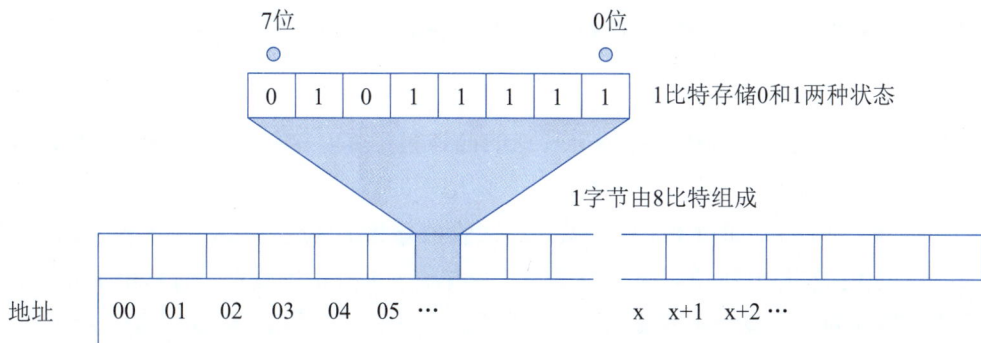

图 1-2　内存模型

表 1-1 总结了常用的存储容量单位及其换算关系。

表 1-1　常用的存储容量单位及其换算关系

符号	名称	换算	符号	名称	换算
bit	比特	最小存储单位	byte	字节	1 byte=8 bit
kB	千字节	1 kB=1024 byte=2^{10} byte	MB	兆字节	1 MB=1024 kB=2^{20} byte
GB	吉字节	1 GB=1024 MB=2^{30} byte	TB	太字节	1 TB=1024 GB=2^{40} byte

　　粗略地，当一台计算机共拥有 N 字节容量的内存时，其每字节存储单元的地址依次为 $0 \sim N-1$。假设计算机安装了一根 4 GB 容量的内存条，则其内存容量为 2^{32} 字节，每字节存储单元的地址依次为 $0 \sim 2^{32}-1$。

1.2　仓颉语言及编译器

　　仓颉（Cangjie）是由华为公司开发的一种高级程序设计语言。通过仓颉语言，人类用接近自然语言和数学语言的形式，向计算机描述需要执行的工作及其步骤。例如，下述仓颉语言代码应用一个循环计算 $1+2+3+\cdots+100$ 的值并将计算结果打印输出在屏幕上。

```
1  //sum100.cj
2  main(){
3      var s = 0
4      for (i in 1..=100){
5          s = s + i
6      }
7      println("sum = ${s}")
8  }
```

　　数字计算机通过蚀刻在半导体硅片上的晶体管工作。这种数字电路中的导线或者门电路的引脚只能表达或者接受两种状态，即电平的高或低。与此对应，计算机的工作基于二进制，即计算机的 CPU 只能识别和接收由 0 和 1 构成的低级机器语言指令。为了在计算机上执行用仓颉语言编写的程序，一种称为编译器的软件工具承担了翻译的工作，负责将仓颉语言指令转换成机器语言指令。

　　如图 1-3 所示，程序员编写完成的仓颉语言程序以文件的形式保存在计算机的文件系统里；仓颉编译器对这些程序文件进行"翻译"，生成包含机器语言指令的目标文件 / 可执行文件；当使用者需要时，在操作系统的协助下，可执行文件被装载至内存，并交给 CPU 去执行。

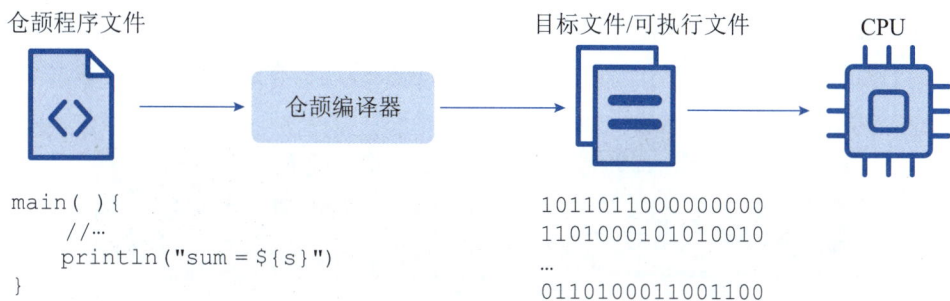

```
仓颉程序文件                    目标文件/可执行文件           CPU

main( ){                      1011011000000000
    //…                       1101000101010010
    println("sum = ${s}")     …
}                             0110100011001100
```

图 1-3 仓颉程序的编译执行过程

1.3 仓颉编译器的下载及安装

要使用仓颉语言进行程序设计，首先需要安装仓颉 SDK（software developing kit，软件开发工具包），编译器是该工具包的核心组成部分。

📋 **操作指南** 仓颉编译器的下载和安装

> 仓颉 SDK（含编译器）可从仓颉编程语言官网下载。在 Windows 操作系统上下载所得为扩展名是 zip 的压缩文件。将该文件解压缩至 C 盘根目录下，然后设置相应的环境变量，即可完成 SDK 的安装。

在仓颉 SDK 安装完成后，可以在 Windows PowerShell 中检验安装是否成功。在键盘上按下 Windows 徽标键（▦），然后输入 PowerShell 进行查询，即可找到 PowerShell 工具，如图 1-4 所示。

图 1-4 查找 PowerShell 工具

选择并运行 PowerShell，然后录入命令 cjc -v 并按 Enter 键，如图 1-5 所示。其中，

cjc 是仓颉编译器的可执行文件名，参数"–v"用于显示编译器的版本（version）。如果读者在自己的计算机上未获得类似结果，说明前述安装过程有误，请重新安装。

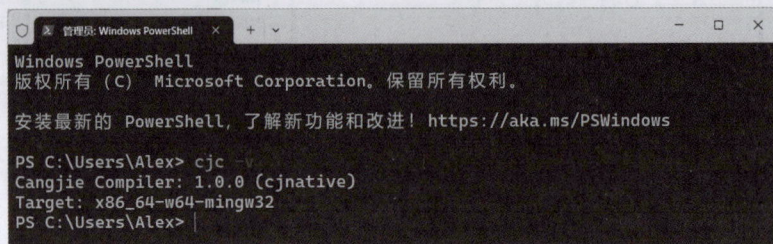

图 1-5　查看仓颉编译器的版本号

1.4　第一个仓颉程序：学习仓颉，拥抱未来

仓颉编译器可以帮助我们将仓颉程序翻译成机器语言指令，却并不能协助我们编写程序。本书选择 CodeArts IDE for Cangjie（以下简称 CodeArts）作为仓颉语言程序的集成开发环境。CodeArts 的下载与安装过程请扫描页侧二维码阅读。

为了存储自己编写的仓颉程序，先在 C 盘创建一个名为 PRACTICE 的文件夹，其路径为 C:\PRACTICE。这个文件夹的名称可以不同，但强烈建议不要在其中包含汉字、空格或任何标点符号。

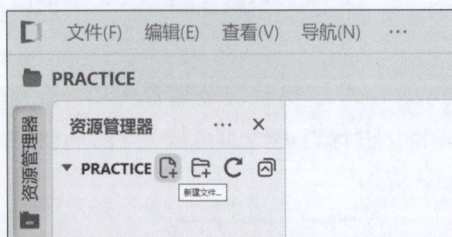

图 1-6　在 CodeArts 中打开 PRACTICE 文件夹

运行 CodeArts，选择菜单项"文件"→"打开项目"，定位并打开 C:\PRACTICE 文件夹。完成上述操作后的界面如图 1-6 所示。单击界面中的 按钮创建一个新文件，取名为 1.cj，然后按 Enter 键。文件名 1.cj 中的"1"为文件的基本名，"cj"则为文件的扩展名，它向操作系统表明了文件的类型，即仓颉语言程序文件。请读者务必注意 1.cj 中的"."只能是英文符号，不可以是中文的句号。

接下来，在 CodeArts 中录入如图 1-7 所示的源代码，然后使用组合键 Ctrl+S（按住 Ctrl 键不放，再按 S 键），或者选择菜单项"文件"→"保存"存储文件。请注意，1.cj 中的全部字符，包括双引号、圆括号等均应为英文符号，不可以是中文符号。此外，图中资源管理器内 PRACTICE 文件夹下的子文件夹".arts"和".cache"是 CodeArts 出于自身运作需要自动创建的，通常可不予理会。

现在，在 C:\PRACTICE 目录下拥有了一个名为 1.cj 的仓颉语言程序文件，可以使用仓颉编译器编译并运行这个文件了。按照 1.3 节所述的方法再次打开 Windows PowerShell，然后依次执行如表 1-2 所示的命令，如图 1-8 所示。

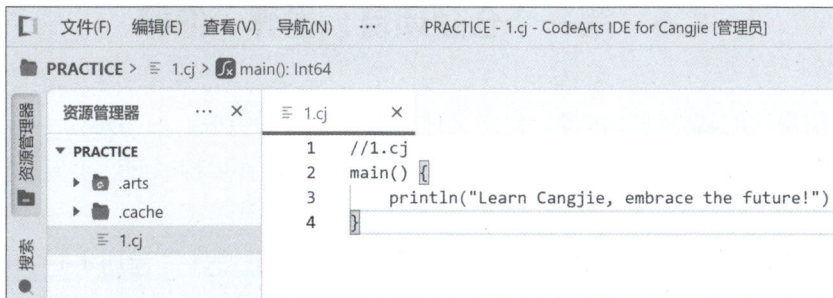

图 1-7　1.cj 的源代码内容

表 1-2　在 PowerShell 中编译并运行 1.cj 的命令序列

序号	命　令	说　明
1	cd \PRACTICE	改变目录（change directory）为\PRACTICE。C:\Users\Alex为PowerShell的当前目录，执行该命令后，当前目录切换为C:\PRACTICE。
2	ls（字母l而非数字1）	显示当前目录，即C:\PRACTICE下的所有内容。执行结果显示，当前目录下只有一个名为1.cj的文件，其长度为71字节。
3	cjc 1.cj -o 1.exe	执行仓颉编译器cjc，对程序文件1.cj进行编译，输出编译结果至名为1.exe的可执行文件。参数"-o"用于指定输出（output）文件名。对于Windows操作系统而言，扩展名exe源自英文executable，表明该文件为包含机器语言指令的可执行文件。
4	ls	再次显示当前目录下的内容。执行结果显示，编译结束后，多出了一个名为1.exe的可执行文件，以及两个因编译过程产生的中间文件。
5	./1.exe	将当前目录下的可执行文件1.exe读入内存，并交给CPU执行。命令中的"."表示当前目录。

如图 1-8 所示，我们编写的第一个仓颉语言程序向屏幕输出了"Learn Cangjie, embrace the future!"的信息。作为新生的，不用背负任何历史包袱的全新语言，仓颉充分吸收了过去数十年来众多编程语言之长，原生智能化、天生全场景、高性能、强安全。作为华为鸿蒙系统的平台语言，仓颉拥有良好的发展潜力和前景，极有可能成为国产第一款产生世界级影响的编程语言。现在学习仓颉，就是在投资未来！

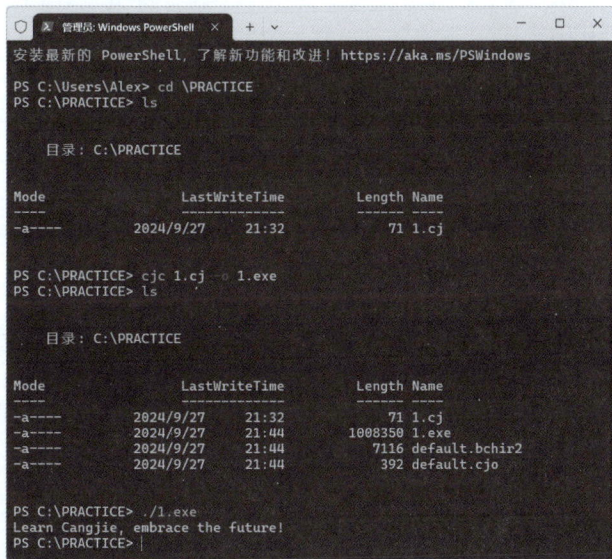

图 1-8　编译并运行 1.cj

1.5　第一个仓颉项目：世界，你好

具备实用性的软件通常由多个程序文件以及数据文件组成，而不是如 1.4 节中示例那样只包含一个程序文件。仓颉以项目（project）形式来管理构成同一个应用程序的多个程序及数据文件。

首先，在 CodeArts 中选择菜单项"文件"→"关闭项目"关闭 1.4 节中打开的 C:\PRACTICE 文件夹。然后就可以看到欢迎页中的"新建工程"选项了，请见图 1-9。

单击欢迎页中的"新建工程"选项，或者选择菜单项"文件"→"新建"→"工程"，

图 1-9　CodeArts 中的欢迎页

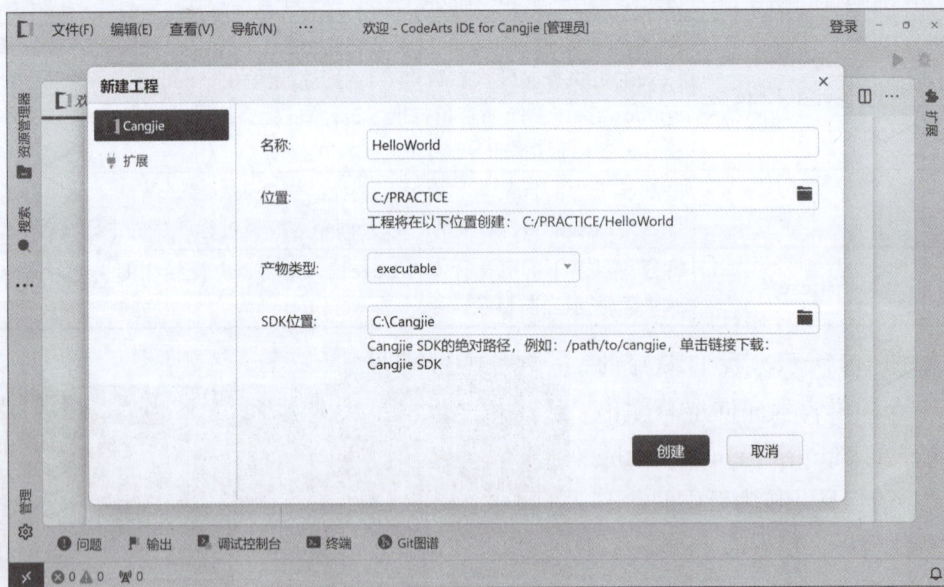

都可以创建仓颉项目。在如图 1-10 所示的窗口中，读者需要自行填写项目名称、选择项目的目标存储位置，并确认仓颉 SDK 位置是否与实际情况一致（回顾 1.3 节中的仓颉编译器安装过程）。

图 1-10　"新建工程"选项

填写好项目信息，单击图 1-10 中的"创建"按钮后，CodeArts 将创建并打开名为 HelloWorld 的项目，如图 1-11 所示。在资源管理器中，可见 HelloWorld 项目由诸多子文件夹及文件构成。将 src 子文件夹展开后，可见本项目的主程序文件 main.cj，单击该文件名即可将其打开。

在图 1-11 中 main.cj 的右侧，读者可以找到一个空心的绿色三角形按钮 ▷（注意不是右上角的实心绿色三角形按钮），单击该按钮可以编译并运行当前的仓颉项目。单击该按钮并稍作等待后，CodeArts 界面下侧出现终端（terminal）页面。在终端里，cjpm

（Cangjie package manager，仓颉包管理器）被执行，参数 run 表示编译并运行项目。终端页面中的 hello world 字样，正好对应程序 main.cj 中第 4 行的执行输出。

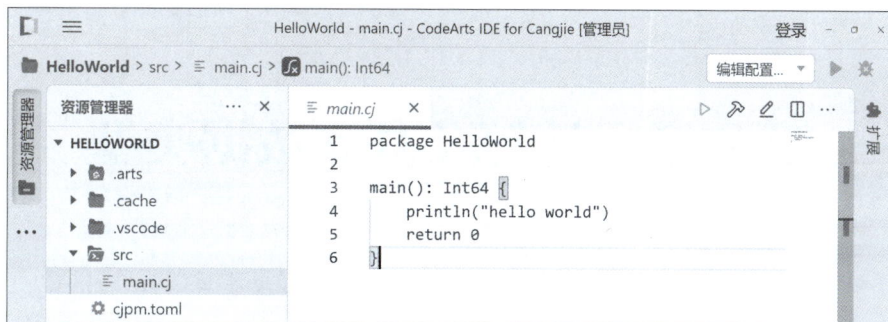

图 1-11　HelloWorld 项目的结构

🎖 操作技巧 ▪

在 CodeArts 中，使用组合键 Ctrl+"+"（按住 Ctrl 键不放，再按+号键）和 Ctrl+"–"可以调整页面中的字体大小。单击图 1-11 中所示的"资源管理器"选项可以显示/隐藏资源管理器。单击图 1-12 中所示的垃圾桶按钮🗑（倒数第 3 个），则可以终止终端。

图 1-12　HelloWorld 项目在终端中运行

为了弄清项目的文件结构，在 Windows 资源管理器中打开了 C:\PRACTICE\HelloWorld 文件夹，如图 1-13 所示。其中，cjpm.toml 为项目管理文件，其内容描述了该项目的内部组成及编译构建参数；src 目录用于存储项目的全部程序文件；target 目录用于存储程序文件的编译结果，包括可执行文件及一些过程文件。

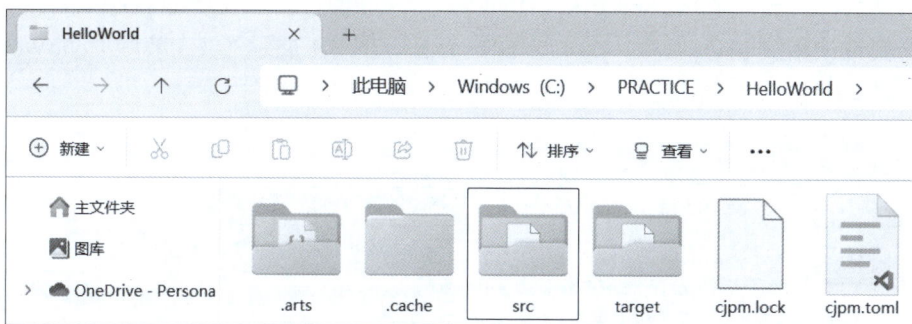

图 1-13　HelloWorld 项目的文件结构

至此，读者已经学会了如何创建并运行一个仓颉项目。以此为基础就可以开启真正的仓颉程序设计之旅了。

第2章 计算及基本数据类型

> 不要轻视简单，简单意味着坚固，整个数学大厦，都是建立在这种简单到不能再简单，但在逻辑上坚如磐石的公理的基础上。
>
> ——刘慈欣《三体》

思维导图

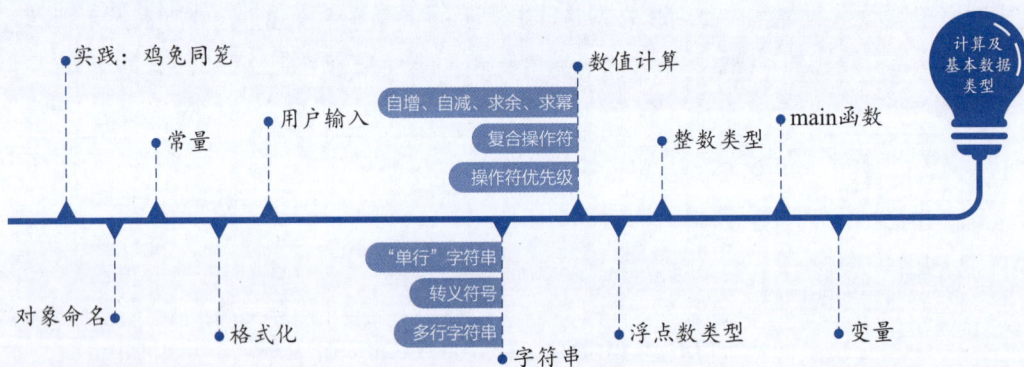

2.1 main 函数

仓颉程序的执行是从 main 函数（function）开始的，它是程序的入口函数。在第 1 章中已经数次用到 main 函数，但尚未做出解释。图 2-1 展示了 1.5 节中 HelloWorld 项目的代码结构。

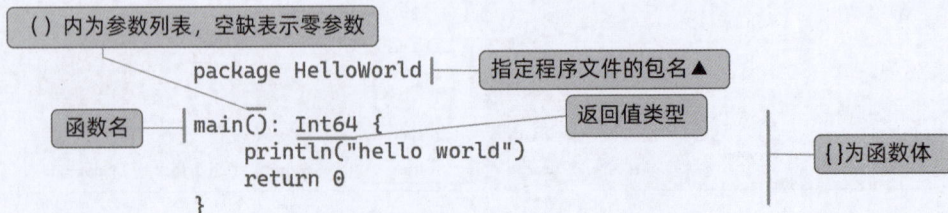

图 2-1　HelloWorld 项目的代码结构

读者或许需要在 CodeArts 中重新打开并回顾 HelloWorld 项目的代码，相关方法请扫描页侧二维码阅读。

对于数学中的三角函数 sin(x)，其接收表示角度的弧度值 x 为输入参数（parameter），经过一系列计算 / 操作后返回角度所对应的正弦值作为输出。

图 2-1 中的 main 也是一个函数，() 中的参数列表空缺表示它不接收任何输入参数，冒号后的 Int64 ▲ 则为函数的返回值类型，它表明函数执行完毕后，预期应返回一个 Int64 类型的整数（integer）作为结果。{} 中的部分则为函数体（function body），它描述了函数的实际计算 / 操作步骤。

> 💬 **说明** ▪
>
> 　　同时兼顾初学者的学习曲线和知识内容的结构是一件不太容易的事，读者在阅读过程中有时会遇到一些我们暂时还无法详细讲述但将在本书后续部分讲述的内容，如这里的 Int64 类型及包（package）名。我们给此类内容加上▲符号，便于读者在恰当时间进行回顾。

粗略地，HelloWorld 项目的运行过程可以概要如下。

▷ **第 1 步：** 操作系统将编译完成后的 HelloWorld 可执行文件读入内存，并将 CPU 执行点跳转到 main.cj 中的 main 函数。

▷ **第 2 步：** main 函数函数体的第 1 行 println("hello world") 被执行。println 是仓颉语言的内置函数，其函数名来自英文 print line，此处它负责将参数 "hello world" 输出至终端屏幕，并补充输出一个换行符▲。这里以两个双引号包裹的 hello world 被称为字符串（string）▲，它是一段平凡的不具备语法意义的文本。

▷ **第 3 步：** return 0 返回整数 0 作为函数的执行结果。return 语句的执行意味着函数运行的终止。由于 main 函数是程序的入口函数，该返回值 0 最终被返给了操作系统，表示程序正确无误地执行完毕。

2.2　变　　量

在计算机进行计算和数据处理的过程中必然会产生大量的计算结果及中间结果。程序通常使用变量（variable）来存储上述计算结果及中间结果。

🔍 **物见其然**

环保志愿者朵朵在阿拉善腾格里沙漠工作了一整天，种下了 8 行 7 列又 2 棵的梭梭树，问这些梭梭树共有多少棵？按照 1.5 节介绍的方法新建一个名为 Trees 的仓颉项目，并将其中的主程序文件 main.cj 修改如下：

```
1 package Trees
```

```
 2
 3  main(): Int64 {
 4      var r:Int32 = 8
 5      var c:Int32 = 7
 6      var n = r*c
 7      n = n + 2
 8      println("朵朵种了${n}棵树.")
 9      return 0
10  }
```

上述代码的执行结果为

```
1  朵朵种了58棵树.
2  [空行]
```

代码中的 r、c、n 都是变量，每个变量可以存储一个特定类型的值。在程序运行过程中，变量的值可以随时修改。本例中的程序是顺序执行的，第 4 行代码最先被执行，然后是第 5 行，直至第 10 行结束。

▷ **第 1 行：** 指定程序文件的包名▲为 Trees。

💬 **说明** ◀

> 示例代码文件中的包名可帮助读者在随书代码中找到该示例的项目文件夹。于本例而言，读者可以在随书代码的**CH2**（第2章）子目录下找到名为**Trees**的项目文件夹，在该文件夹下的**src**子目录内可以找到主程序文件**main.cj**。

▷ **第 4 行：** 定义了一个名称为 r、类型为 Int32 的变量，并通过 "=" 操作符将其赋值（assignment）为 8。该行执行完毕后，变量 r 存储着整数 8。

图 2-2 以主程序文件 main.cj 中的变量 r 为例，描述了仓颉中定义变量的通用语法。关键字（keyword）var 源自英文 variable，表示被定义者为一个变量；接下来是变量名；紧随其后的是冒号及数据类型；最后是赋值操作符 "=" 及初始值。

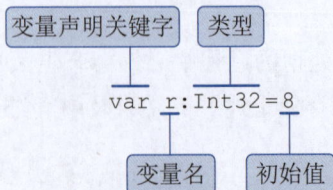

图 2-2　变量 r 的定义

其中，Int32 表示由 32 个二进制比特（bit）▲组成的有符号整数▲，变量 r 的类型被指定为 Int32，意味着其只能存储 Int32 类型的整数值，而不能存储其他值，如小数。

▷ **第 5 行：** 以同样的语法定义变量 c，其值初始化为整数 7。

▷ **第6行:** 定义变量n，并初始化其值为变量r与变量c的乘积。这里的"*"表示乘法操作，由于r和c在先前的代码中分别被"赋值"为8和7，因此在本行代码被执行时，r*c的结果为56，这个结果将通过赋值操作符，也就是等号，传递给变量n保存。请注意，本行代码并未显式指定变量n的类型，编译器将根据r*c的结果类型推断决定n的类型。由于r和c都是Int32类型，因此r*c的结果也是Int32类型，此处编译器推断决定n的类型为Int32。

> **⚠ 注意** ▪━━━━━━━━━━━━━━━━━━━━━━━━━━━━━━━━
>
> 在数学语言中，3a表示3与a的乘积，但在程序里，3*a才表示两者之积。同理，程序中的rc也不代表r与c的积，而是一个名为rc的标识符▲。

▷ **第7行:** 代码的执行分为两步。①计算 n + 2 的和。此时，n 的值为 56，故 n + 2 等于 58；②值 58 通过赋值操作符传递给 n。该步完成后，n 的值由 56 变成了 58。

▷ **第8行:** 使用 println 函数打印输出计算结果。此处使用了字符串插值语法。在向终端屏幕输出内容前，仓颉会将字符串 " 朵朵种了 ${n} 棵树." 中的 ${n} 部分替换成变量 n 的值，从而形成一个不包含插值项的完整字符串，然后再传递给 println 函数。如执行结果第 1 行所示，在最终输出结果中，插值项 ${n} 被替换成了变量 n 的值，即 58。字符串插值项的基本语法格式为 ${ 变量名 }。

请注意，println 函数在输出完字符串内容后，会补充输出一个换行符，从而形成了执行结果的第 2 行，它是一个空行。

▷ **第9行:** main 函数返回整数 0 作为结果。该行代码的执行意味着 main 函数的运行结束，同时也意味着整个程序运行的终结。如 2.1 节所述，这个整数 0 最后被提交给操作系统，表示程序正确无误地运行结束。

2.3　整　数　类　型

计算机里的一切都是基于二进制的，一个整数在计算机里的存储也是二进制的。显然，一个整数类型包含的二进制比特越多，它能表达的整数范围就越大。

如图 2-3 所示，一个 Int8 或者 UInt8 类型的变量 / 对象（object）占据 8 比特，即 1 字节的存储空间。为这 8 比特编上序号，分别为第 0 位至第 7 位，其中第 7 位为最高位。每比特可以存储一个为 0 或 1 的二进制位，故 1 字节共可以表达 2^8，共 256 种不同的状态。

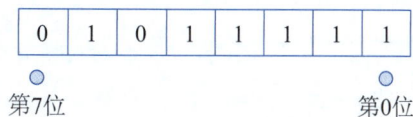

| 0 | 1 | 0 | 1 | 1 | 1 | 1 | 1 |

第7位　　　　　　　　　　第0位

图 2-3　Int8/UInt8 的存储结构

> **⚠ 注意** ▪━━━━━━━━━━━━━━━━━━━━━━━━━━━━━━━━
>
> 计算机里的一切，变量、函数都可以称作对象。

　　为了表示整数的正负，需要使用其中的 1 位作为符号位，剩下的 7 位则用于存储数的绝对值。因此，一个 Int8 类型的整数对象的储值范围为 $-2^7 \sim +2^7-1$，即 $-128 \sim +127$。诸如 Int8 这种可以存储正负数的类型称为有符号（signed）类型。

　　与 Int8 不同，UInt8 将全部 8 比特用于存储数的绝对值，因此它只能存储非负整数，其储值范围为 $0 \sim 2^8-1$，即 $0 \sim 255$。诸如 UInt8 这种只能存储非负数的类型称为无符号（unsigned）类型。

　　将多字节组合在一起，可以增大整数的储值范围。Int16/UInt16 占据 2 字节，共 16 比特的存储空间，Int32/UInt32 则占据 4 字节，共 32 比特的存储空间，Int64/UInt64 占据的存储空间则为 8 字节，共 64 比特。

　　下面以 Int32/UInt32 为例展示这些多字节整数的存储结构，如图 2-4 所示。Int32/UInt32 包含由相邻的 4 字节组成的 32 比特，位权从低到高为第 0 位至第 31 位。由于有符号的 Int32 需要使用 1 位表示正负，其储值范围为 $-2^{31} \sim +2^{31}-1$；无符号的 UInt32 将全部 32 位用于存储数的绝对值，其储值范围为 $0 \sim 2^{32}-1$。

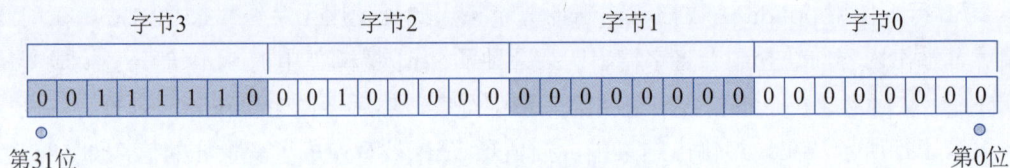

图 2-4　Int32/UInt32 的存储结构

◎ 见微知著 ▪━━━━━━━━━━━━━━━━━━━━━━━━━━━━━━

　　在Intel x86、龙芯LoongArch以及ARM计算机上，低位字节位于低地址，高位字节位于高地址。这种字节序称为小端（little endian）序▲。对照图2-4，存储第0~7位的低位字节的地址如果是X，则存储第8~15位、第16~23位、第24~31位的高位字节依次位于地址X+1、X+2和X+3，如图2-5所示。

　　也有一些比较陈旧的计算机依从大端（big endian）序▲，高位字节在低地址，如图2-6所示。

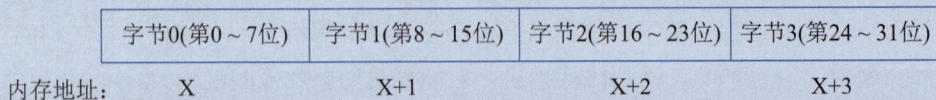

字节0(第0~7位)	字节1(第8~15位)	字节2(第16~23位)	字节3(第24~31位)

内存地址：　　　　X　　　　　　　X+1　　　　　　　X+2　　　　　　　X+3

图 2-5　小端序（高位字节在高地址）

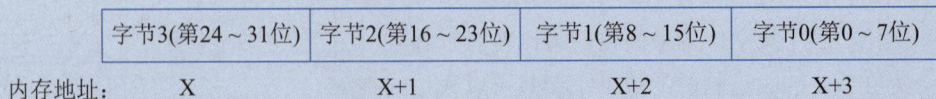

字节3(第24~31位)	字节2(第16~23位)	字节1(第8~15位)	字节0(第0~7位)

内存地址：　　　　X　　　　　　　X+1　　　　　　　X+2　　　　　　　X+3

图 2-6　大端序（高位字节在低地址）

表 2-1 列出了仓颉中主要的整数类型。

表 2-1 仓颉的主要整数类型

数 据 类 型	含 义	储 值 范 围
Int8	1字节8位有符号整数	$-2^7 \sim +2^7-1$
UInt8	1字节8位无符号整数	$0 \sim +2^8-1$
Int16	2字节16位有符号整数	$-2^{15} \sim +2^{15}-1$
UInt16	2字节16位无符号整数	$0 \sim 2^{16}-1$
Int32	4字节32位有符号整数	$-2^{31} \sim +2^{31}-1$
UInt32	4字节32位无符号整数	$0 \sim +2^{32}-1$
Int64	8字节64位有符号整数	$-2^{63} \sim +2^{63}-1$
UInt64	8字节64位无符号整数	$0 \sim +2^{64}-1$

下述程序演示了在不同的整数类型对象之间进行加、减、乘、除运算的方法。

```
1  package Integers1
2
3  /* 程序说明:
4  Int8是由8个二进制比特组成的有符号整数类型。
5  UInt16则是由16个二进制比特组成的无符号整数类型。
6  */
7  main(): Int64 {
8      var a:Int8 = -7
9      var b:UInt16 = 10
10     var c:Int32 = Int32(a) + Int32(b)      //运算操作数必须具备相同的类型
11     println("${a} + ${b} = ${c}")
12     var d:Int32 = c * 20
13     println("${c} * 20 = ${d}")
14     var e = (d-1) / 5                       //整数除以整数的结果仍为整数
15     print("${d-1} / 5 = ${e}")
16     return 0
17 }
```

上述程序的执行结果为

```
1  -7 + 10 = 3
2  3 * 20 = 60
3  59 / 5 = 11
```

在程序第 10 行、第 14 行 // 之后的部分为单行注释。而程序第 3 ~ 6 行中以 "/*" 开头,以 "*/" 结尾的内容为多行注释。注释是程序员写给自己或同行看的,编译器在编译程序时会自动忽略注释。

▷ **第8行:** 定义 Int8 类型的整数变量 a。Int8 为 8 比特有符号类型,可以存储负整数。

▷ **第9行:** 定义 UInt16 类型的整数变量 b。UInt16 为 16 比特无符号类型,只能存储非负整数。

▷ **第 10 行：** 定义 Int32 类型的整数变量 c，并将其赋值为 a+b 的和。由于仓颉中不同数据类型对象之间不可以直接进行算术运算和赋值，故本行使用 Int32(a) 和 Int32(b) 将变量 a、b 转换为 Int32 类型。

将一个变量转换为指定类型的语法形式为目标类型名 (变量名)。

> 🎯 **要点** ▪
>
> Int32(a)并不会改变a的类型，而只是产生一个值等于a、类型为Int32的临时副本。

▷ **第 11 行：** 使用字符串插值输出 a+b 的结果。参见执行结果的第 1 行。

▷ **第 12 行：** 定义 Int32 类型的整数变量 d，并将其赋值为 c 与 20 的积。此处，c 是 Int32 类型，字面量（literal）20 也可视为 Int32 类型，两者的乘积自然也是 Int32 类型，故本行无须进行类型转换。

所谓字面量，是指程序中显式给出的值，如本行中的整数 20。

▷ **第 13 行：** 打印输出 c*20 的结果，参见执行结果的第 2 行。

▷ **第 14 行：** 定义新变量 e，并将其赋值为 (d-1) 除以 5 的商。此处的 "/" 为除法运算符，在仓颉中，m/n 表示 m 除以 n 的商。本行代码的执行过程可以分解为如下几步：①仓颉里的计算表达式也遵循 "先乘除后加减，有括号的优先计算" 的规则，因此 d-1 首先被计算，由于 d 是 Int32 类型，故 d-1 的差也为 Int32 类型；② Int32 类型的 d-1 之差再除以 5，商仍为 Int32 类型；③商被赋值给变量 e。

第 14 行代码未显式指定变量 e 的类型，其类型由编译器根据等号右边的表达式结果类型推断而得，故仍为 Int32。

> ◎ **见微知著** ▪
>
> d等于60，d-1等于59。数学上，59除以5的结果为实数11.8。但在仓颉里，整数除以整数的结果仍为整数，商中的小数部分会被舍弃掉。从执行结果的第3行可见，由于 d是Int32类型，故(d-1)/5即59/5的实际结果为整数11，商的类型仍为Int32。

▷ **第 15 行：** 使用 print 函数而不是 println 函数打印 (d-1)/5 的计算结果。同 println 函数不同，print 函数在输出完内容后不会补充输出换行符。上述程序的输出在第 3 行末尾结束，未产生 "第 4 行的空行"。

请读者留意插值项 ${d-1}，与其他字符串插值项不同，该插值项花括号内不是一个平凡的变量名，而是一个包含减法操作符的表达式。在字符串插值过程中，d 和 1 之差被计算出来，并用于替换字符串中的插值项。

⚠ **知所以然**

将超出对象储值范围的值存入对象，如将 987 赋值给 Int8 类型的整数变量，将产生错误结果。这种情况被称为溢出（overflow）或者超范围（out of range）。

仓颉编译器会在编译时（compile time）尽可能地识别溢出错误。图2-7中代码的第4行被编译器识别为错误，因为987超出了Int8类型变量a的储值范围。请注意图中987下方的波浪线。

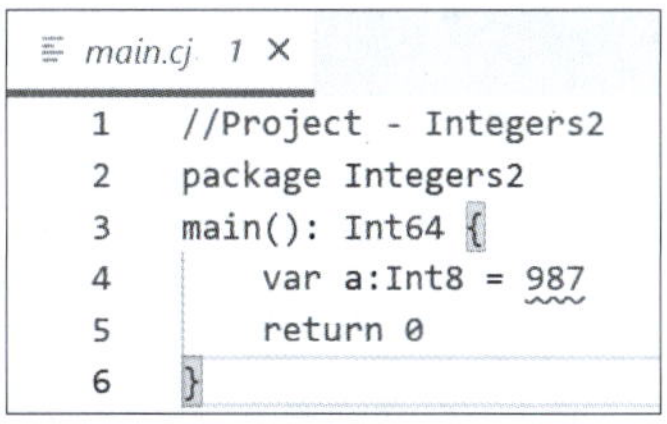

```
≡ main.cj  1 ×
1    //Project - Integers2
2    package Integers2
3    main(): Int64 {
4        var a:Int8 = 987
5        return 0
6    }
```

图2-7　编译时溢出错误

> ⚠ **注意** ▪
>
> 仓颉编译器在编译时的努力并不能排除所有的溢出错误，因为变量的实际取值很可能发生在运行时（run time）。假设有一个程序负责从天文望远镜的照片中识别并统计恒星的数量并存储至一个Int32类型的变量中，在编译时刻，恒星的数量并不确定。等到了程序运行时，如果统计的恒星数量超过了Int32类型的上限（$+2^{31}-1$），就会发生溢出，程序最终将报告一个错误的统计结果。
>
> 选择合适的变量类型，既尽量避免存储器的使用浪费，又确保程序在运行时不会发生溢出，是程序员的职责。

为了照顾人类的习惯，前述程序中的数值字面量都是十进制的。事实上，仓颉还允许以二进制、八进制、十六进制形式书写字面量，见下述程序。

```
1  package IntLiterals
2
3  main(): Int64 {
4      var a:UInt8  = 0b00011111 //二进制字面量
5      var b:UInt16 = 0o37        //八进制字面量
6      let c:UInt32 = 0x1F        //十六进制字面量
7      //c = c + 1       (不可变变量不可以修改)
8      print("a = ${a}, b = ${b},  c = ${c}")
9      return 0
10 }
```

上述程序的执行结果为

```
1  a = 31, b = 31,  c = 31
```

▷ **第4行：** 二进制字面量以0b（数字0，字母b）或者0B开头，字母b源自英文单词binary。本行中的字面量0b00011111如果换算成十进制，其值为31。

▷ **第5行：** 八进制字面量以0o（数字0，字母o）或者0O开头，字母o源自英文单词octal。本行中的字面量0o37换算成十进制，其值亦为31。

▷ **第6行：** 十六进制字面量以0x（数字0，字母x）或者0X开头，字母x源自英文单词hexadecimal中的x。对于本行内字面量0x1F，1在"十"位，位值为1，位权为16；

F在"个"位，位值为15，位权为1。将各位位值乘以位权并求和，可知0x1F也等于十进制的31。

▷ **第7行：** 与前述变量a、b不同，第6行的对象c通过let关键字定义，它是一个不可变变量（immutable variable）。在首次初始化赋值之后，不可变变量不可以修改。因此，本行代码是非法的，只能注释起来。图2-8以不可变变量c为例说明了定义并初始化一个不可变变量的通用语法。与不可变变量相对应，称使用var关键字定义的变量为可变变量（mutable variable）。不可变变量和可变变量统称为变量（variable）。

```
let c:UInt32 = 0x1F
```

声明不可变变量的关键字　类型

变量名　初始值

图 2-8　不可变变量 c 的定义

> 💬 **说明** ▪
>
> 　　学习过其他编程语言的读者可能更习惯称c为常量，而非不可变变量。在仓颉中，常量另有他义，详见2.9节。

▷ **第8行：** 使用字符串插值输出变量a、b及不可变变量c的值。从执行结果可见，虽然程序以不同的进制提供了各对象的初始值，但它们事实上都等于十进制的31。

> ◎ **见微知著** ▪
>
> 　　计算机里的一切都是以二进制为基础的。上述程序中的二进制、八进制、十六进制表达都可以理解成计算机给"愚蠢"人类提供的接口。上述字面量0b00011111、0o37、0x1F在计算机内都会转换成二进制形式进行存储和计算，只是在输出执行结果给人类阅读前，再转换成人类熟悉的十进制形式（程序第8行）。

⚠ **知所以然**

　　$2^4=16$，这意味着十六进制的每1位可对应4个二进制位，详情见表2-2。电气、通信、自动化工程师可以非常方便地通过"口算"在二进制和十六进制之间进行转换。对于人类工程师而言，0x3F17相较于0b0011 1111 0001 0111，更容易理解、记忆和书写。

表 2-2　二进制、十六进制对照表

数　　值	十六进制	二 进 制	数　　值	十六进制	二 进 制	数　　值	十六进制	二 进 制
0	0	0000	2	2	0010	4	4	0100
1	1	0001	3	3	0011	5	5	0101

数　　值	十六进制	二 进 制	数　　值	十六进制	二 进 制	数　　值	十六进制	二 进 制
6	6	0110	10	A	1010	14	E	1110
7	7	0111	11	B	1011	15	F	1111
8	8	1000	12	C	1100			
9	9	1001	13	D	1101			

同样地，$2^3=8$，八进制的每 1 位可对应 3 个二进制位。

2.4　浮点数类型

在计算问题中，除了整数变量，必然还有小数变量。为了探讨整数及小数变量的应用，考虑一个稍稍复杂一点的计算问题：买 3 个苹果，每个 3.6 元，付给老板 20 元，应该找回多少钱？新建一个名为 Apples 的仓颉项目，并按照图 2-9 修改主程序文件 main.cj。

```
1  D:\CJLearn\CH2\Apples>cjpm run
2  error: invalid binary operator '*' on type 'Int32' and 'Float32'
3  [错误: Int32和Float32之间非法的二元操作符*]
4   ==> D:\CJLearn\CH2\Apples\src\main.cj:6:28: [错误文件的路径:行: 列]
5  6 |     var amount:Float32 = n * price        [行 | 内容]
6    |                              ^            [^标示错误的具体位置]
7
8  error: cannot convert an integer literal to type 'Float32'
9  [错误:不能把一个整数字面量转换为Float32类型]
10  ==> D:\CJLearn\CH2\Apples\src\main.cj:7:25: [错误文件的路径:行: 列]
11 7 |     var money:Float32 = 20            [行 | 内容]
12   |                         ^            [^标示错误的具体位置]
13 2 errors generated, 2 errors printed.
```

编译运行上述程序，编译器报告了下述错误（有删节，[ ] 内的注解为作者所加）：

此外，图 2-9 中第 6 行和第 7 行代码被标记了波浪线，以表明代码的错误位置。为便于讨论，下面一边解释程序一边修正错误。

▷ **第 4 行：** 定义类型为 Int32 的整数变量 n，并赋初值 3，表示苹果的个数。

▷ **第 5 行：** 定义类型为 Float32 的浮点数变量 price，并赋初值 3.6，表示苹果的单价。浮点数即俗称的小数，Float32 是由 32 个二进制比特位组成的浮点数类型▲。注意，对于第 5 行的赋值操作符而言，等号右边的 3.6 是浮点数，左边的变量 price 也是浮点数，两者类型一致。

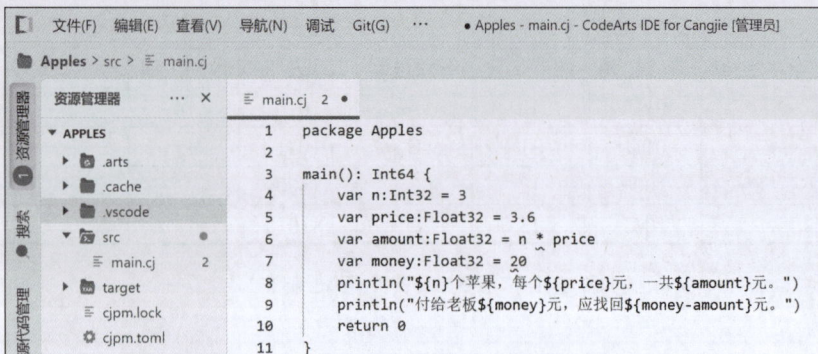

图 2-9　Apples 项目的主程序文件（含编译错误的版本）

▷ **第6行：** 定义类型为 Float32 的浮点数变量 amount，并赋初值为 n 与 price 的乘积，表示金额。这行代码有错，编译器报告的错误是 Int32 和 Float32 之间的 * 操作符非法（见错误信息第 2 行）。对于初学者而言，这个错误信息令人费解。编译器毕竟只是运行在冰冷机器上的软件，做不到像人类那样循循善诱。这个错误的实质是 n 是 Int32 类型的整数，price 是 Float32 类型的浮点数（小数），仓颉不允许直接将两者相乘。

需要先将 Int32 类型的整数 n 转换成 Float32 类型的浮点数，然后再与 price 相乘。修改后的第 6 行代码如下：

```
6    var amount:Float32 = Float32(n) * price
```

其中的 Float32(n) 并不是将变量 n 的类型由 Int32 转换成 Float32，它仅仅是产生一个值尽可能与 n 相近的类型为 Float32 的临时副本以供计算之用。根据定义，变量 n 的类型永远是 Int32。

▷ **第7行：** 定义类型为 Float32 的浮点数变量 money，并赋值为 20，表示付给老板的钱数。这行代码有错，编译器报告的错误是不能把一个整数字面量（literal）▲转换成 Float32 类型（见错误信息第 8 行）。字面量即程序中显式给出的值。本行中等号右边的 20 即为一个整数类型的字面量，它与等号左边变量 money 的类型不一致，从而导致错误。

将整数字面量 20 修改为浮点数字面量 20.0 可以修正该错误。虽然 20 与 20.0 在数学上等值，但从程序角度而言，两者的类型不同，前者是整数，后者是浮点数。

```
7    var money:Float32 = 20.0
```

▷ **第8、9行：** 使用 println 函数打印输出计算结果。请读者留意第 9 行的插值项 ${money-amount}，在字符串插值过程中，money 和 amount 之差被计算出来，并用于替换字符串中的插值项。

Apples 项目经修改后的正确程序如下：

```
1  package Apples
2
```

```
 3 main(): Int64 {
 4     var n:Int32 = 3
 5     var price:Float32 = 3.6
 6     var amount:Float32 = Float32(n) * price
 7     var money:Float32 = 20.0
 8     println("${n}个苹果，每个${price}元，共${amount}元。")
 9     println("付给老板${money}元，应找回${money-amount}元。")
10     return 0
11 }
```

上述程序的执行结果为

```
1 3个苹果，每个3.600000元，共10.799999元。
2 付给老板20.000000元，应找回9.200001元。
3 [空行]
```

理论上 3 乘以 3.6 的结果应为 10.8 元，但执行结果却显示为 10.799999 元。这说明浮点数在计算机里的存储和计算是有轻微误差的。相关原因稍后再讨论。

代码第 8 行打印输出了执行结果的第 1 行，并补充输出了一个换行符，使得输出焦点来到执行结果的第 2 行。然后代码第 9 行打印输出了执行结果的第 2 行，也补充输出了一个换行符，从而形成了执行结果第 3 行的空行。

⚠ 知所以然

仓颉使用浮点数类型来存储非整的小数。三个原生的浮点数类型 Float16、Float32、Float64 依次使用 16、32、64 比特的存储空间来存储浮点数。显然，浮点数对象占据的空间越大，其能容纳的浮点数的范围就越大，精度也越高。

在下述示例中分别使用 Float16、Float32 和 Float64 三种类型的变量存储了同一个浮点小数 1400.1。其中，浮点数字面量 1.4001e3 使用了科学记数法，其值为 1.4001×10^3，亦为 1400.1。

```
1 package FloatLiterals
2
3 main(): Int64 {
4     var a:Float16 = 1400.1
5     var b:Float32 = 1400.1
6     var c:Float64 = 1.4001e3     //1.4001E3等同
7     print("a = ${a}, b = ${b}, c = ${c}")
8     return 0
9 }
```

上述程序的执行结果为

```
1 a = 1400.000000, b = 1400.099976, c = 1400.100000
```

　　从执行结果看，浮点数 1400.1 存储到 Float16 类型的变量 a 里面，变成了 1400.0，误差高达 0.1。Float32 类型的变量 b 的储值误差相对较小，Float64 类型的变量 c 基本没有误差。Float32 可以满足大多数工程和日常计算的精度要求。如果对计算精度和储值范围要求较高，可以选用 Float64。由于储值精度很差，Float16 仅在存储空间十分局促的场景下使用。

　　一个 Float32 类型的浮点数对象由连续 4 字节，共 32 比特构成，从低到高依次为第 0 位至第 31 位。如图 2-10 所示，按照 IEEE 754 标准，一个 Float32 类型的浮点数对象的 32 比特被分成了符号位（第 31 位，表示正负）、指数 E（第 23～30 位）和有效数字 M（第 0～22 位）三部分。

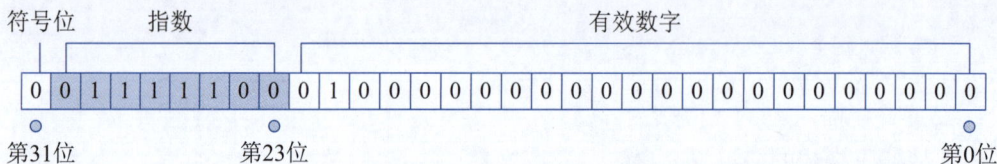

图 2-10　32 位浮点数存储结构

　　Float32 使用以 2 为底的科学记数法来表达一个浮点小数，其数学表达形式为 $\pm M \times 2^E$。当十进制小数 1400.1 以 Float32 类型存储时，会被转换成以 2 为底的科学记数表达形式并存放在有限的 32 比特空间内，误差在所难免。

2.5　数值计算

2.5.1　自增、自减、求余、求幂 ▶

　　除了已经讨论过的加、减、乘、除四则运算，仓颉还支持自增、自减、求余和求幂操作。详见下述示例：

```
 1  package Computation
 2
 3  main(): Int64 {
 4      var i:Int32 = 100;   var j:Int32 = 100        //注意分号的使用
 5      i++;     j--              //i自增1，j自减1
 6      println("i = ${i}, j = ${j}")
 7
 8      let r = j % 10         //求j除以10的余数
 9      println("${j} % 10 = ${r}")
10
11      let x:Float64 = 2.0
12      let z = x ** 0.5       //求x的0.5次方幂
13      println("x ** 0.5 = ${z}")
```

```
14    return 0
15 }
```

上述程序的执行结果为：

```
1 i = 101, j = 99
2 99 % 10 = 9
3 x ** 0.5 = 1.414214
```

▷ **第 4 行：** 定义两个 Int32 类型的整数对象 i 和 j，均初始化为 100。借助于分号，可以在同一行代码中书写多条仓颉语句。本行代码事实上等价于：

```
var i:Int32 = 100
var j:Int32 = 100
```

为节省篇幅，本书的后续部分常常借助分号在一行中书写多条语句。但在实践中，为了保持代码格式的整洁易读，不建议这么做。

▷ **第 5 行：** i++ 表示将 i 自增 1，等价于 i = i + 1，该行代码执行后，i 的值增加了 1。j-- 表示将 j 自减 1，等价于 j = j - 1，该行代码执行后，j 的值减少了 1。执行结果的第 1 行证实了上述结论。类似地，i++ 和 j-- 是两条各自独立的仓颉语句，通过使用分号，两条语句被写在了同一行。

▷ **第 8 行：** j % 10 用于求 j 除以 10 的余数，由执行结果的第 2 行可见，99 除以 10 的余数为 9。本行中求余结果被赋值给了不可变变量 r。如前所述，可变变量定义以 var 关键字开头，不可变变量定义则以 let 关键字开头。本行未指定不可变变量 r 的数据类型，仓颉编译器通过"推断"来确定其类型。由于 j 是 Int32，字面量 10 也可被视为 Int32，r 的类型自然与 j % 10 的结果类型等同，即 Int32。浮点数类型不支持自增、自减及求余操作符。

▷ **第 11 行：** 定义 Float64 类型的不可变变量 x 并初始化为 2.0。

▷ **第 12 行：** x**y 用于计算 x 的 y 次方[①]。此处的 x**0.5 用于计算 x 的 0.5 次方，事实上相当于对 x 开平方。

▷ **第 13 行：** 输出求幂结果。由执行结果第 3 行可见，$\sqrt{2}$=1.414214。

2.5.2 复合操作符 ▷

a = a + b 可以被简写为 a += b。这里的操作符"+="代表了两个操作，首先将 a 和 b 相加，再将和赋值给 a，故称其为复合操作符。类似地，a -= b 等价于 a = a - b；a *= b 等价于 a = a * b；a /= b 等价于 a = a / b；a %= b 则等价于 a = a % b；a **= b 则等价于 a = a ** b。

---

① 根据仓颉语言白皮书，x**y中的x只能是Int64或者Float64类型。

```
1  package Compound
2
3  main(): Int64 {
4      var f:Float32 = 13.14
5      f *= 2.0; f += 1.0; f /= 2.0; f -= 0.5
6      println("f = ${f}")
7
8      var i:Int64 = 1520
9      i %= 1000
10     print("i = ${i}")
11     return 0
12 }
```

上述程序的执行结果为：

```
1  f = 13.140000
2  i = 520
```

▷ **第 5 行：** f *= 2.0 等价于 f = f * 2.0，该语句执行后 f 的值为 26.28；f += 1.0 执行后 f 变为 27.28；f /= 2.0 执行后 f 变为 13.64；f -= 0.5 执行后 f 变为 13.14。请注意 f *= 2.0 不可以写成 f *= 2，因为仓颉只允许相同类型的数值对象之间的运算，Float32 类型的 f 与整数类型的 2 不可以直接相乘。

▷ **第 9 行：** i %= 1000 等价于 i = i % 1000，如执行结果的第 2 行所示，结果为 520。

2.5.3　操作符优先级

当同一个计算表达式中包含多个运算符时，仓颉按照先乘除、后加减，加括号的优先算的规则来确定计算顺序。见下述示例。

```
1  package Priority
2
3  main(): Int64 {
4      let a = 3 + 2 * 6 / 3           //先乘，后除，最后加
5      let b = (3+2) * 6 / 3           //先加，后乘，最后除
6      let c = ((b-a) + 7)*51 + 10
7      print("a = ${a}, b = ${b}, c = ${c}")
8      return 0
9  }
```

上述程序的执行结果为：

```
1  a = 7, b = 10, c = 520
```

▷ **第 4 行：** * 号、/ 号的优先级比 + 号高；本行代码先计算 2*6 得 12，然后 12/3 得 4，

最后 3+4 得 7，再赋值给不可变变量 a。再次强调，<u>整数除以整数的结果仍为整数</u>。

▷ **第 5 行：** 3+2 加了括号，最先计算得 5，然后 5*6 得 30，最后 30/3 得 10。

▷ **第 6 行：** b-a 位于最内层的括号内，最先计算得 3；3+7 在外层括号内，次优先计算得 10；然后 10*51 得 510，510+10 得 520。

> **⚠ 注意**
>
> [(b - a) + 7] * 51 + 10是一个合法的数学表达式，但在仓颉中却是非法的。无论在计算表达式中嵌套多少层括号，仓颉总是使用( )。[ ]在仓颉中另有他用。
>
> 记忆除加、减、乘、除之外各种操作符的优先级是徒劳的，因为大概率会忘。睿智的做法是在凡是有优先级疑虑的地方都加上括号，这样无论是写程序的还是读程序的人，都会在"笃定"中得到满足。

📖 编程练习

练习 2-1（证券资产）朵朵在招商证券持有甲种股票 1500 股（当前单价为 13.12 元/股），乙种股票 3200 股（当前单价为 147.01 元/股），证券账户的资金余额为 5100 元。请结合注释将下述程序补充完整，计算并输出朵朵在招商证券的现有资产总额。

```
package Ex2_1
main(): Int64 {
    //资产总额 = 甲种股票数量*股价 + 乙种股票数量*单价 + 资金余额
    let stockA = _____   //甲种股票数量
    let priceA = 13.12      //甲种股票单价
    let stockB = 3200.0     //乙种股票数量
    let priceB = 147.01     //乙种股票单价
    let stockAsset = stockA*priceA + _____   //股票资产总额
    let cash = 5100                                //资金余额
    let totalAsset =  stockAsset + _____   //资产总额
    print("资产总额: _____ ")
    return 0
}
```

练习 2-2（中秋月饼圆）中秋佳节吃月饼是中华民族的传统习俗。请编程计算，制作 15 个符合下述尺寸及参数要求的月饼需要使用多少克面粉？假设月饼是规则的圆柱体。

说明：月饼半径为 5cm，高为 2.5cm，平均密度为 1500g/dm³，面粉含量占月饼总重的 82%。

2.6 字 符 串

通过整数和浮点数类型可以存储和处理数值信息。处理非数值的文本信息则需要用到字符串（String）类型。

2.6.1 "单行"字符串

用双引号"或者单引号'包裹起来的任意长度的文本都称为字符串。下述程序演示了字符串的基本使用方法：

```
1  package Mirror
2
3  main(): Int64 {
4      let s1:String = "以史为鉴，可以知兴替。"
5      let s2 = 'Taking history as a mirror, '
6      println(s1)
7      print(s2 + "we can know the ups and downs.")
8      return 0
9  }
```

上述程序的执行结果为：

```
1  以史为鉴，可以知兴替。
2  Taking history as a mirror, we can know the ups and downs.
```

▷ **第4行：** 使用双引号定义了一个字符串并赋值给不可变变量 s1。请注意，这里的双引号只能是英文双引号，且必须配对使用。

▷ **第5行：** 使用单引号定义字符串。同样地，单引号也需要配对使用。对于编译器而言，等号右侧使用单引号包裹的部分是一个类型为 String 的字面量，由于未指定 s2 的类型，编译器通过推断确定其类型为 String。

▷ **第6行：** 将字符串 s1 传递给 println 函数打印至屏幕，参见执行结果的第 1 行。

▷ **第7行：** 将 s2 与字符串字面量 "we can know the ups and downs." 相加，然后打印至屏幕。如执行结果的第 2 行所示，两个字符串对象相加，将产生一个新的字符串，其内容为两个字符串的"串接"。

通过将双引号和单引号配合使用，可在字符串内部包含双引号或单引号。如下述代码的第 4 行所示，当第一个单引号与末尾的单引号配对后，中间的双引号便不再具备语法意义，而成为字符串的组成部分。代码的第 5 行同理。

```
1  package Quotation
2
3  main(): Int64 {
4      let s1 = '海洋饼干叔叔说，"学好仓颉，拥抱未来"！'
5      let s2 = "海洋饼干叔叔说，'学好仓颉，拥抱未来'！"
```

```
6        println(s1);  print(s2)
7        return 0
8    }
```

上述程序的执行结果为：

```
1  海洋饼干叔叔说，"学好仓颉，拥抱未来"！
2  海洋饼干叔叔说，'学好仓颉，拥抱未来'！
```

图 2-11 中代码第 4 行的字符串格式包含错误。发生错误的原因在于：第 1 个和第 2 个双引号配对，第 3 个和第 4 个双引号配对，中间的 " 逝者如斯夫！不舍昼夜。" 对于编译器而言，不符合格式要求。

```
3    main(): Int64 {
4        let s = "子在川上曰："逝者如斯夫！不舍昼夜。""
5        println(s)
6        return 0
7    }
```

图 2-11　错误的字符串格式

将字符串 "120" 以及整数 120 交给 print 函数打印输出，会在屏幕上得到完全相同的结果。但事实上，字符串 "120" 与整数 120 具备完全不同的语法意义。如图 2-12 所示代码第 6 行中的波浪线（＋号下方）所示，当把 Int64 类型的 120 和字符串类型的 "120" 相加时，发生了错误。

```
3    main(): Int64 {
4        println(120);  println("120")    //两者的输出结果均为120
5        println(120+120)                 //整数可与整数相加，结果为240
6        println(120 + "120")             //整数无法与字符串相加
7        return 0
8    }
```

图 2-12　有别于整数的字符串

编译器给出的错误信息（有节略）如下：

```
1  error: invalid binary operator '+' on type 'Int64' and 'Struct-
   String'
2  错误：类型Int64和结构-字符串间非法的二元操作符+。
3   ==> D:\CJLearn\CH2\Example120\src\main.cj:6:17:
4  6 |      println(120 + "120")             //整数无法与字符串相加
5    |                  ^
6    # note: you may want to implement 'operator func +(right: Struct-
   String)' for type 'Int64'
7    # 提示：你或许期望为类型Int64实现操作符函数+(右:结构-字符串)
```

> **📥 注意** ━━━
>
> 　　从人类角度看，关于上述错误原因的最好表达或许是"整数与字符串无法相加"，但编译器给出的解释却是"类型Int64和结构-字符串间非法的二元操作符+"。请读者注意，编译器是没有感情的机器，它所给出的解释常常不像人类教师那样明了，有时甚至会给出误导性信息。依赖于这些不确切的错误信息找出程序的真正错误，是程序员的职责。初学者大多对密密麻麻的英文错误提示感到恐惧，当人们迷失在恐怖的丛林中茫然无助时，战胜恐惧，在一片混沌中探寻出路和方向，才是唯一的解救之道。

2.6.2　转义符号

　　借助转义，可以在字符串中包含特殊符号。请见下述示例：

```
1  package FlyingFlower
2  main(): Int64 {
3      let s = "白雪却嫌春色晚，\n故穿庭树作飞花。"
4      print(s)
5      return 0
6  }
```

　　上述程序的执行结果为：

```
1  白雪却嫌春色晚，
2  故穿庭树作飞花。
```

　　上述代码第3行中的"\n"即为转义符，意为换行。从代码里看，字符串 s 只包含一行，但因为其中包含换行符，所以输出结果为两行。表 2-3 列出了常用的转义符及其含义。

表 2-3　常用的转义符及其含义

转 义 符	含　　义	转 义 符	含　　义	转 义 符	含　　义
\n	换行	\t	制表符	\'	单引号
\r	返回行首	\\	单根右斜杠	\"	双引号

　　借助这些转义符，可以实现一些特殊的字符串输出效果。请见下述示例：

```
1  package TableDemo
2  main(): Int64 {
3      let s = "品类\t西红柿\t菠萝\t西瓜\n价格\t3.91\t7.2\t5.5"
4      print(s)
5      return 0
```

```
6 }
```

上述程序的执行结果为:

1	品类	西红柿	菠萝	西瓜
2	价格	3.91	7.2	5.5

如执行结果所示,借助于制表符 \t,实现了类似于表格的对齐效果。

借助转义,可以容易地在一个字符串中同时包含本来用于包裹字符串的单引号和双引号,以及用于表示转义的"\":

```
1 package Escape
2 main(): Int64 {
3     let s = "字符串里既有\',又有\",还有\\。"
4     print(s)              // \'转义为', \"转义为", \\转义为\
5     return 0
6 }
```

上述程序的执行结果为:

```
1 字符串里既有',又有",还有\。
```

下述示例则展示了返回行首转义符 \r 的用途。程序在输出了 ABCDEFG 后,输出 \r,导致输出焦点返回到行首,接下来输出的 123 覆盖了之前输出的 ABC。

```
1 package Escape1
2 main(): Int64 {
3     let s = "ABCDEFG\r123"
4     print(s)
5     return 0
6 }
```

上述程序的执行结果为:

```
1 123DEFG
```

2.6.3　多行字符串

前述字符串对象 s1 和 s2 都只包含"一行"内容,仓颉还支持多行字符串,请见下述示例:

```
1 package Mirrors2
2 main(): Int64 {
3     var s = """
4 以铜为鉴,可正衣冠;
5 以古为鉴,可知兴替;
```

```
6  以人为鉴，可明得失。"""
7      print(s)
8      return 0
9  }
```

上述程序的执行结果为：

```
1  以铜为鉴，可正衣冠；
2  以古为鉴，可知兴替；
3  以人为鉴，可明得失。
```

上述程序中以两个 """ 包裹的三行内容（第 4~6 行）即为多行字符串。显然，在这个字符串中包含了至少两个换行符。按照语法要求，多行字符串的实体内容必须新起一行（第 4 行），不可以与前面的 """ 在同一行，请参见图 2-13，并留意其中第 3 行的波浪线，它说明该多行字符串的格式不被编译器所接受。

```
2  main(): Int64 {
3      var s = """以铜为鉴，可正衣冠；
4  以古未鉴，可知兴替；
5  以人为鉴，可明得失。"""
6      print(s)
7      return 0
8  }
```

图 2-13　错误的多行字符串格式

2.7 用户输入

使用 print 或者 println 函数即可在屏幕上输出文字，从键盘读取用户输入则由 readln 函数实现。请见图 2-14 所示的"鹦鹉学舌"示例。

▷ **第 5 行:** readln 函数负责从键盘读取一行字符串并返回。

如图 2-14 所示，当"鹦鹉学舌"程序执行到第 5 行时，程序执行被"暂停"，当且仅当操作者在控制台输入焦点（图 2-14 下方▌）处录入内容，并按 Enter 键，程序才会返回一个字符串对象并赋值给不可变变量 s，然后继续往前执行。

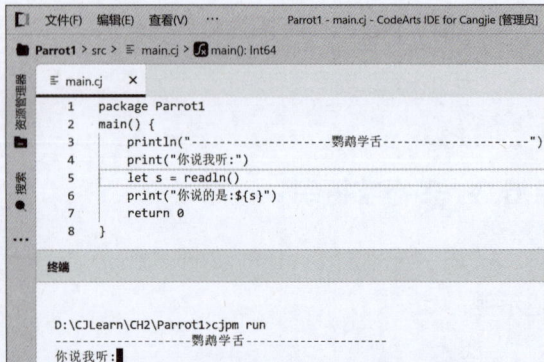

图 2-14　"鹦鹉学舌"示例

作者在计算机上录入 Miracles happen every day，然后按 Enter 键，得到下述执行结果：

```
1  --------------------鹦鹉学舌--------------------
2  你说我听:Miracles happen every day
3  你说的是:Miracles happen every day
```

⚠️ 知所以然

使用 readln 函数读取的用户输入总是字符串类型。实践中，即便用户事实上输入的是数值，如 5.1，也需要先将字符串类型的"5.1"解析为浮点数类型的 5.1，才能进行后续计算。

下述程序要求操作者从键盘输入圆的半径，然后计算并打印圆的面积。

```
1  package CircleArea
2  import std.convert              //导入std标准模块下的convert包
3
4  main(): Int64 {
5      print("请输入圆的半径:")
6      let v = readln()
7      let r = Float32.parse(v)    //将字符串v解析为Float32
8      var s:Float32 = 3.14159 * r * r
9      print("圆的面积为:${s}")
10     return 0
11 }
```

上述程序的执行结果为（第 1 行的 5.1 为操作者输入）：

```
1  请输入圆的半径:5.1
2  圆的面积为:81.712761
```

▷ **第 2 行：** 导入 std 标准模块下的 convert（意为转换）包。这里的"."称为**成员操作符**，读者可简单将其理解为"的"。导入这个包之后，程序第 7 行的 Float32.parse 函数才可用。

▷ **第 6 行：** 从键盘读取操作者的一行输入，在操作者输入完内容并按 Enter 键后，不可变变量 v 获得结果字符串。如前所述，无论操作者输入的是数字还是文字，v 都是字符串类型，无法直接对 v 进行数值计算。

▷ **第 7 行：** 使用 Float32 类型的 parse 成员函数对字符串对象 v 进行解析，如果字符串 v 符合一个浮点数字面量的格式要求，函数将返回对应的 Float32 浮点数。

与全局函数 print 不同，parse 不是全局的，它是 Float32 类型的成员函数。Float32.parse 函数源自 std 标准模块下的 convert 包，要使用这个函数，必须先导入

std.convert。

> **⚠ 注意**
>
> 　　使用Float32(x)并不能将字符串类型的x转换成浮点数。通常，Float32(x)只能用于将整数或者其他类型的浮点数对象转换为Float32。

▷ **第8行：** 不可变变量 r 为 Float32 类型，可以进行加减乘除等数值计算。此处的 3.14159 为圆周率，对 r 进行两次相乘运算，以模拟 r² 运算。

▷ **第9行：** 使用字符串插值输出圆的面积。

📖 编程练习

练习 2-3（知易行难）请编写程序，参照下述测试用例（蓝字为操作者输入），从键盘读入一句话，然后使用 print() 函数将该输入原样输出三遍，每遍输出占一行。

```
告诉我一件重要的事情：知易行难
重要的事情说三遍：
知易行难
知易行难
知易行难
```

练习 2-4（温度转换）编写程序，从键盘读入一个华氏温度，按下述公式将其转换为摄氏温度并输出（保留 1 位小数）。转换公式为 c=5(f-32)/9，其中 f 表示华氏温度，c 表示摄氏温度。

2.8　格　式　化

　　将一个对象转换成对应的字符串表达的过程称为格式化（format）。如本章前述示例所见，如果把一个浮点数对象通过字符串插值直接输出，则总是保留 6 位小数。如果期望调整浮点数对象的输出格式，则需要通过格式化来完成。请见下述示例。

```
1  package StrFormat
2  import std.convert        //导入std标准模块下的convert包
3
4  main(): Int64 {
5      let pi:Float64 = 3.141592653589793238462643383279
6      let s1 = pi.format(".4"); let s2 = pi.format("+20.10")
7      println(s1); print(s2)      //s1, s2均为String类型
8      return 0
9  }
```

上述程序的执行结果为：

```
1  3.1416
2         +3.1415926536
```

▷ **第2行：** 导入 std 标准模块下的 convert（格式化）包。程序第 6 行所使用的格式化函数是由该包定义的。

▷ **第5行：** 定义圆周率不可变变量 pi，为尽可能提高存储精度，这里使用了 Float64 类型。

▷ **第6行：** 在导入了 std.convert 之后，pi 作为 Float64 类型的对象，便拥有了成员函数 format。

如执行结果第 1 行所示，pi.format(".4") 将 pi 格式化，生成了将 pi 保留 4 位小数的字符串 "3.1416"。format 函数的参数 ".4" 为一个字符串字面量，它表明转换格式为 "保留 4 位小数"。不难看出，3.1415926 在格式化保留 4 位小数的过程中被四舍五入，变成了 3.1416。

如执行结果第 2 行所示，pi.format("+20.10") 将 pi 格式化为显示正负号（+）、包含 20 个字符、保留 10 位小数、右对齐的字符串，不足部分使用空格补齐。

请注意，pi.format(x) 只是根据 pi 值及格式串 x 的要求生成并返回一个新的字符串对象，浮点数对象 pi 在函数执行前后的类型和值都保持不变。

▷ **第7行：** 将格式化结果字符串 s1 和 s2 通过 println 和 print 函数打印至屏幕。

📖 **扩展阅读　复杂格式化**

仓颉可以进行复杂的输出格式控制。这些精细的输出格式控制在日常编程中用得很少，读者可以在需要时再扫描二维码阅读。

2.9 常　　量

使用 var 定义的为可变变量，使用 let 定义的则为不可变变量，而使用 const 定义的则为常量（constant）。下述代码中的 pi 和 pi2 即为常量对象。

```
1    const pi:Float64 = 3.1415927        //值为浮点数字面量
2    const pi2 = pi*pi                    //pi*pi的计算发生在编译时
```

常量的值必须显式指定为字面量或者由编译器在编译时通过计算确定，且在程序运行过程中不允许修改。对于上述代码中的常量 pi2，其值在编译时由编译器 "抢先" 计算而得，pi*pi 的计算不会发生在运行时。

图 2-15 中的常量定义 b 被编译器拒绝，请留意第 3 行 a 下的波浪线。对于编译器而言，a+2 的值只有在程序运行时才能确定，无法在编译时确定常量 b 的值。

```
var a = 3
//...
const b = a+2          //非法的常量定义
```

图 2-15　非法的常量定义

🏅 操作技巧

在 CodeArts 中，若将光标移至第 3 行变量 a 的上方，可得如图 2-16 所示的错误提示，意为"常量表达式预期应确保在编译时求值"。

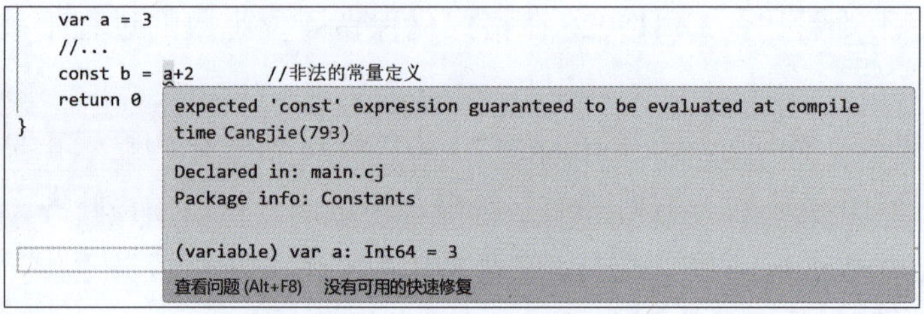

```
var a = 3
//...
const b = a+2          //非法的常量定义
return 0
}
```

expected 'const' expression guaranteed to be evaluated at compile time Cangjie(793)

Declared in: main.cj
Package info: Constants

(variable) var a: Int64 = 3

查看问题 (Alt+F8)　没有可用的快速修复

图 2-16　关于常量定义的错误提示

2.10　对象命名

在现代程序设计语言的术语体系中，万物皆对象（object）。广义的对象包括变量、常量、函数甚至类型。在程序员自定义变量、常量及函数时，需要给这些对象取名。为了降低学习难度，在本节之前，经常使用单字符，如 n、f、a、b 来给变量命名。事实上，只要符合下述规则，程序员可以"随意"给对象取名。

（1）对象名只能包含字母、数字和下画线，且不能以数字开头。

（2）对象名不能包括空格。

（3）不能将仓颉关键字和函数名用作对象名。

（4）慎用小写字母 l 和大写字母 O，容易看成数字 1 和数字 0。

（5）仓颉的对象命名是大小写敏感的，也就是说 cat 与 Cat 对于编译器而言是两个不同的名字。

表 2-4 列举了一些变量命名的示例。

表 2-4 变量命名示例

变量名举例	说　明
count	正确并且好的命名。count表明变量的用途与"记数"有关。
studentNo	正确并且好的命名。采用了所谓的"小驼峰"命名法，两个英文单词，第1个单词小写，第2个单词首字母大写，阅读时易于分词。根据英文原意，变量的用途明确：存储学生的学号。
priceStock	正确并且好的命名。采用小驼峰命名法，意为股票价格。
A9, a678, U21	正确但不好的命名，不具备恰当的描述性。
9B	错误，不能以数字开头。
$y7	错误，以特殊符号开头。
for, print	错误，与关键字或者函数名冲突。
MA U2	错误，包含空格。
lO2	正确但不好的命名，字母l及字母O易被错误地看成数字1和0。

📖 **扩展阅读　程序中的命名规则**

符合语言命名规则的命名都是正确的，但正确并不等于好。笔者总结了业界常用的命名规则，读者可以在阅读完本书的大部分内容后再扫描二维码阅读。对于零基础的初学者来说，现在还无法理解其中的内容。

2.11　实践：鸡兔同笼

鸡兔同笼是中国古代的数学名题之一。大约在 1500 年前，《孙子算经》中就记载了这个有趣的问题。书中是这样叙述的：今有雉兔同笼，上有三十五头，下有九十四足，问雉兔各几何？这 4 句话的意思是：有若干鸡和兔同在一个笼子里，从上面数，有 35 个头，从下面数，有 94 只脚。问笼中各有多少只鸡和兔？

首先分析一下鸡兔同笼问题，一只鸡有一个头和两只脚，一只兔有一个头和四只脚。假设笼中全部是鸡，每个头对应两只脚，35 个头对应 70 只脚。但是共有 94 只脚，因此剩下的脚是兔子的另外两只脚（兔子的其中两只脚已包含在 70 之内），只需将剩余的脚数除以 2 就可以得到兔子的数量。有了兔子的数量就可以计算得到鸡的数量。

```
1 package ChickenRabbits
2 main(): Int64 {
3     let heads = 35; let feet = 94        //35头，94脚
4     let restFeet = feet - 2 * heads      //假设全是鸡，余下的脚数
5     let rabbits = restFeet / 2           //兔数等于余下的脚数/2
```

```
6    let chickens = heads - rabbits      //鸡数 = 头数 - 兔数
7    print("鸡: ${chickens}，兔: ${rabbits}")
8    return 0
9 }
```

上述代码的执行结果为：

```
1 鸡: 23，兔: 12
```

▷ **第 3 行：** heads 用于存储头数，feet 用于存储脚数。由于 heads 和 feet 的值预期不应被修改，因此将它们定义为不可变变量。

▷ **第 4 行：** 假设笼内全是鸡，用总脚数减去鸡数乘以 2，即得剩余脚数。基于相同的理由，restFeet 也定义为不可变变量。

▷ **第 5 行：** 用剩余脚数除以 2，得兔数。请注意，整数除以整数的结果仍为整数，如果除不尽，商的小数部分将被舍弃。rabbits 的类型被推断为 Int64 整数。

▷ **第 6 行：** 用头数减去兔数，得鸡数。

> **⊚ 见微知著**
>
> 在上述示例中，变量名heads、feet、chickens、rabbits等都采用了复数形式。作者不仅遵守了仓颉的语法，也在小心翼翼地遵守英文的文法。从语法角度看，这并非必须，但这么做，显然有益于增强程序的可读性和可维护性。

🏫 编程练习

练习 2-5（猴子吃桃）一只猴子在树上摘了若干桃，当即吃了一半，觉得不过瘾，又多吃了一个；第二天它吃了剩下桃子的一半加一个；第三天它又吃了剩下桃子的一半加一个，此时，只剩下一个桃子。请编程求解：猴子第一天从树上摘得多少个桃子？

猴子吃桃

2.12 小 结

程序的运行从 main 函数开始，也从 main 函数结束。main 函数的 return 即意味着程序运行的终结。

程序使用变量来存储计算过程的中间数据及结果。使用 var 关键字定义的为可变变量，其值可在程序执行过程中随时修改；使用 let 关键字定义的为不可变变量，其值在首次初始化赋值后不可变。

每个变量都有确定的类型。整数类型用于存储整数，浮点数类型用于存储浮点数，字符串类型则用于存储文本。

构成整数对象的内存字节数越多，整数对象的储值范围就越大。Int64 表示由 64 比特，即 8 字节内存空间来构成的整数对象，它比 Int32 类型的整数对象的储值范围大得多。整数类型分为有符号和无符号两大类，其中，无符号类型只能存储非负数。

Float32 和 Float64 使用以 2 为底的科学记数法来表示浮点小数。在浮点数的存储和计算过程中，误差在所难免。同样地，由于 Float64 占用了更多的内存空间，它的储值范围及精度均优于 Float32。

仓颉只允许在相同的数值类型之间进行加减乘除等数值运算。如参与运算的数值对象类型不一致，则需转换成相同类型后才能计算。即便字符串内部存储的是"数字"，也需要先解析成数值对象，方可参与数值计算。

print 和 println 函数用于向屏幕输出内容，后者会补充输出一个换行符。通过字符串插值或者格式化，可以将数值类型的对象转换为字符串。readln 函数则用于从键盘读取一行输入，然后以字符串形式返回。

使用 const 关键字可以定义常量，其值必须在编译时确定，且不可以在运行时被修改。

变量的命名应遵守诸如小驼峰法则之类的通用命名规则，以保证程序的可读性和可维护性。建议使用以英文单词为基础的小驼峰法则，而不要使用汉语拼音，特别是不要使用汉语拼音首字母缩写给对象命名。

第 3 章　程序结构基础

> 道生一,一生二,二生三,三生万物。
>
> ——老子《道德经》

✿ 思维导图

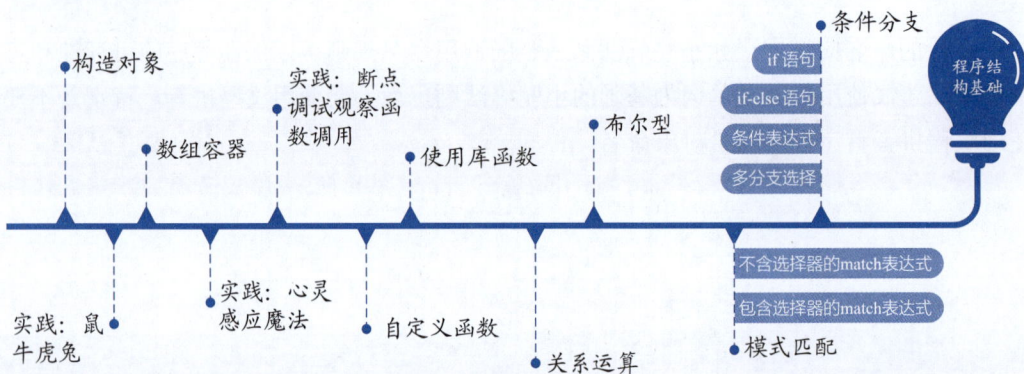

3.1　条件分支

本书第 2 章中的程序都是笔直的不用拐弯的大道,程序从前往后依次执行 main 函数的每一行代码,直至结束。然而,在浩瀚人生中,岔路口如影随形,而在每一个岔路口,人们都需要做出选择,程序也是。

3.1.1　if 语句 ▷

根据中国法律,如果你年满 18 岁,就是成年人了。这种"如果……就……"的自然语言表达在仓颉里可通过 if 语句来实现,其基本语法格式如下:

```
1  if (条件) {
2      语句块
3  }
```

图 3-1 是 if 语句的程序流程图,图中的箭头代表语句执行的顺序和方向,菱形则代

表一进两出的二分支操作，当 if 后的条件为真时，程序就
顺序执行其语句块；若 if 后的条件为假，则不执行语句块。

下述示例包含了两条 if 语句：

```
1  package Adults
2  import std.convert
3
4  main(): Int64 {
5      print("Boy, how old are you:")
6      let s = readln()
7      let age = Int32.parse(s)
8      if (age >= 18) {
9          println("You are legally an adult.")
10     }
11
12     if (age >= 22) {
13         println("Congratulations, son!")
14         println("You are of legal age for marriage.")
15     }
16
17     print("Done.")
18     return 0
19 }
```

图 3-1　if 流程图

上述代码的执行结果为（19 为操作者输入）：

```
1 Boy, how old are you:19
2 You are legally an adult.
3 Done.
```

▷ **第 2 行：** 导入 convert（转换）包以便在程序第 7 行将字符串转换成整数。

▷ **第 6 行：** 从键盘读取一行输入，所得变量 s 为 String 类型。

▷ **第 7 行：** 使用 Int32 类型的 parse 函数对字符串 s 进行解析，返回一个 Int32 类型的整数，并赋值给 age（年龄）。

▷ **第 8 ～ 10 行：** age>=18 是一个逻辑判断，如果男孩的年龄值 age 大于或等于 18，该条件为真，{} 内的第 9 行代码被执行。如果 age 小于 18，则第 9 行不被执行。在本例中，由于操作者输入的年龄值是 19，故 if 条件为真，第 9 行被执行，请见执行结果的第 2 行。逻辑上，读者可以把第 8 ～ 10 行视为一个整体。

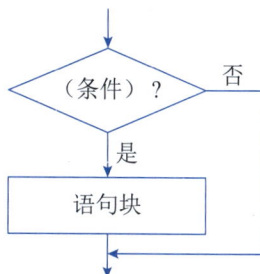

▷ **第 12 ~ 15 行：**同理，如果 age 大于或等于 22，则顺序执行 {} 内的第 13、14 行，否则不执行。在本例中，age 的值为 19，故 if 条件不满足，第 13、14 行未被执行。

▷ **第 17 行：**本行代码不受第 8 行、第 12 行的 if 语句管辖。无论操作者输入何值，本行代码都会被执行，参见执行结果的第 3 行。

　　输入不同的年龄，会导致上述程序不同的执行路径。如果输入一个小于 18 的年龄值，则第 9、13、14 行都不会被执行。如果输入一个大于 22 的年龄值，则第 9、13、14 行都会被执行。建议读者反复运行程序，尝试输入不同的年龄值，观察执行结果。

3.1.2　if - else 语句

　　根据中国法律，如果你年满 18 岁，就是成年人了，否则就是未成年人。这种"如果……就……否则……"的自然语言表达可以使用仓颉的 if-else 语句来实现，其基本语法格式如下：

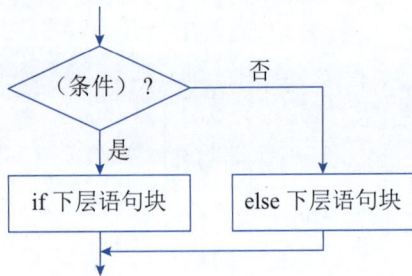

图 3-2　if-else 流程图

```
1  if (条件) {
2      语句块
3  }
4  else {
5      语句块
6  }
```

　　如图 3-2 所示，当 if 后的条件为真时，程序执行 if 下层语句块，否则执行 else 下层语句块。

下述示例展示了 if-else 语句的基本用法：

```
1   package AdultsOrNot
2   import std.convert
3
4   main(): Int64 {
5       print("请输入年龄:")
6       let s = readln()
7       let age = Int32.parse(s)
8       if (age >= 18) {
9           println("这是一位成年人。")
10          println("他具备完全民事行为能力。")
11      }
12      else {
13          println("这是一位未成年人。")
14      }
```

```
15
16      print("程序执行完毕。")
17      return 0
18  }
```

上述程序的执行结果为（12 为操作者输入）：

```
1  请输入年龄:12
2  这是一位未成年人。
3  程序执行完毕。
```

▷ **第8～14行：** 在本例中，age 的输入值为 12，故第 8 行的条件不满足，程序将执行 else 下层语句块，也就是第 13 行，而 if 下层语句块，即第 9、10 行，则被略过。程序第 13 行的输出见执行结果的第 2 行。

▷ **第16行：** 本行不隶属于第 8 行的条件判断管辖。无论操作者输入的年龄为何值，本行都会执行，其输出见执行结果的第 3 行。

if-else 语句呈现一个二分支结构，根据 if 语句后的条件，程序表现为两个出口。请读者再次运行上述示例，输入 20，观察执行结果并倒推程序的执行路径。

3.1.3　条件表达式 ▷

if-else 除了可以实现二分支结构，还可用于构造条件表达式（conditional expression）。条件表达式的通用语法结构可表示如下：

$$if \ (x) \ \{ \ a \ \} \ else \ \{ \ b \ \}$$

其中，x 通常为一个逻辑表达式，当 x 为真时，取 a 的值作为整个表达式的结果；当 x 为假时，取 b 的值作为整个表达式的结果。

在下述示例中，使用条件表达式根据性别获取对应的法定婚龄。

```
1  package MarryAge
2  main(): Int64 {
3      print("请输入性别:")
4      let s = readln()
5      let marryAge = if (s=="男") { 22 } else { 20 }
6      print("法定婚龄是: ${marryAge}")
7      return 0
8  }
```

上述程序的执行结果为（操作者输入"女"并按 Enter 键）：

```
1  请输入性别:女
```

```
2 | 法定婚龄是：20
```

第 5 行的 `if (s=="男") { 22 } else { 20 }` 是一个条件表达式。其中的 `s=="男"` 是一个逻辑表达式，这里的双等号不是赋值，它用于判断左右两边的值是否相等，当且仅当双等号两边的值相等时，逻辑表达式为真。

> **⚠ 注意 ▪━━━━━━━━━━━━━━━━━━━━━━━━━━━━━━━━**
>
> 请读者注意区分赋值操作符"="和关系运算符"=="。语句 a = 3 中只有一个等号，其为赋值操作符，变量 a 的值会因该语句的执行而改变；语句 a == 3 中有两个连续的等号，语义为判定 a 与 3 是否相等，该语句的执行不会导致变量 a 的改变。

在本例中，由于操作者输入的是"女"，性别 s 不等于"男"，上述逻辑表达式为假，故条件表达式返回整数 20 作为结果，这个结果再通过左侧的赋值操作符传递给 marryAge。

不难推测，如果操作者输入的性别是"男"，由于 `s=="男"` 为真，条件表达式将取 22 作为结果，最终打印出来的法定婚龄应为 22。

> **🎯 要点 ▪━━━━━━━━━━━━━━━━━━━━━━━━━━━━━━━━**
>
> 在条件表达式 if(x) {a} else {b} 中，表达式 a 和 b 的类型必须相同。回顾上述程序的第 5 行，假设条件表达式根据输入的不同，有时返回字符串，有时返回整数，编译器便无法在编译时刻确定对象 marryAge 的类型。而作为强类型的编程语言，仓颉必须在编译时刻确定对象的类型。

🏫 编程练习

练习 3-1（找茬）找出下述程序中的多处错误。

```
package Demo
main(): Int64 {
    let score = 70
    if (Score >= 60) {
    print("恭喜你!") }
    else
        print("明年见! ")
    return 0
}
```

找茬

练习 3-2（印第安男孩）朵拉在编程时也想顺便练习英语。她编程从键盘读入一个整数 n，如果 n 为 0 或者 1，则向屏幕输出"0 indian boy."或"1 indian boy."；如果 n 大于 1，如 9，则输出"9 indian boys."。请你也编一个这样的程序。

印第安男孩

3.1.4　多分支选择 ▷

在浩瀚的人生中，选择并不一定是非此即彼的，程序也是。仓颉通过 if-else if-else 语句来解决单入口、多出口的多分支选择问题。

为鼓励节约用电，某地制定了如下的阶梯电价政策：以家庭为计价单位，每位家庭成员享有 50 度 / 月的基准用电量。

● 人均月用电量 ≤ 50 度，电价按 0.7 元 / 度执行。

● 50 度 < 人均月用电量 ≤ 100 度，基准用电量部分按 0.7 元 / 度执行，超出部分按 1.0 元 / 度执行。

● 100 度 < 人均月用电量 ≤ 200 度，基准用电量部分按 0.7 元 / 度执行，超出部分按 1.5 元 / 度执行。

● 人均月用电量 > 200 度，基准用电量部分按 0.7 元 / 度执行，超出部分按 2.0 元 / 度执行；

显然，上述计价规则涉及多个分支。下述程序给出了解决方案：

```
package ElectricityBill
import std.convert

main(): Int64 {
    let amount = 768.6; let personCount = 4
    let average = amount / Float64(personCount)
    let baseAmt = Float64(personCount * 50)
    var fee:Float64 = 0.0
    if (average <= 50.0) {
        fee = amount * 0.7
    }
    else if (average <= 100.0) {
        fee = baseAmt*0.7 + (amount-baseAmt)*1.0
    }
    else if (average <= 200.0) {
        println("人均用电量(度): 100 < ${average} <= 200")
        fee = baseAmt*0.7 + (amount- baseAmt)*1.5
    }
    else {
        fee = baseAmt*0.7 + (amount-baseAmt)*2.0
    }

    print("用电量(度): ${amount.format(".1")}, ")
    println("家庭人数: ${personCount}")
```

```
25      print("人均用电量(度)：${average.format(".2")}, ")
26      print("电费金额：${fee.format(".2")}")
27      return 0
28 }
```

上述程序的执行结果为：

```
1 人均用电量(度)：100 < 192.150000 <= 200
2 用电量(度)：768.6, 家庭人数：4
3 人均用电量(度)：192.15, 电费金额：992.90
```

▷ **第5行：** 变量 amount 表示家庭用电量，字面量 768.6 的类型为 Float64，故 amount 的类型为 Float64。personCount 的类型为 Int64，表示家庭人数。

▷ **第6行：** 计算人均用电量 average。由于仓颉只允许在同类型的数值对象间进行除法运算，这里使用 Float64(personCount) 将 personCount 转换成 Float64 类型的浮点数。

▷ **第7行：** 按 50 度 / 人计算家庭基准用电量 baseAmt。personCount 是 Int64，字面量 50 也是 Int64，personCount*50 的结果也是 Int64。为后续计算方便，此处使用 Float64 函数将 Int64 类型的积转换为 Float64。

▷ **第8行：** 变量预期用于存储电费金额的计算结果，依据"软件工程"的一般要求，先将其初始化为 0 值。

▷ **第9～21行：** 使用 if- else if- else 多分支结构进行电费计算。

▷ **第23～26行：** 借助字符串插值及对象格式化方法打印输出计算结果。以 fee.format(".2") 为例，Float64 类型 fee 对象的 format 成员函数生成并返回 fee 值的字符串表达形式，并按要求四舍五入保留两位小数。对象格式化的一般方法请回顾 2.8 节。

上述程序使用了 if- else if- else 语句来实现多分支结构，其语义可以理解为"如果……否则如果……否则……"。

如图 3-3 所示，如果第 9 行的条件成立，则执行第 10 行（然后执行第 23～27 行）。如果第 9 行的条件不成立，则检查第 12 行的条件，如果成立，执行第 13 行（然后执行第 23～27 行）。如果第 12 行的条件不成立，则检查第 15 行的条件，如果成立，则执行第 16、17 行（然后执行第 23～27 行）；否则执行第 20 行（然后执行第 23～27 行）。

综上所述，流程图 3-3 中的 4 个方框（分别对应 1 个 if 下层代码，2 个 else if 下层代码，1 个 else 下层代码），依据依次进行的条件检查，有且只有一个方框内的代码会被执行。

如执行结果的第 1 行所示，人均用电量 average 大于 100 且小于或等于 200。在第 9～21 行的多分支语句块中，第 16、17 行被执行。

对于前述 ElectricityBill 程序而言，不同的家庭用电量和家庭人数会导致程序不同的执行路径。请读者按表 3-1 所提供的测试用例输入（列 1）修改程序第 5 行家庭用电量和家庭人数的值并执行，检查执行结果是否与表 3-1 列 3 的期望输出一致。这些测试用例是

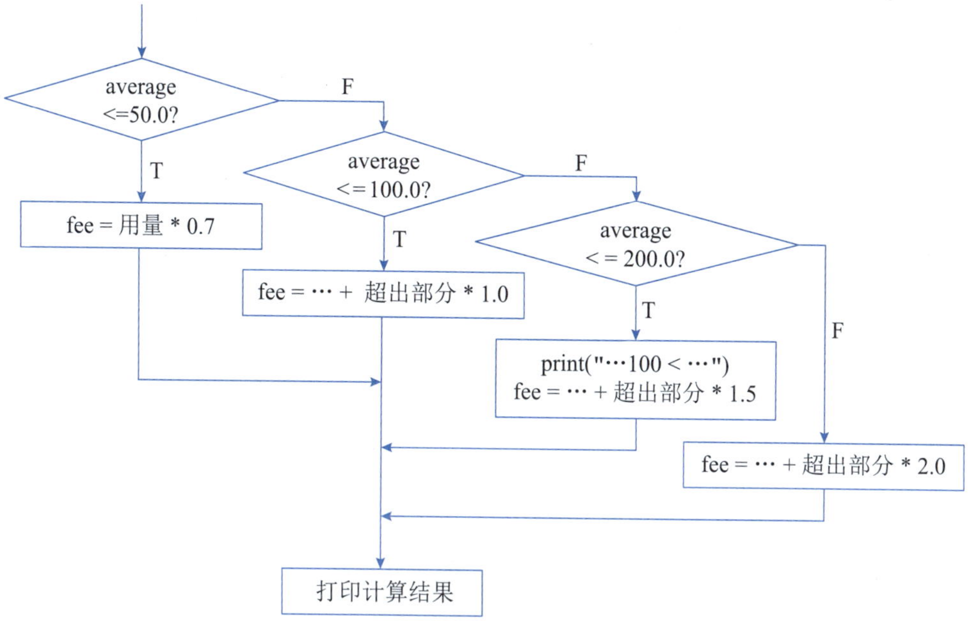

图 3-3　电费计算的多分支结构（T 表示条件真，F 表示条件假）

精心设计的，它确保程序的每一条执行路径至少被覆盖一次。请读者注意，即使表 3-1 所规定的测试均能通过，也只能证明程序在这些输入下能正确运行并得到正确结果，并不能彻底证明程序在所有合法输入下的正确性。

表 3-1　电费计算程序的测试用例

amount,personCount取值	说　明	正确电费金额 / 元
66.0,3	人均月用电量 ≤ 50度	46.20
180.0,2	人均月用电量 ≤ 100度	150.00
768.0,4	人均月用电量 ≤ 200度	992.00
2000.6,5	人均月用电量 > 200度	3676.20

◎ 见微知著

　　上述程序中的3个判断条件average<=50.0、average<=100.0、average<=200.0非常细致地处理了"边界情况"，以确保任何一个合法的0≤average值，均可对应且只能对应4条分支中的单一分支。

　　程序设计是严谨的科学，任何细微的错漏都可能导致失败。

⚠ 精益求精

　　上述用于计算电费的多分支结构也可以改写成如下所示的多分支条件表达式。

```
var fee =
    if (average<50.0) {amount*0.7}
    else if (average<=100.0) {baseAmt*0.7+(amount-baseAmt)*1.0}
    else if (average<=200.0) {baseAmt *0.7+(amount-baseAmt)*1.5}
    else {baseAmt*0.7+(amount-baseAmt)*2.0}
```

上述多分支条件表达式的结构可以简述为：

if (x) {a} else if (y) {b} else if (z) {c} else {d}

根据 3 个判断条件 x、y、z，该多分支条件表达式视 average 的不同取值，选择 a、b、c、d 四种计算方法中的一种计算电费金额，返回并赋值给变量 fee。

3.2　模式匹配

仓颉使用 match 表达式实现模式匹配（pattern matching），使得开发者可以更精简地描述复杂的多分支逻辑。

3.2.1　不含选择器的 match 表达式 ▷

不含选择器▲（稍后立即讨论）的 match 表达式的语法格式如下：

```
1 match {
2     case 条件1 => 语句块1        //=> 由=和>组成
3     case 条件2 => 语句块2
4     ...
5     case 条件N => 语句块N
6 }
```

图 3-4 展示了不含选择器的 match 表达式的执行流程。该表达式从前往后逐一对 case 之后列出的条件进行匹配，如果匹配成功，就执行 => 之后的语句块，然后退出。

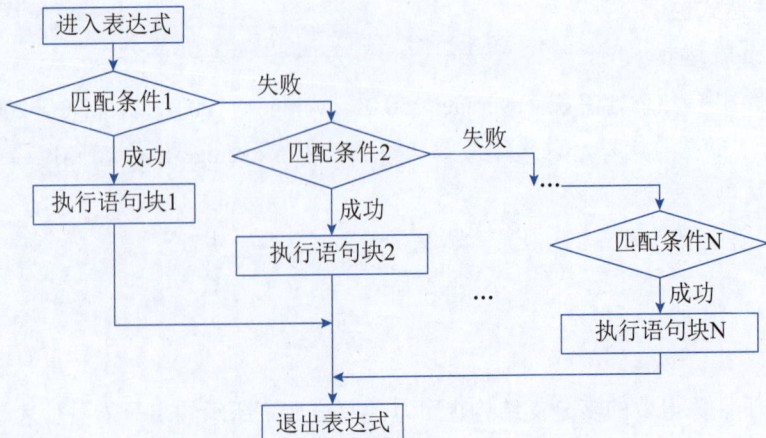

图 3-4　不含选择器的 match 表达式执行流程图

每个语句块可由一行或多行语句构成。对于一个 match 表达式的多个语句块而言，有且只有一个语句块会被执行。

3.1.4 节中用于阶梯电费计算的 if-else if-else 多分支语句可以使用 match 表达式简化如下 [①]：

```
 1  var fee:Float64 = 0.0
 2  match {
 3      case average <= 50.0 => fee = amount * 0.7
 4      case average <= 100.0 =>
 5          fee = baseAmt*0.7 + (amount-baseAmt)*1.0
 6      case average <= 200.0 =>
 7          println("人均用电量(度): 100 < ${average} <= 200")
 8          fee = baseAmt*0.7 + (amount-baseAmt)*1.5
 9      case _  =>        //通配符（wildcard）模式
10          fee = baseAmt*0.7 + (amount-baseAmt)*2.0
11  }
```

上述程序的执行过程与图 3-4 一致。需要特别留意的是第 9 行中的 "_"，这是所谓的通配符（wildcard），用于匹配前述条件未能覆盖到的情况。就本例而言，当第 3、4、6 行的条件均匹配失败时，第 9 行的通配符便会匹配成功，第 10 行的语句块便会执行。

🎯 **要点** ▸

match 表达式要求穷尽（exhaustive），即在依顺序匹配各个 case 后的条件或者模式时，必须有且只有一个条件/模式匹配成功。当编译器认为各 case 后的条件/模式组合起来无法实现穷尽时，便会要求增加一个通配符模式。

⚠️ **精益求精**

match 表达式也可用于求值。仍然使用阶梯电费计算的示例，下述代码 [②] 中的第 2～12 行的 match 表达式为一个整体，它计算并返回一个 Float64 类型的"电费金额"，最后通过赋值操作符由 fee 变量所吸收。

```
 1  var fee:Float64 =
 2      match {
 3          case average <= 50.0 =>
 4              amount*0.7
 5          case average <= 100.0 =>
```

---

① 完整程序见随书代码第3章中的ElectricityBill2。

② 完整程序见随书代码第3章中的ElectricityBill3。

```
6              baseAmt*0.7 + (amount-baseAmt)*1.0
7          case average <= 200.0 =>
8              println("人均用电量(度): 100 < ${average} <= 200")
9              baseAmt*0.7 + (amount-baseAmt)*1.5
10         case _ =>
11             baseAmt*0.7 + (amount-baseAmt)*2.0
12     }
```

如代码第 4、6、9、11 行所示，上述 match 表达式各 case 语句块的最后一句均为一个可以取值的表达式。同样地，match 表达式也依定义顺序逐一匹配各 case 后的条件 / 模式，如果匹配成功，就执行后方的语句块，然后取语句块中最后一个表达式的值作为整个 match 表达式的值。

> **⚠ 注意**
>
> 对于编译器而言，一个用于求值的match表达式的值类型必须是确定的。因此，各case后方语句块的值类型应相同。于本例而言，即第4、6、9、11行的表达式的结果类型必须一致（本例中皆为Float64）。

3.2.2 包含选择器的 match 表达式

包含选择器（selector）的 match 表达式的语法格式如下：

```
1  match (选择器) {
2      case 模式1 [where 条件1] => 语句块1
3      case 模式2 [where 条件2] => 语句块2
4      ...
5      case 模式N [where 条件N] => 语句块N
6  }
```

选择器既可以是一个变量，也可以是一个可以求值的表达式。

如图 3-5 所示，包含选择器的 match 表达式会从前往后逐一将选择器的值与 case 之后的模式进行匹配，并检查 where 之后的条件是否成立（如果有），如果匹配成功且 where 之后的条件成立，则执行 => 之后的语句块然后退出。同样地，有且只有一个语句块会被执行。请注意，每个模式之后的 where 条件是可选的。

在图 3-6 所示的程序中，match 表达式将百分制分数 score 作为选择器，对其进行分级并转换为描述字符串。

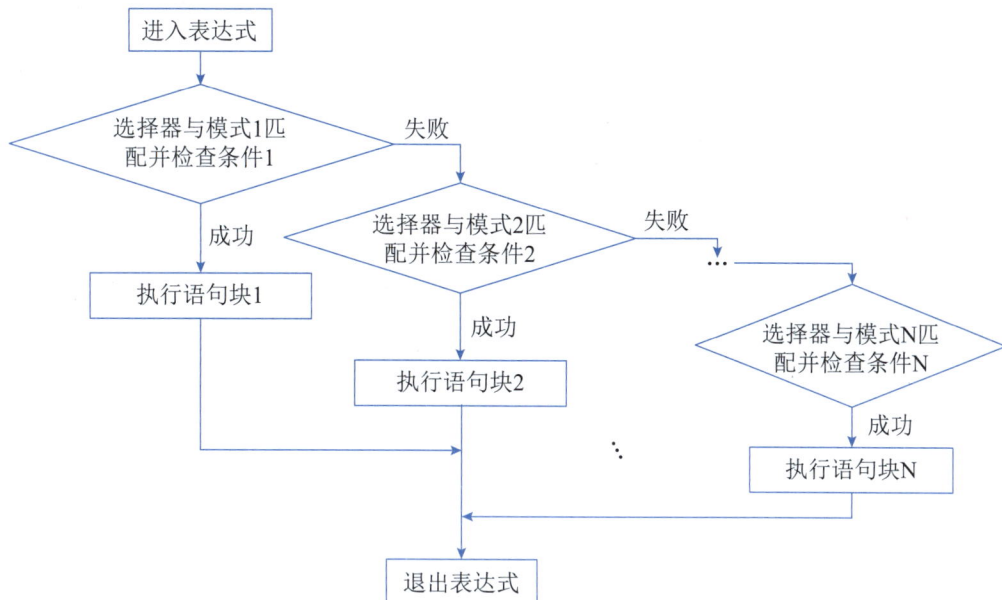

图 3-5　包含选择器的 match 表达式执行流程图

```
package ScoreMatch
main(): Int64 {
    let score = 59
    var result =
        match (score) {
            case 100 => "神仙"
            case 90|91|92|93|94|95|96|97|98|99 =>"厉害"
            case _ where score >= 80 && score < 90 => "很好"
            case _ where score >= 70 && score < 80 => "不错"
            case _ where score >= 60 && score < 70 => "马马虎虎"
            case _ where score > 0 && score < 60 => "不及格"
            case 0 => "零蛋"
            case _ => "非法的分数"
        }
    print(result)
    return 0
}
```

选择器：变量score

使用|分隔多个并列的模式

模式后的where条件是可选的

通配符

图 3-6　示例：百分制分数分级

图 3-6 所示程序的执行结果为：

```
1 | 不合格
```

在上述程序中，90|91|92…|99 表示多个并列的模式。在本例中，当选择器（即 score）等于 90、91、92、…、99 之一时，该并列模式匹配成功。

_ where score >= 80 && score < 90 为一个附带条件的通配符，通配符意味着模式匹配必然成功。在本例中，当分数（score）大于或等于 80 且小于 90 时，说明附带条件成立，match 表达式将选择执行该 case 之后的语句块。此处的 && 为逻辑与操作符▲，意为"并且"。

为确保穷尽（exhaustive），作者在最后一个 case 后面使用了通配符模式，以确保对选择器 score 的全覆盖。

请读者注意上述 match 表达式中所有的语句块的类型都是字符串（String），这确保了这个 match 表达式的值类型也为 String。编译器通过推断将变量 result 的类型确定为 String。

编程练习

练习 3-3（身体质量指数）身体质量指数（Body Mass Index，BMI）的值为体重除以身高的平方。体重的单位为千克，身高的单位为米。BMI 是目前国际上常用的用于衡量人的胖瘦程度以及是否健康的一个标准。表 3-2 所示为 16 岁以上人群的 BMI 判定标准。

表 3-2   BMI 判定标准

BMI	解　释
BMI<18	超轻
18≤BMI<25	标准
25≤BMI<27	超重
27≤BMI	肥胖

编写一个程序，分两行输入用户的体重（千克）和身高（米），计算并显示其 BMI 值，同时做出解释性评价。

练习 3-4（超速罚款）开车超速是要罚款的，某国相应法律如表 3-3 所示。

表 3-3   超速罚款条款

情　　况	处　　罚
车速 ≤ 限速	程序输出：未超速
超速比 ≤ 10%	程序输出：超速警告
10% <超速比 ≤ 20%	程序输出：罚款100元
20% <超速比 ≤ 50%	程序输出：罚款500元
50% <超速比 ≤ 100%	程序输出：罚款1000元
超速比 > 100%	程序输出：罚款2000元

请编写程序，程序从输入的第 1 行读取车速（整数），从输入的第 2 行读取限速值（整数），然后使用条件分支语句进行判断，输出如表 3-3 所示的处罚结论。

练习 3-5（个人所得税）根据中华人民共和国个人所得税法，居民个人取得综合所得以每一纳税年度收入额减除费用六万元以及专项扣除、专项附加扣除和依法确定的其他扣除后的余额即为全年应纳税所得额。不同的全年应纳税所得额所对应的个税税率如表 3-4 所示。请编写一个程序，输入小张 2023 年的全年应纳税所得额，计算并输出其当年的个税总额。

表 3-4　个人所得税税率表（综合所得适用）

级　数	全年应纳税所得额	税率/%
1	不超过36 000元的	3
2	超过36 000元至144 000元的部分	10
3	超过144 000元至300 000元的部分	20
4	超过300 000元至420 000元的部分	25
5	超过420 000元至660 000元的部分	30
6	超过660 000元至960 000元的部分	35
7	超过960 000元的部分	45

说明：假设小张 2024 年的全年应纳税所得额为 46 000 元，其中的 36 000 元按 3% 计个税，超过的 10 000 元则按 10% 计个税。以此类推。

3.3　布 尔 型

在下述程序中，将 3<2 和 3>2 的比较结果分别赋值给 a 和 b：

```
1 package B3v2
2 main(): Int64 {
3     let a:Bool = 3 < 2
4     let b = 3 > 2
5     print("a = ${a}, b = ${b}")
6     return 0
7 }
```

上述程序的执行结果为：

```
1 a = false, b = true
```

3<2 显然不成立，这种不成立的结果在逻辑上被称为假（false）；3>2 则成立，其结果称为真（true）。仓颉使用布尔（Bool）型来存储逻辑比较的真假结果。上述示例中的 a、b 均为布尔型。布尔型只有真和假两个取值。此处请注意 Bool 首字母大写，true 和 false 则全是小写。

同其他编程语言不同，仓颉不允许布尔型与其他类型间相互转换，以避免不恰当使用所导致的风险。如图 3-7 所示，将布尔型转换为整数（第 4 行），将字符串（第 5 行）、浮点数（第 6 行）转换为布尔型都不被允许。

```
2 main(): Int64 {
3     var b:Bool = 3 < 2
4     let r = Int32(b)
5     let x = Bool("C919")
6     let y = Bool(3.2)
7     return 0
8 }
```

图 3-7　不支持的布尔型转换

3.4　关系运算

>=、<=、== 都属于关系运算符，它们常与 if 语句配用以选择程序执行路径。表 3-5 总结了仓颉语言中的 6 个关系运算符。

表 3-5　关系运算符

运 算 符	含　义	运 算 符	含　义
<	小于	<=	≤，小于或等于
>	大于	>=	≥，大于或等于
==	等于，当且仅当a与b的值相等时，a==b为真	!=	≠，不等于，当且仅当a与b不相等时，a!=b为真

下述程序及其执行结果展示了根据空气质量指数 AQI 对空气质量进行分级的简易模型：当 AQI 小于或等于 50 时，判定空气质量为"优"；当 AQI 大于 50 且不超过 100 时，判定空气质量为"良"；当 AQI 大于 100 时，判定空气质量为"污染"。

```
1  package AQI
2  import std.convert
3
4  main(): Int64 {
5      print("请输入空气质量指数：")
6      let s = readln()                        //从键盘读入一行
7      let aqi = Int32.parse(s)                //从字符串解析出整数
8      let r = if (aqi <= 50) {"优"}
9              else if (aqi <= 100) {"良"}
10             else {"污染"}
11     print("空气质量：${r}")
12     return 0
13 }
```

上述程序的执行结果为（80 为操作者输入）：

```
1  请输入空气质量指数：80
2  空气质量：良
```

▷ **第 8～10 行：**使用多分支条件表达式对空气质量指数 aqi 进行逻辑比较，并根据比较结果返回"优""良""污染"之一，赋值给 r。同样地，本多分支条件表达式经过了妥善设计，确保任意合法的 aqi 值均对应且唯一对应一个等级字符串。

下述示例展示了 == 和 != 关系运算符的应用示例。请读者注意，字符串之间也可以进行大小比较。

```
1  package Equality
2  main(): Int64 {
3      let a = 1.5; let b = 1.5
4      println("a + b == 3.0 is ${a + b == 3.0}")
5      println("a - b != 0.0 is ${a - b != 0.0}")
6      println("'C919' > 'A320' is ${'C919' > 'A320'}")
7      print("'Cat' == 'cat' is ${'Cat' == 'cat'}")
8      return 0
9  }
```

上述程序的执行结果为：

```
1  a + b == 3.0 is true
2  a - b != 0.0 is false
3  'C919' > 'A320' is true
4  'Cat' == 'cat' is false
```

▷ **第4行：**"=="操作符用于判断两侧的操作数是否相等。由于 a 和 b 都是 Float64 类型，故 a+b 也是 Float64，为保证 == 两侧的操作数类型相同，使用了 3.0 而不是 3。如执行结果的第 1 行所示，a+b==3.0 的判定结果为真（true）。

▷ **第5行：**"!="操作符用于判断两侧的操作数是否不相等，不相等时返回真，否则返回假。如执行结果的第 2 行所示，a-b!=0.0 的判定结果为假（false）。

▷ **第6行：**字符串对象间也可以进行大小比较。比较按字典序逐字符进行，C 比 A 大，故 C919 比 A320 "大"。

▷ **第7行：**小写字母 c 和大写字母 C 的编码▲不同，两个字符串不相等。

除表 3-5 所列的关系运算符之外，仓颉还支持与（&&）、或（||）、非（!）的布尔运算，详见表 3-6。

表 3-6 布尔运算符

运 算 符	表 达 式	说　　明
&&	x && y	逻辑与。当且仅当x和y均为真时，运算结果为真，否则为假。
||	x || y	逻辑或。当x和y至少有一个为真时，运算结果为真，否则为假。
!	!x	逻辑非。如果x为真，则返回假；如果x为假，则返回真。

下述示例展示了与、或、非布尔运算的使用方法。

```
1  package BoolOp
2  main(): Int64 {
3      let height = 1.71; let weight = 47.6   //身高,体重
4
5      var r = height > 1.8 && weight < 70.0
```

```
 6        println("身高大于1.8且体重低于70.0: ${r}")

 7

 8        r = height < 1.4 || weight < 50.0
 9        println("身高低于1.4或体重低于50.0: ${r}")
10
11        r = !(height < 1.7)
12        print("身高不低于1.7: ${r}")
13        return 0
14 }
```

上述程序的执行结果为：

```
1 身高大于1.8且体重低于70.0: false
2 身高低于1.4或体重低于50.0: true
3 身高不低于1.7: true
```

▷ **第 5 行:** height > 1.8 为假，weight < 70.0 为真，两者作逻辑与，结果为假。

▷ **第 8 行:** height < 1.4 为假，weight < 50.0 为真，两者作逻辑或，结果为真。

▷ **第 11 行:** height < 1.7 为假，假取非，结果为真。此处，由于 < 操作符的优先级低于 ! 操作符，故使用 () 确保 height < 1.7 优先计算。

⚠ **注意**

　　逻辑与是两个连续的&符号，逻辑或是两个连接的|符号。单个的&符号和|符号在仓颉中另有用途。|符号通常位于键盘中Enter键的上侧，需要结合Shift键输入。

⚠ **知所以然**

　　在编译前述布尔运算示例时，编译器提供了下述警告（warning）：

```
1    ==> D:\CJLearn\CH3\BoolOp\src\main.cj:5:29:
2 5 |      var r = height > 1.8 && weight < 70.0
3   |                             ^^^^^^^^^^^^^^^unreachable expression
```

　　在表达式 height > 1.8 && weight < 70.0 中，子表达式 weight < 70.0 被判定为不可抵达表达式（unreachable expression）。这与布尔运算的短路求值有关，由于 height > 1.8 为假，整个布尔表达式的结果必为假，编译器选择忽略 && 之后的子表达式，也就是 weight < 70.0 的计算，以提高速度。

　　一般地，在计算 x && y 时，如果 x 为假，则 y 的计算将被忽略；在计算 x || y 时，如果 x 为真，则 y 的计算也会被忽略。这就好比电路中的电流总是沿阻抗最小的通道前进，故称为布尔运算的短路。

📌 要点 ▪━━━━━━━━━━━━━━━━━━━━━━━━━━━━━━━━━━

　　编译器给出的错误（error）信息是强制性的，只有当程序员通过修改错误消除全部报错信息后，编译器才会为程序生成可执行目标文件。而警告信息只是编译器给程序员的提示，它认为在程序的相应位置可能有风险或者错误，建议程序员加以复核。

📖 编程练习

练习 3-6（布尔运算）变量 age 存储了小张的年龄，其值为整数；变量 gender 存储了小张的性别，其值为"男"或者"女"。请参照示例在右方空白处填写关系及布尔表达式，表述与左侧文字相同的内容。

布尔运算

　　年龄不小于 20 且性别为女：＿＿＿!(age < 20) && gender == " 女 "

　　年龄大于或等于 22 且性别为男：＿＿＿＿＿＿＿＿＿＿＿＿＿＿＿＿＿

　　年龄不小于 22 且性别不为女：＿＿＿＿＿＿＿＿＿＿＿＿＿＿＿＿＿

　　性别为男且年龄大于或等于 60：＿＿＿＿＿＿＿＿＿＿＿＿＿＿＿＿＿

　　性别为女且年龄不小于 55：＿＿＿＿＿＿＿＿＿＿＿＿＿＿＿＿＿＿＿

3.5　使用库函数

　　如果把软件比喻为一座大厦，那么函数就是大厦里无处不在的砖头。前述章节中多次用到的 print 就是一个函数。除 print/println 之外，仓颉标准库还提供了众多的函数，如常用的数学函数。

```
1  package UsingFunc
2  import std.math
3  import std.math.floor
4
5  main(): Int64 {
6      let a = math.abs(-11.1)              //求绝对值
7      println("abs(-11.1) = ${a}")
8      let b = math.pow(2.0,4)              //求2.0的4次方
9      println("pow(2.0,4) = ${b}")
10     let c = math.ceil(67.001)           //对67.001上取整，得68.0
11     println("ceil(67.001) = ${c}")
12     let d = floor(67.999)               //对67.999下取整，得67.0
13     println("floor(67.999) = ${d}")
14     let e = math.gcd(50,75)             //求50,75的最大公约数
15     print("gcd(50,75) = ${e}")
```

```
16      return 0
17  }
```

上述程序的执行结果为：

```
1  abs(-11.1) = 11.100000
2  pow(2.0,4) = 16.000000
3  ceil(67.001) = 68.000000
4  floor(67.999) = 67.000000
5  gcd(50,75) = 25
```

▷ **第2行：** 导入 std 标准模块下的 math 包。

▷ **第3行：** 导入 std 标准模块下的 math 包下的 floor 函数。

▷ **第6、7行：** 如执行结果的第 1 行所示，math.abs(-11.1) 函数计算并返回 -11.1 的绝对值。函数名 abs 源自英文 absolute value。

▷ **第8、9行：** math.pow(2.0,4) 计算并返回 2.0 的 4 次方，参见执行结果的第 2 行。如 2.5.1 节所述，** 运算符也可用于求幂。函数名 pow 源自英文 power。

▷ **第10、11行：** math.ceil(67.001) 计算并返回 67.001 的上取整。如执行结果的第 3 行所示，该函数的返回值仍然是浮点数。如需要整数，请用 Int32() 或者 Int64() 进行转换。函数名 ceil 源自英文 ceiling。

▷ **第12、13行：** floor(67.999) 计算并返回 67.999 的下取整。同 ceil 函数一样，floor 函数也是 math 包的成员。由于在第 3 行直接导入了 std.math.floor，因此这里可以直接使用 floor 而不必写成 math.floor。

▷ **第14、15行：** math.gcd(50,75) 计算并返回 50 和 75 的最大公约数。函数名 gcd 源自英文 greatest common divider。

从使用者的角度看，函数就是一个可以重复使用的"功能黑箱"，它接收 0 个或多个值作为参数输入，经过计算或操作产生 0 个或多个值作为输出。如图 3-8 所示，对于函数调用 pow(2.0,4)，调用者向 pow( ) 函数提供的参数 2.0 和 4 即为这个"功能黑箱"的输入，函数返回的 16.0 则是输出。

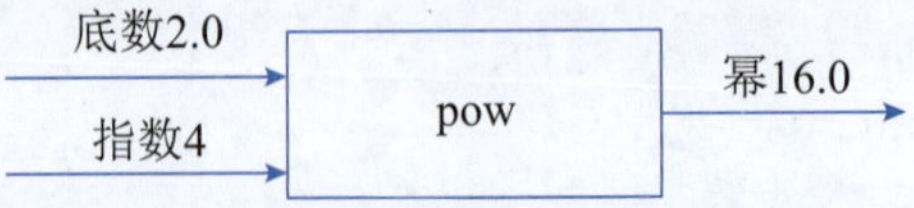

图 3-8　函数 pow(2.0,4) 的"功能黑箱"

操作技巧

读者可能因无法有效记忆众多的函数名及其用法感到烦恼，这大可不必。如图3-9所示，在CodeArts中，输入"math."后就会自动列出math包内的全部可用资源供程序员选用。

```
 4   main(): Int64 {
 5       math.po
 6           M pow
 7           M pow(base: Float32, exponent: Float32)
 8           M pow(base: Float32, exponent: Int32)
 9           M pow(base: Float64, exponent: Float64)
10           M pow(base: Float64, exponent: Int64)
11
```

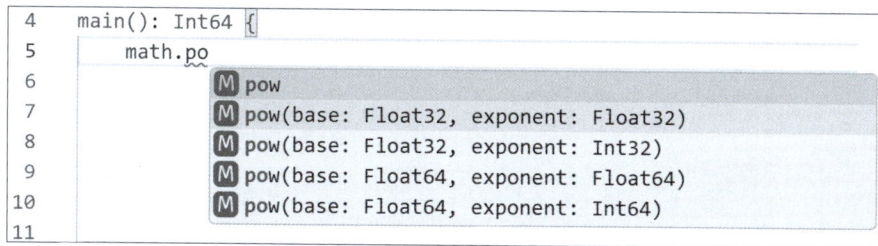

图 3-9　使用 Visual Studio Code 的参照功能

严格地说，math 包内存在 4 个版本的 pow 函数，它们各自接收不同类型的参数，然后完成相似的功能。对于仓颉而言，math.pow(2.0,4) 是合法的函数调用，因为 2.0 是 Float64，4 是 Int64，可以与图 3-9 中最后一个版本的 pow 函数相匹配。而 math.pow(2,4) 则不是合法的函数调用，因为任何一个版本的 pow 函数均不接收以整数类型的 2 作底（base）。

3.6　自定义函数

仓颉提供的内置函数并不能满足用户的全部需要，用户可以通过函数自定义来创造新函数。在日常生活中，家庭用电通常按月计费，其计费规则如下：

月电费额 =（期末电表读数 — 期初电表读数）× 单价

在电费单价确定的情况下，用电计费函数的"功能黑箱"有两个输入和一个输出，输入参数包含期初电表读数和期末电表读数，输出值则为月电费额，如图 3-10 所示。

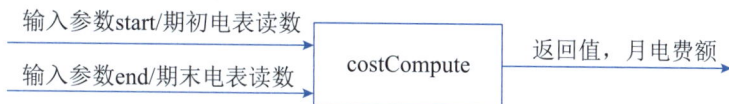

输入参数start/期初电表读数
输入参数end/期末电表读数
→ costCompute → 返回值，月电费额

图 3-10　用电计费函数的"功能黑箱"

根据上述分析，定义了用电计费函数 costCompute，并两次调用执行该函数分别计算了张先生家和李太太家的电费。

```
 1  package UserFunc
 2  import std.convert        //导入std标准模块下的convert(格式化)包
 3
 4  func costCompute(start:Int64, end:Int64):Float64 {
 5      let consume = end - start        //用电量 = 期末电表读数-期初电表读数
 6      return Float64(consume)*0.85     //月电费额 = 用电量 * 单价
 7  }
 8
 9  main(): Int64 {
10      let elecFee1 = costCompute(1201,1786)
```

```
11      let elecFee2 = costCompute(1322,1423)
12      println("张先生家的电费: ${elecFee1.format(".2")}")
13      print("李太太家的电费: ${elecFee2.format(".2")}")
14      return 0
15  }
```

上述程序的执行结果为：

```
1  张先生家的电费: 497.25
2  李太太家的电费: 85.85
```

程序第 4 ~ 7 行定义了一个名为 costCompute 的用电计费函数。由于是用户自己定义的，故称为自定义函数（user defined function）。该函数的结构如图 3-11 所示。

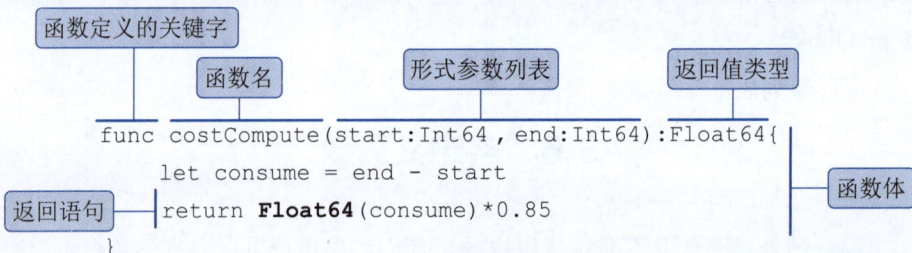

图 3-11 函数 costCompute(start,end) 的结构

函数的定义用于向编译器介绍函数的接口及实现，它并不会导致函数的执行。函数可以一次定义，多次执行。在本例中，costCompute 函数被两次调用执行（第 10 行和第 11 行）。图 3-12 展示了程序第 10 行对 costCompute 函数的调用执行过程。

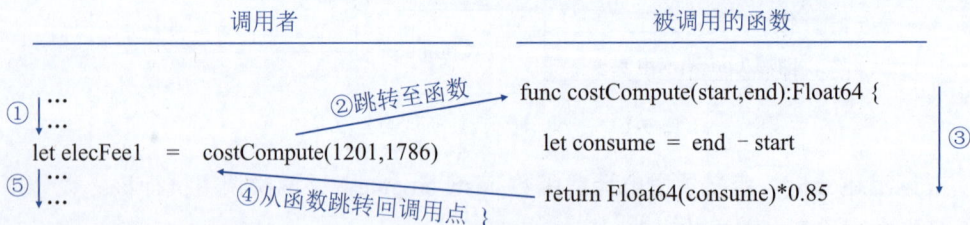

图 3-12 函数调用的过程

对照图 3-11 和图 3-12 解释函数的调用执行过程如下。

① 依次执行函数调用前的代码。

② 到达函数调用点，程序跳转至函数执行。在跳转前，函数调用者向函数提供的实际参数（简称实参），本例中为 1201 和 1786，会传递给函数用于接收外部输入的形式参数（简称形参），本例中为 start 和 end。此处实参与形参的对应关系依据顺序确定，1201 传给 start，1786 传给 end。

③ 函数体内的代码依次执行，在函数体执行过程中，形参作为普通不可变变量被使用。函数体（function body）是函数运行的实体部分。在本例中，第 5 行使用期末电

表读数（end）减去期初电表读数（start），得到当月用电度数（consume）；第 6 行则将用电度数与 0.85 的单价相乘，然后用 return 语句返回。

④ 执行到函数体内的 return 语句，从函数跳转回调用点。在本例中，跳转过程携带着函数的返回值，该值通过赋值操作传递给了 elecFee1 变量。函数体中 return 语句提供的返回值的类型应与函数声明的返回值类型相同。

⑤ 继续执行函数调用后的代码。

函数两次执行（第 10、11 行）的返回值被变量 elecFee1 和 elecFee2 接收。程序第 12、13 行则打印了电费计算结果，详见执行结果的第 1、2 行。

关于函数的定义语法，有必要做一些补充说明。在本例中，函数名 costCompute 由 cost 和 Compute 两个英文单词组成。依小驼峰命名法则，函数名首字母小写。同时，为了阅读方便，第 2 个单词的首字母大写。函数名后的括号里是以逗号分隔的形参列表，每个参数以名称：类型的格式列出。函数接收 0 至多个形参作为输入，当形参的数量为 0 时，包含形参列表的括号可以为空。costCompute 函数的返回值类型是 Float64，当函数被定义为不返回任何值时，上述定义中的 ":Float64" 部分应略去。当函数没有返回值时，函数体内可使用一个空的 return 语句进行不携带任何返回值的返回。

◎ **见微知著** ▪

为什么要定义这么一个简单的函数？直接用elecFee = (1786.0-1201.0)*0.85难道不是更简单吗？不，适时的舍简求繁实际是删繁就简！原因有二：①costCompute被抽象成函数以后，读者一看便知这个函数是在计算费用，程序可读性好。②如果有一天要实施阶梯电价或者电价变更，用户只需修改costCompute函数即可完成升级；如果使用直接计算的方案，假设在程序当中有N处电费计算，就需要修改N处，如果遗漏了一处，就是程序缺陷，即俗称的Bug。

⚠ **精益求精**

```
1 let elecFee1 = costCompute(1201,1786)
```

在程序阅读者阅读上述代码时，对 1201 和 1786 在函数中的用途可能会感到疑惑。为了增强程序的可读性，仓颉还提供了命名形参。请见下述示例。

```
1 package Power
2 func getPower(voltage!:Float64, current!:Float64):Float64 {
3     return voltage*current    //电阻的电功率 = 电压*电流
4 }
5
6 main(): Int64 {
7     let p = getPower(current:1.2,voltage:5.0)
```

```
 8      print("P = UI = ${p}W")
 9      return 0
10  }
```

上述程序的执行结果为：

```
 1  P = UI = 6.000000W
```

上述 getPower 函数被用于根据电压（voltage）和电流（current）计算电阻的电功率。请读者留意形参 voltage 和 current 后边的 ! 号（第 2 行），这表明 voltage 和 current 是命名参数，在向命名参数传参时，必须以名称 : 值的形式指定对应的形参名称，如程序第 7 行的 current:1.2。在向命名参数传参时，传递顺序可以与定义顺序不同。在本程序第 2 行定义函数时，形参 voltage 在前，current 在后，而第 7 行传参时，却是 current 在前，voltage 在后。

函数可以同时包含非命名参数和命名参数，但定义时必须将非命名参数置于前。

3.7　实践：断点调试观察函数调用

3.6 节的理论讲述并不能帮助所有读者完全理解函数调用过程。在本实践所提供的视频中（扫描二维码），读者可以形象化地看到：函数的执行跳转、函数的参数传递、内部执行，以及带值返回过程的细节。

🏛 **编程练习**

练习 3-7（信用卡）信用卡消费，超过免息期后一般按照日息万分之五计息。请按照如图 3-13 所示的"功能黑箱"设计函数 debt(amount, days)，并编写合适的代码调用测试该函数。

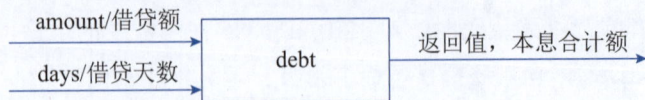

图 3-13　函数 debt 的功能黑箱

说明：信用卡债务通常是按月计复利（利滚利），简便起见，本函数不计复利，即借贷本金始终保持不变。

练习 3-8（海伦 - 秦九韶公式）编写程序，输入三角形的三条边边长，并使用海伦 - 秦九韶公式求三角形的面积，其中面积计算应通过自定义函数来实现。如果输入的三条边长不能构成合法的三角形，则打印错误提示信息。

练习 3-9（最短跑道长度）假设某飞机的加速度是 a，起飞速度是 v，该飞机起飞所需的最短跑道长度 $L=v^2/(2a)$。编写程序，提示用户输入起飞速度 v（m/s）和加速度 a（m/s^2），计算并打印飞机起飞的最短跑道长度，计算过程应封装成一个函数。

最短跑道
长度

3

3.8　实践：心灵感应魔法

"哈利·波特之心灵感应魔法"是一种常见的儿童益智游戏。表演者首先会要求观众在心中默想一个 60 以内的整数，然后依次将图 3-14 所示的卡片 1~卡片 6 展示给观众，并询问观众他所默想的数字是否在卡片上。在卡片出示的过程中，卡片是背对表演者的，即表演者是看不到卡片的。在听完观众的 6 个回答之后，表演者即可"猜"出观众默想的数字，仿佛掌握了"读心术"一般。

1	11	21	31	41	51
3	13	23	33	43	53
5	15	25	35	45	55
7	17	27	37	47	57
9	19	29	39	49	59

卡片1

2	11	22	31	42	51
3	14	23	34	43	54
6	15	26	35	46	55
7	18	27	38	47	58
10	19	30	39	50	59

卡片2

4	13	22	31	44	53
5	14	23	36	45	54
6	15	28	37	46	55
7	20	29	38	47	60
12	21	30	39	52	*

卡片3

8	13	26	31	44	57
9	14	27	40	45	58
10	15	28	41	46	59
11	24	29	42	47	60
12	25	30	43	56	*

卡片4

16	21	26	31	52	57
17	22	27	48	53	58
18	23	28	49	54	59
19	24	29	50	55	60
20	25	30	51	56	*

卡片5

32	37	42	47	52	57
33	38	43	48	53	58
34	39	44	49	54	59
35	40	45	50	55	60
36	41	46	51	56	*

卡片6

图 3-14　"哈利·波特之心灵感应魔法"的卡片

表演者显然没有"读心术"，他根据观众关于数字在不在卡片上的 6 个回答来计算答案。解题思路与二进制有关。一个 6 位的二进制数，其可以表示的最大数字是 $2^6-1=63$。所以，任意 60 以内的整数，都可以用不超过 6 位的二进制数来表示，例如，41 的二进制值如表 3-7 所示。

表 3-7　41 的二进制表示

$(41)_{10}=(32+8+1)_{10}=(101001)_2$

位　号	6	5	4	3	2	1
位　值	1	0	1	0	0	1
位　权	32	16	8	4	2	1

　　每一个 60 以内的整数均可转换成一个 6 位的二进制数。如果对应的二进制数的第 1 位（最低位）为 1，该数包括在卡片 1 中，同理，二进制第 2 位为 1 的数包括在卡片 2 中，……，二进制第 6 位为 1 的数包括在卡片 6 中。上述数字 41，其二进制的第 1、4、6 位为 1。可以看到，41 只出现在卡片 1、4、6 中，卡片 2、3、5 里没有 41。所以，观众每回答一个按顺序给出的问题，其实就告诉了表演者该数字 6 位二进制数中的其中一位是 0 还是 1。

　　下面用数字 58 来模拟一下。卡片 1、3 里没有 58，卡片 2、4、5、6 里有 58。所以表演者从观众那里得到的 6 个回答从 1 到 6 依次是：无、有、无、有、有、有。将上述回答换成二进制就是 $(111010)_2$。按照对应的位权把 $(111010)_2$ 换成十进制就是 $32+16+8+2 = 58$。

　　现在就知道表演者是如何表演的了。实际上他一直在做加法，从 0 值开始，如果观众对卡片 1 的回答是有，则加 1；对卡片 2 的回答是有，则加 2；对卡片 3 的回答是有，则加 4……对卡片 6 的回答是有，则加 32。相加后的最终结果即为观众的默想数。

　　读者可以运行下述程序来模拟上述游戏的过程：心里先默想一个数，然后运行程序，通过输入 y 或者 n 来回答 6 个问题，看看计算机能否猜出你默想的数，是否跟你有心灵感应。

```
1  package NumMagic
2  main(): Int64 {
3      let card1 = """
4      卡片1:
5      1 11 21 31 41 51
6      3 13 23 33 43 53
7      5 15 25 35 45 55
8      7 17 27 37 47 57
9      9 19 29 39 49 59\n"""
10     //此处有大量删节……
11     let card6 = """
12     卡片6:
13     32 37 42 47 52 57
14     33 38 43 48 53 58
15     34 39 44 49 54 59
16     35 40 45 50 55 60
17     36 41 46 51 56 *\n"""
18
19     let q = "数字在不在这张卡片里？y表示是，n表示否:"
20     print(card1+q)
21     let b1 = if (readln()=="y") {1} else {0}
22     print(card2+q)
23     let b2 = if (readln()=="y") {1} else {0}
```

```
24     print(card3+q)
25     let b3 = if (readln()=="y") {1} else {0}
26     print(card4+q)
27     let b4 = if (readln()=="y") {1} else {0}
28     print(card5+q)
29     let b5 = if (readln()=="y") {1} else {0}
30     print(card6+q)
31     let b6 = if (readln()=="y") {1} else {0}
32
33     println("二进制解: ${b6} ${b5} ${b4} ${b3} ${b2} ${b1}")
34     print("你的数字是: ${b6*32+b5*16+b4*8+b3*4+b2*2+b1*1}")
35     return 0
36 }
```

　　上述程序的执行结果为（输入依次为 y,y,y,y,n,y）：

```
1  ……此处有大量删节
2      卡片6:
3      32 37 42 47 52 57
4      33 38 43 48 53 58
5      34 39 44 49 54 59
6      35 40 45 50 55 60
7      36 41 46 51 56 *
8  数字在不在这张卡片里? y表示是，n表示否:y
9  二进制解: 1 0 1 1 1 1
10 你的数字是: 47
```

　　请读者注意，由于上述程序未对操作者输入进行容错处理，因此读者输入 y、n 时只能录入小写的 y 和 n，且不能录入多余的空格；否则程序的执行结果可能与预期不符。

▷ **第3～17行:** card1～card6 是用两组 """ 括起来的多行字符串，其中包含了图 3-14 中各张卡片的内容。关于多行字符串，必要时请回顾 2.6.3 节。

▷ **第20行:** 使用 print 将卡片 1 的内容连同字符串 q 输出至屏幕。card1 + q 表示将两个字符串相加，生成一个新的字符串。所谓字符串相加，即是将字符串按顺序首尾相连，形成一个新串。"Hello" + "Kitty" 的结果即为 "HelloKitty"。

▷ **第21行:** 执行 readln 函数从键盘读入一行，如果内容为 "y"（数字在卡片中），b1 取值为 1，表示默想数的二进制第 1 位为 1，否则 b1 取值为 0。此处使用了条件表达式，必要时请回顾 3.1.3 节。

▷ **第22～31行:** 使用相同的方法完成卡片 2～卡片 6 的提问，并依次确定 b2～b6 的值。

▷ **第33～34行:** b6，b5，b4，b3，b2，b1 分别对应数字的 6 个二进制位，将每个二进制位乘以对应的位权，然后相加，即得默想数。

心灵感应
魔法

3.9　数 组 容 器

单个整数、浮点数、字符串、布尔对象理论上都只存储了一个值。但在软件中，经常需要处理相同类型的多个值，如长江水文站每日测量的水温（浮点数）、公司里每位员工的月薪（浮点数）、全唐诗中每位诗人的姓名（字符串）。这就需要使用到容器（collection）类型。

容器是一种特殊的对象，它通常用于容纳单一类型的多个对象。数组（Array）是最简单的容器类型，用于存储相互之间存在次序关系的元素序列。

在定义一个数组时，需要在 Array 关键字后面的 <> 内指明数组所容纳的元素的类型。Array<Int64> 是一个元素类型为 Int64 的数组，其内只能存储 Int64 对象。Array<String> 则只能存储 String，Array<Elephant> 则只能存储 Elephant（大象）（如果 Elephant 类型已经被自定义）。

下述程序定义并使用了一个元素类型为 Int64 的数组和一个元素类型为 String 的数组。

```
 1 package WeekDays
 2 main(): Int64 {
 3     let a:Array<Int64> = [1,2,3,4,5]
 4     let b = ['周一','周二','周三','周四','周五','周六','周日']
 5     println("a.size = ${a.size}, b.size = ${b.size}")
 6     println("${a[0]}, ${a[1]}, ${a[2]}, ${a[3]}, ${a[4]}")
 7     println("${b[0]}, ${b[1]}, ${b[2]}, ${b[3]}, ${b[6]}")
 8     b[0] = '星期一'
 9     print(b)
10     return 0
11 }
```

上述程序的执行结果为：

```
1 a.size = 5, b.size = 7
2 1, 2, 3, 4, 5
3 周一, 周二, 周三, 周四, 周日
4 [星期一, 周二, 周三, 周四, 周五, 周六, 周日]
```

▷ **第3行：** 变量 a 的指定类型为 Array<Int64>，即存储 Int64 整数的数组。使用方括号包裹的字面量 [1,2,3,4,5] 包含 5 个以逗号分隔的 Int64 类型的元素，其类型也是 Array<Int64>。请注意，这里的 a 被定义为不可变变量。

▷ **第4行：** 等号右侧的字面量 ['周一','周二','周三','周四','周五','周六','周日'] 包含 7 个字符串类型的元素，其类型为 Array<String>。编译器通过字面量的类型推断不可变变量 b 的类型为 Array<String>。

> **要点**

　　虽然都是数据容器，但a的完整类型为Array<Int64>，b的完整类型为Array<String>。它们是不同类型的对象，就好比盒装牛奶箱和条装速溶咖啡盒是不同类型的容器一样，前者预期用于容纳盒装牛奶，后者则用于容纳条状咖啡包。

　　数组内的元素是有先后顺序的，对于数组a而言，3在2的后面，4在5的前面。

▷ **第5行:** a.size 是 Array<Int64> 类型的对象 a 的属性（attribute），它是 Int64 类型整数，表示容器 a 内的元素个数。如执行结果的第 1 行所示，数组 a 里有 5 个元素，数组 b 中则有 7 个元素。

▷ **第6行:** 通过 a[i] 可以访问数组 a 中的第 i 个元素。这里的 i 称为索引（index），也有人叫它下标（subscript），索引从 0 开始计数。如执行结果的第 2 行所示，a[0] 对应数组 a 内的第 0 个元素，其值为 1；a[1] 对应数组 a 内的第 1 个元素，其值为 2；……；a[4] 则对应数组 a 内的第 4 个元素，其值为 5。由于从 0 开始计数，共包含 5 个元素的数组不存在索引为 5 的元素，使用 a[5] 将导致索引越界（out of bounds）的错误。

▷ **第7行:** 打印数组 b 位于索引 0、1、2、3、6 的元素。参见执行结果的第 3 行。

▷ **第8行:** 对 b[0] 赋值，将 b 数组的第 0 个元素从 ' 周一 ' 修改为 ' 星期一 '。

▷ **第9行:** 打印 b 数组。输出内容请见执行结果的第 4 行。

⚠ 知所以然

　　细心的读者或许已经注意到前述示例中的数组 b 被定义为不可变变量，但我们通过 b[0] = ' 星期一 ' "修改" 了数组的第 0 个元素。

　　在仓颉的理论体系里，b[0] = ' 星期一 ' 并未修改不可变变量 b 本身，它所修改的事实上是 b 所引用的数组对象，故合法。读者如果此时感到些许疑惑，建议先行略过，在 6.9 节中再行讨论。

　　类似的情况也发生在如图 3-15 所示的代码中。第 5 行试图将不可变变量 a 关联至另一个数组对象，这被视为对 a 的修改，不被允许，编译器标出了波浪线。

```
3   main(): Int64 {
4       let a = ["枯藤","老树","昏鸭"]
5       a = ["小桥","流水","人家"]
6       a[2] = "昏鸦"
7       print(a)
8       return 0
9   }
```

图 3-15　对不可变变量数组的修改

　　但第 6 行的 a[2] = " 昏鸦 " 修改的不是不可变变量 a 而是 a 所引用的数组对象，合法。

　　图 3-16 则展示了前述示例中数组 b 的内部结构，数组 b 的全部元素被依次存储在一片连续的存储空间内，该数组包含 7 个元素，拥有从 0 至 6 的索引。

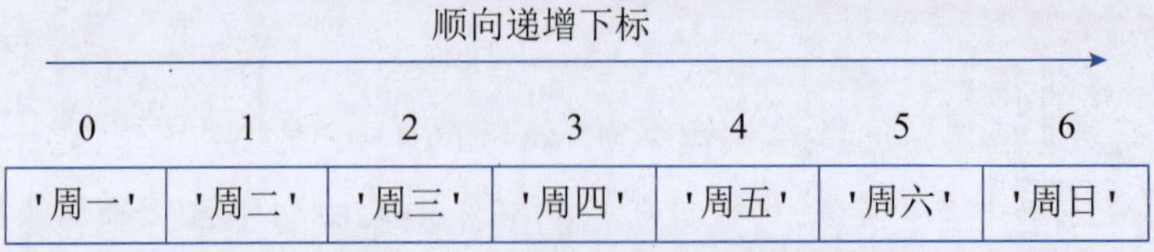

顺向递增下标

0	1	2	3	4	5	6
'周一'	'周二'	'周三'	'周四'	'周五'	'周六'	'周日'

图 3-16　数组 b 的内部结构

> 🎯 **要点**
>
> 　　数组的长度（元素个数）在创建之后是固定不变的，仓颉不支持增加或者移除数组内的元素。

3.10　实践：鼠牛虎兔

　　十二生肖又称为属相，是中国与十二地支相配，与人出生年份相关的十二种动物，其包括鼠、牛、虎、兔、龙、蛇、马、羊、猴、鸡、狗、猪。中国的生肖每 12 年一循环，如果知道某一年对 12 求余的值和对应的生肖，就可以推算出其他年份的生肖。

　　例如，我们知道 2016 年是猴年，而且 2016%12 是 0。如果年数对 12 取余的结果为 1，则根据表 3-8 可以推算出其对应年份的生肖为鸡，其他以此类推。

表 3-8　年份 - 生肖对照表

年　份	…	2014	2015	2016	2017	2018	2019	2020	…
生肖	…	马	羊	猴	鸡	狗	猪	鼠	…
年份除以12的余数	…	10	11	0	1	2	3	4	…

　　根据上述分析，得到下述程序：

```
 1  package Zodiac
 2  import std.convert
 3  main(): Int64 {
 4      let zods = ['猴','鸡','狗','猪','鼠','牛','虎','兔',
 5                  '龙','蛇','马','羊']
 6      print("你出生于哪一年: ")
 7      let y = readln()
 8      let i = Int64.parse(y) % 12
 9      print("你好呀！可爱的小${zods[i]}！")
10      return 0
11  }
```

　　上述程序的执行结果为（2007 为操作者输入）：

```
1  你出生于哪一年: 2007
2  你好呀! 可爱的小猪!
```

▷ **第4、5行:** 字符串数组 zods 顺序包含了 12 个生肖字符串。

▷ **第7行:** 从键盘读入操作者输入的年份字符串 y。

▷ **第8行:** Int64.parse(y) 对字符串 y 进行解析, 得整数。将所得整数对 12 求余, 得对应生肖在 zods 数组中的下标。

▷ **第9行:** 通过下标从 zods 数组获取生肖字符串, 再通过字符串插值方法打印至屏幕。

📖 编程练习

练习 3-10(大月与小月)定义一个长度为 12 的整数数组 days, 其中 days[i] 表示 i+1 月的天数(平年)。编写一个程序, 从键盘读入月份, 然后从 days 数组查得该月天数并打印。

大月与小月

3.11 构造对象

当从无到有地创造出一个新对象时, 该对象的构造函数将被执行以初始化该对象。按照这一理论, 下述"类型转换"代码可以换一个角度加以解释。

```
1      let f = Float32(123)
```

在 2.4 节中将 Float32(123) 解释为将整数类型的 123 转换为 Float32 类型。事实上, Float32 是一个与类型 Float32 同名的函数, 它负责构造初始化一个类型为 Float32 的新对象。123 是提供给这个函数的实参。

同理, 也存在类型与 Array<Int64> 同名的 Array<Int64> 函数, 它负责构造初始化一个类型为 Array<Int64> 的新数组。请见下述示例:

```
1  package CreateArray
2  main(): Int64 {
3      let a = Array<Int64>();                 println("a = ${a}")
4      let b = Array<Int64>(5,repeat:99);  println("b = ${b}")
5      let c = Array<Int64>(6, {i:Int64=>i*2});  print("c = ${c}")
6      return 0
7  }
```

上述程序的执行结果为:

```
1  a = []
2  b = [99, 99, 99, 99, 99]
3  c = [0, 2, 4, 6, 8, 10]
```

▷ **第3行:** 以零参数调用 Array<Int64> 构造函数。如执行结果的第 1 行所示, 所得为一个空数组, 其内无任何元素。

▷ **第4行:** 以参数5和参数repeat:99调用Array<Int64>的构造函数。如执行结果的第2行所示,所得为包含5个元素的数组,元素值皆为99。按3.6节的讨论,repeat:99表示将实参99指定传递给该函数的命名参数repeat(意为重复)。

▷ **第5行:** 以参数6和参数{i:Int64=>i*2}调用Array<Int64>的构造函数。如执行结果的第3行所示,所得为一个包含6个元素的数组,元素值均等于所在索引/下标乘以2。

> 💻 **说明** ◂
>
> {i:Int64=>i*2}作为一个参数传递给了函数Array<Int64>,它事实上是一个匿名函数:该函数接收Int64类型的i作为参数,计算并返回i*2作为结果。对于这类逻辑十分简单的函数,仓颉提供了匿名函数这种简洁的函数定义语法。

于本例而言,在Array<Int64>函数初始化数组的过程中,它会6次调用这个通过参数获得的匿名函数,提供各元素的下标i,并用该匿名函数的返回值填充数组。事实上,第3~6行调用的是Array<Int64>函数的不同版本,因为它们接收不同类型和数量的参数。

读者如果对上述解释感到费解,请不必紧张。随着阅读和练习的持续进行,一切迷雾都将在太阳的照耀下消散。

3.12　小　　结

使用if、else语句及其组合可以实现二分支、多分支的程序结构。在这种分支结构里,程序根据逻辑判断结果从多个分支语句块中选择一个执行。借助match表达式,可以更简洁地实现多分支的程序结构。match表达式分为含选择器与不含选择器两类。两种类型的match表达式都要求实现模式/条件的穷尽。

布尔类型用于存储逻辑比较的真假结果,其仅有true和false两个取值。通过>、<等比较操作符,&&、||、!等布尔运算符,程序可以进行关系和逻辑运算。

当库函数或者内置函数不足以满足需求时,程序员可以自定义函数。函数可以一次定义、多次调用,其本质可视为可重复使用的语句块。

容器是一种特殊的对象,它用于容纳其他元素。数组可以容纳类型相同且相互间存在次序关系的多个元素,其元素可通过索引/下标来访问。数组的索引从0开始计数。

万物皆对象。当对象被创建时,对象的构造函数会被执行以初始化该对象。对于Array<T>类型的数组而言,其构造函数存在多个不同的版本,它们接收不同数量和类型的参数,以不同的方式初始化数组容器。

第 4 章 循环之道

> 三百六旬有六日，光阴过眼如奔轮；周而复始未尝息，安得四时长似春。
>
> ——邵雍《光阴吟》

思维导图

天下武功，唯快不破。相对于人脑，计算机最大的优势是速度快而且几乎不犯错。在工作与生活中，经常要进行一些重复的工作，如生产口罩的口罩机需要不停地将无纺布分段切割，群发垃圾邮件的"机器人"将邮件一封又一封地发往一个又一个的收件人邮箱。从事这些重复的工作是计算机的优势，而计算机做这些重复工作的方法，就是循环。

4.1 for 循环

仓颉中的循环语法包括 for 循环和 while 循环两种，本节讨论 for 循环（for loop），其基本语法格式如下：

```
1  for (循环变量 in 可迭代序列) {
2      循环体语句块
3  }
```

当前阶段，很难准确地向读者解释可迭代序列（iterable sequence），简单地：①可迭代序列是一个"容器"，其内通常包含多个相同类型的成员；②可迭代序列可以按照顺序向外逐一"提供"其成员。

循环体语句块可以由 1 行至任意多行语句构成，并由 {} 包裹。

图 4-1 展示了 for 循环的一般过程，for 循环会持续地向可迭代序列索取值，一次索取一个，然后将得到的值赋值给循环变量。每得到一个值，循环体代码被执行一次。上述过程会一直持续，直到可迭代序列无法提供更多值为止。对于一个 for 循环而言，可迭代序列包含多少个值，循环体就会执行多少次。

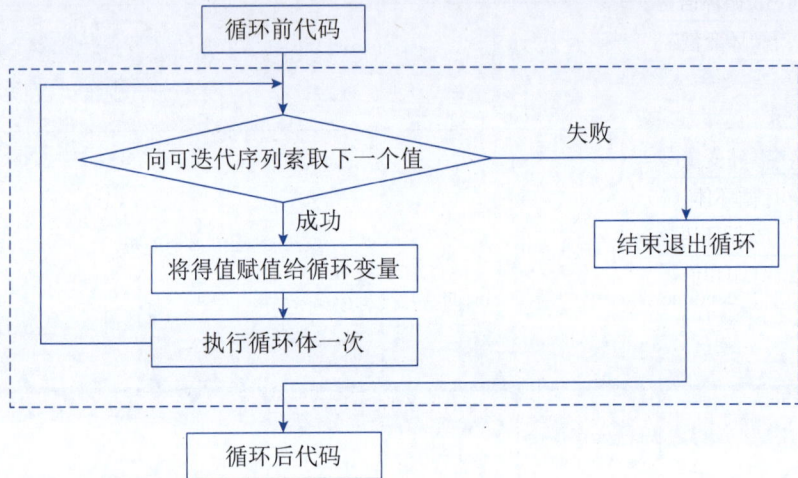

图 4-1　for 循环过程

下面通过下述示例详细讨论 for 循环的语法。该示例使用 for 循环计算 1+2+3 的值。

```
1  package SimpleFor
2  main(): Int64 {
3      var s:Int64 = 0
4      for (i in 1..4) {
5          println("循环变量 i = ${i}")
6          s += i
7      }
8
9      print("和 = ${s}")
10     return 0
11 }
```

上述程序的执行结果为：

```
1  循环变量 i = 1        3  循环变量 i = 3
2  循环变量 i = 2        4  和 = 6
```

上述程序第 4 行的 1..4 即为一个可迭代序列，其中"包含"从 1 到 4（不含 4）的 3 个整数，即 1、2 和 3。一般地，a..b 可视为从 a 到 b（不含 b）的公差为 1 的等差数列。

下面结合表 4-1 及图 4-2 来说明上述程序的执行过程及其用途。

表 4-1 for 循环的执行步骤

步号	说 明
1	第3行：var s:Int64 = 0。第3行属于循环前代码。
2	第4行：for循环语句向可迭代序列1..4索取下一个值，得1。
3	第4行：循环变量i被赋值为1。
4	顺序执行循环体（第5、6行）：打印当前i值（1，参见执行结果的第1行），把当前i值累加进s。
5	第4行：for循环语句向可迭代序列1..4索取下一个值，得2。
6	第4行：循环变量i被赋值为2。
7	顺序执行循环体（第5、6行）：打印当前i值（2，参见执行结果的第2行），把当前i值累加进s。
8	第4行：for循环语句向可迭代序列1..4索取下一个值，得3。
9	第4行：循环变量i被赋值为3。
10	顺序执行循环体（第5、6行）：打印当前i值（3，参见执行结果的第3行），把当前i值累加进s。
11	第4行：for循环语句向可迭代序列1..4索取下一个值，失败，结束并退出循环。
12	第9行：打印和值s，参见执行结果的第4行。第9行属于循环后代码。

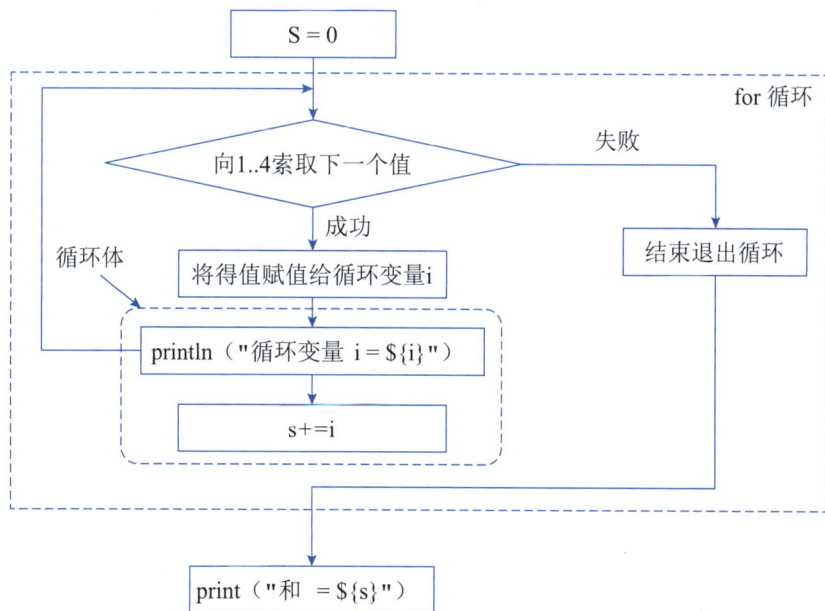

图 4-2 SimpleFor 示例中的 for 循环

稍加总结可以发现，上述程序中的循环体共执行了 3 次，每次执行时对应的 i 值分别为 1、2、3。这与可迭代序列 1..4 "包含"的等差数列相符，1..4 包含从 1 到 4（不含 4），步长为 1 的等差数列。

简单地说，上述程序计算并输出了 1+2+3 的值。请注意，如果希望计算 1+2+3+…+ 99+100 的值，for 循环中的可迭代序列应为 1..=100，而不是 1..100。可迭代序列 1..=100 中的等号表示序列包含终值 100。程序如下，请读者自行运行验证。

```
1 package Sum100
```

```
 2 | main(): Int64 {
 3 |     var s:Int64 = 0
 4 |     for (i in 1..=100) {   //1..=100中的=号表明序列包含100
 5 |         s += i
 6 |     }
 7 |
 8 |     print("1+2+3+...+99+100 = ${s}")
 9 |     return 0
10 | }
```

在仓颉中还可以给 for 循环添加一个可选的 where 判定条件，对于从可迭代序列中取出的每一个值，当且仅当判定条件为真时才执行循环体。

```
1 | for (循环变量 in 可迭代序列 where 判定条件)   {
2 |     循环体语句块
3 | }
```

下述程序遍历了从 1 到 100（含）的全部整数，找出并打印所有能被 11 整除的数：

```
1 | package Like11
2 | main(): Int64 {
3 |     for (i in 1..=100 where i%11==0) {
4 |         print("${i}, ")
5 |     }
6 |     return 0
7 | }
```

上述程序的执行结果为：

```
1 | 11, 22, 33, 44, 55, 66, 77, 88, 99,
```

▷ **第 3 行：** 对于可迭代序列中取得的值 i，for 语句按照判定条件进行判定，当且仅当判定条件为真时，才执行循环体。i%11==0 是指 i 除以 11 的余数等于 0，即 i 为 11 的整数倍。

　　如执行结果所见，被打印出来的数都是 11 的整数倍。

4.2　实践：断点调试观察程序循环

　　　　4.1节的理论讲述并不能帮助所有读者完全理解for循环过程。扫描二维码观看视频，读者可以形象化地看到for循环执行过程的细节。

4.3 区　　间

在 4.1 节中用到的形如 1..4 这样的可迭代序列，事实上是一种称为区间（Range）的特殊对象。区间类型常用于表达等差数列。

start..end:step 表示一个从 start 开始，到 end（不含）结束，步长 / 公差为 step 的左闭右开区间，当":step"被省略时，表示步长为 1。

start..=end:step 则表示一个从 start 开始，到 end（含）结束，步长为 step 的左闭右闭区间。

最常用的区间类型为 Range<Int64>，这表明构成等差数列的"数"为 Int64 类型。下述示例定义并遍历打印了多个 Range<Int64> 的区间对象。

```
1  package RangeExample
2  func printRange(name:String, r:Range<Int64>) {
3      print("'${name}' = ")
4      for (x in r) { print("${x}, ") }   //遍历并打印区间中的所有值
5      println()                           //输出一个换行符
6  }
7
8  main(): Int64 {
9      let a:Range<Int64> = 1..11:2;  printRange("1..11:2",a)
10     let b = 1..=11:2; printRange("1..=11:2",b)
11     printRange("15..=0:-5", 15..=0:-5)      //15, 10, 5, 0,
12     printRange("10..2", 10..2)              //空区间
13     printRange("2..10:-2", 2..10:-2)        //空区间
14     return 0
15 }
```

上述程序的执行结果为：

```
1 '1..11:2' = 1, 3, 5, 7, 9,          4 '10..2' =
2 '1..=11:2' = 1, 3, 5, 7, 9, 11,     5 '2..10:-2' =
3 '15..=0:-5' = 15, 10, 5, 0,         6 [空行]
```

▷ **第2～6行：** 自定义 printRange 函数，该函数在打印一个名称（name）标题后，遍历并打印区间 r 的全部元素。该函数没有定义返回值类型，其内没有 return 语句。

▷ **第4行：** 遍历并打印参数区间 r 内的全部元素，以逗号为分隔。

▷ **第9行：** 本行以分号分隔了两条语句。前者定义类型为 Range<Int64> 的变量 a 并初始化其值；后者调用 printRange 函数打印区间内容。如执行结果的第 1 行所示，区间 1..11:2 为从 1 到 11（不含），步长为 2 的等差数列。数列从 1 开始，到 9 结束，不含 11。

▷ **第10行：** 定义区间 b 并初始化其值为 1..=11:2。b 的类型由编译器根据字面量 1..=11:2

类型推断而得，仍为 Range<Int64>。从执行结果的第 2 行可见，区间 1..=11:2 从 1 开始，到 11 结束，包含了 11。

▷ **第 11 行:** 区间 15..=0:-5 为从 15 开始，到 0（含）结束，步长为 -5 的等差数列。如执行结果的第 3 行所示，该区间的全部元素为 15，10，5，0。

▷ **第 12 行:** 区间 10..2 为从 10 开始，到 2（不含）结束的等差数列。该区间字面量未指定步长，步长按规则默认为 1。显然，从 10 出发，不断加 1，无法抵达 2。故该区间为空，见执行结果的第 4 行。

▷ **第 13 行:** 区间 2..10:-2 为从 2 开始，到 10（不含）结束，步长为 -2 的等差数列。同理，从 2 出发，不断加 -2（减 2），也无法抵达 10。该区间为空，见执行结果的第 5 行。

> **⊘ 要点** ▪
>
> 　　逻辑上可以认为区间 1..=11:2 为包含 1、3、5、7、9、11 共 6 个元素的等差数列，它看起来很像是一个数组。但事实上，它与 Array<Int64> 类型的数组 [1,3,5,7,9,11] 有着本质不同。数组作为一个容器对象，有着真实的存储空间，实实在在地存储着数组内的全部元素。而区间对象本质上是一段有着"计数规则"的程序，只有当它被迭代/遍历时，才会按照"计数规则"逐一生成其"元素"并提供给迭代者。

4.4　实践：滚雪球的复利

　　股神巴菲特曾说过"人生就像滚雪球，最重要的是发现很湿的雪和很长的坡。"他所说的很湿的雪，是指投资的本金；而很长的坡，则是一个重要的财富秘诀——复利。复利即通常所说的利滚利，也就是把上一轮投资所得的本金和利息作为下一轮投资的本金。复利对于投资者或者放贷人而言，非常有利，看似非常小的投资 / 放贷收益，经过时间的累积，可以获得成倍的增长。但对于借款人而言，就不那么美好了。歌剧《白毛女》中，杨白劳就是因为欠下了"驴打滚"的债，利滚利还不起，才被迫失去了喜儿。

　　假设某位学生从某贷款公司贷款 10 000 元，约定日利率为万分之五，按日计复利。如果这位同学一直没有还钱，那么 11 000 天（大约 30 年）后，他将欠对方多少钱？

```
1  package Loan
2  import std.convert
3  main(): Int64 {
4      var balance = 10000.0; let rate = 0.0005
5      let N = 11000                              //贷款天数
6      let balances = Array<Float64>(N+1,repeat:0.0)
7      balances[0] = balance                      //第0天的余额为本金
8      for (i in 1..=N) {
```

```
 9          balance = balance + balance * rate      //余额 = 本金 + 本金*利率
10          balances[i] = balance                    //存储第i天余额
11      }
12
13      println("贷款天数\t贷款余额")
14      for (i in 0..=N:1000) {
15          println("${i}\t${balances[i].format("16.2")}")
16      }
17      return 0
18  }
```

上述程序的执行结果为:

1	贷款天数	贷款余额	8	6000	200704.83
2	0	10000.00	9	7000	330864.98
3	1000	16485.15	10	8000	545435.97
4	2000	27176.03	11	9000	899159.53
5	3000	44800.09	12	10000	1482278.20
6	4000	73853.64	13	11000	2443558.24
7	5000	121748.85	14	[空行]	

▷ **第4行:** 初始化贷款余额 balance 及日利率 rate。

▷ **第5行:** 初始化贷款天数 N 为11000。

▷ **第6行:** 创建包含 N+1 个元素的浮点数数组,并初始化全部元素为0.0。参数 N+1 用于指定元素个数,命名参数 repeat:0.0 用于指定所有元素的初始值。相关语法细节请回顾 3.11 节。

balances 数组用于存储每天的贷款余额。其中,balances[0] 对应初始贷款金额, balances[i] 表示经过 i 天后,包含本金和利息的贷款余额。

▷ **第7行:** 将初始贷款金额保存至 balances[0]。

▷ **第8~11行:** 使用 for 循环逐一计算每天的贷款余额,这里的区间 1..=N 从1开始, 到 N(含)结束,步长为1。对于每一个第 i 日:①当日余额 = 昨日余额 + 昨日余额 × 日利率(第9行),昨日余额即当日的计息本金;②将当日余额存入 balances[i] 备用 (第10行)。

▷ **第13~16行:** 借助循环打印第0天,第1000天,第2000天,……,第11 000天 的贷款余额。其中,循环区间 0..=N:1000 从0开始,到 N(含)结束,步长为1000。 此处的 balances[i].format("16.2") 用于将浮点数 balances[i] 格式化为16个字符宽,精确 至2位小数的字符串。相关格式化方法必要时请回顾 2.8 节。

由执行结果可见,在利滚利的模式下,贷款余额随时间的增长相当显著。在11 000 天以后,贷款余额相较于最初大约增长了244倍,这就是复利的效应。

从反面看，复利效应提醒我们应理性消费，贷款时务必进行合理的还款规划。从正面看，个人成长，如果每天进步一点点，刚开始可能成效不明显，但日积月累，利滚利的增量必将让进步从量变到质变。

📖 编程练习

练习 4-1（三天打鱼、两天晒网）郭、王两位大侠同上终南山习武，两人最初的战力值均为 100。王大侠骨骼清奇，天赋较高，每练功一天，战力增加 2‰；郭大侠比较愚笨，每练功一天，战力增加 1‰。如果休息一天不练，两人的战力均减少 1‰。相较于王大侠，郭大侠更加勤奋，日日练功，从不休息，而王大侠，则三天打鱼，两天晒网，也就是每 5 天的前三天练功，后两天休息。

请编写程序，分别计算第 1 年、第 2 年一直到第 10 年年终时两位大侠的战力值，并将相关结果打印成表格。

三天打鱼、
两天晒网

4.5　容器的遍历

诸如数组这样的容器对象，也属于可迭代序列，可以使用 for 循环遍历其元素。请见下述示例：

```
 1 package Traversal
 2 main(): Int64 {
 3     let a = ['熊大','熊二','光头强','熊幺娃','萝卜头',
 4              '熊外婆','翠花','象奶奶','袋鼠妈妈']
 5     for (x in a) {
 6         print("${x} ")
 7     }
 8     println()      //输出一个换行符
 9
10     var cnt = 0   //cnt是count的缩写
11     for (x in a where x.startsWith("熊")) {
12         cnt++
13     }
14     print("共有${cnt}头熊。")
15     return 0
16 }
```

上述程序的执行结果为：

```
1 熊大  熊二  光头强  熊幺娃  萝卜头  熊外婆  翠花  象奶奶  袋鼠妈妈
2 共有4头熊。
```

▷ **第3、4行：** a 的类型被推断为 Array<String>，其内包含的是森林里吉吉国王一次家庭聚会的宾客名单。

▷ **第5~7行：** 吉吉国王首先使用 for 循环遍历了数组 a，以空格为间隔打印了所有宾客的姓名。从执行结果的第 1 行可见，数组 a 向遍历者"提供"元素的顺序与数组的内部顺序一致。

▷ **第10~13行：** 为了统计宾客中有多少熊家族成员，以便准备它们最爱的蜂蜜，吉吉国王再次遍历了数组 a，并加上了判定条件 where x.startsWith(" 熊 ")。此处，循环变量 x 的类型与数组 a 的元素类型相同，为 String（字符串）。作为 String 类型的对象 x，拥有一个名为 startsWith 的成员函数，当 x 字符串（即单个宾客姓名）以 " 熊 " 字开头时，该函数返回 true，判定条件为真，循环体（第 12 行）被执行一次，cnt（计数）加 1。

▷ **第14行：** 打印熊的数量 cnt。如执行结果的第 2 行所示，有 4 头熊，吉吉国王至少应该准备 4 罐蜂蜜。

4.6 实践：发现圆周率

在历史的长河里，从古至今的数学家们尝试了无数种计算圆周率的方法。 其中，法国数学家布冯（1707—1788 年）和拉普拉斯（1749—1827 年）提出的方法比较有趣。

在边长为 2 的正方形内有一个直径为 2、半径为 1 的内切圆。如图 4-3 所示。根据圆面积的计算公式，内切圆的面积 $s = \pi r^2$，因为 r=1，所以 $\pi =$ 内切圆的面积。边长为 2 的正方形面积为 4，那么在已知正方形的面积为 4 的情况下，如何求得内切圆的面积呢？ 布冯提出了投针的方法。假设 10000 根

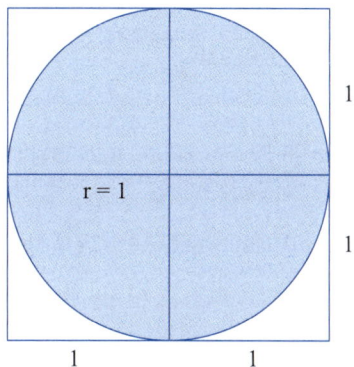

图 4-3 直径为 2 的内切圆

针"均匀随机"地垂直落在正方形上，每根针在正方形上形成一个"投点"，那么落入圆内的投点数量与圆的面积正相关，即

$$\frac{圆内投点数}{正方形内投点数} = \frac{圆面积}{正方形面积}$$

简单推导，可得：

$$圆面积 = \frac{正方形面积 \times 圆内投点数}{正方形内投点数} = \frac{4 \times 圆内投点数}{正方形内投点数}$$

假设有 8000 根针落在了圆内，其余的 2000 根落在了圆外。此时，内切圆面积 ≈ 4 × 8000 / 10000 = 4 × 0.8 = 3.2，即圆周率 π ≈ 3.2。

下述代码模拟了上述过程，即将数量众多的针投射到正方形，然后通过估算内切圆面积求得 π。

```
1  package PiCalc
2  import std.random                          //随机数包
3  main(): Int64 {
4      let N = 10000; var nHits = 0           //总投针数，圆内投针数
5      let r = random.Random()                //构造随机数对象r
6      for (_ in 0..N) {                      //注意此处的特殊循环变量_
7          let x = r.nextFloat64() * 2.0 - 1.0   //随机取投点x坐标
8          let y = r.nextFloat64() * 2.0 - 1.0   //随机取投点y坐标
9          if (x*x + y*y <= 1.0) {            //投点位于内切圆内
10             nHits++                        //圆内投点数 + 1
11         }
12     }
13     let pi = 4.0*Float64(nHits)/Float64(N)    //通过计算圆面积估算圆周率
14     print("pi = ${pi}, Hits = ${nHits}/${N}")
15     return 0
16 }
```

上述程序的执行结果为：

```
1  pi = 3.148000, Hits = 7870/10000
```

▷ **第2行：** 导入 std 标准模块下的 random 包。

▷ **第4行：** N 为 10000 规定了投针总数；nHits 用于存储落点在圆内的投针数。

▷ **第5行：** 在 random 包下有一个名为 Random 的类型，使用与其同名的构造函数 Random 构造初始化一个随机数对象并赋值给 r。

▷ **第6～12行：** 使用 for 循环进行模拟投针。此处作为循环变量的 "_" 用于提示编译器，该循环变量在循环体内预期不会被使用。如果按惯常习惯将循环变量命名为 i，编译器将会给出 "变量未被使用"（unused variable）的警告。

▷ **第7、8行：** 使用随机数生成器模拟投点的 x 和 y 坐标。按照图 4-3，如果坐标原点位于圆心，则期望投点的 x 和 y 坐标在 -1 和 +1 间随机取值。

　　random.Random 类型的随机数对象 r 的 nextFloat64 函数计算并返回一个取值范围为 [0.0,1.0) 的均匀分布的伪随机数。通过将该值乘以 2 再减 1，可得一个取值区范围为 [-1.0,+1.0) 的随机数。

　　由于 r.nextFloat64() 返回的随机数为 Float64 类型，与之进行乘法和减法运算的 2 和 1 也必须是相同类型，故书写为 2.0 和 1.0。

▷ **第9～11行：** 如果当次投点位于内切圆内，递增圆内投点数 nHits。x*x+y*y <= 1.0 用于判断针的落点是否在内切圆内。这里事实上应用到了点到原点的距离公式，当落点距离原点的距离小于或等于 1 时，说明该落点位于圆内，圆内投点数 nHits 加 1。请注意，求点到原点的距离并没有进行开平方运算，因为圆边到圆心的距离为 1。

▷ **第13行:** pi = 4.0 * Float64 (nHits) / Float64(N) 应用前述推导公式计算内切圆的面积，也就是圆周率。由于仓颉只允许在相同类型的数值对象之间进行四则运算，因此将 nHits 和 N 提前转换成 Float64。

▷ **第14行:** 打印计算结果。如执行结果所示，在本次投针模拟中，10000 根针里有 7870 根针落于内切圆内，圆的面积即圆周率的估计值为 3.148。

理论上，增加投针数 N 可以提高 π 值的估计精度。图4-4 形象地展示了本程序的工作原理：近似于均匀分布的投针落点随机分布在横坐标 [-1,+1]、纵坐标 [-1,+1] 的正方形范围内，圆的面积与落入圆内的投针比例正相关。

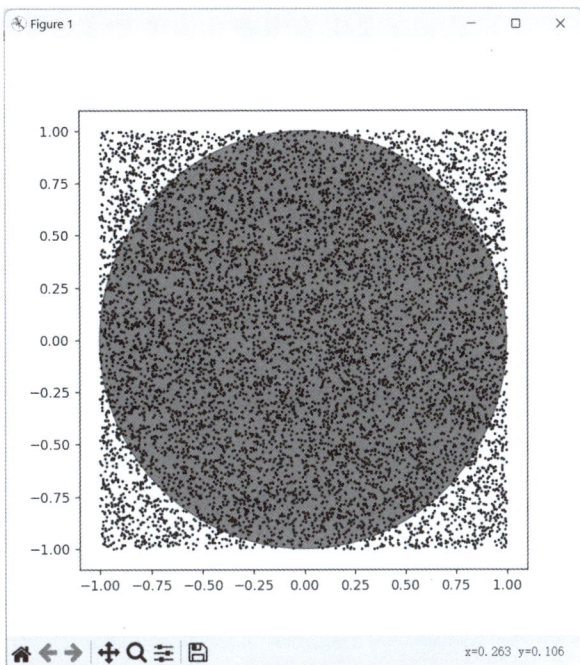

图 4-4　落针在正方形 / 圆形内形成的投点情况

4.7　实践：质数判定

质数是指在大于 1 的自然数中，除 1 和它本身以外不再有其他因数的自然数。根据这一数学定义，设计了 isPrime 函数及其测试代码如下：

```
1  package IsPrime
2  func isPrime(n:Int64):Bool {
3      if (n<=1) { return false }
4      for (i in 2..n) {
5          if (n%i==0) {                    //发现i是n的因数
6              return false
7          }
8      }
9      return true
10 }
11
12 main(): Int64 {
13     for (x in [-2,3,4,117,131]) {
14         println("isPrime(${x}): ${isPrime(x)}")
15     }
```

```
16    return 0
17 }
```

上述程序的执行结果为：

1	isPrime(-2): false	4	isPrime(117): false
2	isPrime(3): true	5	isPrime(131): true
3	isPrime(4): false	6	[空行]

▷ **第 2 ~ 10 行：** isPrime(n) 函数用于判定 n 是不是质数，如果是返回 true，否则返回 false。

▷ **第 2 行：** isPrime 函数接收一个类型为 Int64 的参数 n，计算并返回一个 Bool 值。

▷ **第 3 行：** 排除 n ≤ 1 的情况，如果成立，返回假。

▷ **第 4 ~ 8 行：** 通过 for 循环逐一考查 2 ~ n-1（不包含 n）的整数 i，如果 n 能被 i 整除，说明 n 不是质数，返回假。

▷ **第 9 行：** 如果在前述 for 循环中没有发现除 1 及 n 自身以外的其他因数，说明 n 为质数，返回真。

在 isPrime 函数定义中有 3 条 return 语句，这意味着根据 n 值的不同，函数可能通过不同的 return 语句返回。函数内任意一条 return 语句的执行，都将导致函数运行的终结，程序执行点返回函数调用处。请注意这 3 条 return 语句返回的对象都是布尔型，与函数声明相符。

▷ **第 13 ~ 15 行：** 使用 for 循环对整数数组 [-2,3,4,117,131] 进行遍历，逐一将其中的整数交给 isPrime 函数进行判断，输出质数判定结果。

📖 **编程练习**

练习 4-2（质数判定）假设一个合数 n = pq 且 p ≤ q，则一定有 $p \leqslant \sqrt{n}$。请根据这一理论，修改本章中介绍的 isPrime 函数，使其可以更快地完成质数判定。

质数判定

4.8　while 循环

在 for 循环中，循环体的执行次数等于可迭代对象中的元素数量，通常为定值。在 while 循环中，当指定的条件满足（为真）时，就一直执行循环体，循环体的执行次数通常不是定值。while 循环的基本语法格式如下：

```
1 while (测试条件) {
2     循环体语句块
3 }
```

上述语法格式中的以 {} 包裹的第 2 行为循环体（loop body）语句块。循环体可以由 1 行至任意多行代码构成。

图 4-5 展示了 while 循环的一般过程，while 循环会先检查测试条件，如果测试条件为真，则顺序执行循环体代码一次，执行结束后再次检查测试条件并重复以上过程。在检查测试条件时，如果发现测试条件为假，即退出循环，继续执行循环后代码。

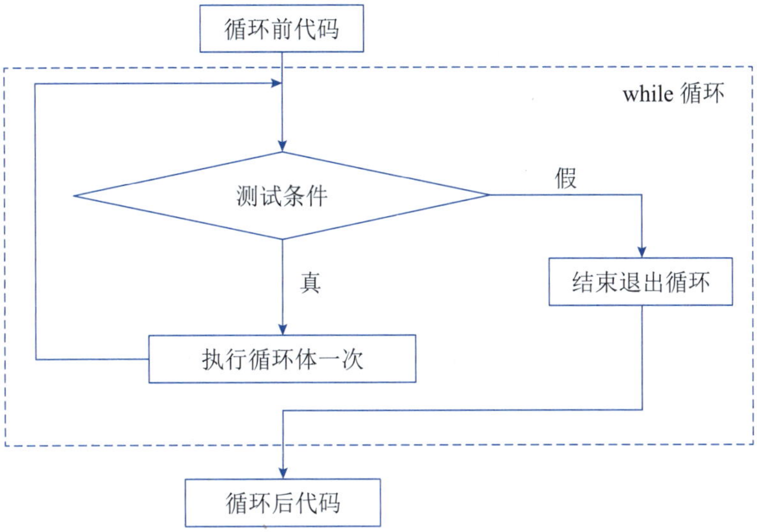

图 4-5 while 循环过程

如果在第一次检查测试条件时即发现测试条件为假，则循环体一次都不会被执行。如果在循环过程中测试条件永远为真，则会陷入死循环：循环体一直被反复执行，循环无法退出，循环后代码永远得不到执行机会。

下述示例试图"创造"一只你说一句、它说一句的完美复读的"鹦鹉"。在程序被编写时，程序员并不知晓你和"鹦鹉"的对话将持续多久。也就是说，循环何时结束，是由程序的使用者而不是编写者决定的。while 循环更适合完成此类任务，请见下述代码。

```
1  package ParrotSpeak
2  main(): Int64 {
3      println("-----------------鹦鹉学舌-------------------")
4      var message = ""      //初始化message为空字符串
5      while (message!="q") {
6          print("你说我听,退出请输入q: ")
7          message = readln()
8          println("你说什么我就说什么: ${message}")
9      }
10
11     print("鹦鹉睡了, bye.")
12     return 0
13 }
```

上述代码的执行结果为（蓝字内容为操作者输入）：

```
1  ------------------鹦鹉学舌------------------
2  你说我听,退出请输入q: Learn to walk before you run.
3  你说什么我就说什么: Learn to walk before you run.
4  你说我听,退出请输入q: Miracles happen every day!
5  你说什么我就说什么: Miracles happen every day!
6  你说我听,退出请输入q: Learn not and know not.
7  你说什么我就说什么: Learn not and know not.
8  你说我听,退出请输入q: q
9  你说什么我就说什么: q
10 鹦鹉睡了, bye.
```

将上述程序中的代码填入流程图 4-5，得图 4-6。如图所示，程序的第 4 行将 message 初始化为空字符串，这使得第 5 行的 while 循环首次进行测试条件判断时结果为真。在程序执行过程中，只要操作者不输入 q，测试条件就一直为真，程序就反复循环。

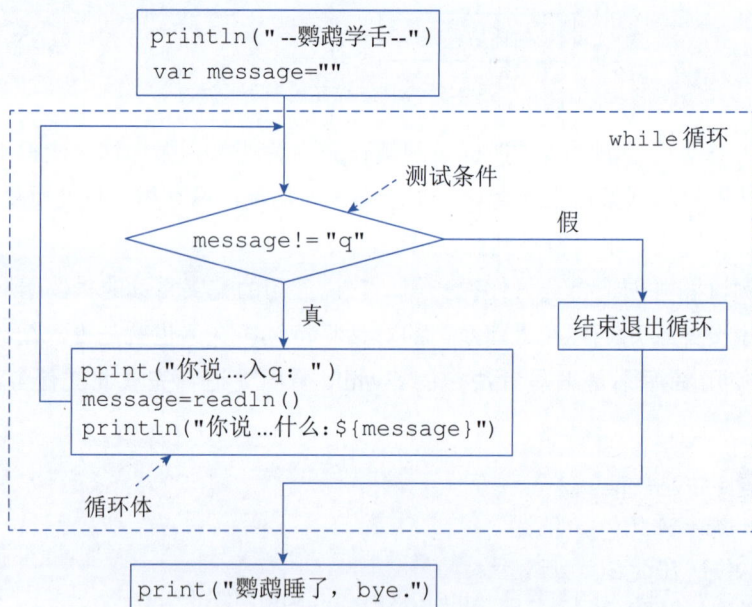

图 4-6　鹦鹉学舌的循环过程

4.9　break——跳出循环

请读者留意 4.8 节鹦鹉学舌程序执行结果中的第 9 行，q 本来是操作者给程序的退出"命令"，按惯常逻辑不应该被鹦鹉复述。造成这一结果的原因与 while 循环中测试条件的检查时机有关，while 循环需要在整个循环体被执行结束后，才会再次检查测试条件。

在本节中通过引入 break 语句来修正这一"问题"。break 语句可以提前结束并退出循环，请见下述代码：

```
1  package ParrotBreak
2  main(): Int64 {
3      println("----------------鹦鹉学舌------------------")
4      var message = ""              //初始化message为空字符串
5      while (true) {
6          print("你说我听,退出请输入q: ")
7          message = readln()
8          if (message=="q") {
9              break
10         }
11         println("你说什么我就说什么：${message}")
12     }
13
14     print("鹦鹉睡了, bye.")
15     return 0
16 }
```

上述代码的执行结果为（蓝色内容为操作者输入）：

```
1  ----------------鹦鹉学舌------------------
2  你说我听,退出请输入q: Like father, like son.
3  你说什么我就说什么: Like father, like son.
4  你说我听,退出请输入q: Like tree, like fruit.
5  你说什么我就说什么: Like tree, like fruit.
6  你说我听,退出请输入q: q
7  鹦鹉睡了, bye.
```

▷ **第 5 行：**while 循环的测试条件被设定为 true，这意味着循环测试条件恒为真，在名义上，程序将进入死循环：循环体代码被反复执行，循环永远不会结束。

▷ **第 8 ~ 10 行：**在循环体内，对操作者输入的信息（message）进行检查，如为 q，则执行 break 语句，跳出循环。图 4-7 给出了本例中 break 语句被执行时的执行点跳转方向，如图所示，第 9 行的 break 被执行时，程序的执行点由第 9 行直接跳转至第 14 行。而第 14 行已经在循环体之外，这意味着循环被提前终止了。

▷ **第 11 行：**逻辑上，如果操作者输入的是 q，应退出循环，否则鹦鹉应该复述操作者输入。但在本例中，第 11 行代码并没有放在第 8 行 if 语句的 else 子句下。这是因为如果第 8 行的条件满足，第 9 行的 break 语句将直接略过第 11 行，直达第 14 行，事实上已经达成了将第 11 行放在 else 子句下的等同效果。

```
...
main(): Int64 {
    println("----------------鹦鹉学舌-----------------")
    var message = ""
    while (true) {
        print("你说我听,退出请输入q: ")
        message = readln()
        if (message=="q") {
            break
        }
        println("你说什么我就说什么: ${message}")
    }
    print("鹦鹉睡了, bye.")
    return 0
}
```

断点调试
观察 break
跳转

图 4-7　break 的执行跳转

4.10　实践：九层之台，起于累土

"九层之台，起于累土"出自春秋·楚·李耳《道德经》第 64 章："合抱之木，生于毫末；九层之台，起于累土；千里之行，始于足下。"不论起点有多低，只要不断成长，假以时日，终有所成。

一张厚度为 0.1mm 的足够大的纸，每对折一次，厚度翻倍。问：这张纸对折多少次以后将超过世界最高峰珠穆朗玛峰（以下简称珠峰）的高度（8848.86m）？如果凭直觉，作者觉得再怎样也要对折上千次才行，可事实却并非如此。请见下述示例：

```
1   package Everest
2   import std.convert
3   main(): Int64 {
4       var counter = 0              //对折次数
5       var thick = 0.0001           //纸厚，单位为m
6       while (true) {
7           if (thick > 8848.86) {
8               break                //超过珠峰高度就停止循环
9           }
10          else {
11              thick *= 2.0         //每对折一次，厚度翻倍
12              counter += 1         //对折次数加1
13          }
14      }
15
16      print("纸对折${counter}次后厚${thick.format(".1")}米，超过珠峰。")
17      return 0
```

```
18 }
```

上述程序的执行结果为:

```
1 纸对折27次后厚13421.8米,超过珠峰。
```

你没有看错,作者也没有算错,就是 27 次!纸厚随对折次数的增加是指数级的,其增长速度通常是反直觉的。

▷ **第 4、5 行:** counter 记录纸的对折次数;thick 记录对折后的纸厚。

▷ **第 6 行:** while (true) 意味着循环测试条件恒为真,名义上,第 6 ~ 14 行的循环为一个"死循环"。

▷ **第 7 ~ 13 行:** 在循环体内,将对折后的纸厚与珠峰的高度进行比较,如果纸厚大于珠峰的高度,则执行 break 跳出循环。循环被跳出结束后,将继续执行第 16 行的循环后代码。如果纸厚不大于珠峰的高度,则将纸厚翻倍,对折次数加 1。

由于循环过程中 thick 是持续增加的,理论上总有超过珠峰高度的时候。因此,程序员确定这个程序不会陷入死循环,只是在书写程序时,尚不知晓循环体的具体执行次数。

在上面的代码中使用循环,完全是出于教学目的。显然,求超过珠峰高度的最小对折次数,用下述代码更直接:

```
1 package EasyEverest
2 import std.math
3 main(): Int64 {
4     let cnt = math.log2(8848.86/0.0001)
5     println("cnt = ${cnt}")
6     print(0.0001 * 2.0 ** 27)          //先算**,后算*
7     return 0
8 }
```

上述程序的执行结果为:

```
1 cnt = 26.398988
2 13421.772800
```

▷ **第 4 行:** math.log2(x) 函数计算并返回 x 的以 2 为底的对数。

▷ **第 6 行:** 计算纸对折 27 次之后的厚度。

13421.8m,这就是 0.1mm 厚的纸对折 27 次之后的厚度。在实践中,这个不太可能做到,对折半个珠峰高度厚的纸,凭借人类的体力或者机械似乎都办不到。

> **⚠ 注意** ▬▬▬▬
>
> **操作符的优先级高于*操作符,表达式"0.0001*2.0**27"的计算顺序是先求幂,再求积。但从软件工程角度出发,上述表达式宜写成0.0001*(2.0**27)。虽然两者的执行结果完全相同,但后者却有更好的可读性。

📟 编程练习

练习 4-3（猜数游戏）想个数给你猜，只提示猜大了或者猜小了，看看多少次能猜对？

　　编写一个程序，产生一个 1～1000 的随机整数，然后请用户猜这个数字。如果用户输入的数字太大，则打印"猜大了"；如果用户输入的数字太小，则打印"猜小了"；如果用户猜对了，则打印"恭喜你，猜对了！"。上述猜数过程循环进行，当用户猜对后，退出循环，并打印用户的总猜测次数。

练习 4-4（考拉兹猜想）又名奇偶归一猜想，是指对于每个正整数，如果它是奇数，则对它乘 3 再加 1；如果它是偶数，则对它除以 2。如此循环，最终都能得到 1。请编写一个程序，输入一个正整数，验证考拉兹猜想并打印考拉兹序列，例如，从 5 开始的考拉兹序列为 5、16、8、4、2、1。

练习 4-5（格雷戈里法求 π）使用下述格雷戈里公式求圆周率 π。从左往右累加，当累加项的绝对值小于 10^{-8} 时终止计算并输出结果。

$$\frac{\pi}{4} = 1 - \frac{1}{3} + \frac{1}{5} - \frac{1}{7} + \cdots$$

练习 4-6（验证哥德巴赫猜想）数学领域著名的"哥德巴赫猜想"的大致意思是：任何一个大于 2 的偶数总能表示为两个素数之和。例如，24=5+19，其中 5 和 19 都是素数。请设计一个程序，验证 20 亿以内的偶数都可以分解成两个素数之和。

　　输入格式：在一行中给出一个 (2, 2 000 000 000] 范围内的偶数 N。

　　输出格式：在一行中按照格式"N = p + q"输出 N 的素数分解，其中 p ≤ q 均为素数。又因为这样的分解不唯一（如 24 还可以分解为 7+17），要求必须输出所有解中 p 最小的解。

4.11　算法：折半查找

　　在无序序列中查找某个特定元素时，只能使用蛮力：逐一遍历序列的全部元素，直至找到（或最终证实找不到）该元素为止。这种暴力的查找方法即为顺序查找法。

　　下述程序意图在分数数组 scores 中找出最高分 96 所在的下标位置：

```
1  package LinearSearch
2  main(): Int64 {
3      let scores:Array<Int64> = [67,94,56,78,89,90,45,67,96,89,90,88]
4      let maxScore = 96
5      for (i in 0..scores.size) {
6          if (scores[i]==maxScore) {
7              print("最高分${maxScore}在索引${i}处被找到")
```

```
8                    break
9                }
10            }
11        return 0
12    }
```

上述程序的执行结果为:

```
1    最高分96在索引8处被找到
```

▷ **第3行:** scores 是一个元素类型为 Int64 的数组,存储了 12 位同学的考试分数。

▷ **第4行:** 指定查找的目标元素 96,即最高分。

▷ **第5~10行:** 使用 for 循环对索引 i 进行遍历,逐一检查 scores[i],如果与 maxScore 相等,就打印输出并 break 跳出循环。

scores.size 即 scores 数组的尺寸(元素个数),区间 0..scores.size 即 0..12。

> 💬 **说明** ◀━━━━━━━━━━━━━━━━━━━━━━━━━━━━━━━━━━━
>
> 就仓颉而言,在scores数组中找到值为96的元素的索引,最容易的方法应该是 scores.indexOf(96),indexOf是scores数组对象的一个成员函数,用于查找指定值在数组的位置。但读者需要知道,在scores.index函数的内部也存在一个类似的顺序查找的循环。这里讨论顺序查找不是要读者重新发轮子替代scores.indexOf函数,而是希望读者理解隐藏在函数之后的算法逻辑。

⚠️ **知所以然**

对于顺序查找算法,运行过程中实际比对的元素数量需要分三种情况讨论。在最幸运的情况下,在首次比较时就找到了目标元素,此时,比对的元素数量为1;在最糟糕的情况下,遍历完序列的全部元素也没有找到目标元素,此时,比对的元素数量为 N(序列长度);在平均情况下,在大约比对 N/2 个序列元素后,找到目标元素。

在有序序列中查找特定元素时,可以使用折半查找(binary search)算法提高速度。为描述方便,假设序列是递增有序的。与顺序查找不同,折半查找首先比对序列的中位元素:如果中位元素正好等于目标元素,则直接输出查找结果并终止查找;如果中位元素比目标元素大,则说明目标元素位于中位元素的左侧;如果中位元素比目标元素小,则说明目标元素位于中位元素的右侧。

每经过一次比较,折半查找的范围至少缩减一半。重复以上过程,折半查找的范围将以每次约50%的幅度递减。当目标元素被找到,或者查找范围缩小至零时,查找过程中止。

应用折半查找算法,下述程序可在递增有序的 scores 数组中迅速找到指定元素。

```
 1  package BinarySearch
 2  main(): Int64 {
 3      let scores:Array<Int64> = [45,56,67,67,78,81,86,88,90,90,94,96]
 4      let value = 88                      //指定目标元素为88
 5      var left = 0; var right = scores.size - 1
 6      while (left <= right) {
 7          let mid = (left+right)/2        //mid为中位元素下标
 8          println("${left}~${right},中位下标:${mid},值:${scores[mid]}")
 9          if (scores[mid]==value) {
10              print("目标元素${value}位于下标${mid}处")
11              break
12          }
13          else if (scores[mid] < value) {
14              left = mid + 1
15          }
16          else {
17              right = mid - 1
18          }
19      }
20      if (left > right) {
21          print("目标值${value}不存在")
22      }
23      return 0
24  }
```

上述程序的执行结果为：

1	0~11,中位下标:5,值:81	4	7~7,中位下标:7,值:88
2	6~11,中位下标:8,值:90	5	目标元素88位于下标7处
3	6~7,中位下标:6,值:86		

▷ **第3行：** scores 数组内的元素是递增有序的。

▷ **第4行：** 指定目标元素 88。

▷ **第5行：** 当前查找范围为下标 left ~ right（含），此处初始化为 0 ~ 11（数组长度 scores.size 为 12）。

▷ **第6行：** 当 left <= right 时，查找范围中至少有一个元素。如果 left > right，说明查找范围中已不存在元素，循环终止。

▷ **第7行：** 求得当前查找范围的中位元素下标 mid。再次提醒，Int64 类型的 left+right 除以 Int64 类型的整数 2，结果仍为 Int64 类型的整数，商如果有小数，将被舍弃。

▷ **第8行：** 为便于讨论，打印此轮迭代的查找范围、中位下标、中位值等信息。

▷ **第9~12行：** 如果中位元素等于目标元素，则打印查找结果并 break 退出循环。

▷ **第13～15行：** 如果中位元素小于目标元素，则说明目标元素位于中位元素的右侧，将查找范围修改为 mid+1～right。

▷ **第16～18行：** 执行到这里，说明中位元素大于目标元素（既不等于也不小于），目标元素位于中位元素的左侧，将查找范围修改为 left～mid-1。

▷ **第20～22行：** 在 while 循环结束后，再次检查 left 与 right 的关系，如果 left > right，则说明前述 while 循环是因为查找范围"耗尽"而结束的，而不是因为找到目标元素后 break 结束的，打印输出目标值不存在的信息。

结合上述程序的执行输出，可以复盘出折半查找在本例中的执行过程：①刚开始，查找范围为 0～11，中位元素81位于下标5处，88 > 81，目标元素位于中位元素的右侧，查找范围修正为 6～11；②对于查找范围 6～11，中位元素90位于下标8处，88 < 90，目标元素位于中位元素的左侧，查找范围修正为 6～7；③对于查找范围 6～7，中位元素86位于下标6处，88 > 86，目标元素位于中位元素右侧，查找范围修正为 7～7；④对于查找范围 7～7，中位元素88位于下标7处，中位元素正好等于目标元素，程序输出查找结果并break退出循环。由于循环被break中断，中断时 left <= right，故循环后第20行 left > right 的判断不成立，不会输出"目标值不存在"的信息。

请读者将程序中的目标元素 value 修改为一个不存在于列表中的值，如 79，观察折半查找过程以及循环后程序第 20～22 行的输出。

⚠ 知所以然

对于长度为 N 的序列，经过一次比较，折半查找的范围至少缩减至原来的一半即约 N/2，再经过一次比较，查找范围又会缩减一半，至 N/4……至多进行 $\log_2 N$ 次比较，折半查找即可找到目标元素或者证实目标元素不存在。无论 N 多大，$\log_2 N$ 都是一个很小的值，折半查找是一个高效的算法。

4.12 do-while 循环

同 while 循环类似，do-while 循环也适用于循环体执行次数不确定的场景。do-while 循环的基本语法格式如下：

```
1  do {
2      循环体语句块
3  } while (测试条件)
```

上述语法格式中的以 {} 包裹的第 2 行为循环体（loop body）语句块。循环体可以由 1 行至任意多行代码构成。

如图 4-8 所示，do-while 循环与 while 循环的主要区别是先执行（循环体），后检查（测试条件）。也就是说，无论测试条件真假，循环体至少会被执行一次。

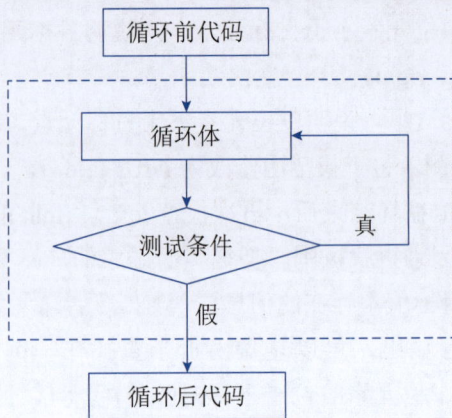

图 4-8 do-while 循环过程

物见其然

两个正整数的最大公约数（greatest common divisor）是指两个正整数的公有约数中最大的一个。即如果 $gcd(x,y) = k$，则 k 是能同时整除 x 和 y 的最大除数。

欧几里得（Euclid）在《几何原本》中描述了一种求解最大公约数的快速算法，即辗转相除法。其数学表达式为 $gcd(x,y)=gcd(y,x \% y)$。

图 4-9 为该算法的流程图。下述程序的执行过程与图 4-9 相对应。

```
1  package GCD
2  import std.convert
3  main(): Int64 {
4      print("请输入两个用逗号分隔的正整数:")
5      let s = readln()
6      let t = s.split(",")
7      var x = Int64.parse(t[0]); var y = Int64.parse(t[1])
8      var r = 0
9      do {
10         print("gcd(${x},${y}) = ")
11         r = x % y; x = y; y = r
12     } while (r!=0)
13
14     print("${x}")
15     return 0
16 }
```

上述程序的执行结果为（蓝字部分为操作者输入）：

```
1  请输入两个用逗号分隔的正整数:96,114
2  gcd(96,114) = gcd(114,96) = gcd(96,18) = gcd(18,6) = 6
```

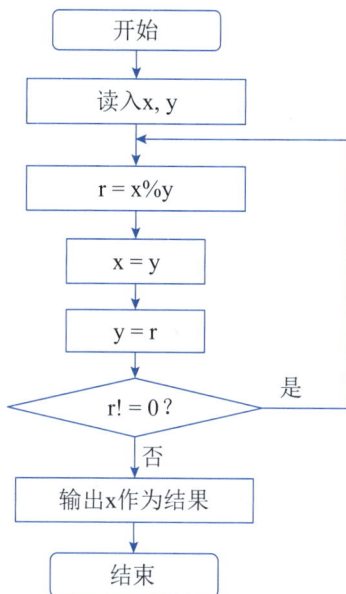

图 4-9 欧几里得法流程图

▷ **第5行：** 从键盘读入一行并转换为字符串。

▷ **第6行：** 执行字符串 s 的 split 成员函数，以逗号为间隔，将字符串拆分为字符串数组。本例中字符串"96,114"经过拆分，得字符串数组 ["96","114"]，t 的类型为 Array<String>。如果期望用空格为间隔来拆分字符串 s，则应执行 s.split(" ")。

> ⚠ **注意** ▪
>
> 运行上述示例，输入"96,114"时不可以用空格代替逗号，也不可以添加多余的空格，否则程序运行会出错。

▷ **第7行：** t[0] 和 t[1] 为字符串，不能直接参与数学运算。使用 Int64.parse 函数分别将其转换为整数，并赋值给变量 x 和 y。

▷ **第8行：** 定义余数变量 r 备用，并将其初始化为 0。虽然此处初始化赋值的 0 值将很快被覆盖（第 11 行），但依从软件工程规范，应当在定义一个变量时给它赋以确定的初始值。

▷ **第9～12行：** 执行一个 do-while 循环进行辗转相除。如图 4-8 所示，程序将首先执行第 10～11 行的循环体语句块，然后才会进行第 12 行 r!=0 的条件判断，再根据判断结果来决定继续循环还是退出循环。

▷ **第10行：** 打印当前轮次循环开始时的 x 和 y 值。

▷ **第11行：** 按图 4-9，先求 x 除以 y 的余数 r，再用 y 替代 x，r 替代 y。

▷ **第12行：** 如果 r==0，即说明 x 能被 y 整除，y 是两者的最大公约数。请读者注意，在程序第 11 行，y 已转移给 x，且 y 被 r 覆盖，故 x（而不是 y）存储着最大公约数。

▷ **第14行：** 输出 x 作为执行结果。

📖 编程练习

辗转相除

练习 4-7（辗转相除）对初学者而言，理解上述算法/程序（欧几里得法求最大公约数）或存在困难。此时，使用"人肉"计算的方法复盘程序的执行过程或有助益。请读者不使用计算机，手工逐行模拟上述程序中 do-while 循环部分的执行过程，将下述表格补充完整。

循环轮次	操　　作	结　　果
第1轮	初值：x = 96, y = 114	
	r = x % y	r = 96
	x = y	x = _____
	y = r	y = _____
	测试条件 r != 0	r 不等于 0 为真，循环继续
第2轮	初值：x = 114, y = 96	
	r = x % y	r = 18
	x = y	x = 96
	y = r	y = _____
	测试条件 r != 0	r 不等于 0 为真，循环继续
第3轮	初值：x = 96, y = 18	
	r = x % y	r = _____
	x = y	x = 18
	y = r	y = _____
	测试条件 r != 0	r 不等于 0 为真，循环继续
第4轮	初值：x = _____, y = _____	
	r = x % y	r = 0
	x = y	x = _____
	y = r	y = _____
	测试条件 r != 0	r 等于 0，为假，循环结束，x=6 为最大公约数

4.13　continue——跳过当次循环

断点调试
观察 continue
跳转

　　在循环体内执行 break 语句，将会导致程序直接跳出当前循环，跳转至循环后代码。与此不同，在循环体内执行 continue 语句，则会导致本轮循环中尚待执行的代码被略过，程序直接进入下一轮循环。

　　为了理解 continue 语句的作用，试图完成下述任务：找出并打印 100 以内的全部质数。分析：将整数 2～100 逐一交给 isPrime 函数进行判定，如果是，则打印出来。我们实现了下述程序：

```
1 package SearchPrimes
```

```
 2  func isPrime(n:Int64):Bool {
 3          //代码略，详见实践：质数判定
 4  }
 5
 6  main(): Int64 {
 7          println("找出100以内的全部质数:")
 8          var found = 0
 9          for (i in 2..=100) {
10              if (!isPrime(i)) {
11                  continue
12              }
13              found++
14              print("${i},")
15          }
16          print("\n共找到${found}个质数.")
17          return 0
18  }
```

上述程序的执行结果为:

```
 1  找出100以内的全部质数:
 2  2,3,5,7,11,13,17,19,23,29,31,37,41,43,47,53,59,61,67,71,73,79,83,89,97,
 3  共找到25个质数.
```

▷ **第 8 行:** found 变量存储发现的质数个数。

▷ **第 10 ~ 12 行:** 在循环体内，对 i 进行质数判定，如果不是（注意逻辑非操作符！），则执行 continue 语句，该语句的执行导致本次循环的剩余代码，即第 13、14 被跳过，直接尝试下一轮循环。按照 for 循环自身的流程，将会再次尝试从可迭代序列 2..=100 获取下一个值，如果成功，则再次执行循环体。

▷ **第 13、14 行:** 由于前述 if 判断及 continue 语句的存在，程序执行点到达第 16 行即意味着当前轮循环中的 i 是一个质数。这两行代码将 found 递增 1，并将质数 i 打印出来。

▷ **第 16 行:** 当 for 循环因可迭代序列 2..=100 "耗尽" 终止后，程序执行点到达第 16 行，该行负责打印发现的质数的总个数（found）。

如执行结果所示，上述代码正确统计了 100 以内的质数数量。在代码的第 10 ~ 12 行，isPrime(i) 用于判断整数 i 是否为质数，如果不是，则执行 continue 语句跳过当次循环。

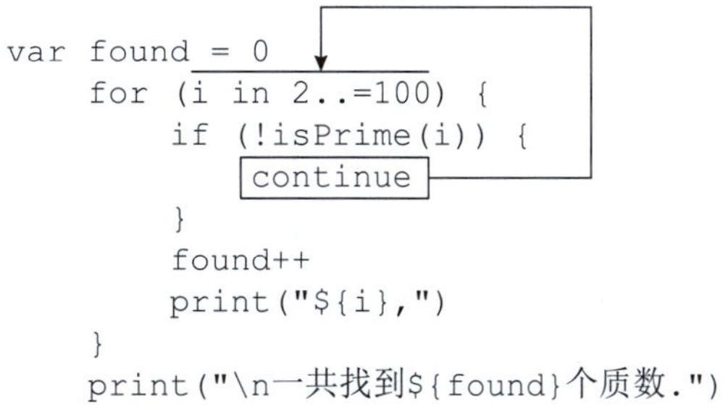

图 4-10 展示了第 11 行的 continue 语句被执行后程序执行点的变化情况。正常

```
var found = 0
    for (i in 2..=100) {
        if (!isPrime(i)) {
            continue
        }
        found++
        print("${i},")
    }
    print("\n一共找到${found}个质数.")
```

图 4-10　continue 的执行跳转

情况下，循环体内的多行代码会被顺序执行。当循环体内的 continue 语句被执行后，当次循环剩余的两行代码（即第 13、14 行）被略过，程序执行点跳转到了第 9 行。此时，for 循环将尝试从可迭代对象 2..=100 获取下一个元素，开启下一轮循环。

⚠ **精益求精**

通过给 for 循环添加 where 判定条件可以简化上述程序的结构，修改后代码（片段）如下：

```
1    for (i in 2..=100 where isPrime(i)) {
2        found++
3        print("${i},")
4    }
```

在添加了 where 判定条件后，区间 2..=100 中的每一个 i，都会先交给函数 isPrime(i) 进行判断，只有当 isPrime(i) 为真，即 i 是质数时，才会执行循环体，进而增加计数（found）并打印 i 值。

4.14　算法：选择排序与双重循环

排序是程序设计的基础性问题之一。使用仓颉的 std 标准模块中的 sort 包中的 sort 函数，即可容易地实现对数组元素的排序。请见下述示例：

```
1  package SortPackage
2  import std.sort
3  main(): Int64 {
4      let s:Array<Int64> = [9, 3, 1, 4, 2, 7, 8, 6, 5]
5      println("排序前: ${s}")
6      sort.sort(s,stable:false,descending:false)  //同sort.sort(s)
7      print("排序后: ${s}")
8      return 0
9  }
```

上述程序的执行结果为：

```
1  排序前: [9, 3, 1, 4, 2, 7, 8, 6, 5]
2  排序后: [1, 2, 3, 4, 5, 6, 7, 8, 9]
```

▷ **第 2 行：** 导入 std 标准模块中的 sort 包。

▷ **第 6 行：** 使用 sort.sort 函数对整数数组 s 进行非降序的非稳定排序。如执行结果所见，排序前乱序的数组 s 在排序后，其内的元素变得递增有序。

该函数的命名参数 stable 用于表明是否要求稳定排序（稍后立即解释），descending

表明是否要求降序。这两个参数均定义有默认值（参见 7.1 节）false，当它们被省略时，自动取其默认值。

📖 **扩展阅读** 排序算法

> 数学和计算机行业的先贤们发明了很多种排序算法，有冒泡排序、选择排序、归并排序、堆排序、桶排序、基数排序等。这些算法又可分为稳定（stable）排序或非稳定（unstable）排序两类。
>
> 简单地解释这两类排序算法的差异。假设幼儿园小一班的朵朵和豆苗长得一样高，在排序前，朵朵在豆苗的前面。老师使用一种排序算法按身高对小一班的小朋友排序，如果该算法能保证排序后朵朵和豆苗的相对顺序不变，那么这种排序方法是稳定的，否则就是不稳定的。

sort.sort 函数能够处理绝大多数的排序场景。但简单地记住并学会使用几个函数并不能帮助读者真正地理解程序设计，因此，在本节中，重新"发明"轮子，用仓颉编写了"选择排序"的底层代码，试图帮助读者理解程序行为背后复杂的算法逻辑。

选择排序算法差不多是各种排序算法中最容易理解的一种。假设一个序列 s=[9, 3, 1, 4, 2, 7, 8, 6, 5] 中有 L=9 个元素，拟按递增顺序排序，使用选择排序算法，其排序过程如下。

(1) 在下标 / 索引 0 至下标 L-1 的范围内找出最小元素，并与 s[0] 交换。本步完成后，序列中第 1 小的元素（即最小元素）已经到达目标位置。

具体到本例，如图 4-11 所示，当前选择范围为下标 0 至下标 8，经过顺序查找，确定最小元素是位于下标 2 处的整数 1（蓝色方块）；然后将下标 2 的整数 1 与下标 0 的整数 9 进行交换，交换完成后，序列中第 1 小的元素即整数 1 到达目标位置（黑色方块）。此时，待排序问题的规模由 9 个元素变为 8 个元素。

(2) 在下标 1 至下标 L-1 的范围内找出最小元素，并与 s[1] 交换。本步完成后，序列中第 2 小的元素已经到达目标位置。

具体到本例，如图 4-12 所示，当前选择范围为下标 1 至下标 8，经过顺序查找，确定最小元素是位于下标 4 处的整数 2（蓝色方块）；然后将下标 4 的整数 2 与下标 1 的整数 3 进行交换，交换完成后，序列中第 2 小的元素即整数 2 到达目标位置（黑色方块）。此时，待排序问题的规模由 8 个元素变为 7 个元素。

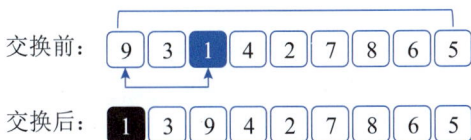

图 4-11 第 1 轮选择及交换　　图 4-12 第 2 轮选择及交换

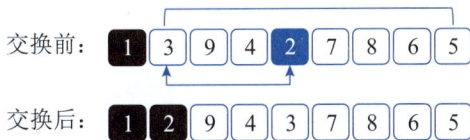

(3) 在下标 2 至下标 L-1 的范围内找出最小元素，并与 s[2] 交换。本步完成后，序列中第 3 小的元素已经到达目标位置。

具体到本例，如图 4-13 所示，当前选择范围为下标 2 至下标 8，经过顺序查找，确定最小元素是位于下标 4 处的整数 3（蓝色方块）；然后将下标 4 处的整数 3 与下标 2 处的整数 9 进行交换，交换完成后，序列中第 3 小的元素即整数 3 到达目标位置（黑色方块）。此时，待排序问题的规模由 7 个元素变为 6 个元素。

...

(L) 在下标 L-1 至下标 L-1 的范围内找出最小元素，并与 s[L-1] 交换。本步完成后，序列中第 L 小的元素（即最大元素）到达目标位置。排序完成。

具体到本例，如图 4-14 所示，到了第 9 轮，选择的范围只包含 1 个元素，即下标 8 至下标 8，该范围内的最小元素只能是 s[8]，按照既定流程，s[8] 与 s[8] 进行了"互换"，元素 9 到达目标位置，排序完成。严格地说，这一轮选择与交换是过程中不必要的。对于 9 个元素的序列，如果已经有 8 个元素处于目标位置，那么，待排序序列里的最后一个元素必定也处于目标位置。

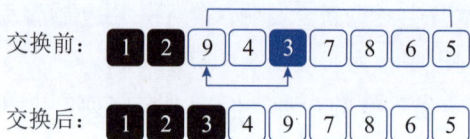

图 4-13　第 3 轮选择及交换

图 4-14　第 9 轮选择与交换

结合上述算法描述，编写了如下的 selectSort(s) 函数，它能够将参数数组 s 按递增序排序。

```
1  package SelectSort
2  func selectSort(s:Array<Int64>) {
3      let L = s.size
4      for (i in 0..L) {
5          var m = i              //m表示范围内最小元素的下标
6          for (j in i..L) {
7              if (s[j] < s[m]) {
8                  m = j
9              }
10         }
11         let t = s[i]; s[i] = s[m]; s[m] = t
12     }
13 }
14
15 main(): Int64 {
16     let values:Array<Int64> = [9, 3, 1, 4, 2, 7, 8, 6, 5]
17     println("排序前: ${values}")
```

```
18      selectSort(values)
19      print("排序后: ${values}")
20      return 0
21  }
```

上述程序的执行结果为：

```
1  排序前: [9, 3, 1, 4, 2, 7, 8, 6, 5]
2  排序后: [1, 2, 3, 4, 5, 6, 7, 8, 9]
```

▷ **第2～13行：** selectSort(s) 使用选择排序算法对参数数组 s 按递增顺序排序。请读者注意该函数内使用了双重循环，即循环内包含循环。

如图 4-15 所示，黑色方框所包含的代码为第 4 行 i 循环的循环体。区间 0..L "包含"多少个元素，黑色方框循环体部分便会执行多少次。蓝色方框所包含的代码为第 6 行 j 循环的循环体，对于单轮的 j 循环而言，区间 i..L 包含多少个元素，蓝色方框循环体部分便会执行多少次。由于 j 循环处于 i 循环的内层，对于每一个 i，都对应一轮 j 循环，而每一轮的 j 循环又会对应多次的蓝色方框循环体部分的执行。

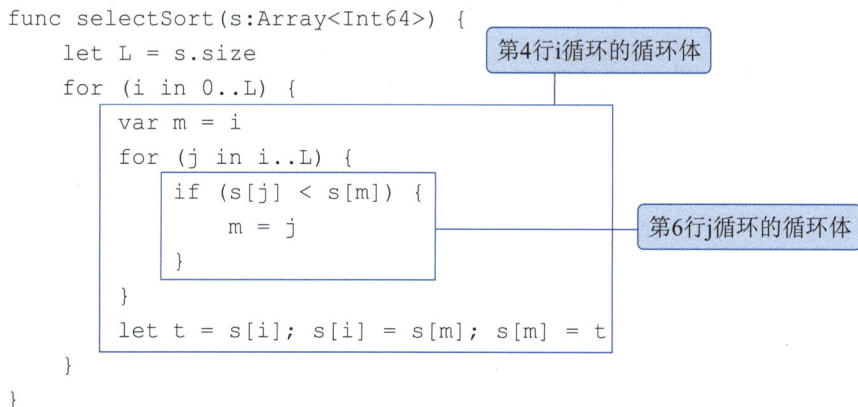

```
func selectSort(s:Array<Int64>) {
    let L = s.size
    for (i in 0..L) {                        ← 第4行i循环的循环体
        var m = i
        for (j in i..L) {
            if (s[j] < s[m]) {               ← 第6行j循环的循环体
                m = j
            }
        }
        let t = s[i]; s[i] = s[m]; s[m] = t
    }
}
```

图 4-15 双重循环

▷ **第4行：** i 循环。i 的取值依次是 0，1，2，…，L-1，分别对应第 1 轮至第 L 轮的选择与交换。

▷ **第5～11行：** i 循环的循环体，其任务是在下标 i 至下标 L-1 的范围内，找出最小元素，并将其与 s[i] 互换。

▷ **第5行：** m 表示范围内最小元素的下标。程序先假设下标 i 处的元素最小。

▷ **第6～10行：** j 循环。其任务是在下标 i 至下标 L-1 的范围内找出最小元素的下标。容易看出，j 循环从下标 i 开始从前往后顺序考察，依次比较 s[j] 与 s[m]（当前已发现的最小元素）的值，如果发现 s[j] 更小，则把 m 修改为 j。j 循环结束后，m 即为选择范围内最小元素的下标。

▷ **第11行：** 互换 s[i] 和 s[m]。这个互换过程包含 3 步：①将 s[i] 的值保存至临时对象 t；

断点调试观察
双重循环

②将 s[m] 的值赋值给 s[i]；③将第 1 步中的 t（存有 s[i] 的原始值）赋值给 s[m]。

▷ **第 18 行：** 调用执行 selectSort 函数，以 values 数组为实参。在 6.9 节将会看到，由于数组是所谓的引用类型▲，形参 s 与实参 values 引用的事实上是同一个数组对象，在 selectSort 函数内部对形参 s 的修改，事实上就是对实参 values 的修改。如执行结果所见，selectSort(values) 被执行后，values 数组被修改了，其中的元素由乱序变成了有序。

> ◎ 见微知著 ▪
>
> 　　就前述示例而言，i循环共需进行9轮，对于每一个i值，j循环需要进行9-i次。因此，对于j循环的循环体而言，其执行总次数等于9+8+7+6+5+4+3+2+1。不失一般性，对于包含n个元素的排序问题，在选择排序中，处于核心位置的元素比较操作执行的总次数为1+2+3+4+…+n，这是一个典型的等差数列，其值为
>
> $$\frac{n(n+1)}{2} = \frac{n^2}{2} + \frac{n}{2}$$
>
> 　　这是一个当n趋于无穷大时的无穷大，即排序问题的元素越多，需要的计算量就越大。如果只考虑这个无穷大的阶，简化后，其值为n^2。粗略地，包含10个元素的序列，如果使用选择排序算法进行排序，需要进行大约100次比较运算；对于规模为100的排序问题，则需要进行大约10000次比较。选择排序算法并不是具有实用性的高效算法，一些其他的排序算法，如归并排序，其所需要的比较运算的次数约为nlogn。

4.15　小　结

　　循环是计算机处理重复性工作的利器。for 循环伴随着对包括区间在内的可迭代对象的遍历，可迭代对象"包含"多少元素，其循环体便会执行多少次。while 循环和 do-while 循环则通过一个条件判断来确定是否继续执行循环体。前者先判断、后执行，后者先执行、后判断。

　　在循环过程中，如果执行 break 语句，将导致循环提前终止；如果执行 continue 语句，则跳过当次循环。

第5章 自定义类型（上）

> 物以类聚，人以群分。
>
> ——《战国策·齐策三》

🔅 **思维导图**

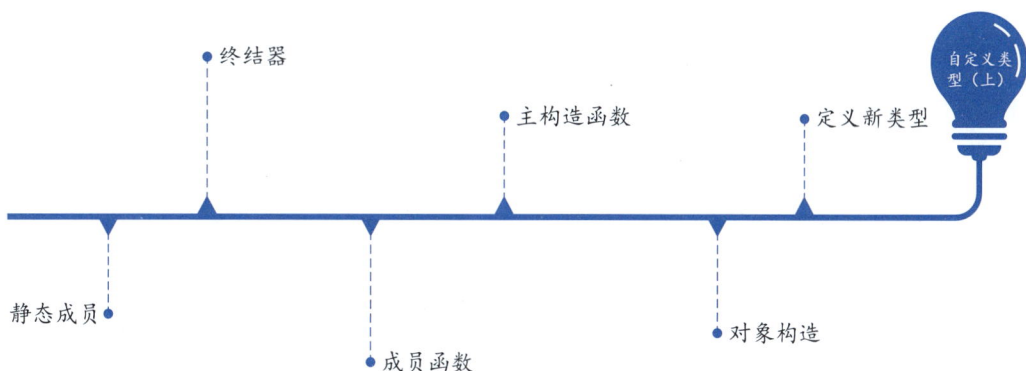

5.1 定义新类型

到目前为止，程序中使用到的数据类型如 Int64、Float32、String 等都是仓颉中的原生类型，即仓颉编译器"天生"就可以识别和处理的类型。为了更好地扩展程序的能力，仓颉允许程序自定义新的数据类型，即通过类型自定义语法向编译器"介绍"新类型的名称、成员变量、属性和成员函数。

按如图 5-1 所示的结构自定义了一个名为 Fish 的新数据类型。理论上，只要程序逻辑需要，任何名词都可以被定义为新类型，包括 Fish（鱼）。

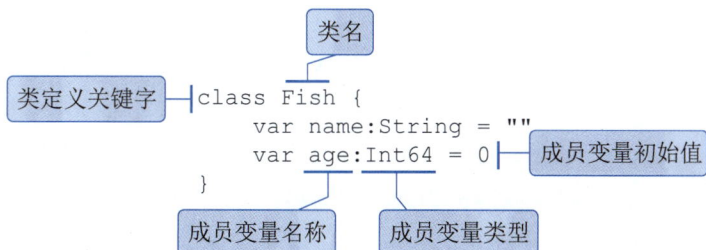

图 5-1 Fish 类型的定义 (1)

示例代码如下。

```
1  package Fish1
2  class Fish {                    //定义名为Fish的新类(class)型
3      var name:String = ""
4      var age:Int64 = 0
5  }
6
7  main(): Int64 {
8      let dora = Fish();       let peter = Fish()
9      dora.name = "朵拉";       dora.age = 12
10     peter.name = "彼得";      peter.age = 13
11     println("姓名\t周龄")
12     println("--------------------")
13     println("${dora.name}\t${dora.age}")
14     print("${peter.name}\t${peter.age}")
15     return 0
16 }
```

上述程序的执行结果为：

```
1  姓名      周龄
2  --------------------
3  朵拉      12
4  彼得      13
```

▷ **第 2 ~ 5 行：**定义了一个名为 Fish 的新类型，其包含两个成员变量：String 类型的 name（姓名）和 Int64 类型的 age（周龄）。按照这一定义，Fish 类型的每个对象都由 name 和 age 两个成员对象构成，即每条鱼拥有各自独立的姓名（name）和周龄（age）。

▷ **第 8 行：**两次执行 Fish 类型的构造函数 Fish 创造出新的 Fish 类型对象并赋值给 dora 和 peter。按照定义，朵拉鱼（dora）和彼得鱼（peter）拥有各自独立的 name 和 age 成员，均取默认值（见第 3 行和第 4 行）。

> ⊙ **要点** ◣
>
> 当未给类定义构造函数，且全部成员变量（本例中的 name 和 age）均定义了初始值时，系统会自动为类添加一个零参数的构造函数。本例中，Fish 即为系统自动添加的零参数的构造函数，其函数体按初始值完成了成员变量的初始化。

▷ **第 9 行：**dora.name 表示 dora 对象的 name 成员。本行修改朵拉鱼的姓名和周龄。

▷ **第 10 行：**以相同方法修改彼得鱼的姓名和周龄。

▷ **第 13、14 行：**使用字符串插值方法分别打印朵拉鱼和彼得鱼的信息。如执行结果的第 3、4 行所示，两条鱼的姓名和周龄相互独立，各不相同。

从面向对象程序设计（object oriented programming）的角度看，Fish 是一个自定义数据类型，简称为类（class）；如图 5-2 所示，对象 dora 和 peter 各有 name 和 age 两个成员变量。两个对象的类型均为 Fish，它们是 Fish 类型的实例（instance）。

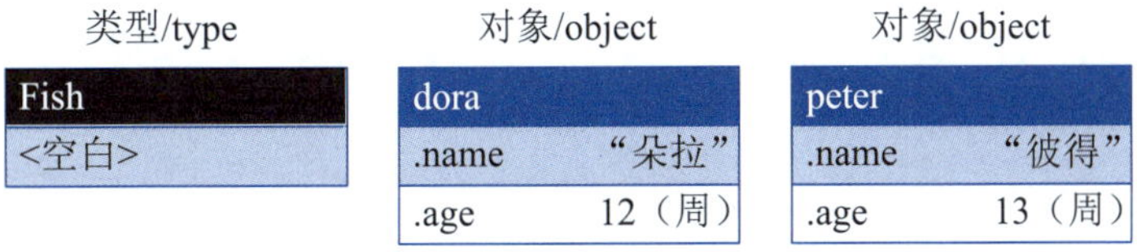

类型/type	对象/object		对象/object	
Fish	dora		peter	
<空白>	.name	"朵拉"	.name	"彼得"
	.age	12（周）	.age	13（周）

图 5-2　Fish 类型与对象 (1)

出人意料的是，按照"万物皆对象"的面向对象程序设计逻辑，Fish 类型本身也可以视为一个"对象"。

5.2　对象构造

程序员可以给自定义类型设计一个名为构造函数的特殊成员函数，以便在对象被创造出来的同时对其进行初始化。为自定义类型添加一个构造函数的基本语法如下：

```
1 class 类名 {
2     init(形参列表) {        //init源自英文initialize，意为初始化
3         //函数体
4     }
5 }
```

与其他全局函数不同：①构造函数 init 被定义在类的内部，它是类的成员函数；②构造函数的定义不以关键字 func 开头；③构造函数没有返回值；④当一个对象被从无到有地创建出来时，该对象所属类型的构造函数会被执行，以完成该对象的初始化。

为消除读者关于构造函数工作机制的各种疑问，结合下述示例加以说明。

```
1  package Fish2
2  class Fish {
3      let name:String
4      var age:Int64
5      var bodyWeight:Float64
6      init(weight!:Float64,name!:String,age!:Int64) {
7          this.name = name
8          bodyWeight = weight      //bodyWeight与this.bodyWeight等价
9          this.age = age
10         println("init:${name}鱼,周龄:${age},体重:${bodyWeight}")
11     }
```

```
12  }
13
14  main(): Int64 {
15      let dora = Fish(weight:100.0,name:"朵拉",age:12)
16      print("${dora.name}, ${dora.age}, ${dora.bodyWeight}")
17      // dora.name = "New Name"     不可变成员变量
18      return 0
19  }
```

上述程序的执行结果为：

```
1  init:朵拉鱼,周龄:12,体重:100.000000
2  朵拉, 12, 100.000000
```

▷ **第 2 ~ 10 行：**Fish 类型定义，其中包括了 Fish 类型的构造函数定义。定义行为本身仅仅是向编译器描述类型的组成和接口，定义一个类型及其成员函数并不会导致其成员函数的执行。该类型定义的语法结构请见图 5-3。

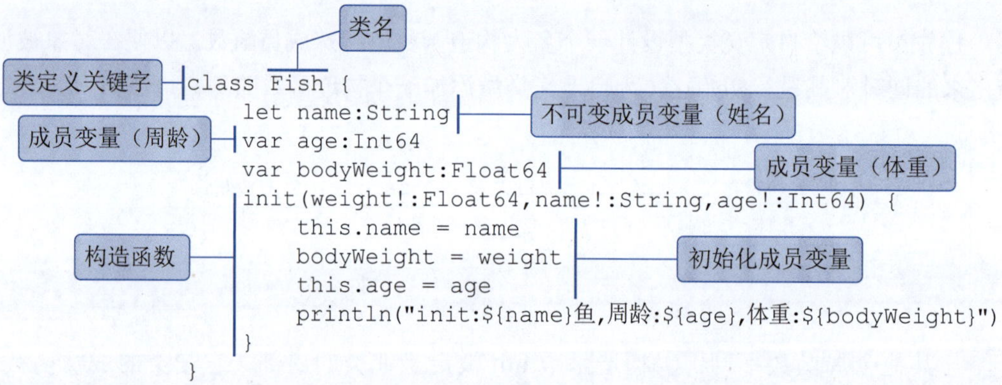

```
         类名
          │
类定义关键字┐ │            ┌── 不可变成员变量（姓名）
         class Fish {     │
         let name:String ─┘
成员变量（周龄）─ var age:Int64
         var bodyWeight:Float64 ── 成员变量（体重）
         init(weight!:Float64,name!:String,age!:Int64) {
             this.name = name
构造函数 ─      bodyWeight = weight    ── 初始化成员变量
             this.age = age
             println("init:${name}鱼,周龄:${age},体重:${bodyWeight}")
         }
     }
```

图 5-3　Fish 类型的定义 (2)

▷ **第 3 行：**定义不可变成员变量 name（姓名）。由于 Fish 类型定义了构造函数，成员变量的初始化预期在构造函数中完成，故此处未给 name 指定初始值。同时，作为不可变变量的 name，在构造函数中被首次赋值后，便不可以被修改。

▷ **第 4、5 行：**定义可变成员变量 age（周龄）和 bodyWeight（体重）。基于类似的理由，age 和 bodyWeight 在定义时未指定初始值。

▷ **第 6 ~ 11 行：**定义 Fish 类型的构造函数。如第 6 行所见，该构造函数有名为 weight、name 和 age 的三个命名参数。这意味着在程序试图创建 Fish 类型的对象时，必须提供这三个构造参数。

▷ **第 7 行：**在类的成员函数里，this 表示被执行该成员函数的对象，可形象地称其为这个对象。在构造函数里，this 表示正在被构造 / 初始化的对象。this.name 指代这个对象的成员变量 name，以区别于函数的形参 name。如前所述，由于 name 是不可变的，在本行代码执行之后，name 便不允许再行修改。

▷ **第 8 行：** 初始化成员变量 bodyWeight。bodyWeight（体重）可视为 this.bodyWeight（这个对象的体重）的简写形式。

▷ **第 9 行：** 初始化这个对象的周龄（age）。

▷ **第 10 行：** 打印对象的构造函数被执行的信息。

▷ **第 15 行：** 使用 Fish 类型的构造函数构造朵拉鱼。由于 Fish 类型的 init 构造函数的三个形参均为名字参数，这里提供实际参数时，同时给出了参数名。

> ◎ 见微知著 ▪
>
> Fish(weight:100.0,name:"朵拉",age:12)被编译器解释为对Fish的构造函数init(weight!:Float64,name!:String,age!:Int64)的调用。这可以从执行结果中找到证据：执行结果的第1行，只可能由init函数内的println函数产生（见第10行）。

▷ **第 16 行：** 通过字符串插值方法输出 dora 的姓名、周龄和体重。

▷ **第 17 行：** dora.name 是不可变变量，不允许被修改。

🗂️ 操作指南 断点调试观察对象构造

在上述程序的第15行放置断点，然后逐行跟踪执行，可以帮助读者理解构造函数初始化新对象的过程。请扫描二维码查看该过程。

如图 5-4 所示，上述程序共涉及 1 个 Fish 类型和 1 个 Fish 对象。三个成员变量在逻辑和物理上都归属于 Fish 对象 dora。而构造函数 init 则归属于"类型对象"Fish。

类型/type	对象/object	
Fish	**dora**	
init(weight!,name!,age!)	.name	"朵拉"
	.age	12（周）
	.bodyWeight	100.0（克）

图 5-4 Fish 类型与对象 (2)

对于本例中的 Fish 类型，下述代码将被编译器拒绝。因为 Fish 函数意味着对 Fish 类型的具有零个参数的构造函数的调用，而 Fish 类型并不拥有这么一个零参数的构造函数。在已经为类型定义了构造函数之后，编译器便不再为其自动添加零参数构造函数。

```
1    let f = Fish()
```

5.3　主构造函数

主构造函数是 init 构造函数语法糖（syntactic sugar）。语法糖用于形容那些并不增加编程语言实际功能，但却可以让程序书写变得简洁容易的语言特性。读者可以简单地认为主构造函数是 init 构造函数的另一种写法，它可以让类定义变得更加简洁高效。

图 5-5 所示的 Fish 类型定义与 5.2 节中的 Fish 类型完全等价。其中，主构造函数 Fish 函数名与类名相同，且与 init 构造函数一样，没有返回值。该函数定义了 3 个参数，其中，weight 是一个普通的命名参数，而命名参数 name 之前添加了关键字 let，这将使得 name 自动成为 Fish 类型的不可变成员变量。类似地，命名参数 age 之前的关键字 var 将其定义为 Fish 类型的可变成员变量。

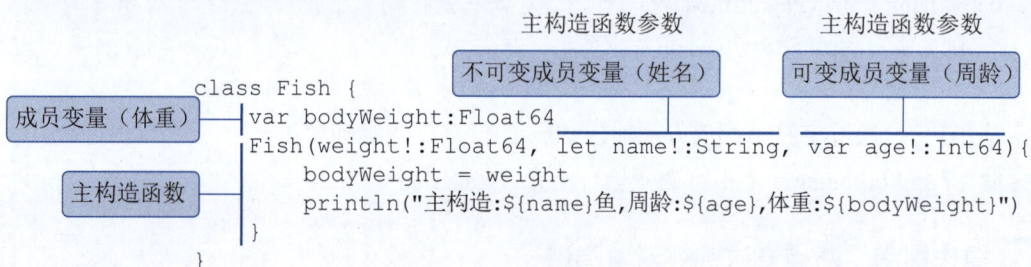

图 5-5　主构造函数示例

请注意，在定义主构造函数时，成员变量形参（如本例中的 name 和 age）只能定义在普通形参（如本例中的 weight）之后。

在主构造函数 Fish 的函数体内，只对普通成员变量 bodyWeight 进行了赋值初始化，因为变量形参 name 和 age 的初始化已经在主构造函数传参调用时自动完成。

事实上，编译器"内部"按下述方式处理主构造函数。

(1) 自动合成与主构造函数一致的 init 构造函数；

(2) 按顺序将主构造函数中的成员变量形参定义为类型的成员变量；

(3) 在合成的 init 构造函数的函数体初始部分，对自动生成的成员变量进行赋值初始化。

下述示例完整展示了主构造函数的使用方法。

```
1 package Fish3
2 class Fish {
3     var bodyWeight:Float64
4     Fish(weight!:Float64,let name!:String,var age!:Int64){
5         bodyWeight = weight
6         println("主构造:${name}鱼,周龄:${age},体重:${bodyWeight}")
7     }
8 }
```

```
9
10  main(): Int64 {
11      let dora = Fish(weight:100.0,name:"朵拉",age:12)
12      print("${dora.name}, ${dora.age}, ${dora.bodyWeight}")
13      return 0
14  }
```

上述程序的执行结果为：

```
1  主构造:朵拉鱼,周龄:12,体重:100.000000
2  朵拉, 12, 100.000000
```

▷ **第11行：** 通过 Fish 构造函数生成朵拉鱼。如执行结果的第 1 行所示，此处导致了 Fish 类型的主构造函数，或者说经由主构造函数"合成"的 init 构造函数的执行。

▷ **第12行：** 本行代码证实，主构造函数中的成员变量形参 name 和 age 确实变成了类型的成员变量，对 dora.name 和 dora.age 的访问都是合法的。

如本例所示，主构造函数的使用并不能增加仓颉语言的威力，不使用主构造函数而使用普通构造函数以及成员变量定义语法也能实现等价的功能。但主构造函数的使用确实可以简化类的定义语法，它就是语法糖。

5.4 成员函数

作为个体的鱼，可以拥有姓名、周龄、体重等信息，对应前述程序中的 Fish 类型，即为 name、age、bodyWeight 等属性。同时，作为个体的鱼，也可以拥有游泳、进食、说话（小丑鱼尼莫会）等技能。这些技能在面向对象程序设计的术语体系中称为方法，具体表现为类型的成员函数（member function）。

在下述示例中，Fish 类型除了不可变成员变量 name 和可变成员变量 weight，还拥有成员函数 eat（进食）和 swim（游泳）。

```
1  package EatSwim
2  class Fish {
3      Fish(let name:String, var weight!:Float64) { }
4      func eat(weight:Float64) {
5          this.weight += weight
6          println("${name}吃了${weight}克食物,增重${weight}克.")
7      }
8
9      func swim(dist!:Int64) {
```

```
10          let t = Float64(dist)*0.0001;  weight -= t
11          println("${name}鱼游泳锻炼${dist}米,减重${t}克.")
12      }
13 }
14
15 main(): Int64 {
16     let dora  = Fish("朵拉",weight:100.0)
17     let peter = Fish("彼得",weight:150.0)
18     dora.eat(1.0);  dora.swim(dist:10000)
19     peter.eat(5.0)
20     println("\n姓名\t体重"); println("----------------------")
21     println("${dora.name}\t${dora.weight}")
22     print("${peter.name}\t${peter.weight}")
23     return 0
24 }
```

上述程序的执行结果为：

```
1 朵拉吃了1.000000克食物,增重1.000000克.
2 朵拉鱼游泳锻炼10000米,减重1.000000克.
3 彼得吃了5.000000克食物,增重5.000000克.
4
5 姓名    体重
6 ----------------------
7 朵拉    100.000000
8 彼得    155.000000
```

▷ **第 3 行：** 主构造函数 Fish 的形参 name 和 weight 经 let 和 var 修饰，自动成为 Fish 类型的成员变量。本行中的 {} 提供了一个空的函数体，但这并不意味着主构造函数什么也没做。事实上，在经由主构造函数“合成”的 init 构造函数内，Fish 的成员变量 name 和 weight 被赋值初始化。

▷ **第 4 ～ 6 行：** 定义 eat 成员函数。形参 weight 表示食物的量，以克为单位。在成员函数内部，this 代表被执行成员函数的这个对象，即正在进食的鱼。

▷ **第 5 行：** 进食会导致体重增加，程序修改了这个对象的成员变量 weight。请注意 this.weight 和 weight 是不同的对象，前者是正在进食的鱼对象的成员变量，后者是函数的形参。

▷ **第 6 行：** 打印哪条鱼进食多少食物的信息。

▷ **第 9 ～ 12 行：** 定义 swim 成员函数。形参 dist 表示游泳距离，单位为米。类似地，游泳锻炼有助于减重，因此在代码的第 10 行，程序根据游泳距离减少了鱼对象的体重

（weight）。

▷ **第16、17行：** 创建了朵拉鱼和彼得鱼两个鱼对象，请注意两者的体重值不相同。

▷ **第18行：** 执行朵拉鱼对象的 eat 成员函数。朵拉是一条有自制力的鱼，所以只吃了 1 克的食物。从执行结果的第 1 行可见该函数的输出。接下来调用执行朵拉鱼的 swim 成员函数。朵拉还是一条爱运动的鱼，一口气游了 10000 米。从执行结果的第 2 行可见该函数的输出。

> ◎ **见微知著** ▪
>
> 朵拉鱼之所以有 eat 和 swim 成员函数，皆因其类型为 Fish。对象"拥有"的成员函数由其类型决定。这是再浅显不过的道理，鱼都会游泳，而鸟，则擅长于飞行。

▷ **第19行：** 调用执行彼得鱼的 eat 成员函数。彼得是一条贪吃鱼，一顿就吃掉了 5 克食物。相关输出见执行结果的第 3 行。

▷ **第20～22行：** 打印对照两个鱼对象的体重信息。如执行结果的第 5～8 行所示，"管住嘴、迈开腿"的朵拉体重保持得很好，而贪吃不动的彼得又长胖了。

上述程序中的 Fish 类型和 Fish 对象的关系如图 5-6 所示。从图中可见，Fish 类型包含主构造函数在内共有 3 个成员函数。而朵拉鱼和彼得鱼作为 Fish 类型的对象各自独立存储了 name 和 weight 成员变量，其内只有数据（成员变量），没有方法（成员函数）。

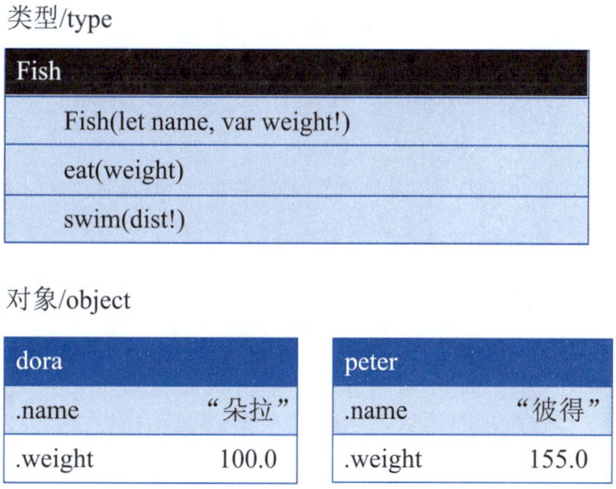

类型/type

Fish
Fish(let name, var weight!)
eat(weight)
swim(dist!)

对象/object

dora	
.name	"朵拉"
.weight	100.0

peter	
.name	"彼得"
.weight	155.0

图 5-6 能吃会运动的鱼

这意味着无论是 dora.eat(1.0) 还是 peter.eat(5.0)，最终被执行的都是同一个函数的同一段代码，即 Fish 类型的 eat(weight) 函数。按稍早的描述，在 eat 函数内部，有一个名为 this 的这个对象，表示当前正在被执行这个成员函数的对象。于本例而言，this 用于区分进食的是朵拉还是彼得。

问题是 Fish 类型的 eat(weight) 函数体内的 this 从何而来？

> **⊙ 要点** ▪
>
>   类的成员函数（非静态▲）拥有一个名为this的隐含参数，用于表示被执行该成员
> 函数的对象。编译器通过代码上下文自动完成该参数的传递。
>   在成员函数内，对对象成员（包括成员变量和成员函数）的访问都是以this为基础
> 的。如上述示例程序的第10行，weight事实上是this.weight的简写形式，它表示这个对象
> 的weight。

  如图 5-7 所示，在本例中，Fish 类型的 eat 函数事实上有两个参数，其一为 this，其二为 weight。以函数调用 dora.eat(1.0) 为例，由于 dora 对象的类型是 Fish，而 Fish 类型定义有名为 eat 的成员函数，因此，dora.eat(1.0) 被编译器解释为 Fish.eat(dora,1.0)，dora 作为实参传递给函数形参 this。同样地，peter.eat(5.0) 被编译器解释为 Fish. eat(peter,5.0)。简单总结可知，dora 和 peter 同为 Fish 类型的对象，dora.eat(1.0) 和 peter. eat(5.0) 执行的是同一个函数，即 Fish.eat(this,weight)，区别在于前者将 dora 传递给形参 this，后者将 peter 传递给形参 this。当形参 this 指向 dora 时，进食长肉的是朵拉，而当形参 this 指向 peter 时，进食长肉的是彼得。

断点调试观
察对象方法
的执行

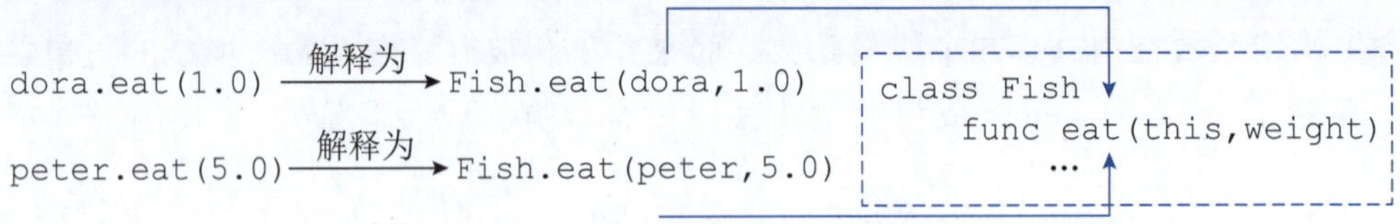

图 5-7 对象成员函数的调用过程

  请注意，图 5-7 中的 Fish.eat(dora,1.0) 是作者为方便解释"发明"出来的，并非合法的仓颉语句。

📖 编程练习

练习 5-1（日复一日）设计符合下述要求的日期类（Date），并编写代码验证其正确性。

  (1) 拥有数据成员 year、month 和 day，分别存储年、月、日；

  (2) 构造函数接收年、月、日参数并初始化全部数据成员；

日复一日

  (3) 公有成员函数 toText 返回一个字符串，其为该日期对象的文字表达，如"2022-5-20"。

练习 5-2（跨币种转账）AccountCNY 类表示人民币账户，AccountUSD 类表示美元账户，账户余额为对象属性。a.transfer(b,100) 表示从 a 账户转出 100 元（a 账户币种）至 b 账户。当 a 和 b 账户的币种相同时，a 的余额减少 100，b 的余额增加相同值；当 a、b 账户币种不同时，a 的余额减少 100，但 b 的余额增加值应进行汇率换算。

跨币种转账

  请定义上述两个类及相应成员函数，并编写代码进行验证。假设汇率为 1 美元兑 7.2 元人民币。

5.5 终结器

当对象被创建时，有且仅有一个构造函数被执行以完成其初始化。当一个对象因超出作用范围等原因不再被需要时，由仓颉编译器生成的程序内的垃圾回收器（garbage collector）将适时释放该对象占据的内存。在此之前，对象的终结器（finalizer）函数将自动被调用执行，以完成一些诸如关闭网络连接、保存文件等清理工作。

终结器函数也是类的成员函数，其函数名固定为 ~init。该函数的参数数量为 0，或者说该函数仅有一个名为 this 的隐含参数。终结器函数的语法格式如下：

```
1  class 类名 {
2      ~init() { 函数体代码 }
3  }
```

> **⊙ 要点** ◀
>
> 　　对象被垃圾回收前，垃圾回收器会自动调用执行其终结器函数，但其被触发的时机是不确定的。在程序中不能显式执行对象的终结器函数。

下面通过下述示例来展示终结器的调用执行：

```
1   package Terminator
2   import std.runtime        //导入std标准模块下的runtime（运行时）包
3
4   class Fish {
5       Fish(let name:String) { }
6       ~init() {
7           println("${name}被回收了.")
8       }
9   }
10
11  main(): Int64 {
12      var dora = Fish("朵拉");  var peter = Fish("彼得")
13      println([dora.name,peter.name])
14      println("----标志线----")
15      runtime.gc()             //手动触发垃圾回收
16      return 0
17  }
```

上述程序的执行结果为：

```
1  [朵拉, 彼得]                    2  ----标志线----
```

3	朵拉被回收了.	5	[空行]
4	彼得被回收了.		

▷ **第5行：** 通过主构造函数为 Fish 对象添加 name 成员变量，以便在后续程序中区分朵拉鱼和彼得鱼。

▷ **第6~8行：** 定义 Fish 类型的终结器函数。在该函数中打印了某条鱼被终结回收的信息。

▷ **第12行：** 创建"朵拉鱼"和"彼得鱼"对象。

▷ **第13行：** 将 dora.name 和 peter.name 组合成一个字符串数组，然后输出。参见执行结果的第1行。

▷ **第14行：** 打印标志线。参见执行结果的第2行。

▷ **第15行：** 手工执行 runtime（运行时包）的 gc 函数主动进行垃圾回收。

当程序运行到 main 函数的结尾，dora 和 peter 将不再被需要，成为"垃圾"。在垃圾回收器回收它们之前，它们的终结器函数被调用执行。参见执行结果的第3、4行。

5.6　静态成员

在本章的前述部分已多次使用到"彼得鱼"和"朵拉鱼"对象，它们的类型是 Fish，同为 Fish 类型的实例（instance）。如 5.1 节所述，出乎意料，按照万物皆对象的面向对象程序设计逻辑，作为类型的 Fish 也可以视为一个对象，它也可以拥有自己的成员变量和成员函数。

在仓颉中，当类的成员变量或者成员函数被声明为静态（static）时，便成为类型的成员，而不是实例的成员。与静态成员变量和静态成员函数相对应，非静态的普通成员变量或者成员函数被称为实例成员变量和实例成员函数。

为讨论静态成员变量和静态成员函数，引入下述 Tomato 示例。请读者留意第3行的 count 成员变量和第14行的 smile 成员函数使用 static 关键字进行了修饰。count 是静态成员变量，smile 是静态成员函数。

```
1  package Tomato
2  class Tomato {
3      static var count:Int64 = 0
4      var number:Int64 = 0
5      init() {
6          count += 1      //等价于Tomato.count += 1
7          number = Tomato.count
8      }
9
```

```
10      func cry() {
11          println("第${this.number}个西红柿哭了.")
12      }
13
14      static func smile() {
15          // print(this.number)     非法，静态函数没有隐含参数this
16          println("${count}个西红柿一起笑了.")
17      }
18  }
19
20  main(): Int64 {
21      var t1 = Tomato(); var t2 = [Tomato(),Tomato()]
22      t1.cry(); t2[1].cry()
23      Tomato.smile()                          //t1.smile()非法
24      print("共有${Tomato.count}个西红柿.")      //t1.count非法
25      return 0
26  }
```

上述程序的执行结果为：

| 1 | 第1个西红柿哭了. | 3 | 3个西红柿一起笑了. |
| 2 | 第3个西红柿哭了. | 4 | 共有3个西红柿. |

图 5-8 展示了上述程序中的 4 个对象，**类型 Tomato 亦是对象之一**。请读者注意两个细节：①静态成员变量 count 仅存在于 Tomato 对象里，而不存在于 Tomato 类型的各个实例中；②静态成员函数 smile 没有隐含的 this 参数。

类型/type

Tomato	
.count	**静态**成员变量，终值为3
init(this)	构造函数，有隐含的 this 参数
cry(this)	实例成员函数，有隐含的 this 参数
smile()	**静态**成员函数，无 this 参数

对象/object

t1		t2[0]		t2[1]	
.number	1	.number	2	.number	3

图 5-8 西红柿类型及对象

▷ **第 3 行：** 在 static 关键字的修饰之下，count 被定义为静态成员变量。如图 5-8 所示，与实例成员变量 number 不同，count 仅存在于 Tomato 类型对象中。当程序要访问这个变量时，其全称为 Tomato.count，意为 Tomato 的 count。逻辑上，静态成员变量 count 为全体西红柿所共有。在本例中 Tomato.count 用于记录西红柿对象的个数。

▷ **第 4 行：** 如图 5-8 所示，作为实例成员变量的 number 存储于 Tomato 类型的各个实例中，各自独立，其值依次为 1、2、3。

▷ **第 5 ~ 8 行：** 构造函数。第 6 行递增了西红柿总个数 count。由于不存在实例成员变量 count，故这里的 count 事实上访问的是 Tomato.count。每 7 行则将实例成员变量 number 赋值为 Tomato.count。依此，连续构造的多个西红柿对象拥有了从 1 开始递增但不重复的编号（number）。

▷ **第 10 ~ 12 行：** 定义实例成员函数 cry。该函数有隐含的 this 参数，表示被执行该函数的这个对象，因此，在执行该函数时必须以具体的 Tomato 对象实例为基础，如第 22 行的 t1.cry()，表明"哭"的 t1。

▷ **第 14 ~ 17 行：** 在 static 关键字的修饰之下，smile 为静态成员函数。与实例成员函数不同，静态成员函数没有隐含的 this 参数，这意味着：

- 执行 smile 函数无须以任何 Tomato 对象为基础，直接以 Tomato.smile() 形式调用即可，如代码第 23 行所示。
- 以具体的 Tomato 对象为基础执行其 smile 成员函数是非法的。对于代码 t1.smile()，其函数调用的实质是 Tomato.smile(t1)，由于 smile 函数没有对应的形参来吸收实参 t1，故非法。
- 在 smile 函数内部，无法访问实例成员变量 number，因为实例成员变量的访问需要以 this 为基础。如代码第 15 行所示。

▷ **第 21 行：** 先构造 Tomato 对象 t1：在构造函数内，Tomato.count 被递增至 1，t1.number 值为 1。后构造两个 Tomato 对象并置于数组中：两次执行构造函数，Tomato.count 被递增至 3，t2[0] 和 t2[1] 的 number 分别为 2 和 3。

▷ **第 22 行：** 执行 t1 和 t2[1] 的 cry 函数。这是实例成员函数，应以对象为基础调用。如执行结果的第 1、第 2 行所示，第 1 和第 3 个西红柿"哭"了。

▷ **第 23 行：** 执行静态成员函数 Tomato.smile()。如前所述，静态成员函数没有 this 参数，故 t1.smile() 非法。在函数体内的第 16 行，从静态成员变量 count（即 Tomato.count）获取了西红柿总数量。如执行结果的第 3 行所示，3 个西红柿一起"笑"了。

静态初始化器

▷ **第 24 行：** 打印 Tomato.count，即西红柿总数量。如执行结果的第 4 行所示，本程序共创建了 3 个西红柿对象。

📖 编程练习

掷骰子

练习 5-3（掷骰子）在公平的赌局中，一个 6 面骰子投掷的结果是随机且均匀分布的。请设计一个 Dice 类，使其可以被下述代码所使用，并产生期望的执行结果（具体数值除外）。

```
package Ex5_3
import std.random; import std.convert
//在这里定义Dice类
main(): Int64 {
    let d = Dice()
    println("骰子面数:${Dice.sidesCount}")
    println("----------掷骰子1000次-------------")
    for (i in 0..1000){
        let r = d.rollDice()
        if (i<10) { print("${r}, ") }
    }
    println("\n----------点数统计------------------")
    for (i in 1..=Dice.sidesCount){
        let c = d.choiceCount(i)
        let r = Float64(c)/Float64(d.rollCount())*100.0

        println("点数: ${i}, 次数: ${c}, 比例: ${r.format(".2")}%")
    }
    return 0
}
```

期望的执行结果为：

```
骰子面数:6
----------掷骰子1000次-------------
2, 1, 2, 5, 3, 3, 5, 6, 5, 2,
----------点数统计------------------
点数: 1, 次数: 163, 比例: 16.30%
点数: 2, 次数: 162, 比例: 16.20%
点数: 3, 次数: 180, 比例: 18.00%
点数: 4, 次数: 184, 比例: 18.40%
点数: 5, 次数: 161, 比例: 16.10%
点数: 6, 次数: 150, 比例: 15.00%
[空行]
```

5.7 小 结

使用 class 关键字及类型自定义语法可以自定义新类型，类型的实例称为对象。对象的创建总是伴随着构造函数的执行，该函数负责初始化对象。当未给自定义类型定义构造函数时，编译器会尝试给类型自动添加一个零参数的构造函数。

主构造函数是构造函数的语法糖，可以帮助简化类型自定义的语法。

当对象不再被需要时，仓颉运行时的垃圾回收器会视时机回收其内存，并在将对象彻底清除前执行其终结器函数。终结器函数不可以显式调用。

　　类型的成员变量可分为普通成员变量和静态成员变量两类。其中，普通成员变量分散存储在各实例中，相互独立；而静态成员变量则存储在类型对象中，逻辑上为全体同类型对象所共有。类型的成员变量还可以分为可变成员变量和不可变成员变量两类。其中，不可变成员变量在首次初始化赋值后便不再允许修改。

　　类型的成员函数可分为普通成员函数和静态成员函数两类。前者拥有隐含的 this 参数，用于表明被执行该成员函数的这个对象，后者则没有隐含的 this 参数。

第6章 高级数据类型及运算

> 镜子里显现出来的永远只是真实的影像，而不是真实的自己。
>
> ——《名侦探柯南》

思维导图

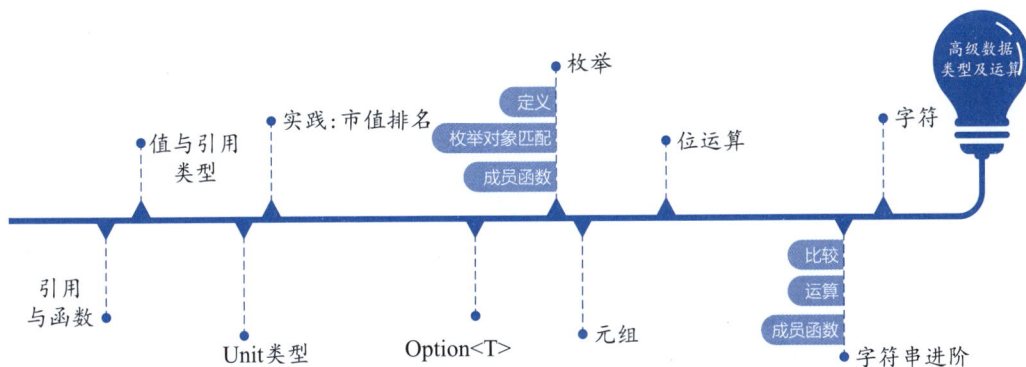

6.1 字　　符

Unicode 俗称万国码，是由 Unicode 联盟开发的一项标准。它收集了全世界几乎全部语言的所有字符，并赋予它们各自不同的编码，以解决各国语言文字在计算机上的存储和处理问题。仓颉使用字符（Rune）类型来表示一个 Unicode 符号，请见下述示例：

```
1  package RuneDemo1
2  main(): Int64 {
3      let a:Rune = r"A"              // 一个英文字符
4      let b = r'中'                   // 一个中文字符
5      let c = r'さ'                   // 一个日语字符
6      let d = r'한'                   // 一个韩语字符
7      print([a,b,c,d])
8      return 0
9  }
```

上述程序的执行结果为：

```
1  [A, 中, さ, 한]
```

示例中的 a、b、c、d 都是类型为 Rune 的不可变变量，分别存储了一个英文、中文、日语及韩语字符。区别于字符串字面量，字符字面量由小写字母 r 开头，内容由双引号或者单引号包裹，但其中只能包含且必须包含一个字符。

▷ **第 7 行：** a、b、c、d 都是 Rune 类型，数组字面量 [a,b,c,d] 的类型自然是 Array<Rune>。在本行中引入数组只是为了简化程序。print(x) 函数也支持对单个字符对象 x 的打印，打印 4 个字符对象，需要执行 print 函数 4 次。

⚠ **知所以然**

数字计算机基于二进制，这意味着计算机内的数据都以"数字"的形式存在，作为文字的字符也不例外。事实上，一个字符对象在计算机里是以一个整数的形式存在的，该整数即为字符对应的 Unicode 编码。当字符被显示在屏幕上时，软件不会直接显示该整数，而是从字体文件中选取与之对应的"字符图像"，画在屏幕上，以满足"愚蠢"人类的阅读需要。

通过 UInt32 函数，可以将字符对象转换成整数，该整数即为与之对应的 Unicode 编码。请见下述示例：

```
1 package RuneDemo2
2 import std.convert          // 导入 std 标准模块下的 convert 包
3 main(): Int64 {
4     let c = r' 仓 '; let j = r' 颉 '
5     let newLine = r'\n'                      // 换行符也是一个字符
6     print([ UInt32(c).format("x"),
7             UInt32(j).format("x"), UInt32(newLine).format("x") ])
8     return 0
9 }
```

上述程序的执行结果为：

```
1 [4ed3, 9889, a]
```

从执行结果可见，汉字"仓"的 Unicode 编码为十六进制整数 4ed3，"颉"的编码为十六进制整数 9889，换行符作为一个"不可见"字符，也有自己的编码，其值用十六进制表示为 a，用十进制表示为 10。

▷ **第 6、7 行：** UInt32(c) 将字符 c 进行转换，得整数编码。然后执行该 UInt32 整数对象的 format 成员函数，将其格式化转换成十六进制形式的字符串。"x" 表示转换格式，即十六进制。

当然，也可以反过来将编码转换为字符：

```
1 package RuneDemo3
2 main(): Int64 {
3     let a = Rune(0x4ed3); let b = r'\u{4ed3}'
```

```
4      let c = r'\u{1f349}'      //emoji 表情中的西瓜
5      print([a,b,c])
6      return 0
7  }
```

上述程序的执行结果为:

```
1  [仓，仓，🍉]
```

▷ **第3行:** 使用 Rune(x) 函数可将整数 x 转换为字符。字面量 r'\u{4ed3}' 表示十六进制编码 4ed3 所对应的字符。如执行结果所示，a 和 b 均为汉字 "仓"。

▷ **第4行:** Unicode 字符集中还包含 emoji 表情符号，如执行结果所示，十六进制编码 1f349 对应西瓜符号。

下述程序的执行结果证实: 英文小写字母 a~z、大写字母 A~Z、数字 0~9 的编码是连续的; 小写字母的编码比大写字母大; 字符 0 的编码不是 0 而是 48，空格的编码也不是 0 而是 32。

```
1  package RuneDemo4
2  main(): Int64 {
3      println([UInt32(r'a'), UInt32(r'b'), UInt32(r'c'), UInt32(r'z')])
4      println([UInt32(r'A'), UInt32(r'B'), UInt32(r'C'), UInt32(r'Z')])
5      println([UInt32(r'0'), UInt32(r'1'), UInt32(r'2'), UInt32(r'9')])
6      println([UInt32(r' '), UInt32(r'\r'), UInt32(r'\t')])
7      return 0
8  }
```

上述程序的执行结果为:

```
1  [97, 98, 99, 122]          3  [48, 49, 50, 57]
2  [65, 66, 67, 90]           4  [32, 13, 9]
```

▷ **第3行:** 如执行结果的第 1 行所示，小写英文字母 a~z 的编码为 97~122。

▷ **第4行:** 如执行结果的第 2 行所示，大写英文字母 A~Z 的编码为 65~90。

▷ **第5行:** 如执行结果的第 3 行所示，数字 0~9 的编码为 48~57。

▷ **第6行:** 如执行结果的第 4 行所示，空格的编码为 32，回到行首符的编码为 13，制表符的编码为 9。

英文字符的
ASCII 编码

🎯 **要点** ▸

每个字符都有自己对应的整数编码。正是这些整数编码构成了对字符和字符串进行大小比较的数学基础。下述逻辑比较的结果为真，因为字符 E 的编码小于字符 F 的编码。

$$r'E' < r'F'$$

编程练习

练习 6-1（英文字母）在计算机内部，英文字母依 ASCII 码分别由连续的整数来表示。例如，大写的英文字母 A 的 ASCII 码值为 65，B 的 ASCII 码值为 66，然后依次递增，Z 的 ASCII 码值为 90。请编程计算：Q 是字母表中的第几个字母（从 1 开始计数，即 A 为第 1 个字母）？字母表中的第 15 个字母（从 1 开始计数）是什么？

英文字母

6.2　字符串进阶

2.6 节已经就字符串类型展开过讨论，但那远远不够。

字符串可以视为由字符构成的序列。使用字符串对象的 toRuneArray 成员函数可以将字符串转换为字符数组（Array<Rune>）。请见下述示例：

```
1 package RuneArray
2 main(): Int64 {
3     let s:String = '大音希声，大象无形。'
4     let a:Array<Rune> = s.toRuneArray()
5     println("a.size = ${a.size}")
6     print(a)
7     return 0
8 }
```

上述程序的执行结果为：

```
1 a.size = 10
2 [大, 音, 希, 声, ，, 大, 象, 无, 形, 。]
```

▷ **第 4 行：** 执行字符串 s 的 toRuneArray 成员函数，得到字符数组 a。

▷ **第 5 行：** 打印 a.size 显示数组的元素个数。如执行结果的第 1 行所示，数组由 10 个元素组成，与字符串 s 内的字符数量相等。

▷ **第 6 行：** 打印字符数组 a。由执行结果的第 2 行所示，字符串 s 中的每一个字符，包括逗号及句号，构成了数组 a 的一个元素。

6.2.1　比较 ▷

基于构成字符串的各字符的 Unicode 编码，得以进行字符串间的大小比较，从而确定各个国家在奥运会上的出场次序。请见下述示例：

```
1 package StrComp
2 main(): Int64 {
3     println("France" > "Brazil")         //F > B
4     println("Argentina" > "Afghanistan") //r > f
5     println(" 大道至简 " < " 大音希声 ")       // 道 < 音
```

```
6      print([UInt32(r" 道 "),UInt32(r" 音 ")])
7      return 0
8  }
```

上述程序的执行结果为:

```
1  true                          3  true
2  true                          4  [36947, 38899]
```

▷ **第3行:** 首字符 F 大于 B,故法国"大于"巴西,法国晚于巴西出场。

▷ **第4行:** 首字符相同,第 2 个字符 r 大于 f,故阿根廷"大于"阿富汗,阿根廷后出场。

▷ **第5行:** 首字符"大"相同,第 2 个字符"道"小于"音"。如执行结果的第 4 行所示,"音"的 Unicode 编码为 38899(十进制),大于"道"的 36947。

字符串之间的比较规则可简单总结如下:从前至后逐一比较两个字符串对应位置"字符"的编码,如果第 1 个字符相同,则比较第 2 个字符,如果第 2 个字符也相同,则比较第 3 个字符,以此类推,直至比较出结果为止。如果两个字符串中的所有字符及其出现顺序完全一致,则两个字符串相等。如果一个字符串("ABC")是另一个字符串("ABCD")的前缀,则长度稍长的字符串("ABCD")大。

6.2.2　运算

将两个字符串相加,可以得到首尾相连的新字符串;将字符串与一个正整数 N 相乘,结果是重复 N 遍的字符串。请见下述示例:

```
1  package StrOp
2  main(): Int64 {
3      let s1 = " 接天莲叶无穷碧 " + "," + " 映日荷花别样红。"
4      println(s1)
5      let s2 = " 实践 " * 5;  print(s2)
6      return 0
7  }
```

上述程序的执行结果为:

```
1  接天莲叶无穷碧,映日荷花别样红。
2  实践实践实践实践实践
```

6.2.3　成员函数

下述示例展示了通过字符串对象的成员函数进行大小写转换的方法:

```
1  package UpperLower
2  main(): Int64 {
3      let s = "John von Neumann"
4      println(s.toAsciiUpper())        // 输出大写形式
```

```
5        print(s.toAsciiLower())            // 输出小写形式
6        return 0
7    }
```

上述程序的执行结果为：

```
1    JOHN VON NEUMANN
2    john von neumann
```

结合执行结果容易看出，s.toAsciiUpper 函数生成并返回了一个新的字符串，其内容与 s 相同，但所有字符均为大写。同理，s.toAsciiLower 函数也返回了一个 s 的副本，但所有字符均为小写。请注意，无论是 toAsciiUpper 函数还是 toAsciiLower 函数，都是生成并返回一个新的字符串，函数执行前后，s 的值不变。

⚠ 知所以然

同作为全局函数的 print 不同，s.toAsciiUpper 函数并非全局函数，它是字符串对象 s 的成员函数。s.toAsciiUpper() 里的 "." 可以理解为 "的"，即 s 的 toAsciiUpper 函数。一个对象有哪些成员函数，是由对象的类型所决定的，同一类型的不同对象拥有相同的成员函数。本例中，s 的类型为 String，其成员函数 toAsciiUpper 以及 toAsciiLower 均源自 String 类型。对于整数对象 i:Int64 = 3，它是没有 toAsciiUpper 函数的，因为其类型为 Int64，而不是 String。

⚗ 操作技巧 ▶

机械记忆字符串的成员函数的名称和用途徒劳无益。在诸如 CodeArts 这样的 IDE（集成开发环境）中，可以通过自动参照功能选取适用的函数。如图 6-1 所示，在变量名 s 之后打点，系统自动列出了对象 s 所包含的全部成员函数，此时操作者可以使用上下方向按键浏览成员函数清单，并根据英文函数名来猜测和选取适用的函数。请读者留意，在变量名 i 之后打点，得到的函数清单与 s 的不同，这是因为变量 i 为 Int64 类型，对象拥有的成员函数取决于对象的类型。表 6-1 列出了常用的字符串成员函数。

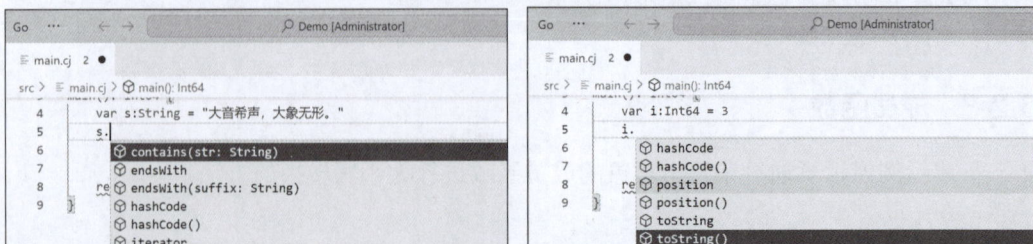

图 6-1　在 IDE 中使用自动参照

表 6-1　常用的字符串成员函数

成　员　函　数	描　　　　述
s.toAsciiLower()	生成并返回字符串 s 的副本，字符皆为小写形式。
s.toAsciiUpper()	生成并返回字符串 s 的副本，字符皆为大写形式。
s.endsWith(x)	判断字符串 s 是否以字符串 x 结尾，返回布尔型。
s.startsWith(x)	判断字符串 s 是否以字符串 x 开头，返回布尔型。
s.count(x)	统计字符串 s 中子串 x 的出现次数。
s.indexOf(x)	在字符串 s 中查找并返回子串 x 的位置。
s.trimEnd(x)	生成并返回字符串 s 的副本，该副本已去除尾部连续的 x。
s.replace(x,y)	生成并返回字符串 s 的副本，该副本中所有的子串 x 替换成 y。
s.split(x)	以 x 为间隔，将字符串 s 切分成多个子串，以数组形式返回。

下例展示了部分字符串成员函数的使用方法：

```
1  package StrMemberFunc
2  main(): Int64 {
3      let s = "桃花一簇开无主，可爱深红爱浅红。"
4      println(s.endsWith("浅红。"))
5      println(s.startsWith("李花一簇"))
6      println(s.count("爱"))
7      println(s.replace("爱","怜"))
8      println("35/77".split("/"))
9      print("　会当凌绝顶，一览众山小。　　".trimEnd(r" ") + "#")
10     return 0
11 }
```

上述程序的执行结果为：

1	true	4	桃花一簇开无主，可怜深红怜浅红。
2	false	5	[35, 77]
3	2	6	会当凌绝顶，一览众山小。#

▷ **第 4 行：** 判断字符串 s 是否以 "浅红。" 结尾，结果为真。

▷ **第 5 行：** 判断字符串 s 是否以 "李花一簇" 开头，结果为假。

▷ **第 6 行：** 统计字符串 s 中 "爱" 字出现的次数，结果为 2。

▷ **第 7 行：** 替换字符串 s 中所有的 "爱" 为 "怜"。

▷ **第 8 行：** 将字符串 "33/77" 以 "/" 为间隔拆分，所得为包含 "33" 和 "77" 两个字符串的数组。

▷ **第 9 行：** 字面量 "　会当凌绝顶，一览众山小。" 虽然没有被赋值给任何变量，但它依然是一个字符串对象。以该字符串对象为基础，执行其 trimEnd 成员函数是合法的，该函数返回去除了右侧多余空格的新字符串。参数 r" " 为一个空格字符。请注意执行结果第 6 行末尾的 # 号，该 # 号与句号相邻，证明原字符串末尾的空格已被去除。

编程练习

练习 6-2（钟楼）编写程序，从键盘读入表示时间的整数 T（0～24），然后向屏幕输出 N 个"当"以模仿城市中心钟楼的整点报时。"当"字数量按如下规则处理：当 T 能被 12 整除时，N = 12；当 T 不能被 12 整除时，N = T % 12。请参考下述测试用例，其中蓝字为操作者输入。

钟楼

```
现在几点了：15
当当当
```

练习 6-3（进制转换）从键盘读入一个表示十六进制整数的字符串，逐一将全部十六进制位乘以其位权并求和，将该字符串转换成整数并按十进制输出其值。请参考下述测试用例，蓝字部分是操作者输入。

进制转换

```
请输入一个十六进制整数：7Ba1
对应的十进制整数为：31649
```

练习 6-4（回文数）数字 121 从左往右读与从右往左读是一样的，这种数被称为回文数。请使用 for 循环设计一个程序，找出 100 000 以内的所有回文数。

回文数

练习 6-5（凯撒密码）凯撒密码是一个简单的替换加密技术，它简单地将明文字符串中的全部字母在字母表上偏移 n 项。当 n 大于 0 时，表示向后偏移，小于 0 则表示向前偏移。当 n 为 2 时，字母 A 变 C，c 变 e，y 变 a，Z 变 B；当 n 为 -2 时，字母 A 变 Y，c 变 a，y 变 w，Z 变 X。请编写程序，依次读入明文字符串及整数偏移量 n，然后输出加密后的密文字符串。具体实现要求请参考下述测试用例，蓝字部分为操作者输入。

凯撒密码

```
请输入明文消息：No One Can Stop Us
偏移量：2
加密后的密文：Pq Qpg Ecp Uvqr Wu
```

6.3 位 运 算

计算机内的数据存储和操作永远是二进制的。称一个占据 8 字节空间的对象为 Int64，仅表明以 Int64 的形式去理解和操作那 64 比特。从电路层面上，存储一个 Int64 的 8 字节空间与存储一个 Float64 的 8 字节空间没有什么不同，都存储着 64 个 0 或者 1。

当操作一个整数对象，如给它赋值时，是把其 64 比特当成一个整体操作。有时，特别当程序试图直接跟 CPU 之外的电路打交道时，期望能够直接操作一个对象的单个比特。仓颉提供按位与 &、按位或 |、按位取反 !、按与异或 ^、左移位 <<、右移位 >> 等操作符，使得我们可以直接对构成整数对象的各比特进行操作。

6.4 元 组

元组（Tuple）是一种复合的不可变类型（immutable type）。String 是字符串、Float64 是 64 位浮点数，而 (String,String,Float64) 则是由两个 String、一个 Float64 联合构成的元组类型。元组对象通常用于存储多个相互关联的值，在下述示例中，使用元组对象来存储一只股票的股票代码、股票简称和总市值（单位：亿元）。

```
1  package StockTuple
2  import std.convert
3  main(): Int64 {
4      let a:(String,String,Float64) = ('601398','工商银行',17392.63)
5      let b = ('601857','中国石油',13872.99)
6      println("股票代码\t股票简称\t总市值（亿元）")
7      println("----------------------------------------")
8      println("${a[0]}\t${a[1]}\t${a[2].format(".2")}")
9      print("${b[0]}\t${b[1]}\t${b[2].format(".2")}")
10     return 0
11 }
```

上述程序的执行结果为：

```
1  股票代码    股票简称         总市值（亿元）
2  ----------------------------------------
3  601398      工商银行         17392.63
4  601857      中国石油         13872.99
```

▷ **第4行：** 由圆括号包裹，并由两个逗号分隔的三个值 '601398'、'工商银行' 和 17392.63 合在一起，构成了一个元组字面量，其类型为 (String,String,Float64)。

按照定义，对象 a 的类型亦为 (String,String,Float64)。等号左右两端的对象具有相同的类型，右侧的元组字面量被赋值给 a。

一个完整的元组类型通常表示为 (类型 1, 类型 2,…, 类型 N)。它由圆括号包裹，其内包含 2 个以上的类型并用逗号分隔。

▷ **第5行：** 类似地，等号右侧亦为一个类型为 (String,String,Float64) 的元组字面量。b 的类型经编译器推断，与右侧字面量相同。

▷ **第6、7行：** 打印表格的标题行及表格线。其中，"\t"为制表符。请参见执行结果的第 1、2 行。

▷ **第8行：** 通过下标访问并打印元组 a 内的值。本例中的 a[0] 为 '601398'（类型 String）、a[1] 为 '工商银行'（类型 String）、a[2] 则为 17392.63（类型 Float64）。由于元组 a 包含 3 个元素，因此下标 0 ~ 2 是合法的。

▷ **第9行：** 类似地，访问并打印元组 b 内的值。

假设元组 t 包含 3 个值，通过代码 let (x,y,z) = t 可以"一次性"地将 t 内的三个值赋值给对象 x、y 和 z。这一操作称为元组的解构，请见下述示例：

```
1  package DePack
2  main(): Int64 {
3      let t = ('601857',' 中国石油 ',13872.99)
4      let (x,y,z) = t                       // 解构元组 t
5      print("x = ${x}, y = ${y}, z = ${z}")
6      return 0
7  }
```

上述程序的执行结果为：

```
1  x = 601857, y = 中国石油 , z = 13872.990000
```

▷ 第 4 行：如执行结果所示，x 获得了 t 中的第 1 个值 '601857'、y 获得了第 2 个值 ' 中国石油 '、z 则获得了第 3 个值 13872.99。编译器根据推测分别确定 x、y、z 的类型为 String、String、Float64。

交换两个同类型变量 x 和 y 的值，通常需要借助一个临时对象 t 来完成：

```
1  let t = x;  x = y;  y = t
```

借助于元组解构语法，相关工作可以更简洁。请见下述示例：

```
1  package SwapObject
2  main(): Int64 {
3      var x = 11;  var y = 99
4      (x,y) = (y,x)                    // 交换 x 和 y
5      print("x = ${x}, y = ${y}")
6      return 0
7  }
```

上述程序的执行结果为：

```
1  x = 99, y = 11
```

▷ 第 4 行：等号右边是一个元组，第 1 个和第 2 个值分别是 y 和 x。将该元组解构给 x 和 y，相当于把 y 赋值给了 x，把 x 赋值给了 y，即交换了 x 和 y。执行结果证实了这一点。

元组属于不可变（immutable）类型，其值不允许修改。请见下述代码：

```
1      var t = ('10000','Dora Chen',23)
2      // t[2] = 24              非法，不可以修改元组对象
3      t = ('10001','Jack Ma',56)
```

▷ 第 2 行：对 t[2] 的赋值是非法的，编译器会拒绝任何对元组对象的修改行为。

▷ 第 3 行：合法。本行代码是给变量 t 赋值一个新的元组对象，而不是对 t 所表示的原有元组对象的修改。请读者注意两者之间的区别。

6.5 枚 举

对事物进行分类是人类的技能之一。人分男女，大学的学生则又分为专科生、本科生、硕士研究生和博士研究生。与现实世界相对应，在程序中也常常需要表达对象所属的类别。枚举（enum）类型是完成该任务的工具之一。

6.5.1 定义▸

考虑如下应用场景。在某机械制图软件中，"简单粗暴"地将平面图形分为点（point）、线段（line）、圆（circle）、矩形（rectangle）、三角形（triangle）共5类。其中，线需要记录长度，圆要知道半径，矩形需记录宽高、三角形则需要记录三边长。在仓颉语言里，上述分类可用如图6-2所示的枚举类型来表达。

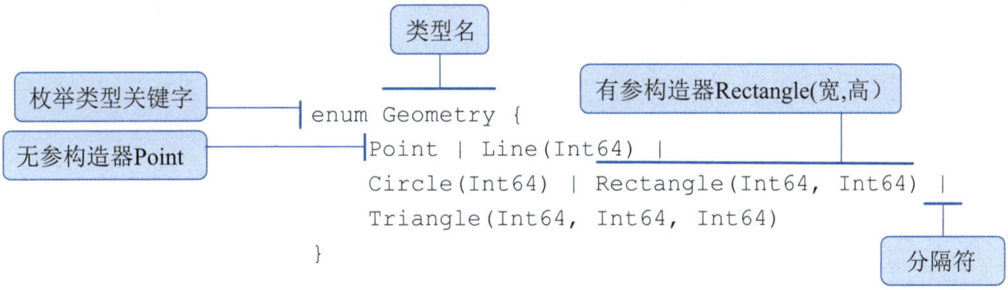

图 6-2 枚举类型的定义

一个枚举类型通常由多个使用|分隔的构造器（constructor）组成，这些构造器属于并列关系。一个枚举对象只能取值为其所属枚举类型的多个构造器中的一个。读者可以把构造器视为枚举对象的"构造函数"，它用于初始化枚举对象。与类的构造函数不同，构造器的参数是匿名的，定义时只提供类型，不指定名称。

定义一个枚举类型的基本语法格式如下，请读者对照图6-2理解。

```
1 enum 类型名 {
2     构造器1（参数列表） | 构造器2（参数列表） | … | 构造器N（参数列表）
3 }
```

在定义好 Geometry 类型之后，便可以创建类型为 Geometry 的对象了。请见下述示例：

```
1 package EnumDemo1
2 enum Geometry {
3     Point | Line(Int64) |
4     Circle(Int64) | Rectangle(Int64, Int64) |
5     Triangle(Int64, Int64, Int64)
6 }
7
```

```
 8 main(): Int64 {
 9     var a:Geometry = Line(5)
10     var b = Geometry.Circle(3)
11     var c = Triangle(30,40,30)
12     return 0
13 }
```

上述程序不产生任何输出。

▷ **第 2～6 行:** 定义如图 6-2 所示的 Geometry 枚举类型。

▷ **第 9 行:** 使用构造器 Line(5) 构造了一个"长度"为 5 的线段对象并赋值给变量 a。

▷ **第 10 行:** 使用 Geometry 类型下的 Circle(3) 构造器,构造了一个半径为 3 的圆对象并赋值给变量 b。对照第 9 行可知,在不引起歧义的情况下,既可以直接使用构造器名(Line)构造枚举对象,也可以枚举类型名 . 构造器名(Geometry.Circle)构造对象。

▷ **第 11 行:** 以类似方法构造三角形对象,其三边长度分别为 30、40 和 30。

在本例中,对象 a、b、c 的类型均为 Geometry,区别在于它们是通过同一枚举类型的不同构造器构造的。

6.5.2　枚举对象匹配

如果期望计算一个类型为 Geometry 的几何对象 g 的面积,首先需要知道 g 是点、线段、圆,抑或三角形,因为不同的几何类型,其计算面积的公式各不相同。这项工作可以通过模式匹配(match)表达式来完成。

当应用于枚举对象时,match 表达式的一般语法格式如下:

```
1 match（枚举对象）{
2     case 枚举模式 1（参数列表） => 语句块 1
3     case 枚举模式 2（参数列表） => 语句块 2
4     ...
5     case 枚举模式 N（参数列表） => 语句块 N
6 }
```

枚举类型的一个构造器对应着上述代码中的一个枚举模式(enum pattern),根据语法要求,match 表达式中的枚举模式必须构成对构造器的全覆盖(穷尽)。在执行时,match 表达式会按顺序从前往后逐一检查枚举对象与 case 之后的多个枚举模式中的哪一个匹配,然后执行 => 之后的语句块。由于一个枚举对象只能对应一个构造器(枚举模式),上述代码中的 N 条语句块有且只有一条被执行。

应用 match 表达式,下述函数计算并返回枚举对象 g 的面积。

```
1 func computeArea(g:Geometry):Float64 {
2     match (g) {
3         case Point => return 0.0
```

```
4          case Line(length) => return 0.0
5          case Circle(r) => return 3.1415926 * Float64(r) ** 2.0
6          case Rectangle(w,h) => return Float64(w)*Float64(h)
7          case Triangle(a,b,c) =>
8              let (a1,b1,c1) = (Float64(a),Float64(b),Float64(c))
9              let p = (a1+b1+c1)/2.0
10             return (p*(p-a1)*(p-b1)*(p-c1))**0.5
11     }
12 }
```

▷ **第1行:** computeArea 函数的形参 g 是一个枚举对象,其类型为 Geometry。该函数预期返回一个 Float64(面积)。

▷ **第3行:** 枚举模式 Point 对应 Geometry 类型的 Point 构造器。理论上一个点是没有面积的,故返回 0.0。

▷ **第4行:** 枚举模式 Line(length) 对应 Geometry 类型的 Line(Int64) 构造器。这里的 length 用于"吸收"有参构造器 Line(Int64) 中类型为 Int64 的参数,即线段长度。此处的 length 由程序员根据命名规则随意取名,且不必指明类型,其类型由编译器根据构造器的参数类型推断确定。理论上一条线段无论多长,其面积仍为 0,故仍返回 0.0。

▷ **第5行:** Circle(r) 对应 Circle(Int64) 构造器。参数 r 吸收了对象 g 内的"半径"值。在 => 后的语句块中,使用圆的面积公式 $s=\pi r^2$ 计算并返回了圆的面积。

▷ **第6行:** Rectangle(w,h) 对应 Rectangle(Int64,Int64) 构造器。参数 w 和 h 吸收了对象 g 内的矩形"宽""高"值。

▷ **第7~10行:** Triangle(a,b,c) 对应 Triangle(Int64,Int64,Int64) 构造器。参数 a、b、c 分别吸收了三角形的三边长。在 => 后的语句块中包含三条语句,它使用海伦公式 (Helen's formula,参见图 6-3) 计算并返回了三角形的面积。这说明在 match 表达式中,=> 后的语句块可以由多条语句构成。

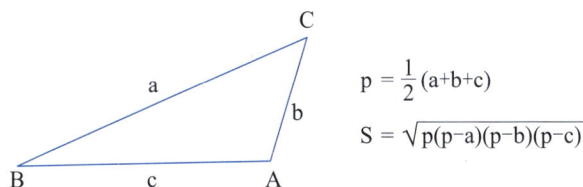

$$p = \frac{1}{2}(a+b+c)$$

$$S = \sqrt{p(p-a)(p-b)(p-c)}$$

图 6-3 利用海伦公式计算三角形的面积

▷ **第8行:** 使用"元组"对参数 a、b、c 进行转换,得 Float64 类型的 a1、b1 和 c1,以方便后续计算。语法细节必要时请回顾 6.4 节。

枚举类型 Geometry 包含 5 个构造器,上述 match 表达式则包含了 5 个枚举模式,两者一一对应。

以前述 Geometry 枚举类型定义和 computeArea 函数定义为基础,得到了下述示例程序:

```
1  package EnumDemo2
2  enum Geometry { … }       // 枚举类型定义，代码如前，有节略
3  func computeArea(g:Geometry):Float64 { … } // 代码如前，有节略
4
5  main(): Int64 {
6      let shapes = [Line(5),Circle(1),Rectangle(4,3),Triangle(3,4,5)]
7      for (s in shapes) {
8          let area = computeArea(s)
9          println(" 面积 = ${area}")
10     }
11     return 0
12 }
```

上述程序的执行结果为：

```
1  面积 = 0.000000        3  面积 = 12.000000
2  面积 = 3.141593        4  面积 = 6.000000
```

▷ **第 6 行：** Line(5)、Circle(1)、Rectangle(4,3)、Triangle(3,4,5) 分别构造出了长度为 5 的线段、半径为 1 的圆、宽为 4 高为 3 的矩形、勾 3 股 4 弦 5 的三角形对象。它们都属于 Geometry 枚举类型，故可以置入 [] 中成为一个枚举数组。

▷ **第 7 ~ 10 行：** 对枚举数组 shapes 进行遍历，对其中的每一个枚举对象 s 使用 computeArea 函数计算它的面积，并打印出来。

如执行结果所示，长度为 5 的线段面积为 0；半径为 1 的圆面积为 3.141593；宽为 4 高为 3 的矩形面积为 12；勾 3 股 4 弦 5 的直角三角形的面积为 6。借助于 match 表达式，computeArea 函数成功"识别"了枚举对象 g，并根据不同的形状（构造器）使用不同的公式计算并返回了正确的面积。

6.5.3　成员函数 ▷

同本书第 5 章所介绍的类（class）一样，枚举（enum）也是自定义类型，也可以定义成员函数。下述程序中的 marryAge 即为 Person 枚举类型的成员函数。对于类型为 Person 的枚举对象 p，执行 p.marryAge() 即可计算并返回 p 的法定结婚年龄。

```
1  package EnumDemo3
2  enum Person {
3      Man(String) | Woman(String)
4      func marryAge():Int64 {
5          let age =
6              match (this) {              // 第 6~9 行作为一个整体用于求值
7                  case Man(name) => 22
8                  case Woman(name) => 20
```

```
9                 }
10             return age
11     }
12 }
13
14 main(): Int64 {
15     let a = Woman("彦伊"); let b = Man("征烁")
16     println("彦伊的法定结婚年龄是 ${a.marryAge()}")
17     print("征烁的法定结婚年龄是 ${b.marryAge()}")
18     return 0
19 }
```

上述程序的执行结果为：

```
1 彦伊的法定结婚年龄是 20                    2 征烁的法定结婚年龄是 22
```

▷ **第2~12行：** 枚举类型 Person 有 Man（男人）和 Woman（女人）两个有参构造器，它们的参数均为字符串，用于记录人（Person）的姓名。

▷ **第4~11行：** marryAge 函数被定义为 Person 枚举类型的成员函数，该函数计算并返回枚举对象的法定结婚年龄，返回值类型为 Int64。

▷ **第6~9行：** 如 3.2 节所述，match 表达式也可用于求值。本例第 6~9 行的 match 表达式作为一个整体，在经过一些比较运算后返回 22 或者 20 作为整个表达式的求值结果。如图 6-4 所示，在 match 表达式每个 => 后提供的不再是一个语句块，而是一个值或者可以求值的表达式。由于 marryAge 是枚举类型 Person 的成员函数，this 即表示被执行这个成员函数的这个枚举对象。如果这个枚举对象与 Man(name) 匹配成功，则取 22（我国男性法定结婚年龄）作为整个 match 表达式的值。如果这个枚举对象与 Woman(name) 匹配成功，则取 20（我国女性法定结婚年龄）作为整个 match 表达式的值。

图 6-4 match 表达式求值

仓颉是所谓强类型的语言，每个对象、每个表达式都必须有确定的类型。这意味着对于用于求值的 match 表达式，每个 => 后的值必须具备相同的类型。如本例中的 22 和 20，它们都是 Int64 类型的值对象。

▷ **第5行：** 不可变变量 age 用于接收第 6~9 行 match 表达式的求值结果。其类型由

match 表达式的结果类型推断而得，为 Int64。

▷ **第 10 行：** 返回 age 作为 marryAge 函数的返回值。

▷ **第 15 行：** 使用构造器 Woman 和 Man 分别构造了彦伊（女生）和征烁（男生）。

▷ **第 16 行：** 执行枚举对象 a 的 marryAge 成员函数获取 a，即彦伊的法定结婚年龄并打印出来。参见执行结果的第 1 行。

▷ **第 17 行：** 获取并打印 b，即征烁的法定结婚年龄。参见执行结果的第 2 行。

编程练习

练习 6-6（春花夏蝉秋实冬雪）请将下述程序补充完整，使其可以产生期望的执行结果。

春花夏蝉
秋实冬雪

```
package Ex6_6
enum Season {
    Spring(String) | _____ | Autumn(String) | Winter(String)
    func toString(): _____  {
        match ( _____ ) {

            case Spring(s) => s + "- 花 "
            case Summer(s) =>_____
            case Autumn(s) => s + "- 实 "
            case Winter(s) => s + "- 雪 "
        }
    }
}


main(): Int64 {
    for (x in [Spring(" 春 "),Summer(" 夏 "),_____]) {
        print("${x.toString()} ")
    }
    return 0
}
```

期望的程序执行结果为：

```
春 - 花 夏 - 蝉 秋 - 实 冬 - 雪
```

6.6　Option<T>

假设函数 getTriangleArea(a:Int64, b:Int64, c:Int64) 被设计成借助于三角形的三边长 a、b 和 c，通过海伦公式计算并返回三角形的面积。

一个设计良好的健壮的函数应考虑各种正常或异常的情况。当 a、b、c 皆为正值且满足"两边之和大于第三边"，那么通过海伦公式计算并返回浮点数类型的面积是合理的。那如果 a、b、c 的取值不构成一个合法的三角形，该函数应该返回何值呢？返回浮点数 0.0 显然是不合适的，因为面积为 0 同三角形不合法的数学含义不尽相同。

从函数使用者的角度看，这个函数的返回值应该具有如下能力：①当 a、b、c 构成合法三角形时，返回 Float64 类型的面积；②当三角形不合法时，返回一个结果表示"三角形不合法，无法计算"的状态。但这个结果本身又不能是任何可能产生歧义的平凡浮点数值，如 0.0。

仓颉预定了一个枚举类型 Option<T> 来表达此类"时有时无"的值。图 6-5 展示了 Option<T> 类型的定义（有删节）。其中的 T 可以是任意类型，Option<Float64> 表示当对象有值时，其值的类型是 Float64；Option<String> 则表示当对象有值时，其值的类型为 String。

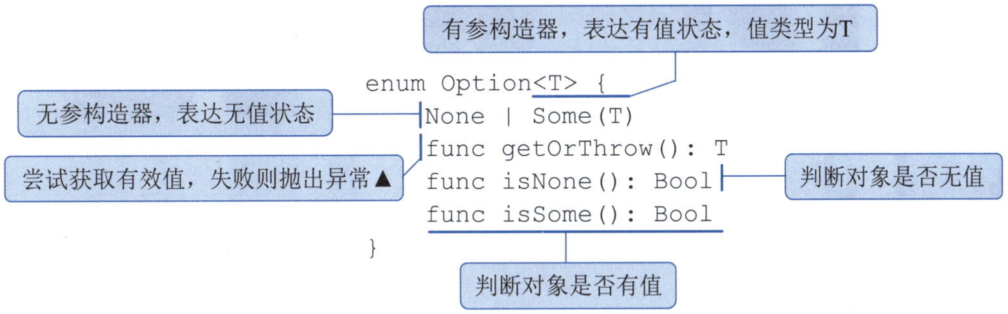

图 6-5　Option<T> 类型的定义（有删节）

下述示例可帮助读者了解 Option<T> 的基本用法。

```
1  package OptionTDemo
2  main(): Int64 {
3      var a:Option<Float64> = Some(6.68)
4      var b:?String = " 相信科学，远离愚昧 "
5      var c:?Float64 = None
6      println("a = ${a}, a = ${a.getOrThrow()}")
7      println("b = ${b}, b = ${b.getOrThrow()}")
8      print("c 有值 :${c.isSome()}, c 无值 :${c.isNone()}")
9      return 0
10 }
```

上述程序的执行结果为：

```
1  a = Some(6.680000), a = 6.680000
2  b = Some( 相信科学，远离愚昧 )，b = 相信科学，远离愚昧
3  c 有值 :false, c 无值 :true
```

▷ 第 3 行：使用有参 Some 构造器构造类型为 Option<Float64> 的枚举对象。

▷ 第 4 行："?String"是一个语法糖，它等价于 Option<String>。在等号右侧程序直接给出了一个字符串类型的字面量。此处，编译器选择使用有参 Some 构造器来构造枚举对象，事实上赋值给 b 的是 Some(" 相信科学，远离愚昧 ")。

▷ **第 5 行：** 使 用 无 参 None 构 造 器 构 造 无 值 对 象 并 赋 值 给 c。"?Float64" 是 Option<Float64> 的简写形式。

▷ **第 6 行：** 打印 a 值及 a.getOrThrow() 的返回值。如执行结果的第 1 行所示，a 值为 Some(6.680000)，它是一个枚举对象，而 a.getOrThrow() 的返回值为 6.680000，该函数 获取并返回了枚举对象 a 内的有效值，其类型为 Float64。

▷ **第 7 行：** 打印 b 值及 b.getOrThrow() 的返回值。如执行结果的第 2 行所示，b 为一个 枚举对象，b.getOrThrow() 则返回了 b 的有效值，为一个字符串。

▷ **第 8 行：** 如执行结果的第 3 行所示，由于 c 是一个无值对象，c.isSome() 为 false，c.isNone() 为 true。

　　既然 Option<T> 可以很好地区分有值对象和无值对象，对于计算三角形面积的函数 getTriangleArea(a:Int64,b:Int64,c:Int64) 而言，使用 Option<Float64> 作为函数的返回值再 合适不过了。当 a、b、c 构成一个合法三角形时，函数返回 Some(浮点数面积)；当三 边长不构成合法三角形时，函数返回无值对象 None。无论是 Some(6.68) 还是 None，都 是类型为 Option<Float64> 的枚举对象。

　　具体实现请见下述代码。

```
1  package Helen
2  import std.convert
3
4  func getTriangleArea(a:Int64, b:Int64, c:Int64):Option<Float64> {
5      if (a<=0 || b<=0 || c<=0 || a+b<=c || a+c<=b || b+c<=a) {
6          return None      // 也可写作 Option<Float64>.None
7      }
8      let (a1,b1,c1) = (Float64(a),Float64(b),Float64(c))
9      let p = (a1+b1+c1)/2.0
10     let s = (p*(p-a1)*(p-b1)*(p-c1))**0.5
11     return s          // 也可写作 Some(s)
12  }
13
14  main(): Int64 {
15      print("请输入三角形的三边长 , 以逗号分隔 :")
16      let s = readln()
17      let t = s.split(",")
18      let area = getTriangleArea(Int64.parse(t[0]),
19                          Int64.parse(t[1]),Int64.parse(t[2]))
20      if (area.isSome()) {
21          print(" 三角形的面积为 :${area.getOrThrow()}")
22      }
23      else {
```

```
24          print(" 不构成合法三角形 ")
25      }
26      return 0
27 }
```

上述程序的执行结果为（蓝字部分为操作者输入）：

```
1 请输入三角形的三边长，以逗号分隔：3,4,5
2 三角形的面积为：6.000000
```

⊡ **注意**▪━━━

　　操作者录入 3,4,5 时，逗号必须是英文逗号，否则程序运行会出错。

▷ **第 4～12 行：** getTriangleArea 函数根据三边长计算并返回三角形的面积。该函数的返回值类型被设定为 Option<Float64>，以便区分有值和无值（不构成三角形）两种情形。

▷ **第 5～7 行：** 排除各种不构成三角形的情形，包括边长小于或等于 0，以及两边之和不大于第三边。如果发现 a、b、c 不构成三角形，则返回无值对象 None。

▷ **第 8 行：** 借助元组将 a、b、c 转换至 Float64 类型的 a1、b1 和 c1，以便于后续计算。

▷ **第 9～10 行：** 使用海伦公式计算出三角形面积 s。

▷ **第 11 行：** 返回面积 s 作为结果，其类型为 Float64。由于函数预期返回 Option<Float64>，而不是 Float64，"聪明"的编译器将 s 默默打包成有值对象 Some(s) 然后返回。

▷ **第 16 行：** 从键盘读入一行，得字符串 s。

▷ **第 17 行：** s.split(",") 函数以英文逗号为分隔符，将字符串拆分成多个子串，并返回由子串组成的字符串数组 t。

▷ **第 18、19 行：** 使用 Int64.parse 函数将 t 中的边长字符串依次转换成 Int64，然后再调用函数 getTriangleArea 计算三角形的面积。不可变变量 area 由编译器根据 getTriangleArea 函数的返回值类型推断，为 Option<Int64>。

▷ **第 20～22 行：** 如果 area.isSome() 为真，说明 area 为有值对象，通过 area.getOrThrow() 取得其中的有效值然后打印。

▷ **第 23～25 行：** 如果 area.isSome() 为假，说明 area 为无值对象，getTriangleArea 函数认为无法构成三角形。

　　再次运行程序，提供如下所示的蓝字部分输入，再按 Enter 键，程序将提示"不构成合法三角形"，因为边长 b 为 0。

```
1 请输入三角形的三边长，以逗号分隔：9,0,7
2 不构成合法三角形
```

　　同样地，下述蓝字部分输入也会得到"不构成合法三角形"的程序输出，因为 3+3 不大于 6。

```
1  请输入三角形的三边长，以逗号分隔:3,3,6
2  不构成合法三角形
```

⚠ 精益求精

Option<T> 可以通过 match 表达式进行解析，如下述程序所示。

```
1  package CoalescingExample
2  main(): Int64 {
3      let t:Option<Float64> = Some(53.54)
4      let r =
5          match (t) {
6              case Some(v) => v
7              case None => 0.0
8          }
9      print("r = ${r}")
10     return 0
11 }
```

上述程序的执行结果为：

```
1  r = 53.540000
```

▷ **第 5～8 行：** 使用 match 表达式对 Option<Float64> 类型的变量 t 进行求值。如果 t 是一个有值对象，取其值；如果 t 是一个无值对象，取默认值 0.0。

在本例中，t 为一个有值对象，变量 r 得其值 53.54。执行结果证实了这一结论。

满怀对美好生活的期待，仓颉提供了名为合并（coalescing）表达式的语法糖。请见下述示例。

```
1  package CoalescingExample2
2  main(): Int64 {
3      let a:Option<Float64> = Some(53.54)
4      let b = a??0.0        //a 为有值对象，b 得其值 53.54
5      let c:Option<Float64> = None
6      let d = c??0.0        //c 为无值对象，d 得默认值 0.0
7      print("b = ${b}, d = ${d}")
8      return 0
9  }
```

上述程序的执行结果为：

```
1  b = 53.540000, d = 0.000000
```

上述程序中的 a??0.0 即为合并（coalescing）表达式，其语义完全等价于前例第 5～8 行的 match 求值表达式：如果 a 为有值对象，取其值，否则取默认值 0.0。

对于 Option<T> 类型的对象 a，合并表达式 a??b 的类型为 T，且其中的默认值 b 也应为 T 类型。

通过在包含 let 的 while 表达式中使用模式匹配，可以对枚举类型的 Option<T> 进行循环解析。while-let 表达式的通用语法格式为：

```
1 while (let 模式 <- 表达式) {
2     循环体语句块
3 }
```

通过下述示例展开讨论。

```
1  package WhileMatch
2  import std.random.Random
3
4  func receive():Option<Int8> {
5      let r = Random().nextInt8()
6      return if (r%5==0) {None} else {Some(r)}
7  }
8
9  main(): Int64 {
10     print(" 开始接收数据 :")
11     while (let Some(r) <- receive()){
12         print("${r}, ")
13     }
14     print("\n 收取数据结束。")
15     return 0
16 }
```

上述程序的执行结果为：

```
1 开始接收数据 :38, 104, -62, -9, 17, -14, -94, -36, 7,
2 收取数据结束。
```

💬 说明

由于随机数对象的参与，读者会得到不一致的执行结果。

▷ **第 4 ～ 7 行：** receive 函数使用随机数来模拟某个通信过程中的数据接收过程。如果"收到"整数 r，就返回 Some(r)；否则返回无值对象 None。

▷ **第 6 行：** 当 r%5==0（r 是 5 的整数倍）时，返回无值对象 None，代表"数据接收失败"，否则返回 Some(r)。此处使用了条件表达式语法，必要时请回顾 3.1.3 节。

▷ **第 11 行：** 当 while 循环检查测试条件时，先执行 <- 右侧的 receive 函数，获得一个 Option<Int8> 对象，然后将该对象与 <- 左侧的枚举模式 Some(r) 进行匹配，如果匹配成功，则对其进行解析，然后执行 while 循环体，否则结束循环。显然，当 receive 返回的是无值对象 None 时，循环会因模式匹配失败而结束。

▷ **第 12 行：** 在循环体中打印从 Option<Int8> 成功解析的整数 r。

▷ **第 14 行：** 打印信息表明循环因"数据接收失败"而结束。

6.7　实践：市值排名

如下的数组 e 以元组的形式包含了 6 家上市公司的股票代码、股票名称及总市值（单位：亿元）信息。现要求对数组 e 中的上市公司按总市值递增排序。

```
1  let e =
2      [('601857',' 中国石油 ',13872.99),('601288',' 农业银行 ',12529.39),
3       ('601398',' 工商银行 ',17392.63),('600519',' 贵州茅台 ',22582.54),
4       ('300750',' 宁德时代 ',10159.83),('002415',' 海康威视 ',3290.49)]
```

按照 4.14 节中介绍的方法，在导入 std.sort 后，试图使用 sort.sort 函数来完成排序，却发现代码被编译器拒绝。

```
1      sort.sort(e)   //错误，函数不知道如何比较 e 内各元素间的大小
```

排序是以元素间的大小比较为基础的。对于 e 数组内的两个元素，如元组 ('601857',' 中国石油 ',13872.99) 和 ('601288',' 农业银行 ',12529.39)，它们之间的比较运算是未定义的，sort.sort(e) 函数并不知道如何比较它们的大小。因为存在多种可能性：①比较股票代码大小；②比较股票名称的汉语拼音顺序；③比较市值大小。

为了探究使用 sort.sort() 对上述数组进行排序的方法，作者在 CodeArts 中录入函数后的圆括号，得到如图 6-6 所示的提示信息。作者使用上下方向键进行浏览，找到了该函数 12 个重载版本中的第 4 个（参见图 6-6 左侧 04/12 字体）。如图 6-6 所示，该函数的这个版本有 4 个参数：① data —— 元素类型为 T 的待排序数组。② by —— 比较器函数。该函数预期接收两个 T 类型对象作为参数，通过比较后返回一个类型为 Ordering 的枚举对象。③ stable —— 是否要求稳定排序。④ descending —— 是否要求递减序。请注意，stable 和 descending 定义有默认值，调用函数时可不提供。

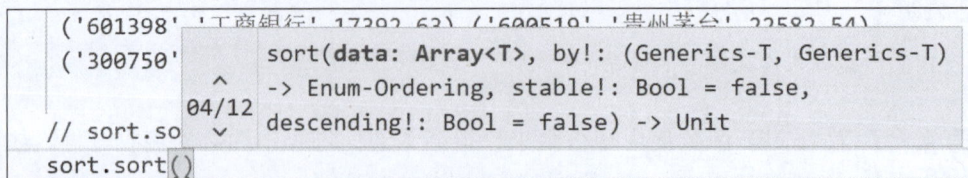

图 6-6　查看函数的参数提示

🎯 **要点** ▪

函数对象也可以是函数参数。图 6-6 所示的 **sort.sort** 函数的形参 **by** 预期即为一个函数对象。

sort.sort 函数所要求的比较器函数需要程序员自己定义。它比较两个类型为 (String,String,Float64) 的元组对象 a 和 b，并返回"a 小于 b""a 大于 b""a 等于 b"三者之一作为结果。这个函数被命名为 firmCompare，意为"公司比较"。

```
1  func firmCompare(a:(String,String,Float64),b:(String,String,Float64))
2  :Ordering {
3      let r =
4          if (a[2] < b[2]) {Ordering.LT}
5          else if (a[2] > b[2]) {Ordering.GT} else {Ordering.EQ}
6      return r
7  }
```

▷ **第2行：** 函数返回值类型为 Ordering。Ordering 是一个预定义的枚举类型，其包含三个构造器，分别为 Ordering.LT、Ordering.GT、Ordering.EQ，分别表示小于（less than）、大于（greater than）、等于（equal）三种比较结果。

▷ **第4、5行：** 这两行是一个条件表达式（参见 3.1.3 节）。根据 a[2] 和 b[2] 的比较结果，该表达式取值为 Ordering.LT、Ordering.GT 和 Ordering.EQ 之一，然后赋值给对象 r。显然，a[2] 和 b[2] 从元组中取得的是 Float64 类型的总市值。

▷ **第6行：** 返回比较结果。

接下来就可以通过下述代码完成排序了。函数 firmCompare 作为一个参数传递给了 sort.sort()，在后者进行排序的过程中，会多次通过形参 by 调用执行 firmCompare 函数，以确定 e 内数组元素之间的相对次序。

```
1  sort.sort(e,by:firmCompare)
```

本示例的"完整"程序如下：

```
1  package MarketValue
2  import std.sort; import std.convert
3
4  main(): Int64 {
5      let e = // 略：同前页数组 e
6      // sort.sort(e)    错误，函数不知道如何比较 e 内各元素间的大小
7      sort.sort(e,by:firmCompare)        // 通过 std.sort 导入
8      for (x in e) {
9          println("${x[0]},${x[1]},${x[2].format(".2")}")
10     }
11     return 0
12 }
13
14 func firmCompare(a:(String,String,Float64),b:(String,String,Float64))
15 :Ordering {
```

```
16        // println("firmCompare: ${a[1]} vs ${b[1]}")
17        // 代码略：请见本节前面的同名函数
18  }
```

上述程序的执行结果为：

1	002415,海康威视,3290.49	5	601398,工商银行,17392.63
2	300750,宁德时代,10159.83	6	600519,贵州茅台,22582.54
3	601288,农业银行,12529.39	7	[空行]
4	601857,中国石油,13872.99		

▷ **第 8 ~ 10 行：** for 循环遍历排序后的数组 e，插值打印各支股票信息。如执行结果所见，数组 e 已依总市值递增有序。

此时，若执行 e.reverse()，可将数组倒序排列，变为"递减有序"。

如前所述，在 sort.sort(e,firmCompare) 函数进行排序的过程中，会多次调用执行 firmCompare 比较 e 内各元组的大小。读者把上述程序中第 16 行的注释符 // 去掉，然后再次运行，即可在执行结果中"看"到 firmCompare 函数被多次调用执行。

6.8 Unit 类型

在图 6-6 中，"-> Unit"部分表示 sort.sort 函数的返回值类型为 Unit。Unit 是一个特殊类型，其取值只有一个，即一对空的圆括号 ()，表示"什么也没有"。

在仓颉中，很多函数和表达式都会返回 Unit 类型的 ()，以表示该函数 / 表达式什么也没返回。请见下述示例。

```
1  package UnitExample1
2  main(): Int64 {
3      var r:Unit = println("Life is a box of chocolate")
4      println("r = ${r}")            // 函数 println 返回 Unit 类型的 ()
5
6      var a = 0
7      r = (a = 6)                    // 表达式 (a = 6) 返回 Unit 类型的 ()
8      print("r = ${r}, a = ${a}")
9      return 0
10 }
```

上述程序的执行结果为：

```
1  Life is a box of chocolate
2  r = ()
3  r = (), a = 6
```

▷ **第3行**：等号右侧执行 println 函数，将一个字符串输出至屏幕，见执行结果的第 1 行。println 函数在完成相应任务后返回了 ()，该值通过赋值操作符传递给了 Unit 类型的变量 r。

▷ **第4行**：如执行结果的第 2 行所示，第 3 行 println 函数的返回值为 ()，意为"什么也没返回"。

▷ **第7行**：本行代码包含两个赋值操作符。按照加括号优先的规则，"a = 6"先执行。在这一赋值操作中，变量 a 的值被修改①为 6。在完成对变量 a 的修改后，"a = 6"返回了一个 Unit 类型的 ()，这个"返回值"再通过本行中另一个赋值操作符传递给变量 r。

▷ **第8行**：打印 r 及 a 的值。执行结果的第 3 行证实，a 确已被修改为 6，而表达式"a = 6"返回了 Unit 类型的 ()，或者说该表达式未返回任何有意义的数据。

对于自定义函数，如果该函数预期不返回任何有意义的值，则可将其返回值类型指定为 Unit，如下述代码所示。

```
1 func dummy():Unit {
2     //…
3     return    // 等价于 return ()
4 }
```

当然，也可以直接略去上述代码中的":Unit"部分。省略函数的返回值类型等价于让函数返回 Unit。

6.9　值与引用类型

关于值与引用类型，请见下述示例：

```
1 package ValueReferenceExample1
2 main(): Int64 {
3     let a:Array<String> = ['枯藤','老树','青蛙']
4     let b = a
5     b[2] = '昏鸦'
6     println("a = ${a}")
7     println("b = ${b}")
8
9     let c:Float64 = 1.1
10     var d = c
11     d = 7.7
12     println("c = ${c}, d = ${d}")
13     return 0
14 }
```

---

① 　a 被修改也称为"a = 6"的赋值操作的副作用（side effect）。

上述程序的程序结果为：

```
1  a = [ 枯藤，老树，昏鸦 ]          // 注意：对 b[2] 的修改也导致了 a[2] 的变化
2  b = [ 枯藤，老树，昏鸦 ]
3  c = 1.100000, d = 7.700000
```

▷ **第 3 行：** 不可变变量 a 为包含 3 个字符串的字符串数组，其中，"青蛙"部分有误，应为"昏鸦"。

▷ **第 4 行：** 将 a 赋值给 b。按惯常理解，b 应为 a 的"复制品"。

▷ **第 5 行：** 将 b[2] 由"青蛙"修改为"昏鸦"。

▷ **第 6、7 行：** 打印 a、b 数组。如执行结果的第 1、2 行所见，a[2] 也变成了昏鸦，即程序第 6 行对 b[2] 的修改也导致了 a[2] 的变化。这说明 b 数组并不是独立于 a 数组的复制品。

类似的"混乱"却没有发生在 Float64 类型的对象 c 和 d 上。

▷ **第 10 行：** 将 Float64 类型的 c（值为 1.1）赋值给 d。

▷ **第 11 行：** 将 d 修改为 7.7。

▷ **第 12 行：** 打印 c、d 的值。如执行结果的第 3 行所见，对 d 的修改没有影响到 c。d 是独立于 c 的复制品。

仓颉将数据类型分为值类型（value type）和引用类型（reference type）两类，图 6-7 给出了仓颉中主要数据类型的分类。

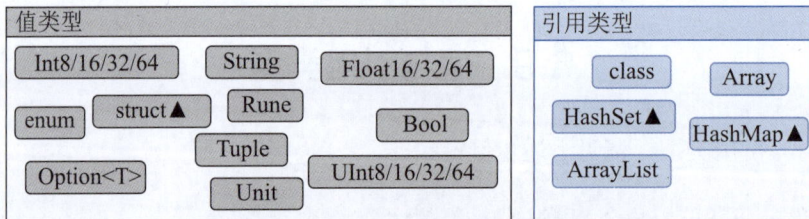

图 6-7　值类型与引用类型

对值类型对象和引用类型对象，仓颉使用了不同的存储空间分配和处理机制。探讨这种差异，还需要从计算机的内存管理机制说起。现代计算机通常是并发的分时系统计算机，在操作系统（如 Linux）的管理下，多个应用程序"并发"地在计算机上运行，共享计算机内的各种资源，如内存。

程序里的每一个对象（变量、函数）都会占用一定数量的内存。从应用程序的角度看，其能够利用的内存主要分为两部分：栈（stack）和堆（heap）[①]。

栈是操作系统分配给应用程序独享的内存空间，栈的容量通常较小，一般在几兆字节至几十兆字节之间。应用程序如果期望使用栈内的空间，直接由编译器规划即可，无须向操作系统申请。

堆则是计算机上的公共存储空间，其容量较大。应用程序如果需要使用堆内的空间，则需要由编译器生成指令向操作系统申请，不用时再释放给操作系统。

现在结合图 6-8 对前述示例中对象创建和复制过程中的空间分配过程加以说明。

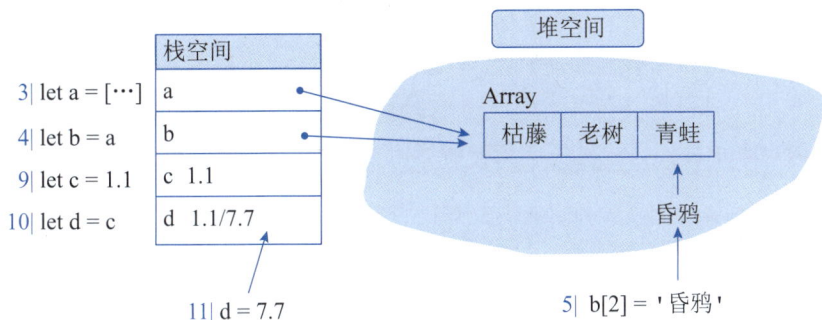

图 6-8　对象创建和复制过程中的空间分配

▷ **第 3 行：** 不可变变量 a 为 Array，属于引用类型。编译器生成指令在堆中申请了存储空间，并将数组对象 [' 枯藤 ',' 老树 ',' 青蛙 '] 的实体存储其中；此外，编译器还在栈空间中分配了一小块名为 a 的内存，然后将数组对象的引用（reference，参见图 6-8 中的箭头）存储其中。

🎯 **要点** ▪

引用的实质是对象在计算机内存中的地址（参见 1.1.2 节）。

程序在后续访问 a 数组时，过程如下：先访问栈空间内的 a 对象所对应的内存，获取其中的引用，然后顺着这个引用找到存储于堆内的真实数组对象并访问之。

▷ **第 4 行：** 将数组 a 赋值给新数组 b。与期待的不同，由于数组属于引用类型，编译器只是生成指令在栈空间内分配了一小块名为 b 的栈空间，然后把存储于 a 对象内的引用赋值给 b 对象。操作的结果是 a、b 两个变量事实上引用了同一个位于堆内的数组对象实体，从 a 到 b 的赋值并没有创建出独立于 a 数组的完整副本。

▷ **第 5 行：** 以 b 为基础，修改 b[2] 为 ' 昏鸦 '，事实上也修改了 a 数组。因为，a、b 只是关于同一个数组对象的两个引用。

而类似的操作发生于值类型对象时，结果却不尽相同。

▷ **第 9 行：** 创建 Float64 类型对象 c，并初始化其值为 1.1。由于 Float64 属于值类型，编译器生成指令在栈空间内分配了一小块名为 c 的内存，并将值 1.1 存储其中。

▷ **第 10 行：** 将 c 赋值给新变量 d。由于 Float64 属于值类型，编译器生成的指令在栈空间内分配了一小块名为 d 的内存，然后将 c 对象中的值复制到 d 对象内。操作完成后，d 和 c 拥有各自独立的内存，虽然暂时值仍然相同，但两者互不相关。

▷ **第 11 行：** 将 d 修改为 7.7。如图 6-8 所示，编译器生成的指令将栈空间内 d 对象的内容由 1.1 替换为 7.7。显然，对 d 的修改不会导致 c 的变化。执行结果的第 3 行证实了这一点。

🎯 **要点** ▪

值类型的对象通常分配于栈空间①内，在对象复制时会建立完全独立的副本。

引用类型的对象实体通常存储于堆空间，程序借助于存储在栈空间的引用对堆内实体进行访问。当引用类型的对象被复制时，只是复制了其引用而非实体。多个变量可能引用同一个堆内实体，对一个变量的访问会引起其他关联变量的变化。

⚠ **解决之道**

执行数组对象的成员函数 clone 可以得到数组对象的独立复制品，请见下述示例。

```
1  package ValueReferenceExample2
2  main(): Int64 {
3      let a:Array<String> = ['枯藤','老树','青蛙']
4      let b = a.clone()    // 克隆出独立复制品
5      b[2] = '昏鸦'
6      print("a = ${a}\nb = ${b}")
7      return 0
8  }
```

上述程序的执行结果为：

```
1  a = [枯藤，老树，青蛙]
2  b = [枯藤，老树，昏鸦]
```

▷ **第4行：** 数组对象 a 的 clone 成员函数克隆出数组对象的完整且独立的复制品，再赋值给变量 b。如图 6-9 所示，从 a 克隆出来的数组对象 b 是与 a 不相关的独立的数组对象，栈空间内的 a 和 b 内的地址或引用分别指向各自的位于堆空间的实体对象。

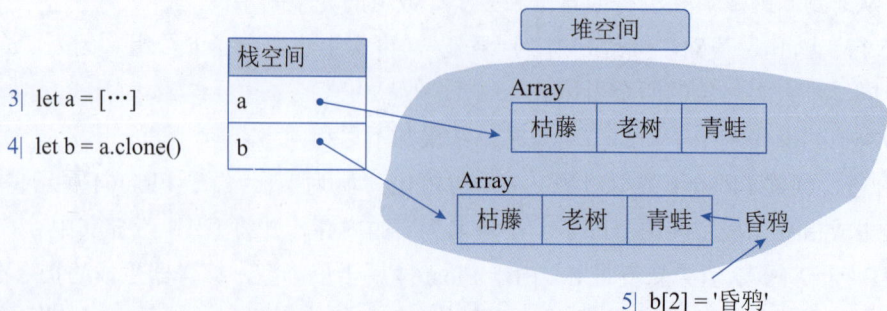

图 6-9　数组对象的克隆

▷ **第5行：** a、b 各自独立，对 b[2] 的修改不会影响 a。执行结果证实了这一结论。

---

① 值类型的对象也可能存储在 CPU 寄存器、全局静态数据区等位置。

> **⊙ 见微知著** ━━━━━━
>
> 　　在上述程序的第 4 行使用了 let 关键字将 b 定义为不可变变量,但在第 5 行又修改了 b[2],也就是 b。
>
> 　　事实上,所谓 b 不可变是指 b 的引用关系不可变,即在第 4 行给 b 赋了初始值之后,不再允许向变量 b 赋值而使其改为引用其他数组对象。作为可变类型(mutable type),b 所引用的数组对象是可以修改的,对 b[2] 进行赋值合法。

6.10　引用与函数

　　引用类型的存在对程序的工作效率意义重大。把引用类型的对象作为函数参数,可以避免非必要的大对象复制。

　　假设某商店有 4 种商品,其价格存储在一个数组中。现决定 1 月 7 日统一加价10%。下述程序通过 multiply 函数对价格数组进行遍历并加价,然后打印了加价前后的价格变化。

```
 1 package ReferenceTypeParameter
 2
 3 func multiply(v:Array<Float64>, ratio!:Float64):Array<Float64> {
 4     for (i in 0..v.size) {
 5         v[i] *= ratio     // 以下标遍历数组,将每个元素乘以 ratio(调价)
 6     }
 7     return v              // 返回形参数组 v
 8 }
 9
10 main(): Int64 {
11     let prices = [10.1,5.7,4.68,9.98]
12     println("1 月 6 日价格:${prices}")
13     let pricesReturned = multiply(prices,ratio:1.1)
14     //prices[0] = 9999.9999    // 验证代码,必要时去注释
15     println("1 月 7 日价格:${prices}")
16     print(" 函数返回值:${pricesReturned}")
17     return 0
18 }
```

上述程序的执行结果为:

```
1 1 月 6 日价格:[10.100000, 5.700000, 4.680000, 9.980000]
2 1 月 7 日价格:[11.110000, 6.270000, 5.148000, 10.978000]
3 函数返回值:[11.110000, 6.270000, 5.148000, 10.978000]
```

▷ **第 3 ~ 8 行:** multiply 函数有两个形参，v 为 Array<Float64> 系引用类型，ratio 为 Float64 系值类型。函数的返回值类型为 Array<Float64>。

函数通过下标遍历了数组 v，将其中的每个元素乘以 ratio，以实现价格的统一调整。

▷ **第 11 行:** prices 为价格数组。

▷ **第 13 行:** 在执行 multiply 函数时，实参 prices 传给形参 v，实参 1.1 传给形参 ratio。而函数的返回值则赋值给不可变变量 pricesReturned。

图 6-10 展示了函数 multiply 在执行过程中的参数及返回值传递的过程。图中可见，从实参 prices 向形参 v 的传递本质上就是赋值，由于 Array<Float64> 是引用类型，prices 只向 v 传递了一个引用，而没有复制堆空间内的数组对象。v 和 prices 引用的是同一个数组对象，在 multiply 函数内部对 v 的操作就是对外部 prices 的操作。

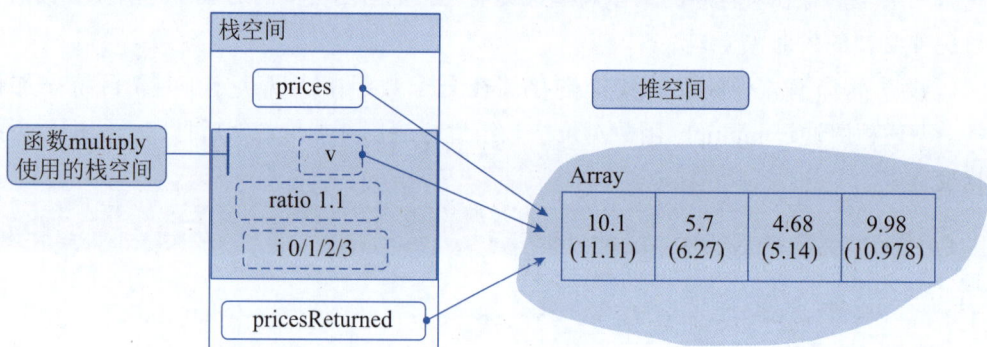

图 6-10　函数执行过程的参数传递

⊙ **要点** ▪

无论对象（如数组）有多大，它的引用（即地址）的尺寸都很小且一样大。相较于完整地复制传递整个数组对象，通过传递引用来实现参数传递非常高效。通过引用类型，避免了函数在调用过程中非必要的大对象复制，同时还可以达到在函数内部修改外部数据的目的。

同样地，当函数将一个引用类型的对象（如本例中的 v）作为返回值时，返回的也仅仅是引用。在本例中，这个返回的引用被 pricesReturned 变量吸收，pircesReturned 事实上与 prices 和 v 引用同一个数组对象。

请注意，变量 v、i、ratio 都是 multiply 函数内部的局部变量，当 multiply 函数执行结束时，它们的作用域终结，这三个对象所占用的资源将很快被程序释放。因此，在图 6-10 中对这 3 个变量使用了虚线框，以示区别。

此外，变量 i 和 ratio 都是值类型，它们的值直接存储在栈空间内。

执行结果第 2 行证实 prices 数组确实被 multiply 函数修改了，这证明 v 和 prices 引用的是同一个数组。

如执行结果的第 3 行所见，pricesReturned 和 prices 值相同，但这还不足以证实两者引用的是同一个数组。读者可以将上述代码的第 14 行去注释，然后再次运行，将发现对 prices[0] 的修改也导致了 pricesReturned[0] 的变化。如此，方能证实 prices 和 pricesReturned 确实引用了同一个数组。

6.11 小　结

字符类型用于表示 Unicode 符号。Unicode 俗称万国码，它收集了全世界几乎所有语言的所有字符，并赋予它们各自不同的编码。仓颉字符对象和 Unicode 编码整数之间可以相互转换。

字符串可以视为由字符所构成的序列。基于字符的 Unicode 编码，字符串之间可以进行大小比较。两个字符串对象之间可以进行加法运算，所得为首尾相连的新字符串。字符串可以与正整数 N 乘，结果是重复 N 遍的字符串。字符串类型提供数量众多的成员函数，以支持子串查找、替换、计数、切分等复杂操作。对象拥有的成员函数由其类型决定，不同类型的对象，成员函数亦不同。

仓颉支持对构成整数对象的单个比特的操作，提供按位与 &、按位或 |、按位取反 !、按与异或 ^、左移位 <<、右移位 >> 等操作符。

元组是一种复合的不可变类型。通过元组，可以轻松地将多个数据类型组合起来形成新类型。借助元组解构语法，可以简化多对象赋值、对象交换等操作。

枚举类型由多个构造器构成，通常用于表达事务的分类。其构造器又分为有参和无参两类。使用 match 表达式可以方便地匹配枚举对象。与类（class）相似，枚举类型也可以定义成员函数，且在函数中仍然使用 this 来标识被执行成员函数的这个对象。

Option<T> 是一个特殊的枚举类型，其由无值构造器 None 和有值构造器 Some(T) 组成，它用于表达值时有时无的情形。

Unit 类型用于表示"什么也没有"。当函数不提供返回值时，其返回值类型即为 Unit。

仓颉的数据类型可以分为值类型和引用类型两大类。当值类型的对象被复制时，其复制品会独立于原对象；而当引用类型的对象被复制时，默认情况下只会复制引用，新对象与原对象事实上是指向同一实体对象的两个引用。class 自定义类型及像数组这样的容器类型是引用类型。

第7章 函数进阶

> 趋势这个东西是很可怕的，这个世界就是顺应着趋势构成的。
>
> ——《海贼王》

思维导图

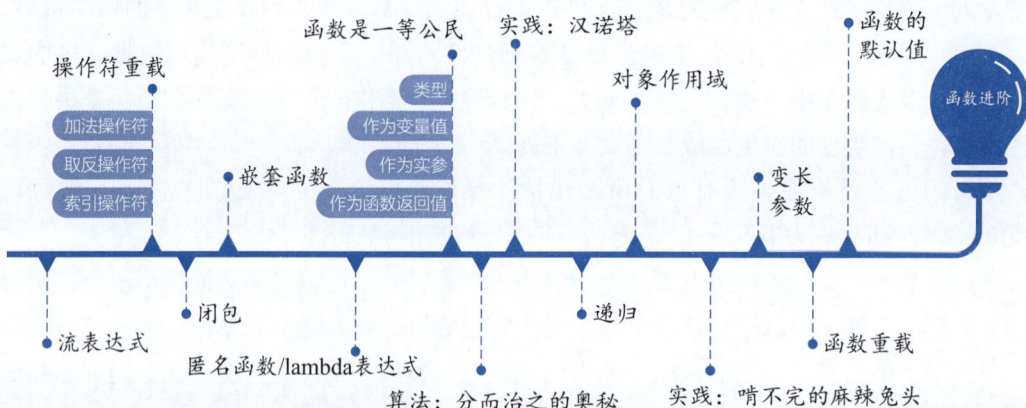

本书已经讲述了基本的函数定义（见 3.6 节）和使用方法。本章对函数进行更为深入的讨论。

7.1 函数的默认值

仓颉允许给命名形参指定默认值，对于有默认值的命名形参，函数调用时可以忽略该参数，函数体会使用其默认值。从函数使用者的角度看，有默认值的命名形参是可选的，也称为可选参数（optional parameter）。下面通过下述示例讨论之。

依法纳税是每个企业和公民应尽的义务。按照我国现行税法，纳税人销售货物，应缴纳增值税，增值税率通常为货值的 13%，少数情况下为货值的 3%（当销售方为小规模纳税人时）。增值税是价外税，相关计算公式如下：

增值税 = 不含税价 × 增值税率

含税价 = 不含税价 + 增值税 = 不含税价 × （1 + 增值税率）

不含税价 = 含税价 / （1 + 增值税率）

当我们从超市购买价格为 10 元的商品时，这个 10 元其实是含税价，其由不含税价加上增值税构成，其中的增值税由销售方向税务征收部门缴纳。作为买方，如果想要知道 10 元含税价所对应的增值税及不含税价，需要进行额外的计算。

下述示例中的 parsePrice 函数用于完成上述计算。该函数把含税价 price 按增值税率 rate 进行拆解，返回对应的增值税及不含税价。

```
1  package ValueAdd
2  import std.convert
3
4  func parsePrice(price:Float64,rate!:Float64=0.13):(Float64,Float64){
5      let priceTaxFree = price / (1.0+rate) // 不含税价=含税价/(1+增值税率)
6      let vat = price - priceTaxFree   // 增值税=含税价 - 不含税价
7      return (vat,priceTaxFree)        // 返回元组（增值税额，不含税价）
8  }
9
10 main(): Int64 {
11     println(" 含税价 \t 增值税率 \t 增值税 \t 不含税价 ")
12     println("-"*30)         //"-"*30生成包含 30 个 - 的字符串，参见 6.2.2 节
13     var (a,b) = parsePrice(10.0)          //rate 取默认值 0.13
14     println("10.0\t13%\t${a.format('.2')}\t${b.format('.2')}")
15     (a,b) = parsePrice(10.0,rate:0.03)    //rate 取指定值 0.03
16     print("10.0\t3%\t${a.format('.2')}\t${b.format('.2')}")
17     return 0
18 }
```

上述程序的执行结果为：

```
1  含税价    增值税率    增值税    不含税价
2  ------------------------------
3  10.0    13%      1.15     8.85
4  10.0    3%       0.29     9.71
```

▷ **第 4 行：** 在绝大多数情况下，增值税率 rate 为 13%，所以给 parsePrice 函数的 rate 参数指定了 0.13 的默认值。在函数被调用时，如果程序未提供 rate 参数，该参数取其默认值。请注意，仓颉只允许给命名参数指定默认值。

该函数预期应返回增值税和不含税价两个值，但语法上函数只允许返回一个对象。因此指定函数的返回值类型为元组 (Float64,Float64)。关于元组（tuple）类型，请回顾 6.4 节。

▷ **第 5、6 行：** 依据公式计算不含税价 priceTaxFree 及增值税 vat。变量名 vat 源自增值税英文 value added tax。

▷ **第 7 行：** 将 vat 和 priceTaxFree 组合成一个元组，然后返回。

▷ **第 13 行：** parsePrice(10.0) 没有提供 rate 参数，形参 rate 取其默认值 0.13。函数执行

完后，将返回一个包含两个元素的元组，通过元组解构（见 6.4 节），变量 a 取得增值税，变量 b 取得不含税价。

▷ **第 15 行：** parsePrice(10.0,rate:0.03) 中的实参 10.0 按顺序传递给形参 price，实参 0.03 传递给命名形参 rate。由于函数的调用者为形参 rate 提供了实参，rate 取给定值 0.03，其默认值 0.13 被忽略。

如执行结果所见，当增值税率为 13% 时，含税价为 10 元的商品包含 1.15 元的增值税，对应的不含税价为 8.85 元。

希望非财经专业的读者不要为这个示例的"复杂性"感到烦恼。将来不论是就业还是创业，熟悉与生产生活紧密相关的税法规定十分必要且有益。

编程练习

练习 7-1（符号函数）定义函数 sign(x)，并编写合适的代码对其进行测试。

符号函数

$$\text{sign}(x) = \begin{cases} 1, & x > 1 \\ 0, & x = 0 \\ -1, & x < 1 \end{cases}$$

练习 7-2（数位和）编写一个函数，计算一个正整数的各位数字之和。编写代码对该函数进行测试。

数位和

7.2　函数重载

读者或许已经注意到，print(x) 函数既可以输出 Int64 类型的 x，也可以输出 Float64 类型的 x，还可以输出 String 类型的 x。显然，向屏幕打印一个整数、浮点数或者字符串的方法和过程都存在区别。事实上，print 函数存在多个重载（overloading）版本，以满足输出不同类型对象的需要。或者说，仓颉里存在多个名为 print 的函数，但参数的类型和个数有所区别。定义多个名称相同但参数类型或者个数不同的函数，称为函数重载。

至少有两种方法可以计算三角形的面积，一种是底 × 高 ÷2，另一种则是海伦公式（根据三边长度，参见图 6-3）。

依据上述计算方法设计了三个版本的 triangleArea 函数。示例程序如下。

```
1 package Overloading
2
3 func triangleArea(base:Float64,height:Float64):Float64 {
4     println("1 号函数被执行 .")
5     return base*height/2.0         // 底 × 高 ÷2
6 }
7
```

```
8  func triangleArea(base:Int64,height:Int64):Int64 {
9      println("2 号函数被执行 .")
10     return base*height/2                    // 整数除以整数结果为整数
11 }
12
13 func triangleArea(a:Float64,b:Float64,c:Float64):Float64 {
14     println("3 号函数被执行 .")
15     let p = (a+b+c)/2.0
16     return (p*(p-a)*(p-b)*(p-c))**0.5      // 使用海伦公式计算
17 }
18
19 main(): Int64 {
20     let s1 = triangleArea(3.0,4.0)          //Float64,Float64:1 号函数
21     let s2 = triangleArea(3,4)              //Int64,Int64:2 号函数
22     let s3 = triangleArea(3.0,4.0,5.0)      //3 个 Float64:3 号函数
23     print("s1=${s1}, s2=${s2}, s3=${s3}")
24     return 0
25 }
```

上述程序的执行结果为：

```
1 1 号函数被执行 .                    3 3 号函数被执行 .
2 2 号函数被执行 .                    4 s1=6.000000, s2=6, s3=6.000000
```

▷ **第 3 ~ 6 行：** 1 号函数接收 Float64 类型的形参 base（底）和 height（高），计算并返回三角形的面积。返回值类型为 Float64。

▷ **第 8 ~ 11 行：** 2 号函数也接收 base 和 height 两个参数，但形参的类型不同（Int64）。返回值类型为 Int64。

▷ **第 13 ~ 17 行：** 3 号函数接收三个类型为 Float64 的参数（三边长），计算并返回三角形的面积。返回值类型为 Float64。

表 7-1 总结了这三个函数的参数类型和个数。

表 7-1　三个 triangleArea 函数的参数类型及个数

函 数 编 号	函 数 名	参数类型及个数
1 号	triangleArea	Float64, Float64
2 号	triangleArea	Int64, Int64
3 号	triangleArea	Float64, Float64, Float64

▷ **第 20 行：** 函数调用提供了 Float64 类型的实参 3.0 和 4.0。对照表 7-1，编译器匹配选择 1 号函数（参见执行结果的第 1 行）。变量 s1 的类型依 1 号函数的返回值类型推断为 Float64。由执行结果的第 4 行中可见 s1 确为浮点数。

▷ **第 21 行：** 函数调用提供了 Int64 类型的实参两个。对照表 7-1，编译器匹配选择 2 号

函数（参见执行结果的第 2 行）。变量 s2 推断为 Int64 类型。由执行结果的第 4 行中可见 s2 确为整数。

▷ **第 22 行：** 函数调用提供了 3 个 Float64 类型的实参。对照表 7-1，编译器匹配选择 3 号函数（参见执行结果的第 3 行）。变量 s3 推断为 Float64 类型。由执行结果的第 4 行中可见 s3 确为整数。

从人类使用者的角度看，可以"认为"只存在一个"聪明"的 triangleArea 函数。三角形面积的计算既可以使用 Int64 类型的底和高，也可以使用 Float64 类型的底和高，还可以使用 Float64 类型三边长度来完成。

但对于编译器而言，存在三个 triangleArea 函数，依据参数的类型和个数可以将它们区分开来。图 7-1 中左侧的"1/3"说明 triangleArea 函数有三个不同的版本，当前显示的是第一个。

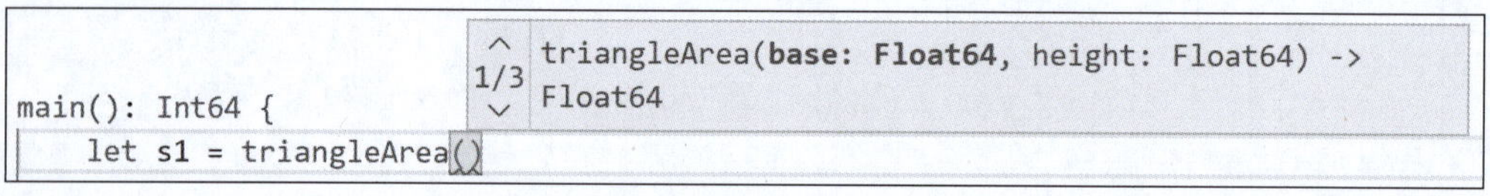

```
main(): Int64 {            ∧  triangleArea(base: Float64, height: Float64) ->
                          1/3  Float64
                           ∨
    let s1 = triangleArea()
```

图 7-1　关于 triangleArea 函数的提示

类似地，自定义类型的成员函数，包括构造函数，也可以重载。

🎯 **要点** ▬

　函数重载只依据参数的类型和个数。函数的返回值类型及函数的参数名差异不能用于函数重载。

📖 **编程练习**

练习 7-3（调和平均）函数 hmean(x,y) 用于计算 x 和 y 的调和平均数。当 x+y ≠ 0 时，调和平均数 $z = 2xy/(x+y)$；当 x+y = 0 时，调和平均数 z 无法计算。请实现该函数的两个重载版本，其中一个接收 Int64 类型的 x 和 y 作为参数；另一个则接收 Float64 类型的 x 和 y 作为参数。为了兼容两种不同的结果状态，函数总是返回 Option<Float64>。请编写恰当的代码测试该函数。

调和平均

7.3　变长参数

变长参数（variable length argument）是一种语法糖，用于解决函数调用时实参个数不固定的问题。当函数的最后一个非命名形参为数组 Array<T> 时，该形参数组可以吸收多个类型为 T 的连续实参。

图 7-2 中的 myPrint 函数即支持变长参数。

图 7-2 所示程序的执行结果为：

1	穿越宋朝必听金曲：	4	满江红
2	浣溪沙	5	点绛唇
3	西江月	6	[空行]

```
1    package VariableLengthArgument
2    main(): Int64 {
3        myPrint("穿越宋朝必听金曲:","浣溪沙","西江月","满江红","点绛唇")
4        return 0
5    }                          ["浣溪沙",…,"点绛唇"]
6
7    func myPrint(title:String,contents:Array<String>) {
8        println(title)
9        for (x in contents) {
10            println("\t" + x)
11        }
12    }
```

图 7-2　Array<T> 吸收多个 T 类型实参

myPrint 函数的最后一个非命名形参 contents 的类型为 Array<String>，在函数调用时，它可以吸收连续多个类型为 String 的实参。

▷ **第 3 行：** 在 main 函数中调用 myPrint 函数时共提供了 5 个实参，但 myPrint 函数名义上只有 2 个形参。如图 7-2 所示，编译器按照变长参数规则进行了如此匹配安排：第 1 个实参匹配给形参 title；第 2 ～ 5 个实参被包装成字符串数组 [" 浣溪沙 ",…," 点绛唇 "]，然后匹配给了形参 contents。

从使用者的角度看，myPrint 函数可以接收 1 至无穷多个字符串类型的参数，显著增加了灵活性。

事实上，也可以直接将第 3 行代码修改如下，效果等同。在逻辑上下述函数调用只提供了两个实参、一个字符串、一个字符串数组，与形参一一对应。语法糖真的是糖，有的话当然可以给生活增加甜蜜，但没有也不耽误我们成长。

```
1    myPrint(" 穿越宋朝必听金曲 :",[" 浣溪沙 "," 西江月 "," 满江红 "," 点绛唇 "])
```

7.4　实践：啃不完的麻辣兔头

数学家列昂纳多·斐波那契研究了野外兔子的繁殖问题：一般而言，兔子在出生两个月后就有繁殖能力。假设一对兔子每个月能生出一对小兔子，而且所有兔子都不死。如果现在向一片没有兔子的新大陆上放生一对新生的兔子，那么一年以后那个大陆上有多少只兔子？两年以后呢？

第 1 个月，那对兔子还没有繁殖能力，仍为幼兔。故幼兔数量为 1 对，成兔数量为 0 对，总对数为 1。第 2 个月，那对兔子性成熟，变成成兔。故幼兔数量为 0 对，成兔数量为 1 对，总对数为 1。第 3 个月，在第 2 个月时已经有成兔 1 对，生了 1 对小兔子，故幼兔 1 对，成兔 1 对，总对数为 2。第 4 个月，在第 3 个月时已经有成兔 1 对生了 1 对小兔子，且第 3 个月时的幼兔 1 对变成了成兔，故幼兔数量为 1 对，成兔变成了 2 对，总对数为 3……所以，月数、幼兔对数、成兔对数及总对数的对应关系如表 7-2 所示。

表 7-2　月数、幼兔对数、成兔对数及总对数对照关系表

月　　数	幼 兔 对 数	成 兔 对 数	总 对 数
1	1	0	1
2	0	1	1
3	1	1	2
4	1	2	3
5	2	3	5
6	3	5	8
7	5	8	13
8	8	13	21
9	13	21	34
10	21	34	55
11	34	55	89
12	55	89	144

简单归纳，容易导出下述结论：

幼兔对数 = 前月成兔对数（每对成兔每月生一对小兔子）

成兔对数 = 前月成兔对数（成兔不死）+ 前月幼兔对数（前月的幼兔长大变成成兔）

总对数　 = 幼兔对数 + 成兔对数

观察表 7-2 可以发现，幼兔从第 5 行，成兔从第 4 行，总对数从第 3 行开始，其后的每一个数字，都正好等于前两个数字之和，例如，成兔对数一列中的 2 = 1 + 1，3 = 1+2，5 = 2 + 3，…，89 = 34 + 55 等。

上述数列 1、1、2、3、5、8 …被称为斐波那契数列。斐波那契对该数列的数学性质进行总结和形式化，得到关于 n 个月后兔子数量的通项公式如下，这是一个分段函数。

$$F(n) = \begin{cases} 1, & n = 1 \\ 1, & n = 2 \\ F(n-1)+F(n-2), & n \geqslant 3 \end{cases}$$

读者希望知道 5 年，也就是 60 个月之后的兔子数量吗？我们编程计算。

```
1  package Rabbits
2  import std.convert
3  func fib(n:Int64):Int64 {
4      if (n<=2) { return 1 }
5      var a = 1; var b = 1; var v = 0   //a为前前项，b为前项
6      for (i in 3..=n) {
7          v = a + b                      // 当前项 = 前前项 + 前项
```

```
8          a = b; b = v                    // 前前项 = 前项，前项 = 当前项
9      }
10     return v
11 }
12
13 main(): Int64 {
14     println("    x"+"    x^2"+"        x^3"+" "*14+"fib(x)")
15     println("------------------------------------------")
16     for (x in [1,12,24,36,48,60]) {
17         print(x.format("4"))
18         print((x*x).format("6"))
19         print((x**3).format("10"))
20         print(fib(x).format("20"))
21         println()
22     }
23     return 0
24 }
```

上述程序的执行结果为：

```
1     x    x^2        x^3                fib(x)
2  ------------------------------------------
3     1      1          1                     1
4    12    144       1728                   144
5    24    576      13824                 46368
6    36   1296      46656              14930352
7    48   2304     110592            4807526976
8    60   3600     216000         1548008755920
9  [ 空行 ]
```

在上述程序中，函数 fib(n) 用于计算并返回斐波那契数列的第 n 项。显然，函数 $y = fib(x)$ 以及 $y = x^2$、$y = x^3$ 都是 x 趋近于无穷大时的无穷大。为了让读者直观地了解斐波那契函数的增长速度，打印输出了 x 分别取值 1、12、24、36、48 和 60 时的 x^2、x^3 及 fib(x) 的值。从执行结果可以看出，当 x 的值较小时，fib(x) 相较于 x^2 和 x^3 并不明显占优；但当 x 稍稍增大（如大于 36）后，fib(x) 呈现出碾压性优势。在数学上，fib(x)、x^2 和 x^3 都是 x 趋近于无穷大时的无穷大，但 fib(x) 具有更高的无穷大的阶。

由执行结果的第 8 行可见，斐波那契函数的增长速度是惊人的。如果新大陆无限大，食物无限丰富又没有灰太狼，经过短短 60 个月，也就是 5 年之后，这片新大陆上有了 1 548 008 755 920 只兔子。

▷**第 16 ~ 22 行：**计算并打印 x 分别取值 1、12、24、36、48 和 60 时的 x^2、x^3、fib(x) 的函数值。

▷ **第3行:** 参数 n 表示调用者需要计算并返回斐波那契数列的第 n 项。按照数学定义,一个"合法"的 n 应大于或等于 1。由于斐波那契数列增长速度非常快,返回值类型定为 Int64,其为 8 字节的有符号整数。即便如此,函数的计算结果也很容易溢出(overflow),即超出 Int64 类型可以存储的最大值。如果尝试计算 fib(100),程序将因溢出异常而提前中止。

▷ **第4行:** 数列的第 1 项、第 2 项固定为 1,直接返回。

▷ **第5行:** 变量 v 表示正在计算的"当前"项的值,a 为 v 的前前项,b 为前项。

▷ **第6~9行:** 循环,从第 3 项开始计算至第 n 项。

▷ **第7行:** 对于循环计算的每一项,当前项等于前前项与前项的和。

▷ **第8行:** 当前项计算完成后,修改 a、b 的值,为计算下一项做好准备。

▷ **第10行:** 返回第 n 项的值 v。

7.5　对象作用域

读者可能很早就有疑惑,i、x、r 这些常用变量 / 对象名到处都是,作者在函数外用了 r,在函数内也用了 r,此 r 与彼 r 是何种关系?它们会发生冲突吗?本节将解答这些疑问。

出于教学目的,作者设计了一个关于对象作用域(scope)的演示程序,如图 7-3 所示。从软件工程角度看,这个程序的设计糟糕透顶。

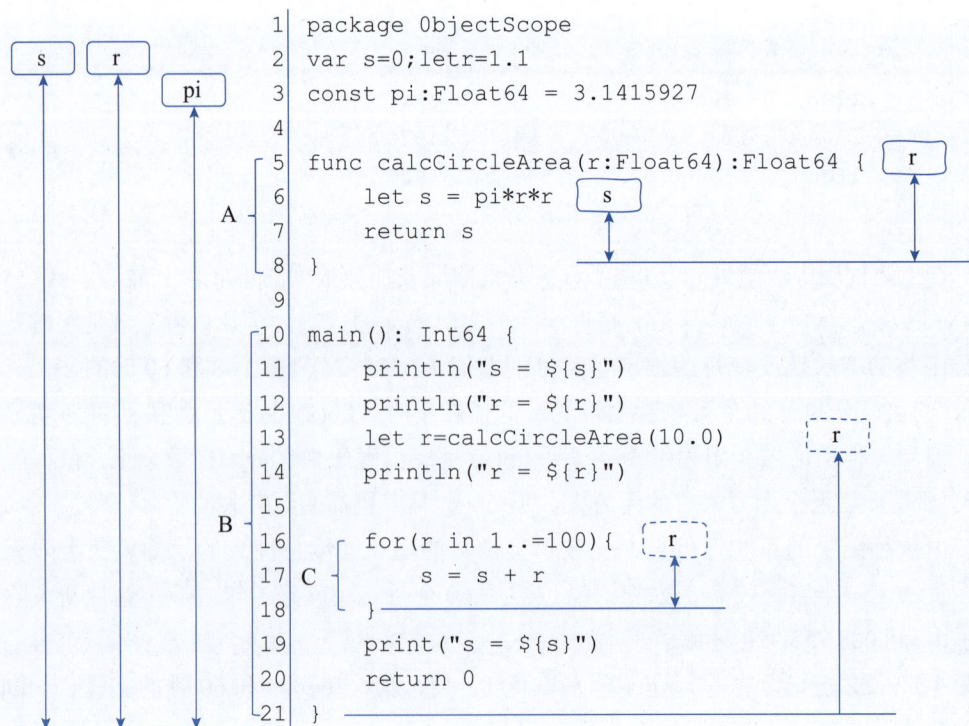

```
1  package ObjectScope
2  var s=0;letr=1.1
3  const pi:Float64 = 3.1415927
4
5  func calcCircleArea(r:Float64):Float64 {
6      let s = pi*r*r
7      return s
8  }
9
10 main(): Int64 {
11     println("s = ${s}")
12     println("r = ${r}")
13     let r=calcCircleArea(10.0)
14     println("r = ${r}")
15
16     for(r in 1..=100){
17         s = s + r
18     }
19     print("s = ${s}")
20     return 0
21 }
```

图 7-3　对象的作用域

上述程序的执行结果为：

1	s = 0	3	r = 314.159270
2	r = 1.100000	4	s = 5050

在仓颉中，由 {} 包裹的结构称为块（block）。在 if、match、for、while 表达式中都有块。同理，函数的函数体也是一个块。

▷ **第 5~8 行：** 块 A 对应 calcCircleArea 的函数体。

▷ **第 10~21 行：** 块 B 对应 main 的函数体。块 A 和块 B 都在包（package）▲ObjectScope 内且平级。

▷ **第 16~18 行：** 块 C 对应 for 循环的循环体。显然，块 C 嵌套在块 B 内部。

▷ **第 2 行：** 变量 s、不可变变量 r 没有在任何块中定义，它们拥有所谓顶层作用域（top-level scope）。就本例而言，s 和 r 的作用域从第 2 行一直延续到本文件尾。

▷ **第 3 行：** 常量 pi 也拥有顶层作用域。

▷ **第 5 行：** calcCircleArea 函数的形参 r 属于块 A，它拥有所谓局部作用域（local-level scope），其范围为自定义始（第 5 行）至所在块的结尾（第 8 行）。请注意，此处的 r 与第 2 行的 r 是两个各自独立的对象，只不过名称相同罢了。

> 🎯 **要点** ━━━━━━━━━━━━━━━━━━━━━━━━━━━━━━━━━━━━━
>
> 对象仅在其作用域内可用。定义于文件顶层的对象拥有顶层作用域，范围为自定义始至文件尾，且同时在同一包内的其他程序文件中可见。
>
> 定义于块内的对象拥有局部作用域，范围自定义始至块的结尾。

▷ **第 6 行：** 计算使用到对象 r。由于块 A 内存在名为 r 的对象，这里选用的是第 5 行引入的形参 r。同时，计算也使用到对象 pi。由于块 A 内不存在名为 pi 的对象，编译试图在外层块中寻找，最终找到并使用了第 3 行定义的 pi。本行还定义了新的对象 s，其作用域也限于块 A 内部，且与第 2 行定义的 s 独立不相关。

> 🎯 **要点** ━━━━━━━━━━━━━━━━━━━━━━━━━━━━━━━━━━━━━
>
> 当程序使用一个名字时，编译器会首先在当前块内查找。如果当前块内没有，则由内向外逐级在外层块中查找。如果到了最外层仍未找到，则报告错误。

▷ **第 7 行：** 返回对象 s。由于块 A 内有 s，故此处返回的是第 6 行定义的 s，与第 2 行定义的 s 无关。

▷ **第 11 行：** 块 B 内没有 s，逐层向外找到并使用了第 2 行的 s。执行结果的第 1 行证实了输出为整数 0，与第 2 行 s 的值相符。

▷ **第 12 行：** 块 B 内没有 r，逐层向外找到并使用了第 2 行的 r。执行结果的第 2 行证实了输出为浮点数 1.1，与第 2 行 r 的值相符。

▷ **第 13 行：** 执行 calcCircleArea(10.0) 函数计算半径为 10 的圆的面积，并赋值给新对象 r。这个新对象创建于块 B 内，其作用域从定义始（第 13 行）至块尾（第 21 行）。

▷ **第 14 行：** 自第 13 行开始，块 B 内有了 r。此处打印的是第 13 行的 r，而非第 2 行的 r。执行结果的第 3 行证实了输出为 314.15927，确为第 13 行计算所得的圆的面积，而非第 2 行值为 1.1 的 r。

▷ **第 16 行：** r 作为循环变量被引入块 C。这里的 r 是一个新对象，其作用域为块 C。这个 r 与第 13 行和第 2 行的 r 均不相关。

▷ **第 17 行：** 加法运算使用到 r，根据规则，选用了当前块 C 内的 r（第 16 行）。本行还使用到 s，块 C 内无 s，块 C 之外的块 B 内也无 s，再向外，编译器找到并选用了第 2 行的 s。

▷ **第 19 行：** 块 B 内无 s，编译找到并使用了第 2 行的 s。但此时第 2 行的 s 已被 for 循环所修改，故输出为 5050，见执行结果的第 4 行。

> **◎ 见微知著** ▪
>
> 在上述示例中定义并使用 4 个名为 r 的对象（第 2、5、13、16 行）。这 4 个 r 对象除名称相同之外，各自独立，甚至连类型都不一样。第 2 行和第 16 行的 r 为 Int64，第 5 行和第 13 行的 r 则为 Float64。

7.6　递　归

中学数学里学过阶乘：

$$5!=5×4×3×2×1=5×(4×3×2×1)=5×4!$$

同理：

$$n!=n×(n-1)!$$

求 4 的阶乘同求 5 的阶乘是相同性质的问题，区别仅在于问题的规模不同（参数大小不一样）。如果定义了一个函数 factorial(n) 可以求出 n 的阶乘，那理论上，factorial(n) 也可以求出 n-1 的阶乘。

数学上通过函数自身来定义的函数称为递归函数。到程序设计领域，自己调用自己的函数称为递归函数。请阅读下述代码：

```
1  package Factorial
2  func factorial(n:Int64):Int64 {
3      println(" 执行 factorial(${n}) 求 ${n}!")
4      if (n<=1) {
5          return 1
```

```
 6          }
 7          let r = n*factorial(n-1)
 8          return r
 9  }
10
11  main(): Int64 {
12          let f6 = factorial(6)
13          print("6! = ${f6}")
14          return 0
15  }
```

上述程序的执行结果为：

1	执行 factorial(6) 求 6!	5	执行 factorial(2) 求 2!
2	执行 factorial(5) 求 5!	6	执行 factorial(1) 求 1!
3	执行 factorial(4) 求 4!	7	6! = 720
4	执行 factorial(3) 求 3!		

▷ **第 2 ~ 9 行：** factorial(n) 函数用于计算并返回 n!。

▷ **第 3 行：** 在函数体的开始部分打印一行信息，说明函数执行的开始。输出内容中包含了形参 n 的值。

▷ **第 4 ~ 6 行：** 如果 n ≤ 1，问题足够简单，直接返回结果 1。此处称 n ≤ 1 为递归的边界条件，这个边界条件保证了对于合法的 n 值，这个递归函数一定会运行结束。

▷ **第 7、8 行：** factorial(n) 函数调用执行了 factorial(n-1)。只有当 factorial(n-1) 函数执行完并返回结果后，factorial(n) 才能计算出结果 r，然后返回。

factorial 函数内部调用了 factorial 函数自身，它是一个递归函数。factorial(6) 的执行过程可以这样理解：为了求 6 的阶乘，函数调用函数自身求 5 的阶乘，为了求 5 的阶乘，函数调用自身求 4 的阶乘……函数调用自身求 1 的阶乘，1 的阶乘满足边界条件，返回结果 1。得到了 1 的阶乘，factorial(2) 通过 r = 2*1 = 2 得到了 2 的阶乘并返回。得到了 2 的阶乘，factorial(3) 通过 r = 3*2 = 6 得到了 3 的阶乘并返回……然后得到了 5 的阶乘为 120，factorial(6) 通过 r = 6*5! = 6*120 = 720 得到 6 的阶乘，并返回给外部调用者。

可以想象，在 factorial(1) 函数被执行时，计算机内实际上有 6 个 factorial 函数正在执行，分别是 factorial(6)、factorial(5)、factorial(4)、factorial(3)、factorial(2) 和 factorial(1)。factorial(1) 执行完毕，返回值到 factorial(2)，factorial(2) 得到 factorial(1) 的返回值，计算后返回 factorial(3)……最终 factorial(6) 在得到 factorial(5) 的返回值后，再执行计算返回给外部调用者。这一过程可用图 7-4 表示，读者可以顺着图中箭头的标号和指向，人工模拟一遍执行过程。

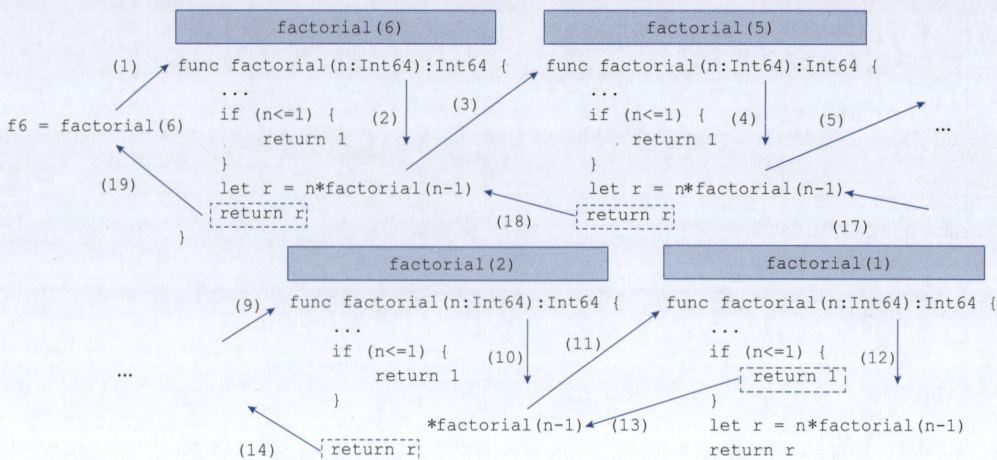

图 7-4　递归执行过程

操作指南　断点调试观察函数递归

通过在程序中设置断点，然后借助程序调试方法对上述程序进行调试观察，有助于读者更好地理解递归函数的执行过程及其对内存资源的消耗。

我们无法在大规模问题中使用递归函数，理由如下：

- 在本例中，形参 n 和变量 r 都是 factorial 函数内的局部变量。不难看出，当上述 factorial(1) 函数在执行时，事实上有 6 个 factorial 函数处于执行当中，在嵌套执行的 6 个函数中，应该存在 6 个 n 对象及 6 个 r 对象。当 n 比较小时，计算机内存尚可应付；如果 n 很大，如 10 000 000 000，估计还没有运行到 factorial(1)，数量众多的局部变量及因函数调用而产生的额外内存消耗就会使计算机空间枯竭，程序崩溃。

- 除了内存空间的占用，每次函数调用也会产生额外的运行代价：控制执行的跳转、参数传递、对象内存空间的准备和回收。海量次数的函数调用将产生海量的额外运算代价。

所以，在实践中，递归只能解决规模很小的问题，对于本例，即 n 不能太大。大多数有实际价值的算法和程序都是非递归的。即便刚开始设计成递归的，最终也要想尽办法转换成非递归的。

7.7　实践：汉诺塔

法国数学家爱德华·卢卡斯曾转述过一个印度的古老传说：在世界中心贝拿勒斯

（在印度北部）的圣庙里，一块黄铜板上插着三根金刚石柱。印度教的主神梵天在创造世界时在其中一根石柱上从下到上地穿好了由大到小的 64 块金盘，这就是所谓的汉诺塔（Hanoi tower）。

按照梵天的命令，不论白天黑夜，总有一个婆罗门僧侣在按照下面的规则移动这些金盘：一次只移动一个盘，不管在哪根柱上，小盘必须在大盘上面。僧侣们预言，当所有的金盘都从梵天穿好的那根柱上移到另外一根柱上时，世界就将在一声霹雳中消灭，而梵塔、庙宇和众生也都将同归于尽。

1. 求解

如图 7-5 所示的 5 个盘的汉诺塔问题，其总任务是将 A 柱上的 n = 5 个盘移至 C 柱。要实现这个总任务并且保证移盘过程中小盘始终在大盘上面，整个过程分三步实现。第 1 步：必须先将 n - 1 = 4 个黑盘从 A 柱移至 B 柱。在第 1 步的执行过程当中，为了保证规则的贯彻，显然必须借助 C 柱作为中转柱才能完成。第 1 步所做的工作可描述为：借助中转柱 C，将 n-1=4 个盘从 A 移至 B。

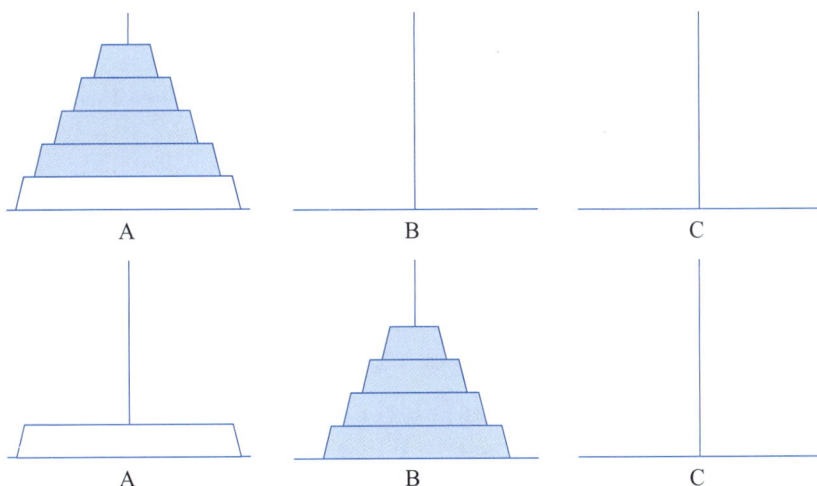

图 7-5　汉诺塔求解示意：原始汉诺塔（上），完成第 1 步后（下）

现在，最大的白盘在 A 柱上，C 柱是空的。可实施第 2 步：将 A 柱上的大盘取下，移至 C 柱，请见图 7-6。

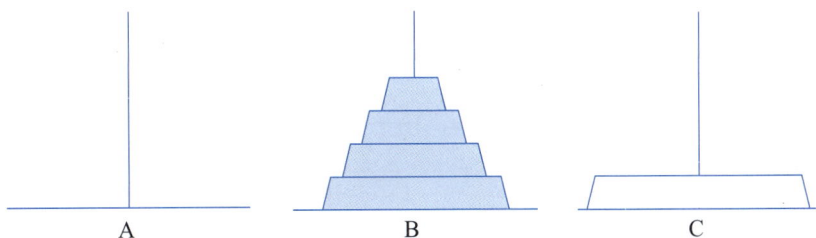

图 7-6　汉诺塔求解示意：完成第 2 步后

接下来，如图 7-7 所示，要做的是第 3 步：借助中转柱 A，将 B 柱上的 n - 1 = 4 个盘移至 C 柱。此时 C 柱上虽然已经有了一个盘，但由于此盘是最大的，因此只要移动过程中不搬动 C 柱上的已有大盘，可以忽略其存在。

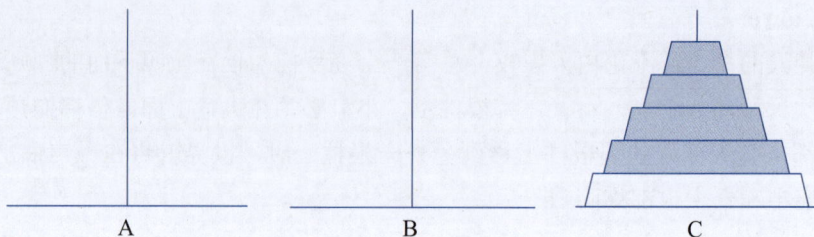

图 7-7　汉诺塔求解示意：完成第 3 步后

现在试图总结总任务及其三个子任务。

- 总任务：将 n = 5 个盘从 A 柱移至 C 柱，以 B 柱为中转柱。
  - 子任务 1：将 n－1 = 4 个盘从 A 柱移至 B 柱，以 C 柱为中转柱；
  - 子任务 2：将 A 柱上的大盘移至 C 柱；
  - 子任务 3：将 n－1 = 4 个盘从 B 柱移至 C 柱，以 A 柱为中转柱。

不难看出，除了柱子不同，子任务 1 同子任务 3 所做的工作是一样的，都是把 n－1 个盘从一个柱移至另一个柱。同时，除需移动的盘数不同之外，子任务 1、3 与总任务也本质相同。

我们称将 n－1 个盘从 A 移至 B 的汉诺塔问题，与原问题，即"将 n 个盘从 A 移至 C 的汉诺塔问题"的性质完全相同，区别仅在于问题的规模，需要移动的盘数量稍小。也称为前者是原问题的子问题。

如果能将 n－1 = 4 个盘从 A 移至 B，从 B 移至 C，那么 n = 5 个盘的汉诺塔问题可解。那么如何求解 4 个盘的汉诺塔问题呢？聪明的读者已经有了答案。

- 子问题：将 n′ = 4 个盘从 A 柱移至 B 柱，以 C 柱为中转柱。
  - 子子问题 1：将 n′－1 = 3 个盘从 A 柱移至 C 柱，以 B 柱为中转柱；
  - 简单任务：将 A 柱上的大盘移至 B 柱；
  - 子子问题 2：将 n′－1 = 3 个盘从 C 柱移至 B 柱，以 A 柱为中转柱。

图 7-8 展示了这一过程。

图 7-8　4 盘汉诺塔的求解步骤

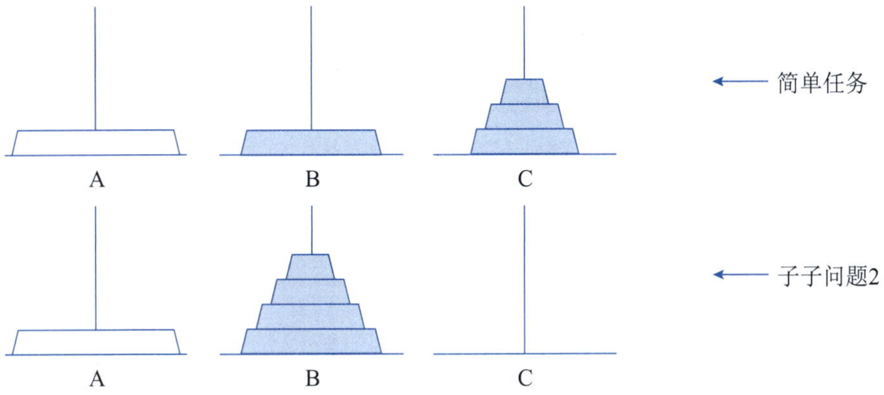

← 简单任务

← 子子问题2

图 7-8 （续）

从上面的分析可以看出，5 盘汉诺塔问题可以通过求解 4 盘汉诺塔问题来解决，4 盘汉诺塔问题可以通过求解 3 盘汉诺塔问题来解决。同理，3 盘汉诺塔问题可以通过求解 2 盘汉诺塔问题来解决，2 盘汉诺塔问题可以通过求解 1 盘汉诺塔问题来解决。而 1 盘汉诺塔问题，由于问题的规模足够小，可直接解决：把盘从原柱搬至目标柱即可。所以在前表中称其为"简单任务"。

2. 递归算法

根据前述算法思想，可以写出汉诺塔问题求解的递归算法。请见下述程序：

```
 1 package HanoiTower
 2 import std.collection.ArrayList
 3
 4 var steps = ArrayList<String>()    // 可增删元素的字符串数组
 5 func hanoi(n:Int64,a:String,b:String,c:String):Unit{
 6     if (n==1) {
 7         steps.add(a+"-->"+c)        //1 个盘，从 a 移至 c
 8     }
 9     else {
10         hanoi(n-1,a,c,b)            // 将 n-1 个盘从 a 移至 b,以 c 为中转
11         steps.add(a+"-->"+c)        // 将 a 上的大盘移至 c
12         hanoi(n-1,b,a,c)            // 将 n-1 个盘从 b 移至 c,以 a 为中转
13     }
14 }
15
16 main(): Int64 {
17     hanoi(5,"A","B","C")
18     println(" 移盘总次数 : ${steps.size}")
19     print(steps)
20     return 0
21 }
```

上述程序的执行结果为:

```
1   移盘总次数：31

2   [A-->C, A-->B, C-->B, A-->C, B-->A, B-->C, A-->C, A-->B, C-->B, C--
    >A, B-->A, C-->B, A-->C, A-->B, C-->B, A-->C, B-->A, B-->C, A--
    >C, B-->A, C-->B, C-->A, B-->A, B-->C, A-->C, A-->B, C-->B, A--
    >C, B-->A, B-->C, A-->C]
```

执行结果表明，5 盘汉诺塔问题共需要 31 次移盘。steps 数组按顺序存储了全部的移盘动作。

▷ **第 2 行:** 导入 std 标准模块中的 collection（容器）包里的 ArrayList 类型。ArrayList 是增强版的 Array（数组）容器，也用于存放单一类型的有序序列。与固定元素数量的 Array 不同，程序可以根据需要对 ArrayList 增加或者移除元素。

▷ **第 4 行:** 创建一个"全局"的空的 ArrayList 数组对象，其元素类型为 String。steps 数组预期用于容纳字符串形式的移盘动作。

由于 hanoi 函数内部块中并没有定义 steps 对象，因此，hanoi 函数中对 steps 的访问即是对第 4 行中定义的 steps 数组的访问。

▷ **第 5 ~ 14 行:** 函数 hanoi(n,a,b,c) 用于生成以 b 为中转柱，将 n 个盘从 a 移至 c 的移盘序列。可以看到，这个递归函数的执行过程跟前面"求解"小节中的总任务 - 子任务分解完全一致。当 n == 1 时，只有一个盘，是简单任务，可直接移盘。如果 n > 1，则分解为两个 n - 1 的汉诺塔子问题，以及一个简单移盘任务。子问题的求解以函数递归调用来解决。

add(x) 是 steps 数组的成员函数，它将元素 x 添加至数组的尾部。函数的返回值类型是 Unit，这意味着函数什么都不必返回。

▷ **第 17 行:** 调用执行 hanoi 函数将 5 个盘从 A 柱移至 C 柱，以 B 柱为中转。

▷ **第 18、19 行:** 打印移盘总次数及移盘序列。

3. 计算复杂性

使用"递归算法"小节中的程序，作者尝试计算了 n = 5…12 汉诺塔问题的移盘过程，得到移盘次数，见表 7-3。

表 7-3　不同规模汉诺塔问题的移盘次数

盘　　数	所需移盘次数	备　　注
5	31	2^5-1
6	63	2^6-1
7	127	2^7-1
8	255	2^8-1
…	…	…
12	4095	$2^{12}-1$

看起来，似乎 n 个盘的汉诺塔问题的移盘次数为 2^n-1。事实上，对移盘次数的数学

分析可以证明这个结论。n 盘的汉诺塔求解可以拆分成两个 n-1 盘的汉诺塔求解再加上 1 次简单移盘。如果用 T(n) 来表示 n 盘汉诺塔的移盘次数，函数 T(n) 可使用下述递归定义。

$$T(n) = \begin{cases} 1, & n=1 \\ 2T(n-1)+1, & n>1 \end{cases}$$

下面试着把递归函数消解成非递归函数。

$$\begin{aligned} T(n) &= 2T(n-1)+1 \\ &= 2(2T(n-2)+1)+1 = 4T(n-2)+2+1 = 2^2T(n-2)+2^1+2^0 \\ &= 2^2(2T(n-3)+1)+2^1+2^0 = 2^3T(n-3)+2^2+2^1+2^0 \\ &= \cdots \\ &= 2^tT(n-t)+2^{t-1}+2^{t-2}+\cdots+2^1+2^0 \end{aligned}$$

令 t = n - 1，有：

$$\begin{aligned} T(n) &= 2^{n-1}T(1)+2^{n-2}+2^{n-3}+\cdots+2^1+2^0 \\ &= \sum_{t=0}^{n-1} 2^t \\ &= 2^n-1 \end{aligned}$$

故 n 盘汉诺塔共需移盘 2^n-1 次。对于梵天规定的 64 个金盘，总移盘次数为 $2^{64}-1$ = 18 446 744 073 709 551 615。如果婆罗门僧侣是个熟练工，1 秒挪一个盘，那么 1 小时可以移 3600 个盘，1 年可移 3600 × 24 × 365 = 31 536 000 个盘（忽略闰年误差）。那么，解 64 盘汉诺塔问题共需要 $(2^{64}-1)/31\ 536\ 000$ 年，即大约 5949 亿年。按照当前的人类知识，印度的古老智慧好像高估了地球的预期寿命。

读者不要去尝试计算 hanoi(64,"A","B","C")，显然，在人类有限的人生里是无法完成这件接近"无限"的大事的。而且，因为递归所导致的内存消耗，有限的计算机内存也排除了这种可能性。

📖 编程练习

练习 7-4（斐波那契递归版）以递归形式重写下述斐波那契数列计算函数，并使用该函数计算斐波那契数列的第 12 项。请添加合适的全局变量，递增统计在求解 fib(12) 的过程中，fib(3) 被重复计算了多少次，并思考如何避免子问题的重复计算（提示：备忘录方法）。

斐波那契
递归版

```
func fib(n:Int64):Int64 {…}
```

7.8 算法：分而治之的奥秘 *

通常而论，问题的求解难度和计算量通常随问题规模的增加而增大，随问题规模的减小而减小，且当问题的规模充分小时，问题易于求解。例如，10 个数的排序问题比 5

个数的排序问题要复杂，而 1 个数的排序问题则易于求解，因为只包含 1 个元素的数组天然有序。

这给我们提供了一种称为分治法（devide and conquer）的算法设计思路。分治法的解题思路可以简单概括如下：

①当问题的规模较大，难以直接求解时，将问题拆分成两个或者多个规模较小的相同性质的子问题；②分别对子问题进行递归求解，如果子问题的规模仍然较大，继续拆分成规模较小的子子问题；③将子问题的解合并为原问题的解。

将分治法应用于排序问题，即为归并排序算法。归并排序（merge sort）的计算复杂性较选择排序要低一个数量级，其解题思路可概括如下：

①当待排序数组的元素个数大于 1 时，认为该问题过于复杂，难以求解，将数组拆分成两个差不多大的子数组；②分别对拆分出来的子数组进行排序，得到有序的两个子数组；对子数组的排序过程是递归的，当子数组的元素个数大于 1 时，会进一步拆分成更小的子子数组；③将两个有序的子数组合并为整体有序的"原"数组。

图 7-9 展示了数组 [8,4,2,9,5,3,1,7] 的归并排序过程。首先是"分"，由于数组含有 8 个元素，难以直接排序，因此将其分成两个子数组，分别是 [8,4,2,9] 和 [5,3,1,7]。这些子数组仍然过大，递归拆分成 8 个仅包含 1 个元素的子数组，分别是 [8]、[4]、[2]、[9]、[5]、[3]、[1]、[7]。由于 1 个元素的数组天然有序，因此这 8 个子数组都可视为有序数组。

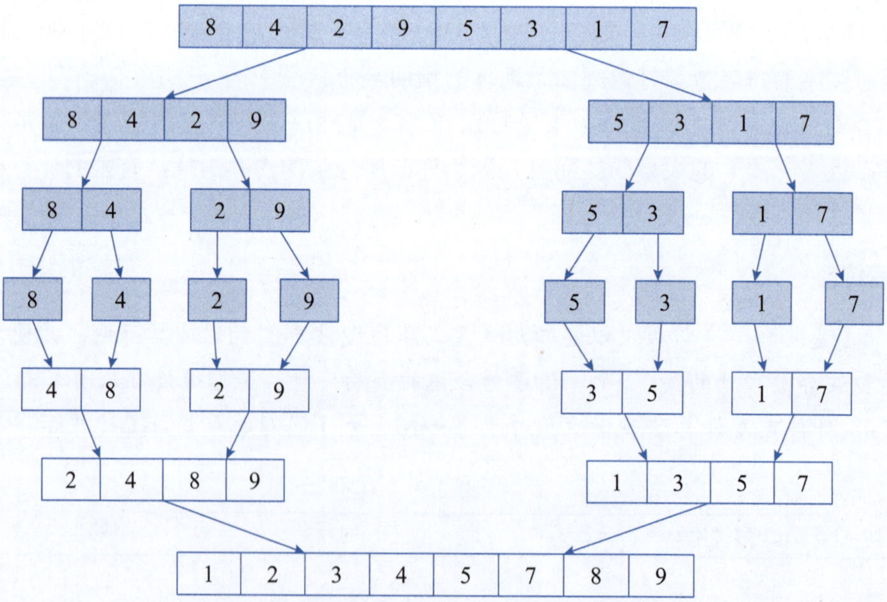

图 7-9　归并排序过程

接下来是"治"，将有序的子数组两两合并，[8]、[4] 合并为 [4,8]，[2]、[9] 合并为 [2,9]，[4,8] 和 [2,9] 又合并为 [2,4,8,9]，以此类推，[2,4,8,9] 和 [1,3,5,7] 最终合并为原问题的解 [1,2,3,4,5,7,8,9]。容易看出，在归并排序里，真正的排序工作是在子数组合并的过程中完成的。

归并排序的实现请见下述程序。

```
1  package MergeSort
2
3  func merge(a:Array<Int64>,low:Int64,mid:Int64,high:Int64){
4      let cnt = high - low + 1
5      let t = Array<Int64>(cnt,repeat:0)
6      var (i,j,k) = (low,mid+1,0)
7      while (i<=mid && j<=high) {
8          if (a[i] <= a[j]) {
9              t[k] = a[i]; k++; i++
10         }
11         else {
12             t[k] = a[j]; k++; j++
13         }
14     }
15     while (i<=mid)  { t[k] = a[i]; k++; i++ }
16     while (j<=high) { t[k] = a[j]; k++; j++ }
17     for (k in 0..cnt) { a[low+k] = t[k] }
18 }
19
20 func mergeSort(a:Array<Int64>,low:Int64,high:Int64):Unit {
21     if (low<high){
22         let mid = (low+high)/2
23         mergeSort(a,low,mid)
24         mergeSort(a,mid+1,high)
25         merge(a,low,mid,high)
26     }
27 }
28
29 main(): Int64 {
30     var v = [8,4,2,9,5,3,1,7]
31     mergeSort(v,0,7)
32     print("Sorted: ${v}")
33     return 0
34 }
```

上述程序的执行结果为：

```
1  Sorted: [1, 2, 3, 4, 5, 7, 8, 9]
```

对上述程序的正确理解需要从相关函数的接口说起，如表 7-4 所示。

表 7-4 相关函数的接口

函 数	func mergeSort(a, low, high)
用 途	将数组 a 中从下标 low 至下标 high（含下标 high）的部分进行归并排序。在函数执行后，a[low ~ high] 递增有序。此处 a[low ~ high] 是对子问题范围的一个形象表达，其并不是合法的仓颉语言表达式。
函 数	func merge(a, low, mid, high)
用 途	将数组 a 中的两个有序子数组合并为一个整体有序的数组。其中，第 1 个有序子数组从下标 low 开始至下标 mid 结束，表示为 a[low ~ mid]；另 1 个有序子数组从下标 mid+1 开始至下标 high 结束，表示为 a[mid+1 ~ high]。该函数合并出来的有序数组应保存在 low 至 high 的下标区间内。函数执行前，a[low ~ mid] 和 a[mid+1 ~ high] 分别递增有序。函数执行后，a[low ~ high] 递增有序。

▷ **第 31 行：** 对数组 v[0 ~ 7] 进行归并排序，即对数组 v 中下标 0 至下标 7 的部分进行归并排序。

▷ **第 21 行：** 如果下标 low 小于 high，说明当前子问题至少有两个以上的元素，过于复杂，应进行分治；否则，当前子问题仅包含 1 个元素，天然有序，什么都不用做。

▷ **第 22 ~ 24 行：** 将子问题分解成规模差不多大的两个子问题 a[low ~ mid] 和 a[mid+1 ~ high]，然后分别递归调用 mergeSort 函数进行求解。在第 23 行、第 24 行的 mergeSort 函数执行后，a[low ~ mid] 和 a[mid+1 ~ high] 分别递增有序，对应着两个子问题的解。

▷ **第 25 行：** 执行 merge 函数将两个有序子数组 a[low ~ mid] 和 a[mid+1 ~ high] 合并至 a[low ~ high]。

接下来讨论 merge 函数的工作原理。将两个有序的子数组合并为一个整体有序的数组与幼儿园里小朋友排队的道理差不多。假设小一班和小二班的小朋友已经按照身高由低到高排好队了，你是幼儿园老师，需要将小一班和小二班的队列合并为按身高由低到高的单一队列，那么，你很容易得到下述算法：比较排头位的两位小朋友的身高，将其中较矮的小朋友"拉"到新的队列中去；重复上述过程直至两个队列的小朋友都被拉完为止。如果其中一个队列的小朋友提前被拉完，那么另一个队列的剩余小朋友依次拉入新队列即可。

▷ **第 4 行：** 计算待合并的元素总数 cnt。从下标 low 至下标 high，共有 high–low+1 个元素。

▷ **第 5 行：** 准备一个临时的数组 t，用于暂存有序的结果数组，其内有 cnt 个元素，全部元素初始化为 0。Array<Int64> 构造函数的工作原理必要时请回顾 3.11 节。

▷ **第 6 行：** 整数 i 赋值为左子数组的首元素下标 low，整数 j 赋值为右子数组的首元素下标 mid+1，整数 k 则为临时结果数组 t 的当前操作下标 0。此处使用了元组解构语法。

图 7-10 表示子数组 a[0~3] 和 a[4~7] 合并过程中的一个中间状态。下标 i 指向 4，说明左子数组中的 2 已经"拉"到了临时结果数组 t；下标 j 指向 5，说明右子数组中的 1 和 3 已经"拉"到了临时结果数组 t；下标 k 值为 3，说明 t[0~2] 中已包含了 3 个有序元素，接下来，程序将比较 i 所指向的 4 和 j 所指向的 5，其中的较小者将被复制到 t[k]。如果左子数组的元素 4 被复制，则 i 加 1；如果右子数组的元素 5 被复制，则 j 加

1，每复制一个元素，k 加 1。

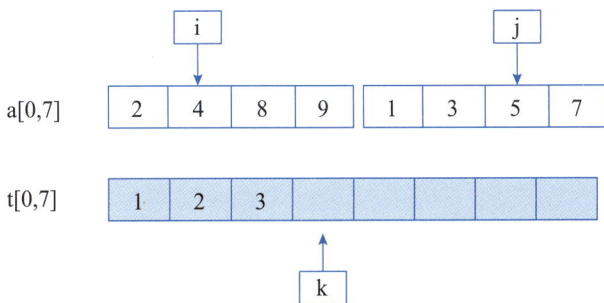

图 7-10 有序子数组的合并

▷ **第 7～14 行：**循环比较下标 i 和下标 j 所指向的两个子数组的当前待处理元素，将其中较小值复制到 t[k]。该循环一直持续到其中一个子数组"耗尽"为止。当 i>mid 时，说明左子数组耗尽；当 j>high 时，说明右子数组耗尽。

▷ **第 15、16 行：**前述循环结束后，左子数组或者右子数组可能还有剩余元素，依次复制到 t。

▷ **第 17 行：**将临时结果数组 t 的内容复制到 a[low～high]。cnt 为参与合并的元素个数，在循环过程中 k 的取值范围为 [0,cnt)。

上述工作完成后，a[low～high] 即为合并后的有序数组。

> **见微知著**
>
> 如 4.14 节所述，对于规模为 n 的排序问题，选择排序大约需要进行 n^2 次比较运算。而对于相同规模的问题，如果使用归并排序，则仅需约 $n\log_2 n$ 次比较运算即可实现。显然，后者的阶比前者低一个数量级，归并排序解决排序问题的效率远优于选择排序。读者可以试着计算一下 n = 1 000 000 时两种排序算法的计算量差异。
>
> 归并排序的计算复杂性分析稍显复杂，本书不作解释，读者可以在"算法分析"课程里学习到相关内容。

7.9　函数是一等公民

万物皆对象，函数也是对象。作为程序世界的一等公民，函数对象拥有与其他对象一样的地位：①有自己的类型；②可以赋值给变量；③可作为实参传递给其他函数；④可成为函数的返回值。

7.9.1　类型

```
1 func amount(quantity:Int64,price:Float64):Float64 {
```

```
2        return Float64(quantity)*price   // 金额 = 数量 × 单价
3    }
4
5    func hello() {
6        println("Hello World")            // 返回值类型为 Unit
7    }
```

上述代码中的 amount 和 hello 虽然都是函数对象，但二者接收不同数量和类型的参数，返回不同类型的值，二者的类型显然不能等同。

amount 函数对象的类型为 (Int64,Float64)->Float64，意为该函数接收 1 个 Int64 类型和 1 个 Float64 类型的形参，返回一个 Float64。

hello 函数对象的类型为 ()->Unit，意为该函数不接收任何参数，返回一个 Unit，即没有返回值。

函数类型的一般表达形式如下：

```
1    （形参 1 的类型，形参 2 的类型，…，形参 n 的类型）-> 返回值类型
```

7.9.2　作为变量值

函数对象可以赋值给相同类型的变量，请见下述示例。

```
1    package FunctionType
2    //amount 与 hello 函数定义见 7.9.1 节，此处略
3    main(): Int64 {
4        var hi1:()->Unit = hello
5        let hi2 = hello
6        hi1(); hi2()
7        var amt1:(Int64,Float64)->Float64 = amount
8        let amt2:(quantity:Int64,price:Float64)->Float64 = amt1
9        print("${amt1(3,1.5)},${amt2(30,1.2)}")
10       return 0
11   }
```

上述程序的执行结果为：

```
1    Hello World
2    Hello World
3    4.500000,36.000000
```

▷ **第 4 行：** 可变变量 hi1 的类型为 ()->Unit，与 hello 函数对象的类型相同。本行将 hello 赋值给 hi1。

▷ **第 5 行：** 不可变变量 hi2 的类型由编译器根据 hello 函数对象的类型推断而得，为 ()->Unit。

▷ **第6行：** 将变量 hi1 和 hi2 作为函数调用。由执行结果的第 1、2 行可见，两者事实上都执行了 hello 函数。

▷ **第7行：** 可变变量 amt1 的类型为 (Int64,Float64)->Float64，与 amount 函数对象的类型相同。本行将 amount 赋值给 amt1。

▷ **第8行：** 不可变变量 amt2 的类型为 (quantity:Int64,price:Float64)->Float64。在类型描述中给出形参名称只是为了增强程序的可读性，在本例中，amt2 和 amt1 的类型相同，故可以将 amt1 赋值给 amt2。在本行执行之后，amt1 和 amt2 事实上都"存储"着 amount 函数对象。

▷ **第9行：** 通过变量 amt1 和 amt2 执行函数。如执行结果的第 3 行所示，二者事实上都执行了 amount 函数，4.5 是 3 和 1.5 的积，36.0 是 30 和 1.2 的积。

7.9.3 作为实参 ▷

在 6.7 节中通过把 firmCompare 函数对象传递给 sort.sort 函数的方法，达到了将各只股票按总市值排序的目的。

下面再次以排序问题为例，讨论将函数对象作为函数实参的语法细节。下述程序使用选择排序算法分别按字母序和长度对字符串数组递增排序。

```
1  package FunctionAsParameter
2
3  func selectSort(s:Array<String>, biggerThan!:(String,String)->Bool){
4      let L = s.size
5      for (i in 0..L){
6          var m = i
7          for (j in i..L) {
8              if (biggerThan(s[m],s[j])) { m = j }
9          }
10         (s[i],s[m]) = (s[m],s[i])
11     }
12 }
13
14 func biggerThan1(s:String,t:String):Bool { return s > t }
15 func biggerThan2(s:String,t:String):Bool { return s.size > t.size }
16
17 main(): Int64 {
18     let v = ["Tom","Anna","Dorothy","Peter","Cinderella"]
19     selectSort(v,biggerThan:biggerThan1)
20     println("Sort alphabetically: ${v}")
21     selectSort(v,biggerThan:biggerThan2)
22     print("Sort by length: ${v}")
23     return 0
```

7

```
24  }
```

上述程序的执行结果为：

```
1  Sort alphabetically: [Anna, Cinderella, Dorothy, Peter, Tom]
2  Sort by length: [Tom, Anna, Peter, Dorothy, Cinderella]
```

▷ **第 3 ~ 12 行：** selectSort 函数使用选择排序算法对字符串数组 s 进行排序。算法细节请回顾 4.14 节。请读者留意两处细节：

- 命名参数 biggerThan 的类型为 (String,String)->Bool。这提示该形参预期为一个函数对象，该函数应比较两个 String 的大小，如果前者大于后者，返回真；否则返回假。
- 在第 8 行中，程序并没有直接通过 > 符号比较 s[m] 和 s[j] 的大小，而是调用 biggerThan 函数对象来完成比较。如果 s[m] 大于 s[j]，意即找到了更小的元素 s[j]，应将 j 赋值给 m。

▷ **第 14 行：** biggerThan1 函数直接使用 > 符号比较参数字符串 s 和 t，返回布尔值。根据 6.2.1 节的讨论，直接使用 > 进行字符串比较，是以字母序（Unicode 编码）为基础的。

▷ **第 15 行：** 与 biggerThan1 函数不同，biggerThan2 比较了 s.size（字符串 s 的长度）和 t.size，当且仅当字符串 s 的长度大于 t 时，返回真。

▷ **第 19 行：** 调用执行 selectSort 函数对数组 v 进行排序，同时将 biggerThan1 函数对象传递给命名形参 biggerThan。

▷ **第 20 行：** 打印排序结果。如执行结果的第 1 行所示，字符串数组依字母序递增有序。Anna 以 A 开头，排在首位。

▷ **第 21 行：** 再次执行 selectSort 函数对数组 v 进行排序，这次传递给 biggerThan 形参的是 biggerThan2 函数对象。

▷ **第 22 行：** 打印排序结果。如执行结果的第 2 行所示，字符串数组依长度（字符个数）递增有序。灰姑娘 Cinderella 最长，排末位。

> **⊙ 要点**
>
> 通过向 selectSort 函数提供不同的比较函数，可以实现不同的排序效果。这种做法有效简化了程序，"复用"了 selectSort 函数，从而避免编写两个版本的 selectSort 函数。

7.9.4 作为函数返回值 ▷

函数也可以返回一个函数对象作为返回值。为便于讨论，本着没有问题创造问题的原则，编写了下述示例。该示例从键盘读入两个整数及一个运算符号（+、-、*、/ 之一），然后根据运算符将两个整数相加、相减、相乘或相除，并输出计算结果。

```
1  package Computation
2  import std.convert
3
4  func add(a:Int64,b:Int64):Int64 { a+b }
5  func sub(a:Int64,b:Int64):Int64 { a-b }
6  func mul(a:Int64,b:Int64):Int64 { a*b }
7  func div(a:Int64,b:Int64):Int64 { a/b }
8
9  func getOperation(op:String) {
10     if (op=="+") {add} else if (op=="-") {sub}
11     else if (op=="*") {mul} else {div}
12 }
13
14 main(): Int64 {
15     print("请输入操作数 1:")
16     let a = Int64.parse(readln())
17     print("请输入操作符 (+-*/ 之一 ):")
18     let op = readln()
19     print("请输入操作数 2:")
20     let b = Int64.parse(readln())
21     let r = getOperation(op)(a,b)
22     print("计算结果 : ${r}")
23     return 0
24 }
```

上述程序的执行结果为（蓝字部分为操作者输入）：

```
1  请输入操作数 1:24              3  请输入操作数 2:8
2  请输入操作符 (+-*/ 之一 ):/     4  计算结果 : 3
```

▷ **第 4 行：** add 函数将整数 a、b 相加，然后返回。函数类型为 (Int64,Int64)->Int64。请读者注意函数体中的 a+b 事实上等价于 return a+b。

> 🖥 **说明**
>
> 在函数体中没有 return 表达式时，函数体中最后一个表达式的值自动成为函数的返回值。在 add 函数中，a+b 即为函数体中最后一个表达式。

▷ **第 5 ~ 7 行：** 定义了 sub（减）、mul（乘）和 div（除）函数。这 3 个函数的类型与 add 相同，均为 (Int64,Int64)->Int64。

▷ **第 9 ~ 12 行：** getOperation 函数视 op 参数的值返回 add、sub、mul 和 div 四者之一。同样地，第 10、11 行是一个条件表达式（见 3.1.3 节），在函数体内没有 return 语句的情况下，该表达式的值自动成为函数的返回值。

getOperation 函数未指明返回值类型。编译器根据 add、sub、mul 和 div 函数的类型自动推断出了 getOperation 函数的返回值类型，即 (Int64,Int64)->Int64。

▷ **第 15 ~ 20 行：** 依次从键盘读入整数 a、操作符 op、整数 b。

▷ **第 21 行：** 如图 7-11 所示，let r = getOperation(op)(a,b) 可以拆分成 3 步。

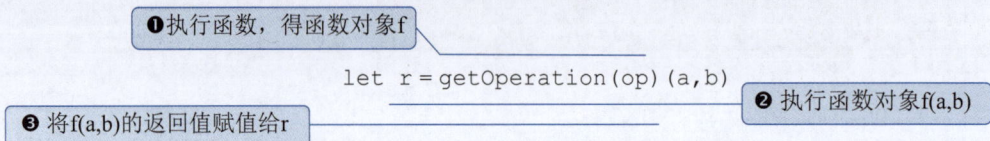

图 7-11　依次调用两个函数

首先执行 getOperation(op) 函数，该函数根据 op 字符串选择并返回一个临时的函数对象 f；然后以 a、b 为实参执行 f(a,b)；再将 f(a,b) 的返回值赋值给 r。

根据 getOperation 函数的定义，其返回的函数对象 f 只能是 add、sub、mul 和 div 四者之一。

▷ **第 22 行：** 打印计算结果。

根据程序的执行结果可以推测，当操作者依次输入 24、/、8 之后，getOperation 函数依据 op 字符串 "/" 返回了 div 函数对象。执行 div，将 24 和 8 相除，得结果 3。

读者可以再次运行程序，尝试输入 "3、+、2""5、*、8" 等内容，观察执行结果。

编程练习

练习 7-5（定积分求解）请编程实现下述 integrate 函数，并使用该函数计算下述定积分。

```
func integrate(f:(Float64)->Float64,
               a:Float64,b:Float64,N:Int64):Float64
```

$$\int_0^2 (1+x)dx, \qquad \int_{-1}^1 \frac{1}{1+4x^2}dx$$

其中，参数 f 预期为一个类型为 (Float64)->Float64 的函数对象，代表被积分的函数。积分计算宜采用如图 7-12 所示的梯形法，由 x=a、x=b、y=0 和 y=f(x) 围成的曲边四边形被分割成多个小梯形，这些小梯形的面积和即为定积分的值。a 为积分下界，b 为积分上界，N 为 x 细分数。

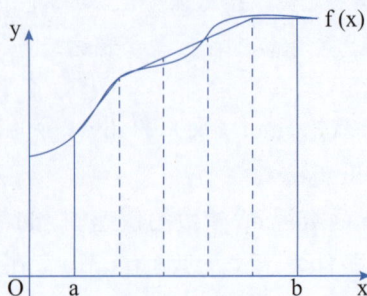

图 7-12　求定积分的梯形法示意图

7.10 匿名函数 /lambda 表达式

有的函数，如 7.9.3 节的 biggerThan1/biggerThan2 和 7.9.4 节的 add/sub 等，其功能和结构都十分简单，严肃正式地定义这些函数或许是不必要的。通过 lambda 表达式可以便捷地在"现场"临时定义匿名函数。

7.9.3 节示例 FunctionAsParameter 中的 biggerThan1 和 biggerThan2 函数可以使用匿名函数替代。修改后的程序如下：

```
1  package LambdaExample1
2  func selectSort(s:Array<String>, biggerThan!:(String,String)->Bool){
3      //…选择排序函数，代码同 7.9.3 节同名函数
4  }
5
6  main(): Int64 {
7      let v = ["Tom","Anna","Dorothy","Peter","Cinderella"]
8      selectSort(v,biggerThan:{s:String,t:String=>s>t})
9      println("Sort alphabetically: ${v}")
10     selectSort(v,biggerThan:{s,t=>s.size>t.size})
11     print("Sort by length: ${v}")
12     return 0
13 }
```

上述程序的执行结果为：

```
1  Sort alphabetically: [Anna, Cinderella, Dorothy, Peter, Tom]
2  Sort by length: [Tom, Anna, Peter, Dorothy, Cinderella]
```

▷ **第 8 行：**{s:String,t:String => s>t} 即为使用 lambda 表达式的匿名函数，其功能与 7.9.3 节的 biggerThan1 函数完全等同。

lambda 表达式的实质就是匿名的函数，麻雀虽小，但五脏俱全。图 7-13 简述了程序第 8 行中 lambda 表达式的语法结构，整个 labmda 表达式由一对 {} 包裹，"=>"之前为形参列表，之后为函数体。函数体可以包含多条仓颉语句，其内最后一个表达式的值自动成为函数返回值。编译器通过该返回值推断确定函数的返回值类型。

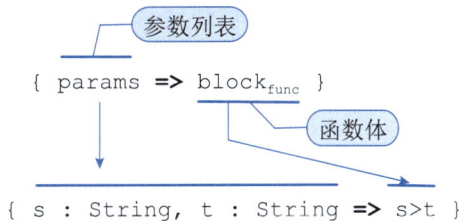

图 7-13 lambda 表达式的语法结构

在本例中，函数体仅包含一个表达式 s>t，编译器根据该表达式确定函数的返回值类型为 Bool。在 labmda 表达式中，如果形参的类型能够通过程序上下文确定，则参数类型可省略。

▷ **第 10 行：**{s,t => s.size>t.size} 也是使用 lambda 表达式的匿名函数，该函数比较 s 和 t

的长度，返回一个布尔型。

此处省略了形参 s 和 t 的类型。由于 selectSort 函数的形参 biggerThan 的类型为 (String,String)->Bool，编译器根据这一上下文推断确定了上述 lambda 表达式中 s 和 t 的类型为 String。

在本例中，两个匿名函数对象作为实参在调用过程中传递给了其他函数。上述程序的执行结果与 7.9.3 节中的原始程序完全相同，通过使用 lambda 表达式，程序的结构在保持功能不变的前提下得以简化。

当匿名函数的函数体包含多行代码时，将匿名函数作为实参填入函数调用的 () 里显得有些混乱。如下述示例所见，函数调用的左括号位于第 1 行，右括号却在第 6 行，这可能给程序阅读者带来阅读焦虑。

```
1  selectSort(v,biggerThan:            // 左括号在第 1 行
2      {   s,t =>
3          //…潜在的多行函数体代码
4          s.size>t.size
5      }
6  )                                    // 右括号在第 6 行
```

仓颉提供一种名为尾随 lambda 的语法糖，使得我们可以更整洁地向函数调用提供匿名函数。下述代码与前一示例完全等价。虽然匿名函数尾随在函数调用 selectSort(v) 之后，但编译器将其视为 selectSort 函数调用的第 2 个实参。

```
1  selectSort(v) {
2      //…潜在的多行函数体代码
3      s,t => s.size>t.size
4  }
```

类似地，7.9.4 节中的 add/sub/mul/div 函数也可以用 lambda 表达式替代。修改后的程序如下：

```
1   package LambdaExample2
2   import std.convert
3   func getOperation(op:String) {
4       let div = {a:Int64,b:Int64=>a/b}
5       if (op=="+") { {a:Int64,b:Int64=>a+b} }
6       else if (op=="-") { {a:Int64,b:Int64=>a-b} }
7       else if (op=="*") { {a:Int64,b:Int64=>a*b} }
8       else { div }
9   }
10
11  main(): Int64 {
```

```
12        print("请输入操作数 1:")
13        let a = Int64.parse(readln())
14        print("请输入操作符 (+-*/ 之一 ):")
15        let op = readln()
16        print("请输入操作数 2:")
17        let b = Int64.parse(readln())
18        let r = getOperation(op)(a,b)
19        print("计算结果 : ${r}")
20        return 0
21  }
```

上述程序的执行结果与 7.9.4 节完全相同，此处略。

▷ **第 4 行：** 使用 lambda 表达式的匿名函数也是函数，可以赋值给变量保存。

▷ **第 5~7 行：** 匿名函数置于条件表达式内，成为 getOperation 函数的返回值。

程序第 4 行中变量 div 的存在有些违和，这里引入 div 完全是出于教学目的，以便证明匿名函数对象也可以赋值给变量保存。

7.11 嵌套函数

在函数体内部定义的函数称为嵌套函数。

1914 年，从未接受过正规高等数学教育的印度天才数学家拉马努金发表了一个圆周率计算公式：

$$\frac{1}{\pi} = \frac{2\sqrt{2}}{9801} \sum_{k=0}^{\infty} \frac{(4k)!(1103 + 26390k)}{(k!)^4 396^{4k}}$$

这个无穷级数公式具有极高的收敛速度，每计算一项就可以得到 8 位的十进制精度。在下述程序中的 RamanujanPi(n) 函数用于计算圆周率，n 为迭代项数。请读者特别留意在 RamanujanPi 函数的函数体中嵌套的函数 factorial(x)，它用于求 x!。

```
1  package Ramanujan
2  import std.convert
3
4  func RamanujanPi(n:Int64) {
5      func factorial(x:Int64){
6          var r = 1
7          for (i in 1..=x) { r*=i }
8          return r
9      }
10
11     const coef = 2.0*(2.0**0.5)/9801.0     // 常量名为 coefficient 的缩写
```

```
12    var sigma = 0.0
13    for (k in 0..n) {
14        sigma +=
15            Float64(factorial(4*k)*(1103+26390*k)) /
16            (Float64(factorial(k)**4)*(396.0**(4*k)))
17    }
18    return 1.0/(coef*sigma)
19 }
20
21 main(): Int64 {
22    let pi = RamanujanPi(1)      //1 表示计算 1 项，若计算 2 项请改为 2
23    print(pi.format(".50"))
24    // print(factorial(10))      错误，factorial 函数不可见
25    return 0
26 }
```

上述程序的执行结果为（只计算 1 项，见第 22 行注释）：

```
1 3.14159273001330552332888146338518708944320678710938
```

上述程序的执行结果为（计算 2 项时，见第 22 行注释）：

```
1 3.14159265358979356008717331860680133104324340820312
```

▷ **第 5 ~ 9 行：** factorial(x) 用于计算 x!。该函数定义于 RamanujanPi 函数的函数体内，为嵌套函数。嵌套函数仅在其被定义的函数体内可用，除非被作为返回值返回给外部程序。

▷ **第 6 行：** 定义结果变量 r 并初始化为 1。

▷ **第 7 行：** 从 1 到 x（含）作循环，将每个循环变量与 r 相乘。循环结束后，r 即为 x!。
　　再次强调，函数的定义并不会导致函数的执行。当外部的 RamanujanPi 函数被执行时，第 5 ~ 9 行的 factorial 函数定义并不导致 factorial 函数的执行。只有当程序第 15、16 行调用 factorial 函数时，该函数才会被执行。

▷ **第 11 行：** 计算常量系数 coef，即公式中的 $\frac{2\sqrt{2}}{9801}$。coef 是英文 coefficient（系数）的缩写。由于该值可以在编译时求出，故将其定义为常量。

▷ **第 12 行：** Float64 类型变量 sigma 初始值为 0.0，预期用于存储圆周率计算公式中的和值部分，即

$$\sum_{k=0}^{\infty} \frac{(4k)!(1103+26390k)}{(k!)^4 396^{4k}}$$

▷ **第 13 ~ 17 行：** 从 0 到 n（不含）作 k 循环，依次计算无穷级数的前 n 项，并累加进 sigma。

▷ **第15行：** 对应于圆周率计算公式中迭代项的分子部分，即 $(4k)!(1103 + 26390k)$。在该行中执行了 factorial(4*k) 以计算 $(4k)!$。由于整数与整数相除只能得到整数，而这里的每一个迭代项预期均为一个浮点数，故使用 Float64 函数将计算结果转换成 Float64 类型。

▷ **第16行：** 对应于圆周率计算公式中迭代项的分母部分，即 $(k!)^4 396^{4k}$。基于类似理由，将计算结果转换成了 Float64 类型。

分子除以分母即为迭代项，在第 14 行将迭代项累加入 sigma。

▷ **第18行：** 将系数与和值部分相乘，再取倒数，即为圆周率 π。

▷ **第22行：** RamanujanPi(1) 函数只计算圆周率计算公式的前 1 项，并据此估算 π 并返回。

▷ **第23行：** 打印 π 的估算值，精确到小数点后 50 位。

▷ **第24行：** 在 RamanujanPi 函数内部的嵌套函数 factorial 在此处不可见。

如执行结果所示，当只计算 1 项时，估算圆周率中有 8 位（蓝字，考虑了四舍五入）是准确的；当计算 2 项时，前 16 位都是正确的。

🖼 **注意** ▪

对于本程序而言，不断增加计算项数并不能无限增加 π 的计算精度。Float64 仅用 64 比特来存储一个浮点数，其储值和计算均有误差。如果要使用圆周率计算公式计算前 100 万位的 π，需要使用特殊的数据结构和数值计算方法。

⚠ 知所以然

家里的爷爷奶奶多半不喜欢带机顶盒的智能电视。对他们而言，智能电视的操作界面过于复杂。一台好用的机器应该提供一个简洁的易于使用的接口（interface），而把那些复杂的内部实现（implementation）隐藏起来。程序亦如此。

逻辑上，用 factorial 函数求阶乘只是使用圆周率计算公式求圆周率的一个计算步骤，属于内部实现。在上述示例中，如果把 factorial 函数定义为 RamanujanPi 的同级函数而不是嵌套函数，就相当于把 RamanujanPi 函数的内部实现暴露给外部程序，同时还增加了 RamanujanPi 函数对外部程序（即同级的 factorial 函数）的依赖。这不符合上述方法论。

7.12　闭包 *

闭包（closure）指一个被返回给外部程序的嵌套函数及其捕获的环境变量。看不懂这个定义再正常不过。接下来那些看起来与闭包主题无关的前奏，对于读者真正理解闭包至关重要。

下面通过举例来说明为什么需要闭包。

在 4.6 节中使用过 std.random 包来获取随机数。事实上，std.random 提供的是伪随机数，即从种子（浮点数）出发，经过迭代计算生成一系列的随机数。如图 7-14 所示，生成函数接收前一轮生成的随机数作为输入，经过计算后返回一个新的随机数，这个新的随机数又成为下一个生成函数的输入。

图 7-14 伪随机数的迭代生成

在实践中有很多种不同的生成函数可供选用。下述生成函数是其中较简单的一种，它接收一个浮点数类型的随机数 x 作为输入，计算并产生新的随机数 y。

$$y = 4x(1-x)$$

依据这一公式，编写了下述随机数生成函数 simpleRandom 及其测试代码。

```
1  package SimpleRandom              9   main(): Int64 {
2                                    10      var r = 0.3
3  func simpleRandom(x:Float64) {    11      for (_ in 0..10) {
4      let y = 4.0 * x * (1.0 - x)   12          r = simpleRandom(r)
5      return y                      13          print("${r}, ")
6  }                                 14      }
7                                    15      return 0
8                                    16  }
```

上述程序的执行结果为：

```
0.840000, 0.537600, 0.994345, 0.022492, 0.087945, 0.320844, 0.871612,
0.447617, 0.989024, 0.043422,
```

▷ **第3～6行：** 生成函数 simpleRandom，它接收 Float64 类型的随机数 x，依公式计算并返回新的随机数 y。

▷ **第10行：** 初始化随机数种子（seed）为 0.3。

▷ **第11～14行：** for 循环 10 次，使用当前 r 值作为实参，执行 simpleRandom，返回值再赋值给 r。每次执行 simeRandom 结束，r 即为新生成的随机数。

🎯 **要点** ▶

请读者留意第 11 行的循环变量名称，这里没有使用惯用的 i、x，而是使用了通配符 "_" 作变量名。在第 11 行的 for 循环的循环体中，循环变量预期不被使用，用通配符作循环变量名可以避免编译器发出未被使用的变量（unused variable）的警告。读者可以把循环变量名修改为惯用的 i，运行并观察编译器发出的上述警告信息。

如执行结果所示，从随机数种子 0.3 出发，确实得到了 10 个看起来没有什么规律的随机数，其值均小于 1。

读者或许已经隐约感觉到上述 simpleRandom 函数使用不便：每次计算下一个随机数时，函数使用者都必须向该函数提供上一个随机数作为输入。而函数使用者更期待另外一种更容易的使用模式：①使用随机数种子初始化一个随机数生成对象；②当需要使用随机数时直接向该对象索取即可，而不必向其提供前一个随机数。

> ⚓ **见微知著** ▪
>
> 　　造成上述不便的根本原因在于函数不能在多次调用之间保持记忆或者状态。如 7.5 节所述，函数体本身是一个块，函数形参及函数体内定义的变量都具有局部作用域。在函数运行结束后，这些形参和内部变量便烟消云散了。
>
> 　　因此，每次执行的 simpleRandom 函数都是一个崭新的函数，它不拥有前世记忆，不记得最近算过的前一个随机数是多少。只能通过参数告诉它前一个随机数。

⚠ 解决之道

　　闭包机制可以让函数对象保有状态，记住曾经的过往。对于函数 simpleRandom，期望它至少能记住其最近生成的随机数。在下述程序中，simpleRandom 函数的返回值是其内部函数对象 next。这个被返回的函数对象 next，能记住它最近生成的随机数。

```
1  package RandomGenerator
2  class Memory { Memory(var prior:Float64){ } }
3
4  func simpleRandom(seed!:Float64):()->Float64 {
5      let memory = Memory(seed)
6      func next():Float64{
7          let x = memory.prior
8          let y = 4.0*x*(1.0-x)
9          memory.prior = y
10         return y
11     }
12     return next
13 }
14
15 main(): Int64 {
16     let rand1 = simpleRandom(seed:0.3)
17     print("Seed 0.3: ")
18     for (_ in 0..10) {print("${rand1()}, ")}
19
20     let rand2 = simpleRandom(seed:0.4)
```

```
21      print("\nSeed 0.4: ")
22      for (_ in 0..10) {print("${rand2()}, ")}
23
24      return 0
25  }
```

上述程序的执行结果为：

```
1  Seed 0.3: 0.840000, 0.537600, 0.994345, 0.022492, 0.087945, 0.320844,
   0.871612, 0.447617, 0.989024, 0.043422,
2  Seed 0.4: 0.960000, 0.153600, 0.520028, 0.998395, 0.006408, 0.025467,
   0.099273, 0.357670, 0.918969, 0.297860,
```

下面对照图 7-15 来解释闭包的工作原理。

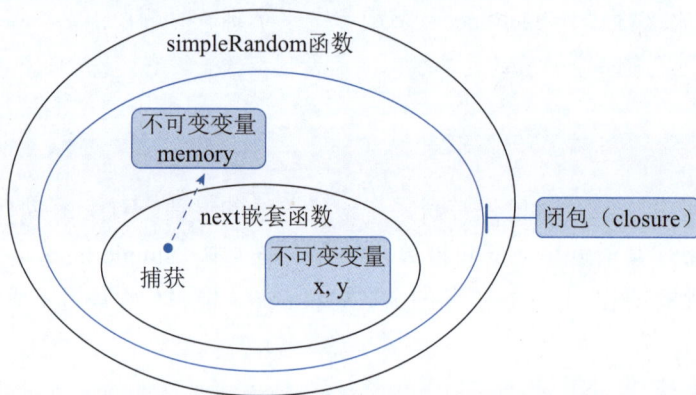

图 7-15　闭包示意图

▷ **第 4 ~ 13 行：** 函数 simpleRandom 接收随机数种子（seed）作为参数，预期返回一个类型为 ()->Float64 的函数对象，这个返回的函数对象没有参数，返回值类型为 Float64。

▷ **第 6 ~ 11 行：** 函数 next 定义于函数 simpleRandom（第 4 ~ 13 行）的函数体内，系嵌套函数。

▷ **第 2 行：** Memory 为自定义类型，通过主构造函数（参见 5.3 节）为其添加了一个名为 prior 的成员变量，在本程序中该变量预期用于存储最近计算的随机数。

▷ **第 5 行：** 不可变变量 memory 系 simpleRandom 函数的局部变量，它位于函数 next 的外面，属于函数 next 所处环境的组成部分。

使用形参 seed（随机数种子）初始化 memory。在本行执行后，memory.prior 等于 seed。本程序中使用到的 Memomry 类型及 memory 对象如图 7-16 所示。

图 7-16　memory 对象及其类型

▷ **第7、9行：**函数 next 的函数体使用了其所处环境中的不可变变量 memory，从而捕获了该变量。

▷ **第12行：**返回嵌套函数对象 next。

> 🎯 **要点** ▪

　　由于嵌套函数对象 next 捕获了其所处环境中的变量 memory，自动成为一个闭包（closure）。变量 memory 事实上成为闭包函数对象 next 的成员，并伴随闭包 next 的全生命周期。在闭包函数对象 next 被执行时，它可以把变量 memory 当成记事本，用于在多次函数调用之间保存记忆／状态。

▷ **第6～11行：**闭包函数对象 next 预期被设计用于根据记忆中的前一个随机数计算生成下一个随机数，并将生成的随机数保存于记忆中。其中第 7 行从 memomry.prior 取得前一个随机数 x；第 8 行应用公式 y=4x(1-x) 计算得到新随机数 y；第 9 行将新随机数 y 保存至 memory.prior；第 10 行则返回 y。

▷ **第16、20行：**分别以随机数种子 0.3 和 0.4 为参数调用执行 simpleRandom 函数，得闭包对象 rand1 和 rand2。如图 7-17 所示，rand1 和 rand2 分别是两次 simpleRandom 函数调用的返回值，它们拥有各自独立的记忆（memory），两者互不相关。

▷ **第18行：**使用循环连续 10 次执行闭包函数对象 rand1，得到并打印 10 个随机数。

▷ **第22行：**使用循环连续 10 次执行闭包函数对象 rand2，得到并打印 10 个随机数。

　　请读者留意上述循环也使用了通用配"_"来避免编译器警告。

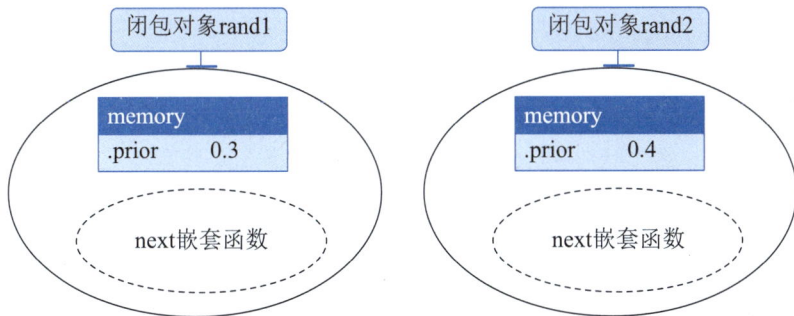

图 7-17　闭包对象的结构

　　如执行结果所示，rand1 从随机数种子 0.3 出发，rand2 从随机数种子 0.4 出发，各自独立生成了多个看不出任何规律的随机数。

> 🎯 **要点** ▪

　　借助闭包特性，上述 rand1 或者 rand2 函数对象向使用者提供了一个更易于使用的简洁的接口。当需要一个新的随机数时，直接执行 rand1() 或者 rand2() 即可，而无须向其提供前一个随机数作为输入。

⚠ **精益求精**

有的读者或许已经对前述程序中 Memory 类型存在的必要性提出了质疑。他们认为，如图 7-18 所示，直接使用可变变量 prior 而不是 Memory 类型的不可变变量 memory 来保存函数记忆更为简洁。

```
3   func simpleRandom(seed!:Float64):()->Float64 {
4       var prior:Float64 = seed
5       func next():Float64{
6           prior = 4.0*prior*(1.0-prior)
7           return prior
8       }
9       return next    //编译器报错：捕获可变变量的函数只能被直接调用
10  }
```

图 7-18　捕获可变变量的嵌套函数不再是一等公民

遗憾的是，仓颉只允许捕获不可变变量（使用 let 定义）的嵌套函数成为闭包。当嵌套函数捕获了可变变量（使用 var 定义）时，它便不再是一等公民，只能被直接调用，不允许作为表达式的值，也不可以作为函数的返回值。

所以，在本例中不得不定义一个自定义的 Memory 类型，并通过 memory 对象的 prior 成员变量来保存记忆。

事实上，前述示例中的嵌套函数 next 的逻辑十分简洁，可以使用匿名函数替代之。如下述代码所示。

```
1   package BetterRandom
2
3   class Memory{ Memory(var prior:Float64){ } }
4   func simpleRandom(seed!:Float64):()->Float64 {
5       let memory = Memory(seed)
6       return {=>let x = memory.prior;
7               memory.prior = 4.0*x*(1.0-x);
8               memory.prior}
9   }
10
11  main(): Int64 {
12      print("Seed 0.3: ")
13      let rand1 = simpleRandom(seed:0.3)
14      for (_ in 0..10) {print("${rand1()}, ")}
15      return 0
16  }
```

▷ **第 6 ～ 9 行：** 由 {} 包裹的 lambda 表达式为一个匿名函数，该函数不接收任何参数，函数体内包含 3 条指令，其中最后一条为表达式，其值自动成为函数的返回值。

这个被返回的嵌套匿名函数对象捕获了外部环境中的不可变变量 memory，它是一个闭包。

斐波那契
闭包版

📖 **编程练习**

练习 7-6（斐波那契闭包版）请使用闭包方法改造 7.4 节中的斐波那契数列计算函数。
该函数生成的闭包应能保持相关记忆，能被反复调用并不断生成斐波那契数列的下
一项。

7.13　操作符重载 *

对于自定义类型，编译器并不知道如何进行对象间的加、减，也不知道如何进行
对象间的大小比较。通过操作符重载，可以"教会"编译器实现上述操作。本节以加法
（+）操作符、取反（-）操作符和索引（[]）操作符为例，讨论对自定义类型进行操作
符重载的方法。

7.13.1　加法（+）操作符 ▶

为讲解方便，作者设计了如下的复数类型。该复数类型包含两个成员对象：real（实
部）及 image（虚部）。在数学上，复数的加法就是实部加实部、虚部加虚部。在仓颉
里，作为代码"介绍"给编译器的新类型，编译器并不知道如何把两个复数相加。

```
1  package ClassComplex
2  import std.convert
3
4  class Complex {
5      Complex(var real:Float64, var image:Float64) { }
6
7      func add(r:Complex):Complex {
8          let newReal = real + r.real
9          let newImage = image + r.image
10         return Complex(newReal,newImage)
11     }
12
13     func toString():String {
14         "${real.format(<.2>)} + ${image.format(<.2>)}i"
15     }
16 }
17
18 main(): Int64 {
19     let a = Complex(1.0,3.0); let b = Complex(2.0,4.0)
20     let c = a.add(b)
21     print("a + b = ${c.toString()}")
22     return 0
```

7

```
23 }
```

上述程序的执行结果为：

```
1 a + b = 3.00 + 7.00i
```

▷ **第5行：** 使用主构造函数为 Complex 类型添加了 real（实部）和 image（虚部）两个成员变量。

▷ **第7～11行：** 为了解决复数间加法运算的问题，上述代码为 Complex 类型设计了一个 add 成员函数，a.add(b) 将复数 a 与 b 相加，返回一个结果复数。

▷ **第8行：** 将被执行 add 成员函数的复数对象的实部加上形参 r 的实部，得结果复数的实部。

▷ **第9行：** 以类似方法得到结果复数的虚部。

▷ **第10行：** 构造一个新的复数对象，并返回。由于自定义 class 属于引用类型，这里事实上返回的只是新复数对象的引用。

▷ **第13～15行：** 成员函数 toString 生成并返回复数对象的字符串表达形式。

▷ **第20行：** a.add(b) 以复数对象 b 为实参，调用执行复数对象 a 的 add 成员函数，得到 a+b 的和并赋值给 c。

▷ **第21行：** 打印计算结果。如执行结果所示，加法计算准确无误。

但复数类的使用者更喜欢使用下述格式来进行复数的加法运算：

```
1 c = a + b
```

这可以通过重载 + 号操作符来实现，即为 Complex 类定义一个 operator+ 函数，相关代码如下。

```
1  package ComplexAdd
2  import std.convert
3
4  class Complex {
5      //…主构造，toString 成员函数定义同前例
6      operator func +(r:Complex):Complex {
7          println("Complex, operator+")
8          return Complex(real+r.real,image+r.image)
9      }
10 }
11
12 main(): Int64 {
13     let a = Complex(1.0,3.0); let b = Complex(2.0,4.0)
14     let c = a + b        // 以 b 为实参执行 a 对象的 operator+ 成员函数
15     print("a + b = ${c.toString()}")
16     return 0
```

```
17 }
```

上述程序的执行结果为：

```
1 Complex, operator+
2 a + b = 3.00 + 7.00i
```

▷ **第6～9行：** 为 Complex 类型定义名为 operator+ 的操作符重载函数。

图 7-19 展示了这个操作符重载函数的结构。如图所示，操作符重载函数通常定义为类型的成员函数，与其他成员函数不同，操作符重载函数的定义以 operator 关键字开头，且函数名为被重载的操作符（本例中为 +）。

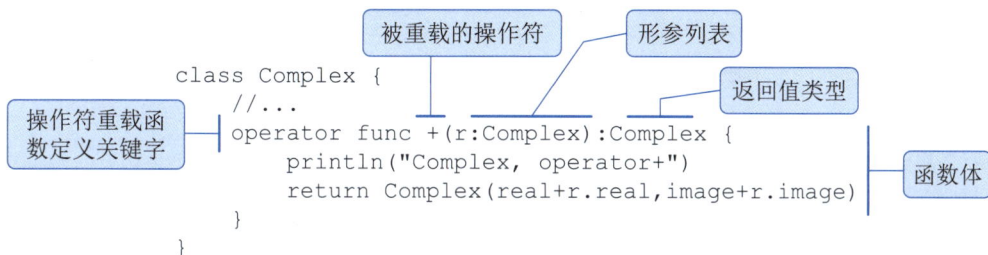

图 7-19 操作符重载函数的定义格式

> **◎ 要点**
>
> +号操作符是所谓**二元操作符**（binary operator），其典型语法格式为 a + b，它应该有两个**操作数**（operand）。作为成员函数的 operator+ 的执行，必然是以某个对象为基础的，被执行该成员函数的对象被视为**左操作数**，即典型语法格式中的 a。因此，operator+ 的形参只要定义**右操作数**即可。在本例中 r 即为右操作数。

▷ **第7行：** 向屏幕输出一行文字，提示函数的执行。

▷ **第14行：** c = a + b 被编译器解释为以 b 为实参执行 a 对象的 operator+ 成员函数，返回的新复数被 c 吸收。

如果 Complex 类型不存在上述 operator+ 成员函数，本行代码将不被编译器接收。因为编译器并不知道如何将复数对象 a 与 b 相加。

执行结果的第 1 行证实，a + b 事实上执行的是 a 对象的 operator+ 成员函数。执行结果的第 2 行证实，复数的加法计算准确无误。

类似地，减（-）、乘（*）、除（/）等二元操作符也可以使用类似的方法进行重载。

> **🖳 说明**
>
> 操作符重载本质上也是语法糖，因为操作符重载函数本质上就是类型的成员函数，其工作通过普通成员函数也可以完成。

同普通函数一样，操作符函数也可以根据形参的类型和个数进行重载。在下述示例中为 Complex 类型设计了两个参数类型不同的 operator+ 函数，使得复数 a 既可以与另一个复数相加，也可以与另一个浮点数相加。请见下述示例。

```
1  package ComplexAdd2
2  import std.convert
3
4  class Complex {
5      //… 主构造，toString 成员函数同前例
6      operator func +(r:Complex):Complex {
7          println("Complex, operator+(Complex)")
8          return Complex(real+r.real,image+r.image)
9      }
10
11     operator func +(r:Float64):Complex {
12         println("Complex, operator+(Float64)")
13         return Complex(real+r,image)    // 浮点数加入实部，虚部不变
14     }
15 }
16
17 main(): Int64 {
18     let a = Complex(1.0,3.0); let b = Complex(2.0,4.0)
19     let c = a + b
20     println("a + b = ${c.toString()}")
21     let d = c + 6.6
22     print("c + 6.6 = ${d.toString()}")
23     return 0
24 }
```

上述程序的执行结果为：

```
1  Complex, operator+(Complex)       3  Complex, operator+(Float64)
2  a + b = 3.00 + 7.00i              4  c + 6.6 = 9.60 + 7.00i
```

▷ **第 6 ~ 9 行：** operator+ 成员函数，形参 r 的类型为 Complex。

▷ **第 11 ~ 14 行：** 重载的 operator+ 成员函数，形参 r 的类型为 Float64。

数学上，浮点数是复数的特例，在进行加法计算时，可以将浮点数 r 视为 r + 0i 的复数对象。

▷ **第 19 行：** 计算 a + b 时，由于 b 是 Complex 类型，编译器经过匹配，选择执行 a 对象的 operator+(Complex)（定义于第 6~9 行）成员函数。执行结果的第 1 行证实了这一结论。

▷ **第 21 行：** 计算 c + 6.6 时，由于 6.6 是 Float64 类型，编译器经过匹配，选择执行 c 对象的 operator+(Float64)（定义于第 11~14 行）成员函数。执行结果的第 3 行证实了这一结论。

7.13.2 取反(-)操作符

与加、减、乘、除等二元操作符不同,取反(Negative,-)为一元操作符(unary operator),它只需要一个操作数。

对于复数 a,对 a 取反(即 -a),将得到一个新复数,其实部和虚部皆为 a 的实部/虚部的相反数。取反操作符的重载实现请见下述示例。

```
1  package ComplexNegative
2  import std.convert
3
4  class Complex {
5      //… 主构造,toString 函数同前例
6      operator func -():Complex {           // 一元操作符,形参列表空
7          return Complex(-real,-image)      // 实部、虚部均取反
8      }
9  }
10
11 main(): Int64 {
12     let a = Complex(7.0,-8.0)
13     let b = -a
14     print("${a.toString()} 的相反数 = ${b.toString()}")
15     return 0
16 }
```

上述程序的执行结果为:

```
1  7.00 + -8.00i 的相反数 = -7.00 + 8.00i
```

▷ **第 6～8 行:** Complex 类型的取负(-)操作符重载函数。

作为成员函数,operator- 操作符重载函数必须是以某个具体的 Complex 对象为基础执行,该对象即为该操作符的操作数。作为一元操作符,取负只需要一个操作数,故本函数的形参列表为空。复数的相反数仍为复数,故返回值类型为 Complex。

▷ **第 7 行:** real 和 image 都是 Float64 类型,编译器知道如何对其取反。故直接使用 -real,-image 对实部和虚部取反。

▷ **第 13 行:** -a 事实上调用执行了 a 对象的 operator- 操作符重载函数,该函数返回的复数对象被 b 所吸收。

执行结果证实,对复数 a 的取反操作正确无误。

7.13.3 索引([ ])操作符

对于数组对象 a,可以通过索引([ ])访问其指定下标的元素。对于自定义类型,通过重载 operator[ ] 操作符函数,也可使其拥有类似的能力。

在一个股票交易软件中，通过股票代码查询股票信息是常规操作。通过重载 operator[ ]，下述程序简化了这一查询过程。

```
 1  package IndexOverloading
 2  import std.convert
 3
 4  class Stock {
 5      Stock(let code:String, let name:String,
 6            var price:Float64, var value:Float64) { }   // 主构造函数
 7      func toString():String {
 8      "${code},${name},${price.format('.2')}元,${value.format('.2')}亿"
 9      }
10  }
11
12  class Stocks {
13      Stocks(let data:Array<Stock>) { }
14      operator func [](code:String):?Stock {
15          println("1号操作符重载函数 operator[] 执行 .")
16          for (x in data) {
17              if (x.code == code) { return Some(x) }
18          }
19          return None
20      }
21  }
22
23  main(): Int64 {
24      let stocks = Stocks (
25          [    Stock('601857','中国石油',9.02,    16500.0),
26               Stock('601288','农业银行',5.17,    18100.0),
27               Stock('601398','工商银行',6.75,    24100.0),
28               Stock('600519','贵州茅台',1431.69,18000.0)    ]
29      )
30      let t = stocks["600519"]        // 通过股票代码查询股票信息
31      if (t.isSome()) {
32          print(t.getOrThrow().toString())
33      }
34      // stocks["601288"] = Stock("999999","某某矿业",9.9,999.9)  语法错误
35      return 0
36  }
```

上述程序的执行结果为：

```
 1  1号操作符重载函数 operator[] 执行 .
```

2 | 600519,贵州茅台,1431.69元,18000.00亿

▷ **第4~10行：** 股票类 Stock 通过主构造函数添加了 4 个成员变量，依次为股票代码（code）、股票简称（name）、股票价格（price）、总市值（value，亿元）。

类似地，编写了 toString 成员函数将股票信息转换成字符串。

▷ **第12~21行：** 股票信息类 Stocks（注意是复数）通过主构造函数添加了成员变量 data，其类型为 Array<Stock>。各支股票信息均存储在该数组中。

▷ **第14~20行：** Stocks 类型的 1 号操作符重载函数 operator[ ]。该函数的结构见图 7-20。

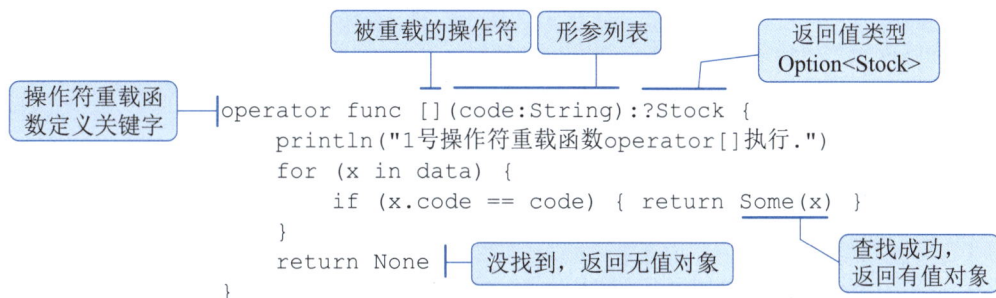

图 7-20　1 号 operator[ ] 函数的结构

程序第 30 行的 stocks["600519"] 将转换为对 1 号 operator[ ] 函数的调用。其中，stocks 是被执行这个成员函数的对象，"600519" 则对应形参 code。

用指定的股票代码查询股票，预期应返回 Stock 类型的对象。但考虑到查找可能以找不到告终，如图 7-20 所示，将 operator[ ] 函数的返回值类型设定为 ?Stock。此处的 ?Stock 为语法糖，系 Option<Stock> 的简写形式（见 6.6 节）。

如果在遍历 data 的过程中匹配到了指定的股票代码，则返回有值对象 Some(x)（第 17 行）。如果未能在 data 中找到指定的股票代码，则返回无值对象 None（第 19 行）。

▷ **第24~29行：** 使用 Stocks 构造函数构造对象 stocks。注意第 25~28 行的字面量为一个 Array<Stock>，其内包含 4 个 Stock 对象。通过 Stocks 的主构造函数，这个形参被赋值给了 Stocks 类型的成员变量 data。

▷ **第30行：** 如前所述，stocks["600519"] 以 "600519" 为形参调用执行了 stocks 对象的 1 号 operator[ ] 函数。该函数返回一个 Option<Stock>，被 t 所吸收。执行结果的第 1 行证实，1 号 operator[ ] 函数确实被执行了。

> **注意**
>
> 通常意义上的索引，如数组内元素的下标，都是 **Int64** 类型的整数。而此处 1 号 operator[ ] 函数所使用的索引（code）却是字符串类型。

▷ **第31~33行：** 当 t 有值时，t.isSome() 为真，通过 t.getOrThrow 函数获取 t 内的

Stock 对象，然后执行其 toString 函数，将其打印在屏幕上。执行结果的第 2 行证实，1 号 operator[] 函数成功地根据股票代码 "600519" 找到并返回了股票信息。

▷ **第 34 行：** 如注释所示，这行代码当前是错误的。

> 🖳 **说明** ◂
>
> 　如图 7-21 所示，当包含索引操作符的表达式出现在等号操作符的右侧或左侧时，其用途是不同的。当索引表达式作为等号右值时，其用于取值，此时使用 1 号 operator[] 函数是恰当的。当索引表达式作为等号左值时，其用于赋值。本程序中的 1 号 operator[] 函数是按取值形式设计的，为了赋值，还需要设计赋值形式的 2 号 operator[] 函数。

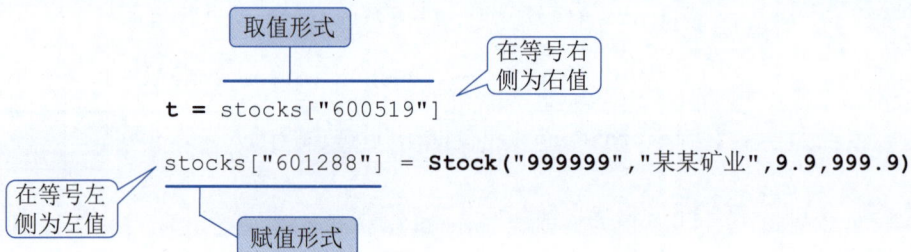

图 7-21　索引操作符的取值形式和赋值形式

请见下述示例。

```
1  package IndexOverloading2
2  import std.convert
3  //… Stock 类型定义，同前例
4  class Stocks {
5      //… 主构造函数，1 号 operator[ ] 函数，同前例
6      operator func [](code:String,value!:Stock):Unit {
7          println("2 号操作符重载函数 operator[] 执行 .")
8          println("code = ${code}, value = ${value.toString()}")
9          for (i in 0..data.size){
10             if (data[i].code == code) {
11                 data[i] = value
12                 break
13             }
14         }
15     }
16 }
17
18 main(): Int64 {
```

```
19    //let stocks = … 同前例
20    stocks["601288"] = Stock("999999"," 某某矿业 ",9.9,999.9)
21    let t = stocks["999999"]
22    if (t.isSome()) {
23        print(t.getOrThrow().toString())
24    }
25    return 0
26 }
```

上述程序的执行结果为：

```
1  2 号操作符重载函数 operator[] 执行 .
2  code = 601288, value = 999999, 某某矿业 ,9.90 元 ,999.90 亿
3  1 号操作符重载函数 operator[] 执行 .
4  999999, 某某矿业 ,9.90 元 ,999.90 亿
```

▷ **第 6 ~ 15 行：** 取值形式的 2 号 operator[] 函数。其结构见图 7-22。

图 7-22　2 号 operator[] 函数

如图 7-22 所示，赋值形式的 2 号 operator[] 函数有两个形参：code 用于索引，而命名参数 value 则对应赋值操作的右值对象。在本例中，对于程序第 20 行的赋值操作，[ ] 内的 "601288" 传值给了 2 号函数的 code，赋值操作的右值对象 Stock("999999"," 某某矿业 ",9.9,999.9) 则传值给了命名参数 value。执行结果的第 2 行证实了这一结论。

> ⊙ **要点** ◂━━
>
> 　　赋值形式的 operator [ ] 函数有且只能有一个命名参数，代表赋值操作的右值。此处的命名参数只是形式上的，在函数被调用时无须如通常意义上的命名参数那般给出参数名。
>
> 　　同时，赋值形式的 operator [ ] 函数的返回值类型必须是 Unit，因为一个赋值操作，预期不应返回任何值。

▷ **第 7 ~ 8 行:** 打印 2 号 operator[] 函数执行的信息，以及形参 code 和 value 的值。

▷ **第 9 ~ 14 行:** 以下标遍历 data 数组，检查每个对象的 code，如果与形参 code 一致，赋值替换该对象。

▷ **第 20 行:** 将 stocks["601288"] 赋值为一个新的 Stock 对象。如图 7-22 所示，本行代码被编译器转换成对赋值形式的 2 号 operator[] 函数的调用。在执行结果的第 1 行可见 2 号函数被执行的信息。

▷ **第 21 行:** 执行取值形式的 1 号 operator[] 函数，获取股票代码为 "999999" 的 Option<Stock> 对象 t。执行结果的第 3 行证实 1 号 operator[] 函数被执行。

▷ **第 22 ~ 24 行:** 如果 t 有值，获取并打印其内的 Stock 对象。执行结果的第 4 行证实，第 20 行通过 2 号 operator[] 函数进行的赋值正确无误。

⚠ 精益求精

operator[] 函数还可以接收多个索引值。下述程序中的 3 号函数为取值形式的 operator [] 函数，该函数接收 code 和 item 两个形参，意味着对应的 [] 操作符内可以接收两个字符串类型的索引。

```
1  package IndexOverloading3
2  import std.convert
3  //… Stock 类型，同前例
4  class Stocks {
5      //… 主构造，1 号及 2 号 operator[ ] 函数，同前例
6      operator func [](code:String,item:String):?Float64 {
7          println("3 号操作符重载函数 operator[] 执行 .")
8          for (x in data){
9              if (x.code == code) {
10                 match (item) {
11                     case "price"=> return x.price
12                     case "value"=> return x.value
13                     case _ => return None
14                 }
15             }
16         }
17         return None
18     }
19 }
20
21 main(): Int64 {
22     //let stocks = …  同前例
23     let r = stocks["600519","price"]
24     if (r.isSome()) {
```

```
25          print("600519 股价 :${r.getOrThrow()}")
26      }
27      return 0
28  }
```

上述程序的执行结果为：

```
1  3 号操作符重载函数 operator[] 执行 .
2  600519 股价 :1431.690000
```

图 7-23 展示了程序第 23 行 [] 内的两个索引值与 3 号 operator[] 函数形参之间的对应关系。如图所示，"600519" 传值给了 code，"price" 传值给了 item。函数的返回值类型为 Option<Float64>。

```
let r = stocks["600519","price"]


operator func [](code:String,item:String):?Float64 { ... }
```

图 7-23 3 号 operator[] 函数

▷ **第 8 ~ 16 行:** for 循环遍历 data 数组，查找指定股票代码的 Stock 对象。找到后，再根据 item 返回 Stock 对象 x 的对应成员变量。

▷ **第 10 ~ 14 行:** 使用 match 表达式对 item 进行模式匹配（参见 6.5.2 节）。当 item 为 "price" 时，返回股价 x.price；当 item 为 "value" 时，返回总市值 x.value。第 13 行的 "_" 为通配符，代表 item 既不是 "price"，也不是 "value" 的剩余所有情况，返回无值对象 None。

▷ **第 17 行:** 如果没有找到指定股票代码的 Stock 对象，也返回无值对象 None。

▷ **第 23 行:** 通过 [] 操作符查询 600519 的股价。如前所述，该行被转换为对 3 号 operator[] 函数的调用。执行结果的第 1 行可见 3 号 operator [] 函数的执行信息。不难看出，如果要查询 600519 的总市值，应使用表达式 stocks["600519","value"]。

▷ **第 24 ~ 26 行:** 如果 r 有值，获取并打印其值。如执行结果的第 2 行所示，3 号 operator[] 函数正确查询并返回了 600519 的股价。

3 号 operator[] 函数是取值形式的，对应的赋值形式的 operator[] 函数留给读者自行发挥。

编程练习

练习 7-7（大泡泡吃小泡泡）在一个平面游戏里，当一个大泡泡与一个小泡泡相遇时，会合并成一个更大的泡泡（参见图 7-24）。新泡泡的圆心为两个泡泡的圆心的中点，新泡泡的面积为两个泡泡的面

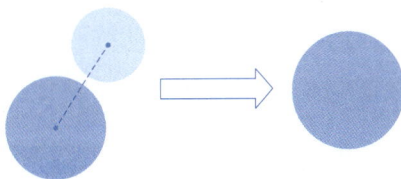

大泡泡吃
小泡泡

图 7-24 大泡泡吃小泡泡示意图

积之和。请为下述代码中的 Bubble 类型添加合适的加法操作符函数，使得下述代码可以正确运行，并产生正确的结果。

```
package Ex7_7
import std.convert

class Bubble {
    Bubble(var x:Float64, var y:Float64, var r:Float64) { }
    func toString():String {
        "x-${x.format('.2')}, y-${y.format('.2')}, r-${r.format('.2')}"
    }
}

main(): Int64 {
    let a = Bubble(100.0,200.0,15.3)
    let b = Bubble(300.0,150.0,22.1)
    let c = a + b
    println(c.toString())
    return 0
}
```

练习 7-8（我的朋友）实现 Friend 类并为其添加 [] 自定义操作符函数，使得下述代码可以正常运行并产生期望的执行结果。

我的朋友

```
main(): Int64 {
    let myFriend = Friend("安安","女","狮子座",13)
    println("姓名:\t${myFriend["name"]}")
    println("性别:\t${myFriend["gender"]}")
    println("星座:\t${myFriend["constellation"]}")
    print("年龄:\t${myFriend["age"]}")
    return 0
}
```

期望的执行结果为：

```
姓名:    安安
性别:    女
星座:    狮子座
年龄:    13
```

7.14　流表达式 *

流（flow）表达式是一种关于函数调用的语法糖。

举例讲解：面积为 400 平方米的平底泳池，水深为 x 米，求泳池内水的质量。将简单的问题"复杂"化，求解过程可用图 7-25 表示。

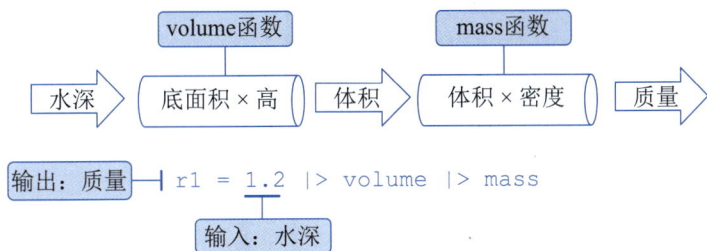

图 7-25 计算泳池内水的质量的流水线

根据图 7-25，编写了下述程序。

```
1  package PipelineExample
2  func volume(height:Float64):Float64 {
3      return 400.0*height        // 面积 400 平方米乘以高
4  }
5
6  func mass(volume:Float64) {
7      return volume*1000.00      // 体积乘以密度
8  }
9
10 main(): Int64 {
11     let r1 = 1.2 |> volume |> mass
12     let r2 = mass(volume(1.2))
13     print("r1 = ${r1}, r2 = ${r2}")
14     return 0
15 }
```

上述程序的执行结果为：

```
1  r1 = 480000.000000, r2 = 480000.000000
```

▷ **第 11 行：** 参见图 7-25 的下半部分。|> 为一个操作符，称为流水线（pipeline）操作符。本行代码的执行过程特别像工厂里的流水线。1.2 作为输入流入 volume 函数，volume 经过计算后流出体积，体积又流入 mass 函数，最后流出的质量被 r1 吸收。

▷ **第 12 行：** 流水线操作符只是语法糖，编译器事实上将 11 行代码"解释"成第 12 行的形式。先用 1.2 作为实参调用执行 volume 函数，再将其返回值（体积）作为实参调用执行 mass 函数，最终得到质量。

如执行结果所示，程序第 11 行和第 12 行所得结果等同。

组合（composition）的操作符 ~> 可以将符合要求的两个单一形参函数组合为一个匿名函数。请见下述程序。

```
1  package CompositionExample
2  //… volume, mass 函数同前例
```

```
3 main(): Int64 {
4     let volumeMass = volume ~> mass  // 将 volume 和 mass 组合为匿名函数
5     let r = volumeMass(1.2)          // 执行组合后的匿名函数
6     print("r = ${r}")               // 打印计算结果
7     return 0
8 }
```

上述程序的执行结果为：

```
1 r = 480000.000000
```

▷ **第 4 行:** 如图 7-26 所示，volumeMass 函数对象由 volume 和 mass 函数组合而成。当 volumeMass 函数对象被执行时，其内的 volume 和 mass 函数仍以流水线方式依次执行。

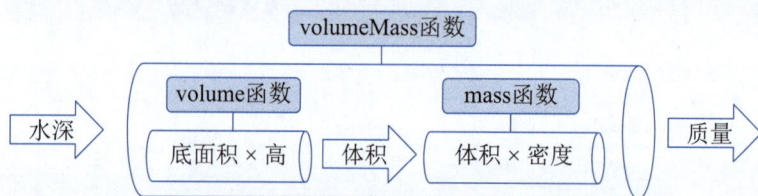

图 7-26　函数组合表达式

▷ **第 5、6 行:** 调用执行组合函数对象 volumeMass，并打印执行结果。

> 💬 **说明** ◼
>
> ▷ 和 ~> 被统称为流表达式。在流水线上的函数均应具备单一形参，且必须满足前一函数的返回值类型系后一函数的形参类型（或其子类型）的要求。

7.15　小　结

函数的命名形参如果有默认值，在函数调用时可以忽略该参数并取其默认值。

定义多个名称相同但参数类型或者个数不同的函数，称为函数重载。编译器会根据函数调用时实际提供的参数类型和个数选择正确的重载版本。

当函数的最后一个非命名形参为数组 Array<T> 时，该形参组可以吸收多个类型为 T 的连续实参。

对象仅在其作用域内可用。定义于文件顶层的对象拥有顶层作用域，范围为自定义始至文件尾，且同时在同一包内的其他程序文件中可见。定义于块内的对象拥有局部作用域，范围自定义始至块的结尾。

自己调用自己的函数称为递归函数。在实践中，递归只能解决规模很小的问题。

分治是一种算法策略，它将难以解决的大问题拆分成容易解决的小问题分别求解，再将子问题的解合并为原问题的解。

函数也是对象，它拥有类型，可以赋值给变量，可以作为函数实参，也可以作为值被函数返回。

当函数的代码或结构特别简单时，可以使用 lambda 表达式简便地定义匿名函数。

在函数体内也可以嵌套定义内部函数。当一个嵌套函数捕获了其所处环境中的变量并被作为一等公民返回时，便构成了闭包。闭包函数可以在多次函数调用之间保持内部状态。

通过给自定义类型添加操作符重载函数，可以教会编译器对自定义类型的对象使用加、减、[] 等操作符。

流表达式是关于函数调用的语法糖，可以简化流水线上多个单形参函数的调用语法。

第8章 自定义类型（下）

> 一尺之棰，日取其半，万世不竭。
>
> ——庄子

思维导图

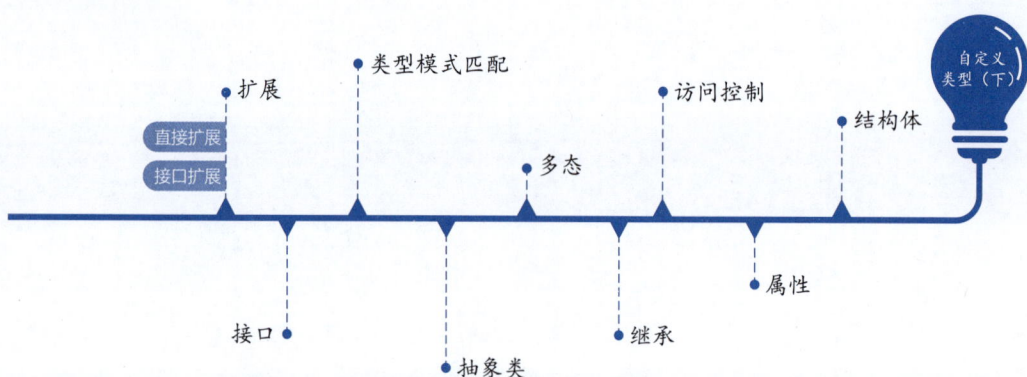

8.1 结 构 体

结构体（struct）也是一种自定义类型，它是类（class）的近亲。

将 5.4 节中的 Fish 类稍作修改，得如图 8-1 所示的 Fish 结构体。

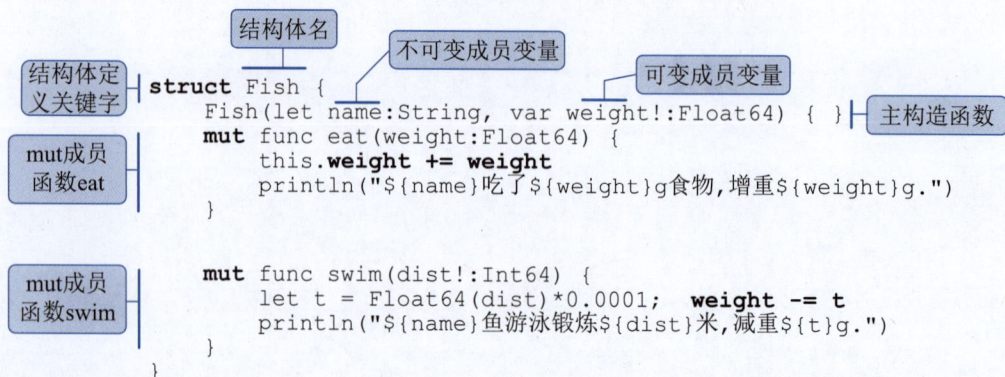

图 8-1 Fish 结构体的定义

如图 8-1 所示，结构体定义以关键字 struct 开头。与类相同，结构体可以包含：①成员变量；②成员函数；③构造函数及主构造函数；④静态成员变量；⑤静态成员函数；⑥静态初始化器（参见 5.6 节）。

请读者注意结构体 Fish 中 eat 函数内的 this。在结构体的成员函数内，同样使用 this 来表示被执行该成员函数的这个对象。

与类不同：

- 结构体的成员函数如果需要修改对象的可变成员变量，必须修饰为 mut（mutable，意为可变）成员函数。如图 8-1 所示，成员函数 eat 和 swim 涉及成员变量 weight 的修改，故在 func 前加上 mut 关键字将其修饰为可变成员函数。
- 结构体不支持终结器（参见 5.5 节）。
- 结构体系值类型，而类为引用类型（参见 6.9 节）。
- 结构体不允许继承▲，不允许递归或者互递归定义▲。

结构体与类的使用方法大同小异，请见下述示例。

```
 1 package StructExample1
 2 //struct Fish 定义，同图 8-1
 3
 4 main(): Int64 {
 5     var dora  = Fish(" 朵拉 ",weight:100.0)
 6     var peter = Fish(" 彼得 ",weight:150.0)
 7     dora.eat(1.0);  dora.swim(dist:10000)
 8     peter.eat(5.0)
 9     println("\n 鱼名 \t 体重 "); println("----------------------")
10     println("${dora.name}\t${dora.weight}")
11     print("${peter.name}\t${peter.weight}")
12     return 0
13 }
```

上述程序的执行结果为：

```
1 朵拉吃了1.000000g 食物，增重1.000000g.        5 鱼名       体重
2 朵拉鱼游泳锻炼10000 米，减重1.000000g.        6 ----------------------
3 彼得吃了5.000000g 食物，增重5.000000g.        7 朵拉       100.000000
4                                                  8 彼得       155.000000
```

▷ **第5行：** 执行 Fish 结构体的主构造函数，创造出朵拉鱼并赋值给可变变量 dora。由于主构造函数只是语法糖，本行事实上执行的是由编译器根据主构造函数自动合成的 init 构造函数。请注意，变量 dora 是由关键字 var 定义的可变变量。

▷ **第6行：** 构造彼得鱼并赋值给可变变量 peter。

▷ **第7行：** 执行朵拉鱼对象的 eat 函数和 swim 函数。

◎ 见微知著

如图 8-1 所示，结构体 Fish 的 eat 和 swim 成员函数皆为可变（mut）成员函数，其执行预期将导致朵拉鱼的"改变"。因此，必须将 dora 定义为可变变量（第 5 行），否则编译器将提示下述错误：

```
error: cannot use mutable function on immutable value
```

意为不可以对不可变值对象使用可变函数。

对于结构体（struct，值类型）的上述限制不适用于类（class，引用类型），在 5.4 节中，dora 为 Fish 类型（class）的不可变变量，但仍可以执行其 eat 和 swim 函数。

▷ **第 8 行：** 执行彼得鱼的 eat 函数，但没有执行 swim 函数。

▷ **第 9 ~ 11 行：** 打印对照两个鱼对象的体重信息。如执行结果的第 5 ~ 8 行所示，管住嘴、迈开"腿"的朵拉体重保持得很好，而贪吃不动的彼得又长胖了。

上述示例中的朵拉鱼和彼得鱼都是结构体（struct）Fish 类型的对象。在本例中结构体 Fish 类型及其对象的关系如图 8-2 所示，结构体 Fish 类型包含主构造函数在内共有 3 个成员函数。而朵拉鱼和彼得鱼作为结构体 Fish 类型的对象各自独立存储了 name 和 weight 成员变量，其内只有数据（成员变量），没有方法（成员函数）。

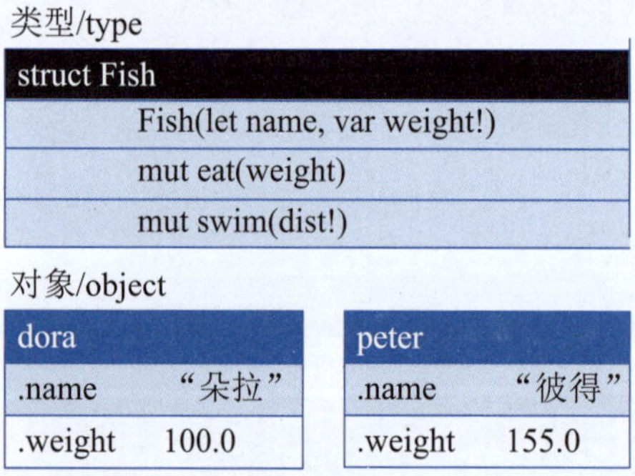

同样地，无论是 dora.eat(1.0) 还是 peter.eat(5.0)，最终被执行的都是同一个函数的同一段代码，即结构体 Fish 类型的 eat(weight) 函数。如前所述，在成员函数内部，仍然依赖 this 来区分被执行该成员函数的这个对象。于 eat 函数而言，this 代表正在进食的鱼对象。

类型/type

struct Fish
Fish(let name, var weight!)
mut eat(weight)
mut swim(dist!)

对象/object

dora		peter	
.name	"朵拉"	.name	"彼得"
.weight	100.0	.weight	155.0

图 8-2　结构体及其对象

◎ 要点

显著区别于类（引用类型），当结构体（值类型）对象被复制时，会建立完全独立的副本。

下述两个示例演示了这一重大差异。

```
1  package StructAsValueType
2  struct FishStruct {
3      FishStruct(var name:String, var weight!:Float64) { }
4  }
5
6  main(): Int64 {
7      var dora1 = FishStruct("朵拉 1 号", weight:100.0)
```

```
8        var dora2 = dora1        // 复制结构体对象
9        dora2.name = "朵拉 2 号"; dora2.weight = 333.3
10       println("---------- 结构体 ------------")
11       println("dora1 = ${dora1.name}, ${dora1.weight}")
12       print("dora2 = ${dora2.name}, ${dora2.weight}")
13       return 0
14   }
```

上述程序的执行结果为：

```
1   ---------- 结构体 ------------
2   dora1 = 朵拉 1 号，100.000000
```

▷ **第 2 ~ 4 行：** 结构体类型 FishStruct 通过主构造函数定义了名为 name 和 weight 的两个成员变量。

▷ **第 7 行：** 执行 FishStruct 的构造函数创建 "朵拉 1 号" 并赋值给 dora1。

▷ **第 8 行：** 从 dora1 复制出 dora2。由于结构体为 值类型，结构体对象复制时会建立完全独立的副本。本行执行后，dora2 与 dora1 为互不相关的独立对象。

▷ **第 9 行：** 修改 dora2 的姓名（name）和体重（weight）。

> 🔘 **见微知著** ▪
>
> 　　程序第 9 行试图修改 值类型 的结构体对象 dora2，这要求 dora2 必须是可变变量。如果将 dora2 定义为不可变变量，编译器将提示下述错误：
>
> 　　error: cannot assign to immutable value
>
> 意为不可以赋值给不可变变量。

▷ **第 10 ~ 12 行：** 打印 dora1 和 dora2 的内容信息。执行结果证实，程序第 9 行对 dora2 的修改没有影响到 dora1。从 dora1 复制的 dora2 是独立于 dora1 的完整副本。

　　当同样的复制行为发生在类（class）对象上时，效果却十分不同。请见下述示例。

```
1   package ClassAsReferenceType
2   class FishClass {
3       FishClass(var name:String, var weight!:Float64) { }
4   }
5
6   main(): Int64 {
7       let peter1 = FishClass("彼得 1 号",weight:100.0)
8       let peter2 = peter1    // 复制类对象
9       peter2.name = "彼得 2 号"; peter2.weight = 999.9
10      println("----------- 类 -------------")
```

```
11      println("peter1 = ${peter1.name}, ${peter1.weight}")
12      print("peter2 = ${peter2.name}, ${peter2.weight}")
13      return 0
14  }
```

上述程序的执行结果为：

```
1  ------------- 类 --------------          3  peter2 = 彼得 2 号，999.90000
2  peter1 = 彼得 2 号，999.900000
```

▷ **第 8 行：** 从 peter1 复制而得 peter2。如图 8-3 所示，由于类（class）为引用类型，从 peter1 复制而得的 dora2 并非完全独立于 peter1 的完整副本，而是指向同一个类对象实体的引用。

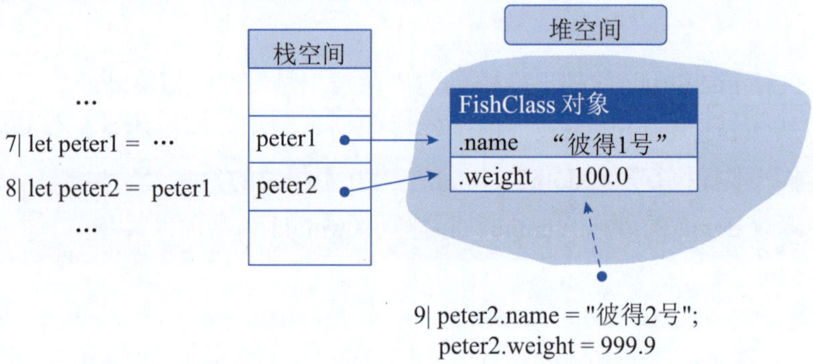

9| peter2.name = "彼得2号";
peter2.weight = 999.9

图 8-3　作为引用类型的 FishClass 对象的复制

▷ **第 9 行：** 修改 peter2 的姓名（name）和体重（weight）。由于 peter2 和 peter1 引用了同一个对象实体，因此此处对 peter2 的修改事实上也导致了 peter1 的变化。

> ◎ **见微知著** ▪
>
>   虽然 peter2 被定义为不可变变量（第 8 行），但仍然可以对该对象进行修改（第 9 行）。由于类（class）为引用类型，peter2 只是对对象实体的引用。所谓 peter2 不可变，是指 peter2 与相关对象的引用关系不可变，但 peter2 所关联的对象实体仍是可变的。

▷ **第 10 ~ 12 行：** 打印 peter1 和 peter2 的内容信息。执行结果证实，peter1 和 peter2 的姓名都变成了"彼得 2 号"，体重都变成了 999.9，它们事实上引用了同一个对象实体。

　　关于结构体和类的其他差异将在后续章节进行讨论。

8.2　属　　性

　　属性（property）是伪装为成员变量的一对成员函数。如图 8-4 所示，给类型 Circle 添加了类型为 Float64、名称为 area（面积）的可变（mutable）属性（property）。

一个既可以取值（get）又可以置值（set）的属性应使用关键字 mut 修饰为可变属性且应包含取值（get）函数和置值（set）函数各一个。与之相较，只可取值、不可置值的不可变属性不应使用关键字 mut 修饰且只应包含取值（get）函数。

对于 Circle 类型的对象 c，形如 a = c.area 的代码意为从对象 c 的 area 属性取值。编译器将 a = c.area 解释为执行对象 c 的 area 属性的 get 函数，并将其返回值赋值给 a。与此相适应：

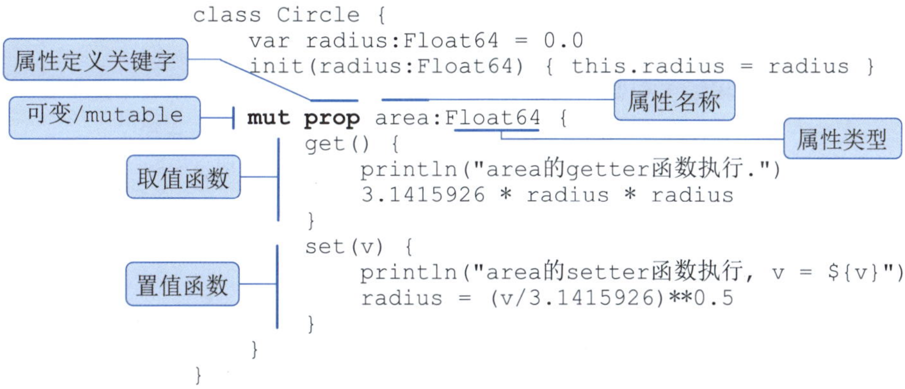

图 8-4　为 Circle 类定义 area 属性

- get 函数不接收传参 [1]；
- get 函数的返回值类型被自动指定为属性的类型且不允许显式指定。

本例中 area 的 get 函数的返回值类型为 Float64。该函数首先打印输出了一行信息表示该函数被执行，然后根据成员变量半径（radius）计算并返回了圆的面积。

对于 Circle 类型的对象 c，形如 c.area = a 的代码意为将对象 c 的 area 属性置值为 a。编译器将 c.area = a 解释为执行对象 c 的 area 属性的 set 函数，以 a 为实参。与此相适应：

- set 函数有且只有一个形参，其类型即为属性的类型且不允许显式指定；
- set 函数的返回值类型为 Unit，即该函数预期不返回任何值。

本例中 area 的 set 函数的形参 v 的类型为 Float64（属性的类型）。该函数首先打印输出了一行信息（包含形参 v 的值）表示该函数被执行，然后根据被置值的面积 v 反算出圆的半径并修改对象的成员变量 radius。本行中的 **0.5 等同于开平方。

本示例的"完整"代码如下。

```
1 package PropertyExample1
2 //class Circle 定义 …，同图 8-4
3 main(): Int64 {
4     let c = Circle(1.0)
5     let a = c.area                              // 执行 area 属性的 get 函数
```

---

[1] 作为特殊的成员函数，属性的 get 和 set 函数都有隐含的 this 形参。

```
6        println("圆面积：${a}，圆的半径：${c.radius}")
7        c.area = 314.15926                        // 执行 area 属性的 set 函数
8        print("圆面积：${c.area}，圆的半径：${c.radius}")
9        return 0
10  }
```

上述程序的执行结果为：

```
1  area 的 get 函数执行 .                              // 代码第 5 行
2  圆面积：3.141593，圆的半径：1.000000              // 代码第 6 行
3  area 的 set 函数执行，v = 314.159260              // 代码第 7 行
4  area 的 get 函数执行 .                              // 代码第 8 行
5  圆面积：314.159260，圆的半径：10.000000           // 代码第 8 行
```

▷ **第 5 行：** 从 Circle 类型对象 c 的 area 属性取值。如执行结果的第 1 行所示，area 属性的 get 函数被执行。函数的返回值赋值给了不可变变量 a。

▷ **第 6 行：** 打印圆面积 a 及圆的半径 c.radius。输出见执行结果的第 2 行。

▷ **第 7 行：** 对 Circle 类型对象 c 的 area 属性置值。如执行结果的第 3 行所见，area 属性的 set 函数被执行，其形参 v 为第 9 行赋值操作的右值 314.15926。

▷ **第 8 行：** 字符串插值输出圆 c 的面积和半径。在字符串插值表达式中，${c.area} 表示从 c 的 area 属性取值。如执行结果的第 4 行所示，area 属性的 get 函数被执行。字符串插值输出见执行结果的第 5 行。

🏛 **追本溯源** ■

　　对于圆，知半径可求其面积，知面积也可求其半径。如果在圆的成员变量中同时存储半径和面积，就意味着信息的冗余。冗余，除浪费"存储空间"之外，还会带来谨慎维护两者一致性的"成本"。当圆对象的半径与面积矛盾时，偏信任何一个都意味着增加程序出错的风险。

　　因此，上述示例的设计具有软件工程方面的合理性。面积属性是伪装成成员变量的成员函数，无论是对面积置值还是取值，最终操作的都是圆对象的半径。很好地避免了信息的冗余及伴之而生的数据一致性维护成本。

　　下述示例为矩形（Rect）类定义了一个不可变属性 area（面积）。由于该属性不可变（未使用 mut 关键字），故只支持取值（get）函数。

```
1  package PropertyExample2
2  class Rect {
3      Rect(var width:Int64, var height:Int64) { }
4      prop area:Int64 {
5          get() { width*height }    // 面积取值：宽 × 高
```

```
 6              //set(v) { }      不可变属性不支持 set 函数
 7        }
 8  }
 9
10  main(): Int64 {
11        let r = Rect(8,3)
12        print("矩形面积：${r.area}, 宽：${r.width}, 高：${r.height}")
13        return 0
14  }
```

上述程序的执行结果为：

```
 1  矩形面积：24, 宽：8, 高：3
```

▷ **第 4 ～ 7 行：** 为矩形类定义不可变属性 area（面积）。如第 5 行所见，取值函数通过宽乘高计算并返回矩形的面积。如第 6 行注释所示，不可变属性不支持置值（set）函数。

▷ **第 12 行：** 字符串插值表达式 ${r.area} 对矩形 r 的 area 属性取值，导致其 get 函数的执行并取得矩形的面积。

📖 **扩展阅读**　静态属性

与实例属性相较，静态属性是伪装成静态成员变量的静态成员函数。而静态成员函数，由于没有隐含的 this 形参，只能使用类型的静态成员变量和静态成员函数。

8.3　访 问 控 制

普通家庭能开上汽车，除了科技进步和经济发展的原因，还得益于一种称为"封装"的设计哲学。这种设计哲学的核心可以表述为：将复杂的内部实现隐藏起来，只向用户提供一个简洁的易于使用的接口。

汽车包含发动机、变速器、车载计算机等零部件。设计师将这些复杂部件置于发动机盖之下隐藏起来，而仅仅向驾驶者提供简洁的易于使用的接口：①方向盘；②加速踏板；③刹车踏板；④换挡杆。

基于同样的理由，在设计类（class）时也应将复杂的实现细节隐藏起来，而只向类的使用者提供简洁易用的接口。仓颉为类的成员（成员变量、成员函数、属性）提供了 4 种访问修饰符（请见表 8-1），以实现上述设计目标。

表 8-1　应用于类成员的访问修饰符

修 饰 符	说　　明	本　类	本　包	子类▲	所 有 包
private	私有	√	×	×	×
internal	内部	√	√	×	×
protected	保护	√	√	√	×
public	公有	√	√	√	√

说明：√意为允许访问，× 意为不可访问。

　　下面通过下述示例来讨论表 8-1 中的访问修饰符对类成员的可访问性的影响。在图 8-5 所示的 Person（人）类型中，给所有类成员添加了访问修饰符。其中：①成员变量 annualIncome（年度收入）通过 private 修饰为私有成员。②成员变量 id（身份证号）通过 internal 修饰为内部成员；当类成员的访问修饰符缺省时，默认为 internal（内部）。③成员函数 getIncomeTax（计算所得税）通过 protected 修饰为保护成员。④成员变量 name（姓名）、成员函数 setAnnualIncome（设置年度收入）、成员函数 info（获取信息）通过 public 修饰为公有成员。

　　从图 8-5 中可见，在本类成员函数中访问类的私有、内部、保护和公有成员都是合法的。

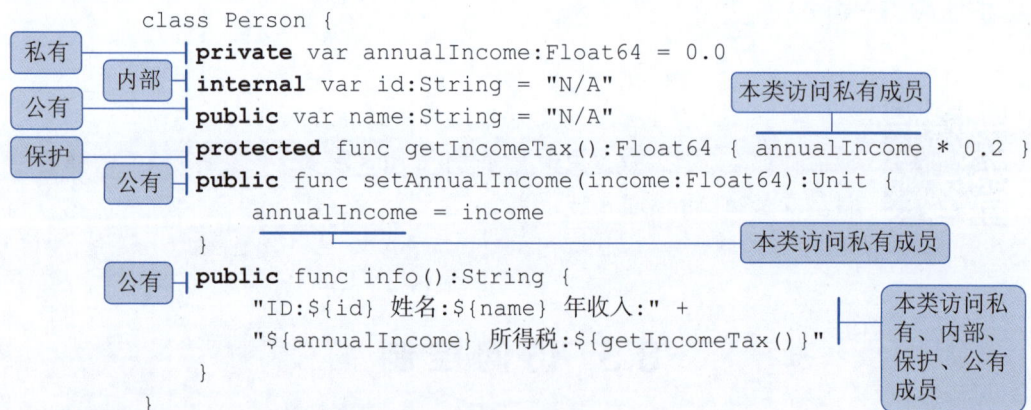

```
class Person {
    private var annualIncome:Float64 = 0.0        // 私有
    internal var id:String = "N/A"                // 内部
    public var name:String = "N/A"                // 公有
    protected func getIncomeTax():Float64 { annualIncome * 0.2 }   // 保护，本类访问私有成员
    public func setAnnualIncome(income:Float64):Unit {            // 公有
        annualIncome = income                     // 本类访问私有成员
    }
    public func info():String {                   // 公有
        "ID:${id} 姓名:${name} 年收入:" +
        "${annualIncome} 所得税:${getIncomeTax()}"  // 本类访问私有、内部、保护、公有成员
    }
}
```

图 8-5　Person 类成员的访问修饰

　　本示例的完整程序如下。

```
1  package AccessControl
2  //class Person 定义，同图 8-5
3  main(): Int64 {
4      let dora = Person()
5      dora.id = "360402"                    // 访问内部成员
6      dora.name = " 朵拉 "                    // 访问公有成员
7      dora.annualIncome = 100000.0          // 不允许访问私有成员
8      dora.setAnnualIncome(100000.0)        // 访问公有成员
```

```
9      print(dora.info())                    // 访问公有成员
10     return 0
11 }
```

上述程序的执行结果为：

```
1 ID:360402 姓名：朵拉 年收入：100000.000000 所得税：20000.000000
```

上述程序中的 Person 类和 main 函数都属于 AccessControl 包。对于 Person 类的成员而言，main 函数属于本类外、本包内。

▷ **第1行**：本包的包名为 AccessControl。

▷ **第5行**：id 为 Person 类型的内部（internal）成员，对照表 8-1 可知，该成员在本包内可访问。

▷ **第6行**：name 为 Person 类型的公有（public）成员，该成员在本包内可访问。

▷ **第7行**：annualIncome（年度收入）为 Person 类型的私有（private）成员。据表 8-1，该成员仅在本类可访问，而在本包内不可访问。

▷ **第8行**：setAnnualIncome（设置年度收入）为 Person 类型的公有成员。据表 8-1，该成员在本包内可访问。

▷ **第9行**：info（获取信息）为 Person 类型的公有成员。据表 8-1，该成员在本包内可访问。

粗略地，一个类型的私有成员构成了该类的隐藏的实现；而内部、保护和公有成员则构成了该类的对外接口。内部成员仅向本包开放，保护成员则向本包及其子类▲开放，而公有成员则向"所有人"开放。如果将访问修饰符按向外的开放度排序，由低到高依次是 private → internal → protected → public。

编程练习

练习 8-1（万有引力）Particle 类型用于表示处于三维空间中的质点，其包括如下成员：① 私有的三个浮点数成员 x、y 和 z 表示质点在三维空间中的坐标；② 私有的浮点数成员 mass 表示质点的质量；③ 接收空间坐标和质量参数的构造函数；④ 自定义减法操作符函数用于计算两个质点间的万有引力，即表达式 p1 − p2 调用执行 p1 的减法操作符函数，计算质点 p1 和 p2 间的万有引力。

请实现该类并编写测试代码加以验证。

万有引力公式 $F = GMm/r^2$ 中，万有引力常数 $G = 6.67 \times 10^{-11} N \cdot m^2/kg^2$。

8.4 继 承

斑马鱼的基因与人类有 87% 的相似度，且其兼具繁育成本低、速度快、发育过程中胚体透明等优点，近年来成为生物医学研究中非常重要的模式动物，俗称水中小白

万有引力

鼠。图 8-6 展示了一个不严谨的斑马鱼分类结构图。如图所示,鱼是脊椎动物,在具备脊椎动物的全部特征的同时又具备一些其他脊椎动物所不具备的特征,如生活在水中且会游泳;斑马鱼是鱼,在具备鱼的全部特征的同时又具备一些其他鱼所不具备的特征,如身体上长有斑马状花纹。

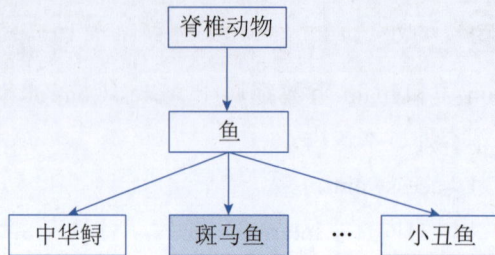

图 8-6　斑马鱼分类

现假设为完成某项模拟实验,程序员决定自定义斑马鱼(ZebraFish)类型。在已经拥有鱼(Fish)类型定义的前提下,完整地重新定义斑马鱼类型是不必要的,程序员可以简单地描述斑马鱼是一种鱼,然后再描述斑马鱼不同于其他鱼类的特征。这种工作模式即为面向对象程序设计中的继承(inheritance)。

在下述示例中,斑马鱼(ZebraFish)类继承了普通鱼(Fish)类,称 Fish 是 ZebraFish 的基类(base class)、父类(parent class)或超类(super class),ZebraFish 是 Fish 的子类(sub class)或派生类(derived class)。

图 8-7 展示了父类 Fish 的结构。该类使用 open(开放)修饰符修饰,表示该类可以被继承。在仓颉中,普通类默认是不可继承的。

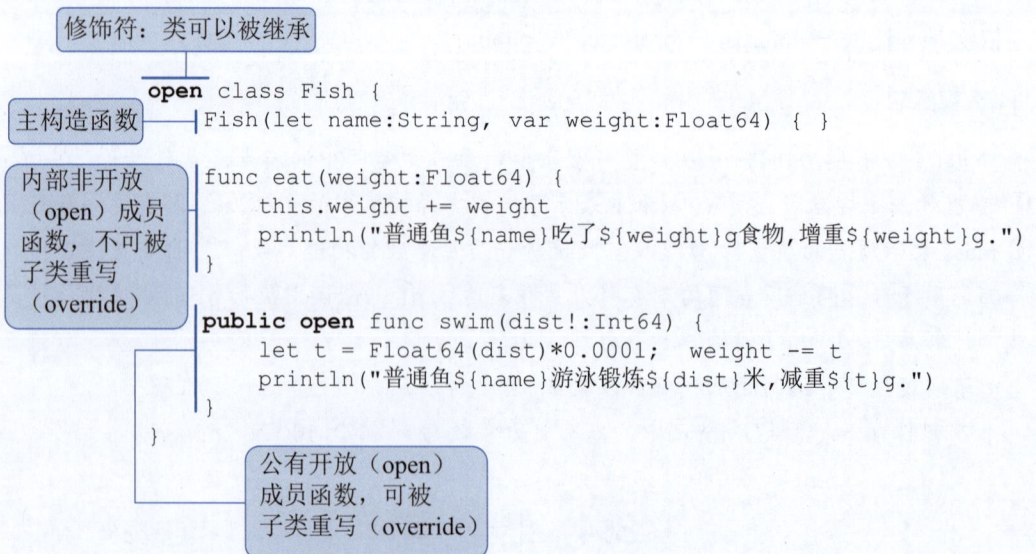

图 8-7　父类 Fish 的结构

同样地,Fish 类型的 swim 成员函数也被修饰为开放(open),这表明该成员函数可以在 Fish 的子类中被重写(override)。在仓颉中,被修饰为开放的成员函数应具备

public（公有）或者 protected（保护）的可访问性。

　　Fish 类型的 eat 成员函数缺省了访问修饰符，其可访问性默认为内部（internal）。由于该成员函数未被修饰为开放（open），它不可以在 Fish 的子类中被重写（override）。

　　图 8-8 展示了子类 ZebraFish 的结构，<: 表示 ZebraFish 类型继承自 Fish 类型。

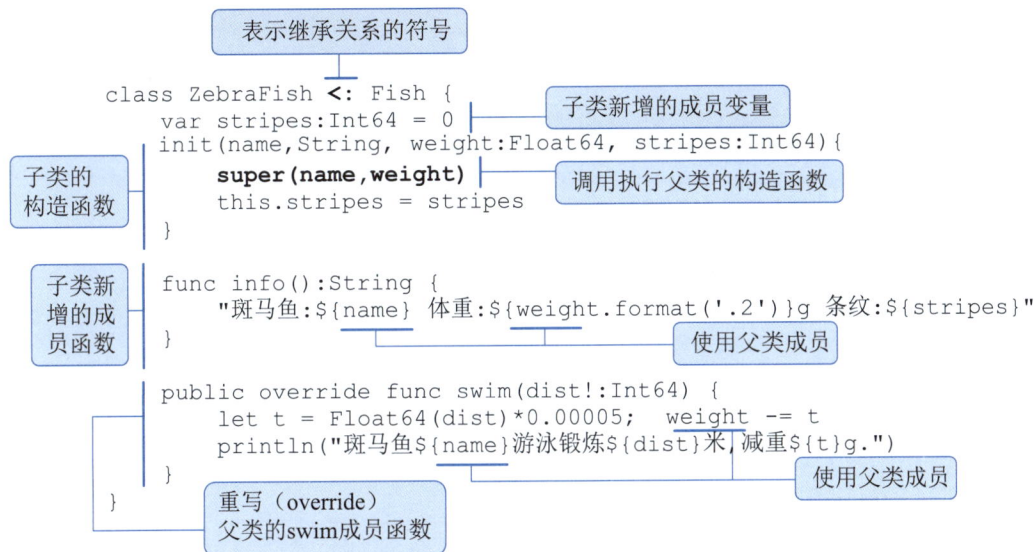

图 8-8　子类 ZebraFish 的结构

　　斑马鱼首先是鱼，一个斑马鱼类型的对象同时也必须是一个鱼类型的对象，或者说，在斑马鱼对象的内部，"住"着一个普通的鱼对象。因此，在 ZebraFish 构造函数的第一行，必须通过 super(参数列表) 形式调用执行父类（Fish）的构造函数，以初始化斑马鱼对象内部作为普通鱼对象的那一部分。或者以 this(参数列表) 形式调用执行本类的其他构造函数，这个被调用的其他构造函数应通过 super(参数列表) 调用执行父类的构造函数。

　　如果子类的构造函数未显式调用执行父类的构造函数，则编译器会默认执行父类的零参数构造函数。当父类不存在零参数构造函数时，编译器报错拒绝。

　　在上述继承关系中，Fish 类型存在名为 swim 的开放（open）成员函数，而 ZebraFish 类型则重写（override）了这一函数。在图 8-8 中，关键字 override 可以省略。

　　根据 8.3 节所述，在子类代码中，可以访问父类的保护（protected）成员和公有（public）成员。如果子类与父类位于同一个包内，还可以访问父类的内部（internal）成员。子类代码不能访问父类的私有（private）成员。

　　上述斑马鱼示例的"完整"代码如下。

```
1  package ZebraFish
2  import std.convert
3
```

```
 4  //open class Fish … 类定义，同图 8-7
 5  //class ZebraFish <: Fish   … 类定义，同图 8-8
 6
 7  main(): Int64 {
 8      let dora = Fish("朵拉",100.0)
 9      dora.eat(1.0)
10      dora.swim(dist:10000)
11      println("普通鱼:${dora.name} 体重:${dora.weight.format('.2')}g")
12      println("--------------------------------")
13      let peter = ZebraFish("彼得",150.0,4)
14      peter.eat(5.0)
15      peter.swim(dist:10000)
16      print(peter.info())
17      return 0
18  }
```

上述程序的执行结果为：

```
1  普通鱼朵拉吃了1.000000g 食物，增重1.000000g.
2  普通鱼朵拉游泳锻炼10000 米，减重1.000000g.
3  普通鱼：朵拉 体重:100.00g
4  --------------------------------
5  普通鱼彼得吃了5.000000g 食物，增重5.000000g.
6  斑马鱼彼得游泳锻炼10000 米，减重0.500000g.
7  斑马鱼：彼得 体重:154.50g 条纹:4
```

下面结合图 8-9 解释上述程序的行为。如图 8-9 所示，该程序涉及父类 Fish 和它的子类 ZebraFish 两个自定义类型；涉及 dora（Fish 类型）和 peter（ZebraFish 类型）两个对象。

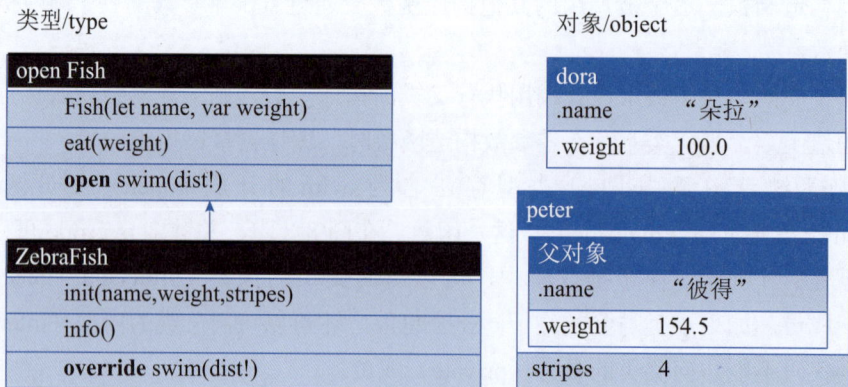

图 8-9　斑马鱼示例中的类型与对象

▷ **第 8 行：** 执行 Fish 类型的构造函数，构造出 Fish 类型的新对象并赋值给 dora。如图 8-9 所示，dora 为 Fish 类型。其内包含 name 和 weight 两个成员变量。

▷ **第 9 行：** 由于 dora 的类型为 Fish，故 dora.eat(1.0) 执行的是 Fish 类型的 eat 函数，其

输出参见执行结果的第 1 行。

▷ **第 10 行：** 类似地，dora.swim(dist:10000) 执行的是 Fish 类型的 swim 函数，其输出参见执行结果的第 2 行。

▷ **第 11 行：** 打印 dora 的姓名、体重等信息。输出参见执行结果的第 3 行。

▷ **第 13 行：** 执行 ZebraFish 类型的构造函数，构造出 ZebraFish 类型的新对象并赋值给 peter。由于 ZebraFish 是 Fish 的子类，如图 8-9 所示，peter 既是 ZebraFish 类型，也是 Fish 类型。在 peter 对象的内部，包含一个类型为 Fish 的父对象。peter 的 stripes（条纹数）成员变量源自 ZebraFish 类型。

▷ **第 14 行：** peter 既是 ZebraFish 类型，也是 Fish 类型。由于 ZebraFish 类型没有名为 eat 的成员函数，peter.eat(5.0) 执行的是 Fish 类型的 eat 成员函数。如执行结果的第 5 行所示，吃东西的是作为"普通鱼"的斑马鱼 peter。

▷ **第 15 行：** ZebraFish 重写了 Fish 的 swim 成员函数。peter.swim(dist:10000) 执行的是 ZebraFish 类型的 swim 成员函数。如执行结果的第 6 行所示，游泳的是作为斑马鱼的 peter。

> 💬 **说明** ▪
>
> 　　当对象的实际类型拥有父类，且父类和子类拥有同一个函数时，编译器总是执行子类的函数。

▷ **第 16 行：** peter.info() 执行 ZebraFish 类型的 info 成员函数。其输出见执行结果的第 7 行。

> ◎ **见微知著** ▪
>
> 　　在仓颉中不允许多重继承，也就是说，每一个类型只允许有一个直接的父类。但当父类也有父类时，便形成了如图 8-10 所示的继承链。

8

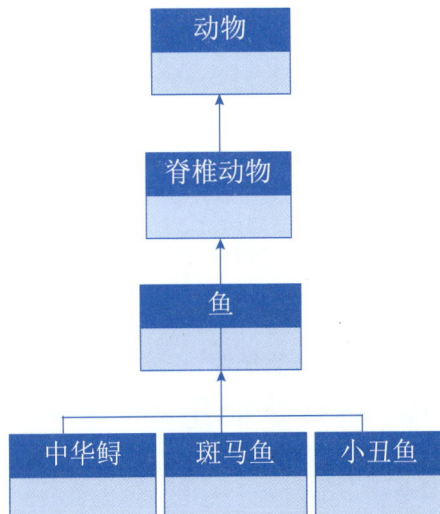

图 8-10　继承链

📖 **扩展阅读**　静态成员的重定义

　　在子类中对实例成员函数和实例成员属性的重新实现称为重写（override），对静态成员函数和静态成员属性的重新实现则称为重定义（redef）。

📖 **编程练习**

动物和狗

练习 8-2（动物和狗）设计动物基类 Animal，包括体重、脚的数量等数据成员；从 Animal 扩展出子类 Dog，添加名字等数据成员；为两个类添加带有信息输出的构造函数，观察当一个 Dog 对象被创建时，子类与父类构造函数的执行顺序。

8.5　多　态

　　当你在公园里对一只宠物狗和一只宠物猫打招呼时，得到的回应十分不同：前者汪汪叫，后者喵喵叫。不同类型的对象在接收到相同类型的消息时，产生不同行为（执行不同的成员函数）的过程，称为多态（polymorphism）。

　　下面通过下述示例来讨论多态。在该示例中，存在如图 8-11 所示的类继承结构。开放（open）类 Pet 被 Dog 和 Cat 所继承，两个子类都重写（override）了父类的 sayHello 成员函数。

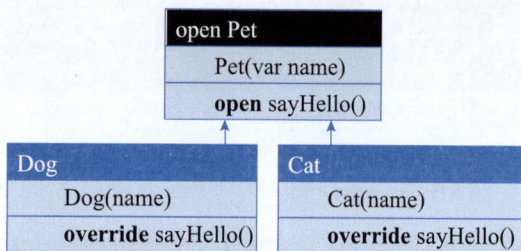

图 8-11　狗和猫是宠物的子类

```
1  package Pets1
2  open class Pet {
3      Pet(var name:String) { }
4      protected open func sayHello() { println(" 宠物 ${name}: 你好呀 ") }
5  }
6
7  class Dog <: Pet {
8      Dog( name:String ) { super(name) }
9      public override func sayHello() {
10         super.sayHello()   // 执行 Pet 父对象的 sayHello 成员函数
11         println("${name} 狗： 旺旺 ")
12     }
13 }
14
```

```
15  class Cat <: Pet {
16      Cat( name:String ) { super(name) }
17      protected func sayHello() {
18          println("${name}猫：喵")
19      }
20  }
21
22  main(): Int64 {
23      let a:Dog = Dog("阿奇")
24      let b:Cat = Cat("露西")
25      let c:Pet = a; let d:Pet = b
26      c.sayHello()
27      println("------------------------")
28      d.sayHello()
29      return 0
30  }
```

上述程序的执行结果为：

1	宠物阿奇：你好呀	4	露西猫：喵
2	阿奇狗：旺旺	5	[空白行]
3	------------------------		

▷ **第 4 行：** Pet 的 sayHello 成员函数修饰为保护（protected）、开放（open）。保护确保该成员函数能够在子类中被访问，即便子类位于另外一个包（回顾 8.3 节）；开放则表明该成员函数可以在子类中被重写。

▷ **第 8 行、第 16 行：** 在 Dog、Cat 的主构造函数中以 super(参数列表) 形式执行父类 Pet 的构造函数，以初始化 Dog、Cat 对象内部作为 Pet 的父对象。

▷ **第 9 行：** Dog 类重写父类 Pet 的 sayHello 成员函数。

▷ **第 10 行：** Dog 类的 sayHello 成员函数调用执行 Pet 类型父对象的 sayHello 成员函数。

> ⓒ **要点** ▪
>
> 　　在子类的成员函数中，关键字 super 代表父对象。子类代码可以通过 super. 成员名 的方式访问父对象的成员。

▷ **第 17 行：** Cat 类重写 Pet 的 sayHello 成员函数。此处未使用 override 关键字修饰，该关键字可以省略。

▷ **第 23 行：** 由于类（class）为引用类型，如图 8-12 所示，变量 a 事实上是位于栈空间的一个引用，它指向位于堆空间的阿奇狗实体。关于引用类型，必要时请回顾 6.9 节。

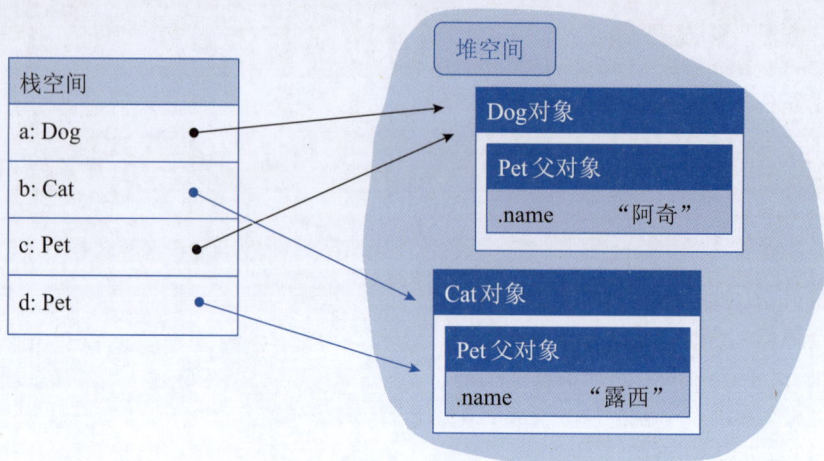

图 8-12　狗对象、猫对象及其引用

▷ **第 24 行：**同理，变量 b 也是一个引用，指向露西猫实体。

▷ **第 25 行：**由于类为引用类型，a 向 c 的复制并不产生独立副本，c 同 a 一样，也是指向阿奇狗实体的引用。区别在于，a 的编译时类型为 Dog，c 的编译时类型为 Pet。

同理，d 同 b 一样，也是指向露西猫的引用。但两者的编译时类型不同，d 的编译时类型为 Pet，b 的编译时类型为 Cat。

▷ **第 26 行：**执行 c 的 sayHello 函数。如前所述，c 的编译时类型为 Pet。出乎意料，如执行结果的第 1、2 行所示，此处实际被执行的是 Dog 类型的 sayHello 函数，而不是 Pet 类型的 sayHello 函数。

执行结果的第 1 行是 Dog 的 sayHello 调用执行 Pet 的 sayHello（第 10 行）所产生的输出。在执行结果的第 2 行"听"到了阿奇狗的旺旺叫。

▷ **第 28 行：**同理，虽然 d 的编译时类型为 Pet，但它事实上引用了露西猫，程序最终执行了 Cat 的 sayHello 函数。在执行结果的第 4 行"听"到了露西猫的喵喵叫。

◎ **要点** ▪

　　当执行一个对象的成员函数时，仓颉的编译器会生成恰当的机器语言指令，在运行时（runtime）找出该对象的真实类型，并选择执行对应的成员函数。

　　在本例中，编译器只知道 c 和 d 是 Pet，但并不知道它们是 Dog 还是 Cat。但编译器会生成额外的机器语言指令，在运行时找出 c 和 d 的真正类型，并执行正确的成员函数。如果是狗，就旺旺叫；如果是猫，就喵喵叫。

🏫 编程练习

练习 8-3（上课铃响之后）小学里的上课铃响之后，学生（Student）、教师（Teacher）和校长（Principal）会对同一个消息表现出不同的行为。请设计 Person、Student、

Teacher 以及 Principal 类，合理安排他们之间的继承关系，使得下述代码可以正常执行并产生期望的执行结果。

```
main(): Int64 {
    println("上课铃响之后…")
    let persons:Array<Person> = [Student(),Teacher(),Principal()]
    for (x in persons) {
        x.bellRing()
    }
    return 0
}
```

期望的执行结果为：

```
上课铃响之后…
我是学生，我回教室学习
我是教师，准备去教室上课
我是校长，四处巡视纪律
[空行]
```

8.6 抽象类

8.5 节中的 Pet 类型是可以实例化的，即可以创建 Pet 类型的对象，如下行代码所示：

```
1    let a = Pet("爱豆")
```

严格而论，将 Pet 实例化是不妥当的。如果你养了一只宠物，它要么是猫，抑或狗，甚至是一只小龟龟，或者其他什么动物，不可能是一只纯粹的宠物（Pet）。

图 8-13 展示了一个继承结构，Pet（宠物）类型有子类 Dog（狗）和 Cat（猫），而 Cat 又有子类 DragonLi（狸花猫）和 Persian（波斯猫）。

在这一结构中，为 Pet 类型定义 speak 成员函数的实现（即提供函数体）很可能是不必要的，因为狗、猫的叫声各不相同，Pet 的子类们会各自重写 speak 成员函数。

> **⚙ 要点** ▸
>
> 基于前述理由，将 Pet 定义抽象（abstract）类。使用抽象类有如下益处：①避免不必要地为成员函数定义实现；②抽象类不可实例化，即不可以创建抽象类型的对象；③为抽象类的子类定义一致的接口。

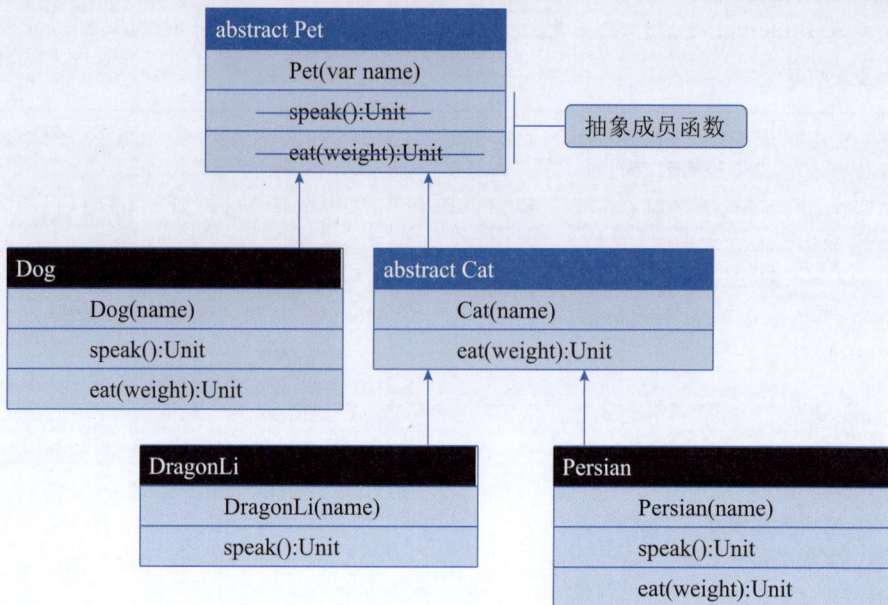

图 8-13　有抽象基类的继承结构

以图 8-13 为基础编写了下述关于抽象类的演示程序。该程序较长，下面分段进行讨论。

```
1  package Pets2
2  abstract class Pet {
3      Pet(var name:String) {println("Pet 主构造 :${name}")}
4      protected func speak():Unit
5      protected func eat(weight:Int64):Unit
6  }
```

▷ **第 2 行：** abstract 关键字将 Pet 类修饰为抽象类。抽象类自动是开放（open）可继承的。

▷ **第 3 行：** 抽象类 Pet 的主构造函数。构造函数也属于广义的成员函数。同普通类一样，抽象类可以定义成员变量、成员属性以及包含函数体的普通成员函数。

▷ **第 4 行：** 定义抽象成员函数 speak，该函数预期不接收参数，不返回任何值（Unit 返回值类型）。同普通成员函数不同，抽象成员函数只提供函数名、参数列表以及返回值类型，而不提供实现（函数体）。显然，没有函数体的抽象成员函数是无法被调用执行的。

> ⊙ **要点** ▸
>
> 　　抽象类的抽象成员函数预期由抽象类的子类重写并实现。抽象类的抽象成员函数自动是开放（open）可重写的。

语法要求抽象成员函数应具备 protected 或 public 的可访问性。

▷ **第5行:** 定义抽象成员函数 eat，该函数预期接收一个形参 weight，不返回任何值。

如果试图创建 Pet 类型的对象，如 let a = Pet("爱豆")，将会得到 "abstract class pet can not be instantiated"（抽象类不可实例化）的错误信息。

```
 8  class Dog <: Pet{
 9      Dog(name:String) {super(name); println("Dog 主构造 :${name}")}
10      public func speak():Unit {
11          println(" 狗 ${name}: 旺旺 ")
12      }
13      public func eat(weight:Int64):Unit {
14          println(" 狗 ${name} 吃了 ${weight} 克的食物 ")
15      }
16  }
```

▷ **第8行:** Dog 从 Pet 继承，它是 Pet 的子类。

▷ **第9行:** 在 Dog 的主构造函数中，通过 super(name) 调用执行 Pet 的主构造函数，以初始化 Dog 对象内部的 Pet 父对象。

▷ **第10～12行:** 重写 Pet 父类的抽象成员函数 speak 并提供函数体。包含函数体的 Dog 类型的 speak 成员函数不再抽象，而是一个普通的可以被调用执行的成员函数。此处，override 关键字被合法省略。

▷ **第13～15行:** 重写 Pet 父类的抽象成员函数 eat 并提供函数体。

Dog 类型重写并实现了 Pet 父类的全部抽象成员函数及抽象成员属性（事实上没有），Dog 类成为普通类，可以被合法实例化。

```
18  abstract class Cat <: Pet {
19      Cat(name:String) {super(name); println("Cat 主构造 :${name}")}
20      public open func eat(weight:Int64):Unit {
21          println(" 猫 ${name} 吃了 ${weight} 克的食物 ")
22      }
23  }
```

与 Dog 不同，Cat 只重写实现了抽象父类 Pet 的部分抽象成员函数（重写了 eat，未重写 speak）。Cat 仍然是不可实例化的抽象类。

▷ **第19行:** Cat 的主构造函数通过 super(name) 调用执行了父类的主构造函数，以初始化 Cat 对象内的 Pet 父对象。

▷ **第20行:** Cat 重写的 eat 成员函数仍然被修饰为开放（open），这使得 Cat 的子类可以继续重写该函数。

```
25  class DragonLi <: Cat {
26      DragonLi(name:String){
```

```
27          super(name); println("DragonLi 主构造 :${name}")
28      }
29      public func speak():Unit {
30          println(" 狸花猫 ${name}: 喵喵 ")
31      }
32 }
```

DragonLi（狸花猫）类继承了 Cat，并重写了其父类（Cat）的父类（Pet）所规定的抽象成员函数 speak。至此，DragonLi 所在的继承链上的全部抽象成员函数以及抽象成员属性（事实上没有）均已实现，DragonLi 可以被合法实例化。

▷ **第 27 行：** DragonLi 的主构造函数通过 super(name) 调用执行父类的主构造函数，以初始化 DragonLi 对象内的 Cat 父对象。

```
34 class Persian <: Cat {
35      Persian(name:String){
36          super(name); println("Persian 主构造 :${name}")
37      }
38      public func speak():Unit {
39          println(" 波斯猫 ${name}: 喵喵 ")
40      }
41      public func eat(weight:Int64):Unit {
42          println(" 波斯猫 ${name} 吃了 ${weight} 克的食物 ")
43      }
44 }
```

Persian（波斯猫）类也是 Cat 的子类。

▷ **第 36 行：** 通过 super(name) 调用执行 Cat 父对象的主构造函数。

▷ **第 38 ~ 40 行：** 重写了 Persian 的父类的父类（Pet）所规定的抽象成员函数 speak。至此，Persian 继承链上的全部抽象成员函数均可以实现，Persian 可被合法实例化。

▷ **第 41 ~ 43 行：** 重写父类 Cat 的 eat 成员函数。

```
46 main(): Int64 {
47      let pets:Array<Pet> =
48          [DragonLi(" 露西 "),Dog(" 路马 "),Persian(" 贝拉 ")]
49      for (x in pets) {
50          x.speak()        // 注意 x 的类型是 Pet
51          x.eat(100)
52      }
53      return 0
54 }
```

上述程序的执行结果为：

1	Pet 主构造：露西		9	狸花猫露西：喵喵
2	Cat 主构造：露西		10	猫露西吃了 100 克的食物
3	DragonLi 主构造：露西		11	狗路马：旺旺
4	Pet 主构造：路马		12	狗路马吃了 100 克的食物
5	Dog 主构造：路马		13	波斯猫贝拉：喵喵
6	Pet 主构造：贝拉		14	波斯猫贝拉吃了 100 克的食物
7	Cat 主构造：贝拉		15	[空行]
8	Persian 主构造：贝拉			

最后对照图 8-14 讨论示例程序的 main 函数。

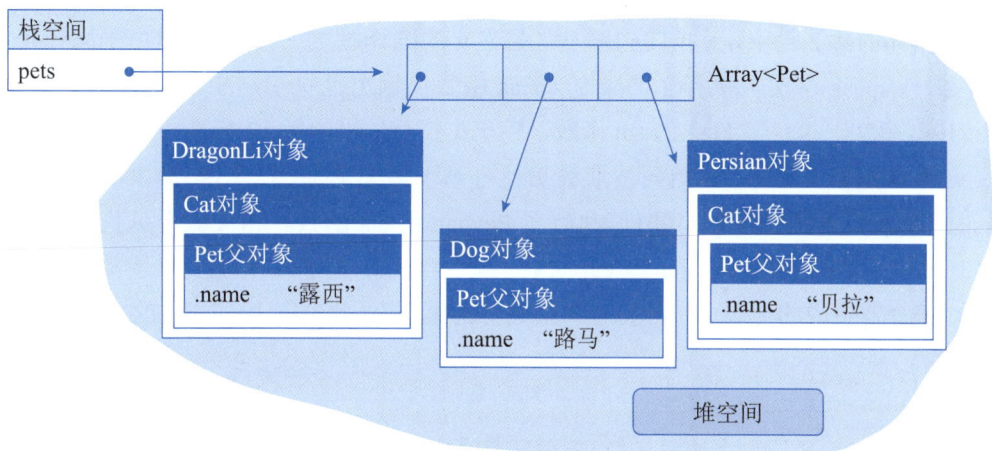

图 8-14 狸花猫露西、狗路马、波斯猫贝拉

▷ **第 47、48 行：**创建元素类型为 Pet 的数组并赋值给变量 pets。根据 6.9 节，数组为引用类型，变量 pets 只是指向零空间中数组实体的引用。

在第 48 行中创建了 DragonLi 类型的狸花猫露西、Dog 类型的狗路马，以及 Persian 类型的波斯猫贝拉。

如图 8-13 所示，由于 DragonLi 继承于 Cat，而 Cat 又继承于 Pet，故狸花猫对象露西内部包含了 Cat 类型的父对象，而 Cat 父对象内部又包含了 Pet 父对象。逻辑上，露西既是狸花猫（DargonLi），也是猫（Cat），更是宠物（Pet）。当狸花猫露西被构造时，DragonLi 的主构造调用执行了 Cat 的主构造，Cat 的主构造又调用执行了 Pet 的主构造。3 个主构造函数的输出见执行结果的第 1～3 行。

同理，狗对象路马内部包含了 Pet 父对象。逻辑上，路马既是狗（Dog），也是宠物（Pet）。当狗路马被构造时，Dog 的主构造调用执行了 Pet 的主构造。两个主构造函数的输出见执行结果的第 4、5 行。

波斯猫对象贝拉内部包含了 Cat 父对象，其内又包含了 Pet 父对象。贝拉既是波斯猫（Persian），也是猫（Cat），更是宠物（Pet）。当波斯猫对象贝拉被构造时，Persian 的主构造调用执行了 Cat 的主构造，后者又调用执行 Pet 的主构造。3 个构造函数的输出见执行结果的第 6~8 行。

与读者期望的可能不一样，pets 数组并不直接存储 3 个元素对象，而是存储了 3 个引用，分别指向位于堆空间中的对象实体。

▷ **第 49~52 行：** 循环遍历 pets 数组，依次执行宠物 x 的 speak 和 eat 成员函数。

在循环的第 1 轮中，x 指向狸花猫露西。虽然 x 的编译时类型为 Pet，但编译器会实施多态，在运行时会找出 x 的具体类型并执行正确的成员函数。由于 x 是一只狸花猫，x.speak 事实上执行了 DragonLi 的 speak 成员函数，输出见执行结果的第 9 行。回顾图 8-13 可见，DragonLi 并没有自己的 eat 函数，故 x.eat(100) 事实上执行了 Persian 的父类，也就是 Cat 的 eat 函数，输出见执行结果的第 10 行。

在循环的第 2 轮中，x 指向狗路马。虽然 x 的编译时类型为 Pet，但由于编译器实施多态，x.speak 事实上执行了 Dog 的 speak 函数，输出见执行结果的第 11 行。同理，x.eat(100) 事实上执行了 Dog 的 eat 函数，输出见执行结果的第 12 行。

在循环的第 3 轮中，x 指向波斯猫贝拉。基于多态的原因，x.speak 事实上执行了 Persian 的 speak 函数，x.eat(100) 则执行了 Persian 的 eat 函数。相关输出见执行结果的第 13、14 行。请注意，Persian 有 eat 函数，其父类 Cat 也有 eat 函数，在实施多态的过程中，编译器生成的代码会选择执行"最具体的类型"（此处即 Persian）的对应函数。

◎ 见微知著 ◼

　　由于多态的原因，上述程序的 for 循环变得十分简洁。它直接向循环变量 x 发号施令（执行其成员函数），而不必在意 x 的真实类型。编译器生成的机器语言指令会在运行时弄清 x 的真实类型，并选择执行正确的成员函数。是狗则旺，是猫则喵。

8.7　类型模式匹配

应用 match 表达式可以在运行时判断一个变量是否为某个类型或其子类型。

```
1  package TypeMatch
2  //Pet, Cat, Dog, DragonLi, Persian 类型定义，同 8.6 节 Pets2 示例…
3
4  func what(p:Pet):String {
5      match (p){
6          case c:DragonLi => " 名为 ${c.name} 的狸花猫 "
7          case c:Persian => " 名为 ${c.name} 的波斯猫 "
8          case c:Cat => " 名为 ${c.name} 的猫 "        // 冗余代码
9          case d:Dog => " 名为 ${d.name} 的狗 "
10         case _ => " 错误 "                          // 满足穷尽
11     }
```

```
12 }
13
14 main(): Int64 {
15     let myPet:Pet = Dog("路马")
16     print("我的宠物是一只 ${what(myPet)}")
17     return 0
18 }
```

上述程序的执行结果为：

```
1 Pet 主构造：路马          3 我的宠物是一只名为路马的狗
2 Dog 主构造：路马
```

对于上述程序中的 what 函数而言，只知道形参 p 为 Pet，但并不知晓其到底是狸花猫、波斯猫还是狗。程序第 5～11 行的 match 表达式用于找出 p 的真实类型。

▷ **第 5 行：** match 表达式的选择器（selector）为 Pet 类型的变量 p。

▷ **第 6 行：** 检查 p 是否为 DragonLi 或者 DragonLi 的子类型，如果是，将 DragonLi 类型的变量 c 与 p 相绑定，然后执行后方语句块（插值生成一个字符串）。

▷ **第 7 行：** 检查 p 是否为 Persian 或者 Persian 的子类型。

▷ **第 8 行：** 检查 p 是否为 Cat 或者 Cat 的子类型。如注释所述，本行代码事实上冗余，回顾如图 8-13 所示的类型继承结构，Cat 是不可实例化的抽象类，如果 p 是猫，其要么是 DragonLi，要么是 Persian，match 表达式必然在第 6 行或者第 7 行匹配成功（执行语句块并退出），模式 c:Cat 没有匹配成功的可能性。

▷ **第 9 行：** 检查 p 是否为 Dog 或者 Dog 的子类型。

如执行结果的第 3 行所示，函数 what 成功判断了 Pet 类型形参 p（对应实参 myPet）的真实类型，它是一只名为路马的狗。

⚠ 精益求精

将模式匹配与包含 let 的 if 表达式相结合，也可以在运行时判定变量是否是指定类型或者子类型。if-let 表达式的通用语法格式如下：

```
1 if (let 模式 <- 表达式) {
2     语句块
3 }
```

下面借助下述示例进行讨论。

```
1 package IfMatch
2 //Pet, Cat, Dog, DragonLi, Persian 类型定义，同 8.6 节 Pets 示例…
3
4 main(): Int64 {
```

```
 5        let myPet:Pet = Persian("贝拉")
 6        if (let c:Persian <- myPet){
 7            print("${c.name}是一只波斯猫。")
 8        }

10        if (let d:Dog <- myPet){
11            print("${d.name}是一只狗。")
12        }
13        return 0
14 }
```

上述程序的执行结果为：

1	Pet 主构造：贝拉	3	Persian 主构造：贝拉
2	Cat 主构造：贝拉	4	贝拉是一只波斯猫。

▷ **第 6 行：** 将 <- 右侧的值 myPet 与左侧的模式（c:Persian）进行匹配，如果匹配成功，就执行 if 表达式的语句块。在本例中，由于 myPet 确实是 Persian 类型，匹配成功，程序将 Persian 类型 c 与 myPet 进行绑定，然后执行下方语句块。

执行结果的第 4 行即为程序第 7 行的输出。

▷ **第 10 行：** 由于 myPet 不是 Dog 类型或其子类型，匹配失败，语句块（即第 11 行）未被执行。

8.8　接　　口

对于 DragonLi 类型（见 8.6 节）的对象 c，下述代码是错误的：

```
1 print(c);    println(c)
```

原因在于 print/println 函数总是向屏幕输出字符串，而编译器并不知道如何把 DragonLi 类型的对象 c 转换成字符串。

解决之道在于让 DragonLi 类型实现 std.core.ToString 接口（interface）。检索仓颉文档，找到了 std 标准模块下 core 包内的 ToString 接口的定义。如图 8-15 所示，ToString 接口被 public 修饰符所修饰，这说明该接口在模块（module）内外的外有包（package）中可见。该接口定义了一个不包含函数体的抽象成员函数 toString，该函数预期不接收参数，返回 String。

图 8-15　ToString 接口的定义

接口总是开放（open）可继承的，定义接口时可以省略 open 修饰符。此外，接口内定义的抽象成员函数及抽象属性总是默认公有（public）并开放（open）可重写，不应使用 public 及 open 进行修饰。

> ⊙ 要点 ■
>
> 接口（interface）用于在程序中规定其所有后代类型对象的"操作界面"。对于 ToString 接口而言，任何实现了该接口的类型都必须重写其要求的 toString 成员函数。只有在实现了相关接口的全部抽象成员函数及抽象成员属性以后，类型才可以实例化。

一个类最多只能有一个父类，但却可以实现零到多个接口，父类和接口之间用 & 符号分隔（要求父类在前）。如图 8-16 所示，DragonLi 类型继承了 Pet，并实现 ToString 接口。按照要求，DragonLi 重写了 ToString 接口内的 toString 抽象成员函数，且保持访问修饰符（public）、函数名 toString、参数列表、返回值类型（String）与接口内的定义一致。在实现了父类 Pet 和接口 ToString 所要求的全部抽象成员函数以后，DragonLi 可以实例化。

```
abstract class Pet {
    Pet(var name:String) { }
}
                         [父类] [实现的接口]
class DragonLi <: Pet & ToString {
    DragonLi(name:String) {super(name)}
    public func toString():String {
        "狸花猫: ${name}，产地：中国"
    }
}
```

[同ToString内的函数定义为public]
[重写ToString接口要求的toString抽象成员函数]

图 8-16 DragonLi 继承 Pet 类型并实现 ToString 接口

以下是相关示例的完整代码。

```
1  package PrintableDragonLi
2  import std.core.ToString
3
4  //Pet, DragonLi 类型定义，同图 8-16
5  main(): Int64 {
6      let c = DragonLi("露西"); println(c)
7      let d:ToString = c; print(d)
8      let e:Pet = c;
9      print(e)   // 错误 :e 的类型 Pet 没有实现 ToString 接口
10     return 0
11 }
```

上述程序的执行结果为：

| 1 | 狸花猫：露西，产地：中国 | 2 | 狸花猫：露西，产地：中国 |

▷ **第 6 行：** DragonLi 类型实现了 ToString 接口，相当于教会编译器如何让 DragonLi 对象转换成字符串。这里 println(c) 的执行隐含了另一个函数调用：编译器生成的指令序列首先执行 DragonLi 类型的 toString 成员函数，将 c 转换成字符串，再交给 println 函数打印输出。

▷ **第 7 行：** 逻辑上，狸花猫露西也属于 ToString 类型。由于 d 的编译时类型为 ToString，这相当于确保了 d 的运行时类型一定支持 toString 成员函数。同样地，print(d) 首先多态地执行了 DragonLi 类型的 toString 成员函数，得到对应字符串，再输出至屏幕。这里的变量 d 也是指向狸花猫对象露西的引用。

▷ **第 8 行：** 逻辑上，狸花猫露西也属于 Pet 类型，将其赋值给 Pet 类型的变量 e 是合法的。

▷ **第 9 行：** 由于 Pet 类型没有实现 ToString 接口，print(e) 无法实施，因为编译器不知道如何把 Pet 类型的 e 转换成字符串。

```
1  abstract class Pet <: ToString {
2      Pet(var name:String) { }
3  }
```

按如上代码所示修改抽象类 Pet 的定义，可以使 print(e) 合法。在上述代码中，Pet 类型"实现"了接口 ToString，但没有实现抽象成员函数 toString，Pet 必须是抽象类。这个抽象成员函数有待 Pet 的某个子类（DragonLi）来实现。

◎ **见微知著**

接口本质上是一套标准，它规范了后代对象的操作界面，实现对应接口的类型必须实施相应标准。良好的共同遵守的标准的实施使得对象间的协作变得容易。这就好比任意厂家生产的 USB 设备，只要遵守 USB 协议，都可以在任意其他厂家生产的执行相同版本 USB 协议的计算机 USB 端口上使用。

类似地，使用抽象类也可以达到规范后代对象操作界面的目的。接口可以认为是比抽象类更彻底的抽象，与抽象类不同，接口不允许定义成员变量，也不允许有构造函数。

📖 **编程练习**

复数格式化

练习 8-4（复数格式化）请将下述程序补充完整，使其可以产生期望的输出。

```
package Ex8_4
import std.core.ToString; import std.convert

class Complex <:_____{
    Complex(var real:Float64, var image:Float64) { }
```

```
    public func toString():_____{

        _____

    }
}

main(): Int64 {
    let c = Complex(-7.2, 2.9)
    print(c)
    return 0
}
```

期望的执行结果为：

```
-7.20 + 2.90i
```

8.9 扩　　展

扩展（extend）可以在不改变类型的封装性的前提下在当前包（package）内为类型添加额外的功能，包括添加成员函数、操作符重载函数、成员属性，实现接口。

为保持被扩展类型的封装性不变：扩展不能增加成员变量；扩展的函数和属性必须拥有实现且不能使用 open、override、redef 修饰；不能访问扩展类型的私有成员。

8.9.1　直接扩展 ▸▸

图 8-17 展示了一个对 String（字符串）类型进行直接扩展的例子。在这一扩展中，给 String 类型新增了名为 printInUpper 的成员函数，该函数通过调用 String 对象的 toAsciiUpper 成员函数获取其大写形式，然后打印至屏幕。

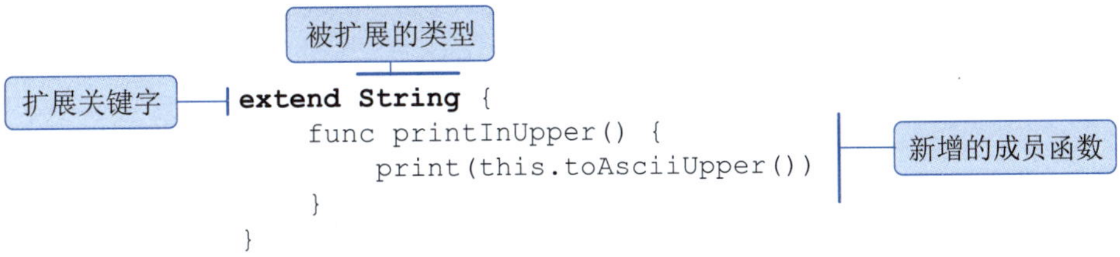

图 8-17　对 String 类型的直接扩展

以下为该示例的"完整"程序：

```
1  package ExtendString
2  // 对 String 类型的直接扩展，同图 8-17
3  main(): Int64 {
4      let s = "World peace"
5      s.printInUpper()
```

```
6        return 0
7 }
```

上述程序的执行结果为：

```
1 WORLD PEACE
```

▷ **第5行：** 经过扩展后，可以在本包（ExtendString）内对 String 的实例 s 使用 printInUpper 成员函数，就好像 String 类型本身具备该函数一样。该成员函数的输出见执行结果的第 1 行。

8.9.2 接口扩展 ▷▷

仓颉也支持扩展已有类型，以实现指定接口。图 8-18 展示了对"已有"的 Commodity（商品）类型的扩展，以实现 ToString 接口（参见 8.8 节）。

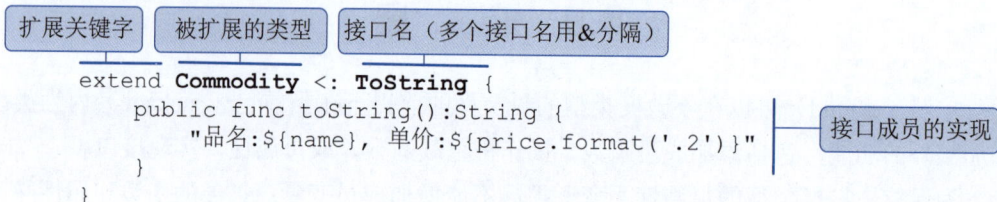

扩展关键字　被扩展的类型　接口名（多个接口名用&分隔）

```
extend Commodity <: ToString {
    public func toString():String {
        "品名:${name}, 单价:${price.format('.2')}"                接口成员的实现
    }
}
```

图 8-18　对 Commodity 类型的扩展（实现 ToString 接口）

如图 8-18 所示，在扩展中实现了 ToString 接口所要求的成员函数 toString，该函数负责将实现该接口的对象"转换"成字符串。

如下为"完整"的示例代码。

```
1  package ExtendInterface
2  import std.convert
3
4  // 合理场景下，Commodity 的定义应在另一个程序文件 / 包里
5  class Commodity {
6      Commodity(let name:String, var price!:Float64) {}
7  }
8
9  // 对 Commodity 的扩展代码，同图 8-18
10
11 main(): Int64 {
12     let c = Commodity(" 牦牛肉 ", price:37.9)
13     println(c.toString())
14     print(c)
15     return 0
16 }
```

上述程序的执行结果为：

| 1 | 品名：牦牛肉，单价：37.90 | 2 | 品名：牦牛肉，单价：37.90 |

▷ **第5～7行：** 定义 Commodity（类型）。出于简化教学的需要，在本包内定义了这个类型。

如第4行注释所述，在合理的使用场景下，类型及其扩展不应位于同一个程序文件 / 包内，因为直接将扩展内容包含在类型定义里更为简便。通常，被扩展的类型应定义于另一个程序文件 / 包里，且预期应保持其封装性不变（即不便修改类型本身）。

▷ **第13行：** 执行 Commodity 对象 c 的成员函数 toString。显然，这一成员函数来自对 Commodity 类型的接口扩展。参见执行结果的第 1 行。

▷ **第14行：** print(c) 隐含调用了 c.toString，得到字符串后再输出至屏幕。参见执行结果的第 2 行。

8.10　小　结

结构体是类的近亲。与类不同，结构体为值类型，且不允许继承。

属性是伪装成成员变量的一对成员函数（取值、置值）。当程序从对象的属性取值时，随值函数被执行并获取其返回值；当程序向对象的属性赋值时，置值函数被执行以完成赋值操作。

自定义类型及其成员可以使用访问修饰符（private、internal、protected、public）进行修饰。这些修饰符决定了自定义类型及其成员对外部程序的可访问性。

继承是一种代码重用方法，它允许我们以已有的类型为基础简便地定义新类型。子类继承父类的全部特性，并可以通过添加额外成员或者重写父类成员的方法扩展其能力。

当执行一个对象的成员函数时，仓颉的编译器会生成恰当的机器语言指令，确保在运行时找出对象的真实类型，并执行正确的成员函数。

抽象类和接口都用于约束后代类型的操作界面，两者都不可实例化。抽象类允许定义成员变量，但接口不可以。

通过 match 或者 if-let 表达式，可以在运行时识别一个变量的真实类型。

仓颉允许在不修改类型定义的前提下，在本包内对类型进行扩展：添加新的成员函数，实现更多的接口。

第 9 章　容　　器

形而上者谓之道，形而下者谓之器。

——《易经·系辞》

❄思维导图

实践：基尼系数与贫富差距

HashSet\<T\>

数组进阶

切片

成员函数

容器

创建映射容器

创建

键到值的映射

增删元素

增删键值对

成员函数

遍历

ArrayList\<T\>

HashMap\<K,V\>

容器（collection）是一种特殊的对象，它通常用于容纳单一类型的多个对象。仓颉内置了多种容器类型，表 9-1 列出来较为常用的 4 种。

表 9-1　仓颉内置的常用容器类型

类 型 名 称	用途 / 特性概要
Array\<T\>	用于容纳类型为 T 的多个对象所组成的有序（指先后关系）序列；容器尺寸（元素数量）固定，不允许增加 / 删除元素。
ArrayList\<T\>	同 Array\<T\>，但允许增加 / 删除元素。
HashSet\<T\>	以集合方式容纳类型为 T 的多个对象，容器内元素须唯一且元素间无先后关系。
HashMap\<K,V\>	容纳一系列的键值对，其中键对象的类型为 K 且要求在容器内唯一，值对象的类型为 V；该容器可以实现从键到值的快速映射。

如 6.9 节所述，上述容器均为引用类型，除非使用 clone 成员函数，对容器对象的简单赋值并不能完成实体容器的复制。

9.1　数组进阶

Array<T> 数组的基本创建和使用方法见 3.9 节和 3.11 节。本节对数组类型的用法进行查漏补缺。

9.1.1　切片 ▸

对于数组 a，通过 a[i] 可以访问数组位于索引 i（应为整数）处的元素。将一个步长为 1 的区间（参见 4.3 节）而不是一个表示单一索引的整数置于 [] 中，可以访问数组内的一个连续片段，该连续片段称为切片（slicing）。请见下述示例。

```
 1 package ArraySlice
 2 main(): Int64 {
 3     let goods:Array<String> =
 4         ['花生','瓜子','火腿肠','啤酒','饮料','矿泉水']
 5     println("goods = ${goods}")
 6
 7     let s = goods[2..=5]          // 步长必须为1
 8     println("s = ${s}")
 9     s[1] = "泡面"
10     println("goods = ${goods}")
11     print("s = ${s}")
12     return 0
13 }
```

上述程序的执行结果为：

```
1 goods = [花生，瓜子，火腿肠，啤酒，饮料，矿泉水]
2 s = [火腿肠，啤酒，饮料，矿泉水]
3 goods = [花生，瓜子，火腿肠，泡面，饮料，矿泉水]
4 s = [火腿肠，泡面，饮料，矿泉水]
```

▷ **第 7 行：** 使用区间 2..=5 对 goods 数组进行切片，所得赋值给变量 s。根据语义，切片结果应包含 goods 内从下标 2 到 5（含）的连续 4 个元素。

用于切片的区间 start..end 中的 start 或 end 可以省略。当 start 被省略时，表示从下标 0 开始切片；当 end 被省略时，也表示切片至最后一个元素。

> ⊙ **要点** ▬
>
> 用于切片的区间的步长必须为 1！
>
> 对类型为 Array<T> 的数组切片，所得仍为 Array<T> 类型的数组。本例中 goods 的类型为 Array<String>，切片 goods[2..=5] 仍为 Array<String> 类型的数组。

▷ **第8行：** 打印切片所得数组 s。如执行结果的第2行所示，切片 s 确实包含了 goods 内从下标2到下标5（含）的连续4个元素。

▷ **第9行：** 修改数组 s 内索引1处的元素，即将啤酒改为泡面。

▷ **第10、11行：** 再次打印数组 goods 和 s。从执行结果的第3、4行可见，在第9行对数组 s 的修改也造成了 goods 的改变，goods 里的啤酒也变成了泡面。

⚠ **知所以然**

数组的切片结果是对原数组的引用。图9-1展示了本例中 goods 数组及其切片 s 之间的关系。如图所见，切片 s 事实上引用了原数组中一个连续的片段，切片事实上与原数组共享数据，对切片元素的修改同时也是对原数组的修改。

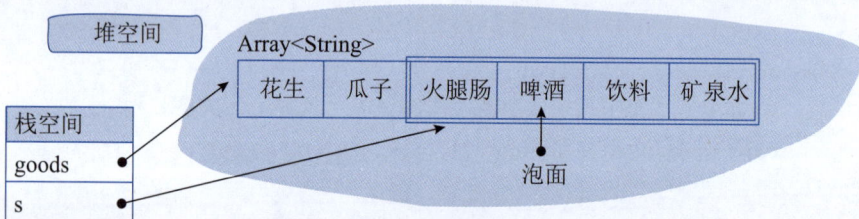

图 9-1　切片与原数组共享数据

🔺 **精益求精**

通过切片可以"批量"修改数组元素。请见下述示例。

```
1  package ArraySlice2
2  main(): Int64 {
3      let a = [0,1,2,3,4,5,6,7,8,9]
4      a[..3] = [97,98,99]    // 将前3个元素依次修改为97、98和99
5      print("a = ${a}")
6      return 0
7  }
```

上述程序的执行结果为：

```
1  a = [97, 98, 99, 3, 4, 5, 6, 7, 8, 9]
```

▷ **第4行：** 等号左右的 a[..3] 表示对数组 a 的从下标0开始至下标3（不含）的切片，其内包含3个元素；等号右边则为同样包含3个元素的数组字面量。

如前所述，由于切片与原数组共享数据，本行代码事实上将 a 数组的前3个元素依次修改为97、98和99。执行结果证实了这一结论。

9.1.2　成员函数

数组类型拥有数量众多的成员函数，以达成各种眼花缭乱的元素操作。下述示例展示了小部分成员函数的用法。

```
1  package ArrayFunc
2  main(): Int64 {
3      let goods:Array<String> =
4          ['花生','瓜子','火腿肠','啤酒','饮料','矿泉水']
5      println("goods = ${goods}")
6      println(goods.contains("芭乐"))    // 是否包含"芭乐"
7      println([goods.indexOf("瓜子"),goods.indexOf("哈密瓜")])
8      goods.swap(3,5)                    // 交换下标3和下标5的元素
9      println("goods = ${goods}")
10     let (a,b) = goods.splitAt(3)       // 从下标3拆分成两个数组
11     print("a = ${a}, b = ${b}")
12     return 0
13 }
```

上述程序的执行结果为：

```
1  goods = [花生, 瓜子, 火腿肠, 啤酒, 饮料, 矿泉水]
2  false
3  [Some(1), None]
4  goods = [花生, 瓜子, 火腿肠, 矿泉水, 饮料, 啤酒]
5  a = [花生, 瓜子, 火腿肠], b = [矿泉水, 饮料, 啤酒]
```

▷ **第 6 行：** a.contains(x) 用于检查数组 a 内是否包含值为 x 的元素，有则返回 true，否则返回 false。在本例中，goods 数组内没有芭乐，故得值 false（见执行结果的第 2 行）。

▷ **第 7 行：** a.indexOf(x) 用于在数组 a 内查找值为 x 的元素，如存在，以 Some(索引) 形式返回其位置，否则返回 None。在本例中，瓜子位于数组下标 1 位置，故得值 Some(1)，哈密瓜不存在于数组中，故得值 None。参见执行结果的第 3 行。

▷ **第 8 行：** a.swap(x,y) 用于交换数组 a 内下标 x 和下标 y 处的元素。执行结果的第 4 行证实，goods.swap(3,5) 成功互换了下标 3 处的啤酒和下标 5 处的矿泉水。

▷ **第 10 行：** goods.splitAt(3) 将数组拆分成为两个切片，前者包含下标 3 之前的元素，后者包含从下标 3（含）开始的后续部分。该函数返回值为元组，这里使用了元组解构（参见 6.4 节）语法将两个切片赋值给变量 a 和 b。

执行结果第 5 行展示了上述拆分结果。请注意，此处所得的切片 a、b 仍旧与原数组共享数据。

💻 **说明** ▪

逐一讨论数组容器的全部成员函数是不可能也不必要的。在实践中，读者可以使用 CodeArts 的参照功能（参见图 6-1）列出数组容器的全部成员函数，然后依据英文语义从中选用。

📖 编程练习

练习 9-1（身份证号解析）从键盘读入一个合法的身份证号，从中解析出地区编号及该人的出生日期。

身份证号
解析

9.2 ArrayList<T>

ArrayList<T> 也是一种容纳单一类型对象的有序（指前后关系）数组容器，其用途和使用方法与 Array<T> 大同小异。区别于 Array<T>，ArrayList<T> 容器的尺寸（元素数量）不是固定的，它允许元素的添加和删除，而容器本身会自适应地调整其存储空间容量以适应元素数量的变化。

为描述方便，本书称可以增删元素的 ArrayList<T> 为动态数组，以区别于不可以增删元素的数组，即 Array<T>。

9.2.1 创建▶

ArrayList<T> 拥有多个重载的构造函数，提供了多种创建 ArrayList<T> 对象的方法。请见下述示例。

```
1  package CreateArrayList
2  import std.collection.ArrayList        // 导入 ArrayList 类型
3  main(): Int64 {
4      let a = ArrayList<String>()         // 空动态数组
5      println("a=${a}, a.size=${a.size}, a.capacity=${a.capacity}")
6      let b = ArrayList<String>(64)       // 预留 64 个元素存储空间的空动态数组
7      println("b=${b}, b.size=${b.size}, b.capacity=${b.capacity}")
8      let t:Array<Int64> = [1,2,3]        // 包含 3 个元素的数组
9      let c = ArrayList<Int64>(t)         // 从数组复制构建动态数组
10     println("c=${c}, c.size=${c.size}, c.capacity=${c.capacity}")
11     let d = ArrayList<Int64>(5,{i:Int64=>i*i})
12     print("d=${d}, d.size=${d.size}, d.capacity=${d.capacity}")
13     return 0
14 }
```

上述程序的执行结果为：

```
1  a=[], a.size=0, a.capacity=16
2  b=[], b.size=0, b.capacity=64
3  c=[1, 2, 3], c.size=3, c.capacity=3
4  d=[0, 1, 4, 9, 16], d.size=5, d.capacity=5
```

▷ 第 2 行：与 Array<T> 不同，使用动态数组 ArrayList 之前须先行导入。

▷ **第4、5行：** 创建一个空的动态数组并打印之。成员变量 size 表示动态数组实际包含的元素数量，成员变量 capacity 表示动态数组的容量，即其内部存储空间能够容纳的元素数量。

执行结果的第1行显示，动态数组 a 为空，其 size 为 0，但 capacity（容量）为 16。这说明"聪明"的仓颉为 a 预分配了 16 个元素的存储空间，以备不时之需。

▷ **第6、7行：** 创建容量为 64 的动态数组。如执行结果的第2行所示，动态数组 b 的 size 为 0（为空不包含元素），但其容量为 64。

▷ **第8 ~ 10行：** 从其他容器（数组 t）复制元素创建动态数组。执行结果的第3行显示，数组 c 完整复制了 t 中的全部元素，其 size 为 3。

▷ **第11、12行：** ArrayList<Int64> 的构造函数包含两个实参，前者 5 表示元素个数，后者则为一个匿名函数（参见 7.10 节）。在构造动态函数的过程中，该匿名函数被多次调用，其根据 Int64 类型的下标 i 生成元素值（i*i，即下标的平方）。

由执行结果的第4行可见，动态数组 d 包含 5 个元素，其值依次为下标 0 的平方，1 的平方……4 的平方。

9.2.2 增删元素

动态数组 ArrayList<T> 容器的元素访问及切片方法同数组 Array<T> 完全等同。与之不同的是，动态数组支持对元素的增加和删除。为动态数组添加元素主要通过 4 个重载的 add 成员函数来完成，这 4 个函数的原型可以在 IDE 中通过参照的方法看到，如图 9-2 所示。

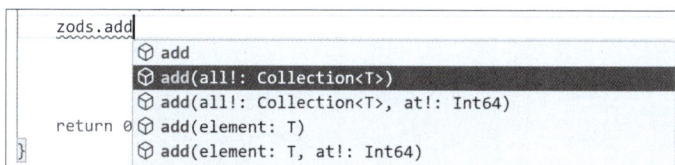

图 9-2 4 个重载的 add 成员函数

下述示例演示了 add 成员函数的使用方法。

```
1  package AddElement
2  import std.collection.ArrayList
3
4  main(): Int64 {
5      let zods = ArrayList<String>(
6          ['鸡','狗','猪','鼠','牛','虎','兔','龙'])
7      println("zods = ${zods}")
8      zods.add("蛇"); println("zods = ${zods}")
9      zods.add(all:['马','羊']); println("zods = ${zods}")
10     zods.add("猴",at:0); print("zods = ${zods}")
11     return 0
```

```
12 }
```

上述程序的执行结果为：

```
1 zods = [鸡，狗，猪，鼠，牛，虎，兔，龙]
2 zods = [鸡，狗，猪，鼠，牛，虎，兔，龙，蛇]
3 zods = [鸡，狗，猪，鼠，牛，虎，兔，龙，蛇，马，羊]
4 zods = [猴，鸡，狗，猪，鼠，牛，虎，兔，龙，蛇，马，羊]
```

▷ **第 8 行：** a.add(x) 在动态数组 a 的末尾添加元素 x。如执行结果的第 2 行所示，蛇被添加至容器末尾。

▷ **第 9 行：** a.add(all!:Collection<T>) 将另一个容器内的元素全部添加至动态数组 a 的末尾。如执行结果的第 3 行所示，[' 马 ',' 羊 '] 内的两个字符串被成功添加。

> 💻 **说明** ▪

Collection<T> 是一个接口。多数容器类型，包括但不限于 Array<T>、ArrayList<T>，都实现了这一接口。因此，上述 add 成员函数的命名参数 all 可以是任意实现了 Collection<T> 接口的容器对象。

▷ **第 10 行：** a.add(x,at!:k) 将元素 x 插入动态数组 a 中的下标 k 处。在这一过程中，原位于下标 k 处及之后的元素会依次后移，以便腾出位置。如执行结果的第 4 行所示，猴被插入在 zods 的下标 0，即开头处。

⚠️ **知所以然**

在动态数组中的指定下标处插入元素的效率比较低。如图 9-3 所示，对于元素数量为 n 的动态数组，实施每一次插入，都伴随着至少 0 次、至多 n 次的元素复制 / 移动。

| 0 | 1 | 2 | ··· | k | k+1 | k+2 | ··· | n | ··· |

在下标k处插入新元素

图 9-3　在下标 k 处插入新元素

动态数组通过数个重载的 remove 成员函数及 removeIf 函数实现元素删除，请见下述示例。

```
1 package RemoveElement
2 import std.collection.ArrayList
3
4 main(): Int64 {
5     let z = ArrayList<Int64>([84,1,2,3,53,77,96,54,55,97])
```

```
 6        println("z = ${z}")
 7        z.remove(at:5); println("z = ${z}")
 8        z.remove(1..=3); println("z = ${z}")
 9        z.removeIf({e => e<60}); println("z = ${z}")
10        z.clear(); print("z = ${z}, capacity = ${z.capacity}")
11        return 0
12    }
```

上述程序的执行结果为：

```
1  z = [84, 1, 2, 3, 53, 77, 96, 54, 55, 97]
2  z = [84, 1, 2, 3, 53, 96, 54, 55, 97]
3  z = [84, 53, 96, 54, 55, 97]
4  z = [84, 96, 97]
5  z = [], capacity = 10
```

▷ **第7行：** a.remove(at:k) 用于删除动态数组 a 内下标 k 处的元素。如执行结果的第 2 行所示，本行代码执行后，z 中原位于下标 5 处的元素 77 被删除。

当动态数组位于下标 k 处的元素被删除时，其后方的元素将依次前移，以填充空位。

▷ **第8行：** 本行向 z.remove 函数提供了一个区间 1..=3，代表期望移除下标 1 至下标 3（含）的元素。如执行结果的第 3 行所示，z 中原位于下标 1 到 3 的元素 1、2、3 被删除。

▷ **第9行：** a.removeIf 成员函数预期接收一个函数（可以是匿名函数），该函数接收元素值为参数，返回 Bool 型表示该元素是否应当被删除。removeIf 成员函数将内部遍历容器，并将容器的元素逐一交给上述函数执行，如果该函数返回 true，即删除对应元素。

在本例中，{e=>e<60} 为匿名函数，当元素 e 小于 60 时，其返回 true。如执行结果的第 4 行所示，本行执行后，原 z 中所有小于 60 的元素皆被删除。

▷ **第10行：** a.clear 成员函数用于清空容器 a，即删除其内的全部元素。执行结果的第 5 行证实，本行执行后，z 为空。

同时，我们注意到，即便容器 z 的元素数量（size）为 0，但其容量（capacity）却不为 0。容器能够容纳的元素数量与实际容纳的元素数量是两个不同的值。

9.2.3　成员函数 ▷

同数组一样，动态数组也提供了数量众多的成员函数，以完成诸如排序、克隆、切片等任务。下述示例演示了部分成员函数的使用方法。

```
1  package ArrayListFunc
2  import std.collection.ArrayList; import std.sort
3
```

```
 4  main(): Int64 {
 5      let g = ArrayList<String>(['资产','所有者权益','负债'])
 6      println("g = ${g}")
 7      g.reverse(); println("g = ${g}")
 8      sort.sort(g); println("g = ${g}")
 9      println("g[..=1] = ${g[..=1]}")
10      println([g.contains("负债"),g.contains("负数")])
11      let h = g.clone(); h[2] = "资本"
12      println("g = ${g}"); print("h = ${h}")
13      return 0
14  }
```

上述程序的执行结果为：

1	g = [资产，所有者权益，负债]	5 [true, false]
2	g = [负债，所有者权益，资产]	6 g = [所有者权益，负债，资产]
3	g = [所有者权益，负债，资产]	7 h = [所有者权益，负债，资本]
4	g[..=1] = [所有者权益，负债]	

▷ **第 7 行：** g.reverse 成员函数将 g 内的所有元素颠倒次序。如执行结果的第 2 行所示，本行代码执行后，g 内的元素顺序颠倒（对照执行结果的第 1 行）。

▷ **第 8 行：** sort.sort 函数将 g 内元素递增排序。排序过程依赖于对字符串类型的各元素的相互比较，相关比较规则参见 6.2.1 节。执行结果的第 3 行展示了排序结果。

▷ **第 9 行：** g[..=1] 从动态数组进行了切片，获取从下标 0 至下标 1（含）的前两个元素。另外，通过 g.slice 成员函数也可以实现类似的切片。

▷ **第 10 行：** g.contains(x) 用于检查容器内是否包含值为 x 的元素，有则返回 true，否则返回 false。从执行结果的第 5 行可见，负债存在于容器内，得 true；负数不存在，得 false。

▷ **第 11 行：** g.clone 成员函数用于完整复制容器的对象实体。复制完成后，所得 h 与 g 相互独立不相关。在本行中修改了容器 h 下标 2 处的元素。

▷ **第 12 行：** 打印 g 和 h。执行结果的第 6、7 行证实，对 h 的修改未影响到 g，证实 h 与 g 相互独立不相关。

📖 编程练习

练习 9-2（排队队吃果果）幼儿园老师给小朋友们发糖，先到先得。请查询资料，使用队列（ArrayQueue<T>）容器模拟幼儿园小朋友 Jack、Mary、Tom、Angela 和 Alex 依次到达（入队）并依次领糖（出队）的过程。

排队队
吃果果

9.3　HashSet<T>

HashSet<T> 表示由类型为 T 的元素所构成的无序（指先后关系）集合，其内的元素不可重复。为方便表述，本书将 HashSet 译为散列集合，简称集合。

下述示例展示了集合的创建及基本使用方法。

```
1  package SetDemo
2  import std.collection.HashSet
3
4  main(): Int64 {
5      let s = HashSet<String>([" 柳宗元 "," 韩愈 "," 韩愈 "," 欧阳修 "," 李清照 "])
6      println("s = ${s}, s.size = ${s.size}")   //s.size 为集合内元素数量
7
8      s.remove(" 李清照 "); println("s = ${s}")
9
10     s.add(all:[" 苏洵 "," 苏轼 "," 苏辙 "," 王安石 "])
11     s.add(" 曾巩 "); println("s = ${s}")
12     println([s.contains(" 曾巩 "),s.contains(" 李清照 ")])
13
14     print(" 唐宋八大家 :")
15     for (x in s) { print("${x}, ") }
16     return 0
17 }
```

上述程序的执行结果为：

```
1  s = [ 柳宗元 ， 韩愈 ， 欧阳修 ， 李清照 ], s.size = 4
2  s = [ 柳宗元 ， 韩愈 ， 欧阳修 ]
3  s = [ 柳宗元 ， 韩愈 ， 欧阳修 ， 苏洵 ， 苏轼 ， 苏辙 ， 王安石 ， 曾巩 ]
4  [true, false]
5  唐宋八大家 : 柳宗元 ， 韩愈 ， 欧阳修 ， 苏洵 ， 苏轼 ， 苏辙 ， 王安石 ， 曾巩 ，
```

▷ **第 2 行：** 导入 HashSet 类型，该类型需先导入后使用。

▷ **第 5、6 行：** 从字符串数组复制元素创建散列集合，然后打印出来。

请读者注意第 5 行提供给散列集合构造函数的字符串数组中包含 5 个元素及 2 个韩愈，但执行结果第 1 行所展示的集合内容却只有 4 个元素及 1 个韩愈。这提示集合不容纳重复元素。

◎ **要点** ▸────────────────────────────

集合内的元素间不存在先后顺序，即意味着元素在集合内不存在类似于下标那样的位置。集合不支持通过 [] 操作符访问其元素。

▷ **第8行：** s.remove(x) 从集合中移除 x。显然，本行移除了不属于唐宋八大家的李清照。由执行结果的第 2 行可见，remove 函数执行后，集合内少了李清照。

▷ **第10行：** s.add(all!:Collection\<T>) 支持批量向集合添加元素。本行代码向集合 s 添加了苏氏三杰和王安石。

▷ **第11行：** s.add(x) 向集合添加单个元素 x。本行代码向集合 s 添加了曾巩。执行结果的第 3 行显示，前述添加操作执行后，集合 s 内包含 8 个元素，即唐宋八大家。

▷ **第12行：** s.contains(x) 用于检查 x 是否在集合内。执行结果的第 4 行显示，曾巩属于 s，故得 true；而李清照不属于 s，故得 false。

▷ **第15行：** 使用 for 循环遍历集合内的全部元素，并打印。

⚠ **知所以然**

下述代码试图创建一个元素类型为 Cat（猫）的散列集合，其中，Cat 为自定义类型。编译下述代码：

```
1  package CatDemo
2  import std.collection.HashSet
3  class Cat {Cat(var name:String){}}
4  main(): Int64 {
5      let s = HashSet<Cat>([Cat("露西"),Cat("贝拉")])
6      return 0
7  }
```

却被编译器拒绝，并得到如下错误提示：

```
1  note: 'Class-Cat' is not a subtype of 'Interface-Hashable'
2  注：Cat 类型不是接口 Hashable 的子类型
```

错误原因在于，仓颉要求散列集合的元素类型必须实现 Hashable（可散列）及 Equatable（可判断相等）接口，如数值或字符串类型，而自定义类型 Cat 未实现上述接口。

要理解为什么集合内的元素必须是可散列且可判断相等的，需要从集合的工作原理说起。图 9-4 描绘了示例中集合 s 的内部结构。如图所示，集合内包含一个"散列表"，散列表中有很多"单元格"，每个格子都有编号。

当一个元素被加入集合中时，对应的"散列表单元格"并不是顺序给定的，而是经由散列函数（hash

图 9-4　集合的散列表结构

function）计算出来的。也就是说，程序使用"散列函数"以元素值为基础计算出一个散列分布的整数，这个整数就对应元素在散列表中的存储位置。

对于数组这样的序列容器，当需要在序列中查找一个元素时，程序使用的是顺序查找法，也就是从下标 0 开始，从前往后逐一比对。当序列的元素规模很大时，这种方法十分低效。

而在集合中查找一个元素却十分高效。程序应用"散列函数"计算出该元素对象在集合中的散列表位置，然后直奔目的地而去，立即就可以确定该元素在不在集合里[①]。

> 💬 **说明** ◄
>
> 作者无意把读者带入知识的深渊，这里省略了对散列函数、散列表数据结构的详细解释，而只是概要、形象但不太准确地讨论了集合的工作机制。

9.4 HashMap<K,V>

在现实生活中，人们经常需要通过一些信息来查询相关的更多信息，例如，通过书号查书、通过股票代码查股票价格、通过身份证号查人。

在下述程序中，股票信息（股票代码、股票简称、股价（元））以元组（tuple）形式组织在数组（array）中。如果要在这个数组中查找代码为 600519 的股票信息，只能使用顺序查找法，即对列表进行循环遍历，从前往后逐一比较，直至找到对应元素为止。如果列表中包含 N 个元素，最坏情况下，这种比较需要进行 N 次，平均情况下也要进行 N/2 次，这是一种非常低效的方法。

```
1  package FindStock
2  main(): Int64 {
3      let s = [
4          ('601857','中国石油',7.47),('601288','农业银行',3.53),
5          ('601398','工商银行',4.82),('600519','贵州茅台',1691.00),
6          ('300750','宁德时代',228.79),('002415','海康威视',33.11)]
7      for (x in s) {
8          if (x[0]=='600519'){
9              print("代码:${x[0]},简称:${x[1]},股价:${x[2]}元")
10             break
11         }
12     }
13     return 0
14 }
```

[①] 实际情形要复杂一些，不同元素可能存在哈希值相同的情况，此时需要二次散列。

上述程序的执行结果为：

```
1  代码:600519, 简称:贵州茅台 , 股价:1691.000000 元
```

想象一下大学的图书馆，藏书可能高达上百万册，如果为了找一本书而翻遍整个图书馆，速度一定不比蜗牛爬行快多少。在一个典型的搜索问题里，把搜索值，如书号、股票代码称为键（key）；把与这个键相关的对应对象称为值（value），一个键加上一个对应的值，称为键值对（key value pair）。

在仓颉里，HashMap<K,V> 类型作为容器被用于存储这些键值对，其中，K 为键类型，V 则为值类型。例如，HashMap<String,Float64> 中的键值对的键类型只能是 String，值类型则必须是 Float64。

借助于内部的散列表机制，HashMap(K,V) 可以帮助我们快速地通过键找到对应的值。为讨论方便，本书将 HashMap<K,V> 译作散列映射，简称映射。

9.4.1 创建映射容器 ▶

HashMap<K,V> 拥有多个重载的构造函数用于创建映射容器。下述示例展示了 3 种创建映射容器的方法。

```
1  package CreateMap
2  import std.collection.HashMap
3
4  main(): Int64 {
5      let s1 = HashMap<String,Float64>(); println("s1 = ${s1}")
6      let s2 = HashMap<String,Int64>(
7          [(' 希希 ',80),(' 步步 ',59),(' 果果 ',91)] )
8      println("s2 = ${s2}")
9      let s3 = HashMap<Int64,Int64>(5,{i=>(i,i**2)})
10     print("s3 = ${s3}, size = ${s3.size}")
11     return 0
12 }
```

上述程序的执行结果为：

```
1  s1 = []
2  s2 = [( 希希 , 80), ( 步步 , 59), ( 果果 , 91)]
3  s3 = [(0, 0), (1, 1), (2, 4), (3, 9), (4, 16)], size = 5
```

▷ **第2行：** 导入 HashMap 类型。HashMap 须先导入，后使用。

▷ **第5行：** 执行 HashMap<String,Float64> 类型的零参数构造函数，创建一个空的映射容器。由执行结果的第 1 行可见，s1 为空（[] 内无键值对或者元组）。

▷ **第6、7行：** 创建一个类型为 HashMap<String,Int64> 的映射容器。参数数组提供了 3 个元组，代表 3 个键值对。其中，元组的第 0 个元素皆是 String 为键，第 1 个元素皆是

Int64 为值。形式化表述该参数数组的类型为 Array<(String,Int64)>。

由执行结果的第 2 行可见，映射容器 s2 按照构造函数参数数组提供的键值对进行了初始化，其内包含所述的 3 个键值对。

▷ **第 9 行：** 创建一个类型为 HashMap<Int64,Int64> 的映射容器。其中，参数 5 表示键值对数量，参数 {i=>(i,i**2)} 则为一个匿名函数。容器的构造函数会执行该匿名函数 5 次，并提供 Int64 类型的序号 i（0、1、2、3、4）作为参数，该函数生成并返回类型为 (Int64,Int64) 的元组作为容器的键值对。显然，该匿名函数返回的元组类型必须与映射容器的键、值类型相符。

▷ **第 10 行：** 打印映射容器 s3 的内容及尺寸（s3.size，即键值对数量）。

如执行结果的第 3 行所示，s3 包含 5 个键值对，其键依次是 0、1、2、3、4，值则为键的平方。它们是由程序第 9 行传递给构造函数的匿名函数对象依据序号 i 生成出来的。

> 📵 **注意** ▰
>
> HashMap<String,Int64> 和 HashMap<String,Float64> 是不同的类型，虽然都是映射容器，但前者装的是"西红柿炒鸡蛋"，后者装的是"韭菜炒鸡蛋"。

9.4.2　键到值的映射 ▹

映射容器的核心用途是帮助程序快速地通过键查找到对应的值，即完成从键到值的快速映射。请见下述示例。

```
1  package UseMap1
2  import std.collection.HashMap
3
4  class Stock <: ToString {
5      Stock(let code:String, let name:String, var price:Float64) { }
6      public func toString():String {
7          "代码:${code}, 简称:${name}, 股价:${price}"
8      }
9  }
10
11 main(): Int64 {
12     let s = HashMap<String,Stock>([
13         ('601857',Stock('601857','中国石油',7.47)),
14         ('601398',Stock('601398','工商银行',4.82)),
15         ('002415',Stock('002415','海康威视',33.11)) ])
16
17     //println(s[2])          不支持下标访问
```

```
18      println(s["601857"])      // 键不存在则产生异常
19      println(s.get("601857")??"601857 键不存在 ")
20      println(s.get("999999")??"999999 键不存在 ")
21      print([s.contains('002415'), s.contains('999999')])
22      return 0
23 }
```

上述程序的执行结果为：

```
1 代码 :601857, 简称 : 中国石油 , 股价 :7.470000
2 代码 :601857, 简称 : 中国石油 , 股价 :7.470000
3 999999 键不存在
4 [true, false]
```

▷ **第 4 ~ 9 行：** 自定义 Stock（股票）类型。请留意该类型实现了 ToString 接口，当该类型对象作为参数传递给 print 或者 println 函数打印时，ToString 接口的 toString 函数将被调用，以便将对象转换成字符串。关于接口，必要时请回顾 8.8 节。

▷ **第 5 行：** Stock 的主构造函数，为类型定义了 code（股票代码）、name（股票简称）、price（股票价格）3 个成员变量。

▷ **第 12 ~ 15 行：** 创建类型为 HashMap<String,Stock> 的映射容器并填充 3 个初始键值对。请注意，键为股票代码系 String 类型，值为股票对象系 Stock 类型。值对象通过 Stock 主构造函数创建。

> ◎ **要点** ▸
>
> 　　映射的键必须是可散列（实现 Hashable 接口）和可判断相等（实现 Equatable 接口）的类型，映射的值可以是任何类型。

▷ **第 17 行：** 如注释，映射不支持元素的下标访问。

> ◎ **要点** ▸
>
> 　　映射可视为键值对的集合，键值对之间不存在前后关系。因此，映射不支持通过下标 / 索引访问其元素。

▷ **第 18 行：** s[k] 意为获取映射容器内键 k 所对应的值对象。在本例中意为获取键 "601857"（股票代码）所对应的股票对象。

　　如执行结果的第 1 行所示，在本例中，由于 s 内确实存在值为 "601857" 的键，s["601857"] 返回了对应的 Stock 对象（中国石油）。这个返回的对象交由 println 函数打印时，其 toString 成员函数被调用，以得到相应的字符串。

> 📙 **注意** ▪━━
>
> 　　当 s[k] 被执行时，如果键 k 不存在于 s 中，则会产生运行时异常。程序将因异常
> 而直接终止。

▷ **第19、20行**：为解决 s[k] 执行时 k 可能不存在的问题，映射容器提供了 get 成员函
数。s.get(k) 用于获取键 k 对应的值对象，其返回 Option<V>。当键 k 存在时，其返回
Some(V)；当键 k 不存在时，返回 None。关于类型 Option<T>，必要时请回顾 6.6 节。

▷ **第19行**：键 "601857" 存在于 s 中，故 s.get("601857") 返回了有值对象 Some(V)。此
处的 s.get("601857")??"601857 键不存在 " 为合并（coalescing）表达式（参见 6.6 节），
当 ?? 前为有值对象 Some(V) 时，取其值 V，否则取默认值 "601857 键不存在 "。

　　执行结果的第 2 行证实，s.get("601857") 确实返回了包含 Stock 对象的有值对象。

▷ **第20行**：键 "999999" 不存在，s.get("999999") 返回了无值对象 None。据此，合并
表达式最终取默认值 "999999 键不存在 "。参见执行结果的第 3 行。

▷ **第21行**：s.contains(k) 用于检查映射容器 s 内是否存在键 k。

　　如执行结果的第 4 行所示，股票代码 002415 存在，对应的判定结果为 true；股票
代码 999999 不存在，对应的判定结果为 false。

⚠ **知所以然**

　　通过映射容器实现从键到值的映射是非常高效的，这仍然依赖于散列函数及散列表
机制。图 9-5 直观但不太准确地展示了上述示例中映射容器 s 的内部结构。

　　不同于集合，映射容器内的散列表格子内存储的是由键加值构成的键值对。在本
例中，由于 Stock 属于引用类型，HashMap<String,Stock> 类型的 s 内存储的是事实上是
String 类型的键及 Stock 的引用。

　　同样地，每个键值对在散列表中的存储位置不是顺序确定的，而是由散列函数根据
键计算而得的。这意味着：

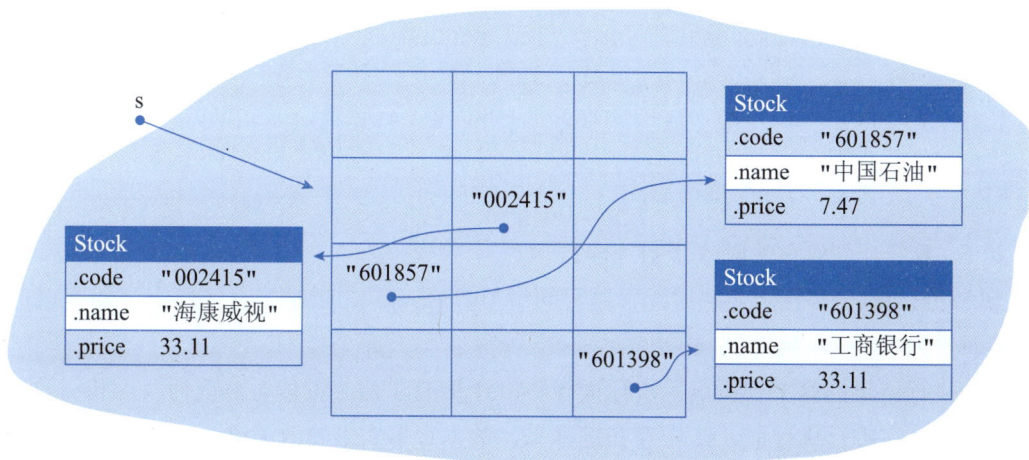

图 9-5　映射的散列表结构

(1) 从键到值的映射非常高效。程序首先通过散列函数依据键计算得到其在散列表中的存储位置（可以简单视为格子编号），然后将查询键与格子内实际存储的键进行相等比较，匹配成功则直接返回相应的值对象。如果对应的格子为空，则说明键不存在。

(2) 映射容器内的键不可重复。

9.4.3 增删键值对 ▷▷

映射既然是容器，那么其内的键值对必然可以增删。请见下述示例。

```
1  package UseMap2
2  import std.collection.HashMap
3
4  main(): Int64 {
5      let s1 = HashMap<String,Float64>()
6      let s2 = HashMap<String,Float64>()
7
8      s1["西瓜"] = 2.3; s1["山竹"] = 5.2; println("s1 = ${s1}")
9      s1["西瓜"] = 1.9; println("s1 = ${s1}")
10
11     s1.add("芭乐",5.5); s1.addIfAbsent("芭乐",7.6)
12     println("s1 = ${s1}")
13     s2.add(all:s1); println("s2 = ${s2}")
14
15     s1.remove("葡萄"); s1.remove("莲雾"); println("s1 = ${s1}")
16     s1.removeIf({k,v => v>2.0}); print("s1 = ${s1}")
17     return 0
18 }
```

上述代码的执行结果为：

```
1  s1 = [(西瓜, 2.300000), (山竹, 5.200000)]
2  s1 = [(西瓜, 1.900000), (山竹, 5.200000)]
3  s1 = [(西瓜, 1.900000), (山竹, 5.200000), (芭乐, 5.500000)]
4  s2 = [(西瓜, 1.900000), (山竹, 5.200000), (芭乐, 5.500000)]
5  s1 = [(西瓜, 1.900000), (山竹, 5.200000), (芭乐, 5.500000)]
6  s1 = [(西瓜, 1.900000)]
```

▷ **第5、6行:** 创建空映射容器 s1 和 s2。

▷ **第8行:** s[k] = v 表示为映射 s 添加新的键值对 (k,v)，如果键 k 存在，则更新其对应的值对象为 v。

如执行结果的第 1 行所示，本行执行后，s1 拥有了两个键值对，键为西瓜和山竹。

▷ **第9行:** 在本行执行前，s1 中存在键西瓜，故本行事实上修改了键西瓜的对应值（从 2.3 到 1.9）。参见执行结果的第 2 行。

▷ **第 11、12 行：** s.add(k,v) 为映射 s 添加键值对 (k,v)。同样地，如果键 k 已存在，则更新其值为 v。与之相较，s.addIfAbsent(k,v) 只会在键 k 不存在时为映射添加键值对。

如执行结果的第 3 行所示，本行执行后，芭乐被成功添加，但其值为 5.5，说明 s1.addIfAbsent(" 芭乐 ",7.6) 因芭乐已经存在而放弃操作。

▷ **第 13 行：** s2.add(all:s1) 将 s1 中的键值对添加至 s2。

如执行结果的第 4 行所示，本行代码执行后，s2 的内容与 s1 相同。

▷ **第 15 行：** s.remove(x) 表示从映射 s 中移除键 x，当然也包括键值对。

在本例中，葡萄和莲雾并不存在于映射中，所以本行代码事实上什么也没做。从执行结果的第 5 行可见，s1 较之前无变化。

▷ **第 16 行：** s.removeIf 函数接收一个函数对象作为参数，并将映射 s 内的全部键值对传递给该函数进行判断，如得真，则删除该键值对。

在本例中，匿名函数 {k,v => v>2.0} 以键值对 k,v 作为输入，当 v>2.0 时返回真，表示该键值对应被移除。如执行结果的第 6 行所示，本行代码执行后，单价大于 2.0 的山竹和芭乐被移除，而单价仅为 1.9 的西瓜得以保留。

映射容器还有一个名为 clear 的成员函数，它可清空全部键值对。

9.4.4 遍历 ▷

通过 for 循环结合元组，可以遍历映射容器中的键值对。请见下述示例。

```
1  package TraverseMap
2  import std.collection.HashMap
3  main(): Int64 {
4      let poets = HashMap<String,String>(
5          [(" 李白 "," 太白 "),(" 杜甫 "," 子美 "),(" 苏轼 "," 子瞻 ")])
6      for ((k,v) in poets){
7          print("${k}, 字 ${v}\t")
8      }
9      return 0
10 }
```

上述程序的执行结果为：

```
1  李白，字太白    杜甫，字子美    苏轼，字子瞻
```

▷ **第 4、5 行：** 创建包含 3 个键值对的映射容器。

▷ **第 6 ~ 8 行：** 循环遍历映射 poets。对于映射容器 poets 而言，其元素，即键值对可视为包含两个对象的元组。因此，for 循环以元组 (k,v) 作为循环变量，k 用于吸收键，v 则用于吸收值。此处不必显式给出 k 和 v 的类型，编译器会根据 poets 的类型自行推断确定。

在本例中，for 循环的循环体执行了 3 轮，(k,v) 依次得值 (" 李白 "," 太白 ")、(" 杜

甫 "," 子美 ")、(" 苏轼 "," 子瞻 ")。

编程练习

练习 9-3 从键盘读入数量不确定的正整数，然后从中找出出现次数最多的数。操作者输入 -1 表示结束输入。

众数

9.4.5　实践：基尼系数与贫富差距

基尼系数（Gini index）是经济学中衡量一个国家或地区居民贫富差距程度的常用指标。当以居民收入数据为依据计算时，所得结果为收入基尼系数；而当以居民财产数据为基础计算时，所得为财富基尼系数。

假设一个只有 10 位居民的"小国"，以该国 10 位居民的财产数据为基础，计算该"国"的财富基尼系数。

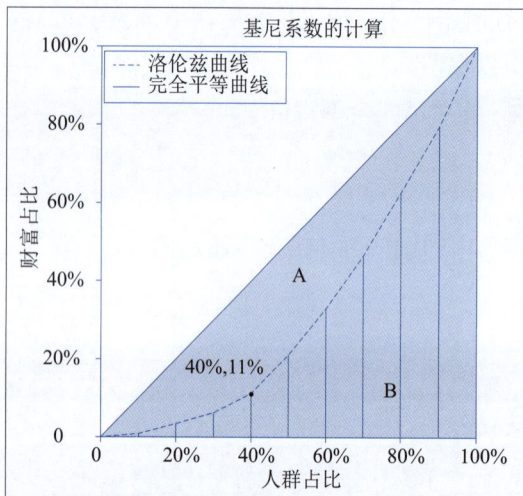

图 9-6　基尼系数计算原理

下面借助图 9-6 来说明基尼系数的计算过程。图中的横轴为人群占比，纵轴为财富占比。虚线则为洛伦兹曲线，它表示社会中最贫穷的百分比人群所拥有的财富占社会总财富的百分比。以图中洛伦兹曲线上的黑点为例，该黑点对应的横坐标为 40%，纵坐标为 11%，表示社会中最穷的 40% 人口只拥有社会总财富的 11%，显然，该社会的财富分配是不均衡的。

如果一个国家的财富是完全平均分配的，即所有居民都拥有相同金额的财富，则图 9-6 中的洛伦兹曲线将与 45 度倾斜的完全平等曲线重合。因为社会最穷的 20% 居民拥有社会总财富的 20%，最穷的 70% 居民拥有社会总财富的 70%……完全平等曲线上任意一点的横纵坐标值均相等，正好与该情形对应。

社会财富分配越平均，洛伦兹曲线越接近完全平等曲线，图 9-6 中 A 区域的面积越小，B 区域的面积越大；社会财富分配越不均衡，贫富差距越大，洛伦兹曲线越远离完全平等曲线，图 9-6 中 A 区域的面积越大，B 区域的面积越小。根据上述特性，基尼系数被定义为

$$基尼系数 = \frac{S_A}{(S_A + S_B)}$$

其中的 S_A、S_B 分别代表图 9-6 中 A、B 区域的面积。当社会财富完全平均分配时，洛

伦兹曲线与完全平等曲线重合，$S_A=0$，基尼系数等于 0。当社会财富集中在少数富人手中时，洛伦兹曲线无限远离完全平等曲线，S_B 变得很小，基尼系数趋近于 1。基尼系数越大，贫富分化越严重。

如图 9-6 所示，A 和 B 两个区域合起来正好是一个底为 1（100%）、高为 1 的三角形，故 $S_A+S_B=0.5$。在实践中只需对洛伦兹曲线进行积分，计算 B 区域面积，再用 0.5 减去 S_B，即得 S_A。

按前述方法，编程计算了一个 10 人小国的基尼系数。程序如下：

```
1  package Gini
2  import std.collection.ArrayList; import std.sort
3
4  main(): Int64 {
5      let w = ArrayList<Int64>([5,25,100,15,10,90,70,50,60,80])
6      sort.sort(w); println("财富数组:${w}") // 从穷到富的财富数组
7
8      let cw = ArrayList<Float64>([0.0])       // 累积财富数组
9      var t = 0
10     for (x in w) {
11         t += x;  cw.add(Float64(t))    //cw[i]：社会最穷的 i 个人的总财富
12     }
13     println("累积财富数组:${cw}")
14
15     let totalWealth = cw[cw.size-1]    // 社会总财富
16     for (i in 0..cw.size) {
17         cw[i] = cw[i] / totalWealth    //cw[i]：社会最穷的 i 个人的财富占比
18     }
19
20     let cp = ArrayList<Float64>(cw.size,
21             {i => Float64(i)/Float64(w.size)})
22     println("人群占比:${cp}")
23     println("财富占比:${cw}")
24
25     var B = 0.0                        // 梯形法累加计算 B 区域面积
26     for (i in 1..cw.size) {
27         B += (cw[i]+cw[i-1])*(cp[i]-cp[i-1])/2.0
28     }
29
30     let A = 0.5 - B
31     print("财富基尼系数:${A/(A+B)}")
32     return 0
33 }
```

上述程序的执行结果为（有节略）：

```
1  财富数组:[5, 10, 15, 25, 50, 60, 70, 80, 90, 100]
2  累积财富数组:[0.000000, ... 30.000000, 55.000000, ... 505.000000]
3  人群占比:[0.000000, ... 0.300000, 0.400000, ... 1.000000]
4  财富占比:[0.000000, ... 0.059406, 0.108911, ... 1.000000]
5  财富基尼系数:0.373267
```

▷ **第 5 行:** w 为财富数组，其内存储了该国 10 位居民各自拥有的财富值。

▷ **第 6 行:** 对财富数组进行排序并打印，默认为递增序，即较穷的个体排在较富的个体前面。参见执行结果的第 1 行。

▷ **第 8 ~ 13 行:** 对财富数组进行累积计算，依次计算最穷的 0 个人、最穷的 1 个人、最穷的 2 个人……最穷的 10 个人的财富总额。对于财富累积数组 cw，cw[i] 代表社会最穷的 i 个人的总财富。

▷ **第 8 行:** 创建累积财富数组 cw，其包含初始元素 0.0，表示社会最穷的 0 个人拥有的总财富为 0。请注意，cw 的元素类型为 Float64 而非 Int64。

▷ **第 9 ~ 12 行:** 对财富数组进行遍历，逐一将每个元素累加入变量 t，然后将 t 交给 cw.add 成员函数，加入累积财富数组。

如执行结果的第 2 行所示，cw[0] 值为 0 表示最穷的 0 个人的总财富为 0；cw[3] 值为 30 表示最穷的 3 个人的总财富为 30；cw[10] 值为 505，表示最穷的 10 个人（即所有人）的总财富为 505。

▷ **第 15 行:** cw 数组的最后一个元素即为社会总财富。在本例中，cw 共有 11 个元素，cw.size−1 为 10，即 cw 中最后一个元素的下标。

▷ **第 16 ~ 18 行:** 对 cw 数组进行基于下标的循环遍历，将每个元素除以社会总财富。相关循环结束后，cw[i] 存储的是社会最穷的 i 个人拥有的总财富占社会总财富的比例。这个比例预期为小数，因此在第 8 行将 cw 数组定义为浮点数数组。

▷ **第 20、21 行:** 计算人群占比数组 cp。cp[i] 代表社会最穷的 i 个人占社会总人口的比例。此处使用一个匿名函数来生成 cp[i] 的值。该匿名函数将元素下标 i 除以社会总人口（w.size），取其商作为元素值。

▷ **第 22、23 行:** 输出数组 cp 和 cw。

如执行结果的第 3 行、第 4 行所示，社会最穷的 40% 人口拥有社会总财富的 11%。

如果把 cp 视为横坐标、cw 视为纵坐标，即可得到平面上的 11 个点，将这 11 个点串接绘成折线图，即为图 9-6 中的洛伦兹曲线。

▷ **第 25 ~ 28 行:** 计算 B 区域的面积。

如图 9-6 所示，洛伦兹曲线下方的区域 B 可以分割成 10 个规则的梯形，按照梯形面积公式"上底加下底乘以高除以 2"依次计算各梯形的面积并累加即得 B 区域面积。读者可能注意到，左下方最靠近坐标系原点的梯形事实上是一个三角形，但这并不影响我们的计算设计，因为三角形可以视为上底等于 0 的特殊梯形。

在循环过程中，i 从 1 开始计数，cw[i] 对应梯形下底，cw[i-1] 为梯形上底，cp[i]-cp[i-1] 为梯形的高。

▷ **第 30 行：** 根据公式 A+B=0.5 计算 A 区域的面积。

▷ **第 31 行：** 按公式计算并打印财富基尼系数。

如执行结果的第 5 行所示，该"国"的财富基尼系数为 0.37，存在一定程度的贫富分化。

🗄 编程练习

练习 9-4（基尼系数）在随书代码的 CH9 子目录下，w10676.cj 存储了某地 10 676 位居民的财产数据（整数数组）。请以该数据为基础计算该地的财富基尼系数。

基尼系数

9.5　小　结

容器是特殊类型的对象，通常用于容纳单一类型的多个对象。容器均为引用类型，除非使用 clone 成员函数，对容器对象的简单赋值不能完成实体容器的复制。容器类型都是可迭代的，可以通过 for 循环遍历其元素。

Array<T> 是容量固定的数组对象，在容器创建之后，不可以增删元素。与之相较，ArrayList<T> 则是容量可根据需要自适应的动态数组成象，它允许元素的增加和删除。数组和动态数组内的元素之间存在确定的先后次序，其元素可通过下标访问，也可通过区间进行切片。

HashSet<T> 为 T 类型元素的集合。集合内的元素不可以重复且不存在先后次序。借助于散列函数和散列表数据结构，集合可以快速地判断对象是否属于集合。也因其哈希及散列表机制，集合要求其元素类型 T 必须实现 Hashable 和 Equatable 接口。

HashMap<K,V> 称为映射容器，其元素为键值对，K 和 V 分别为键和值的类型。同样地，借助于散列函数及散列表数据结构，映射容器可快速地完成从键到值的映射，即根据键找到对应的值对象。同样地，映射容器的键类型 K 也必须实现 Hashable 和 Equatable 接口。

仓颉还提供 ArrayDeque<T>（双端队列）、ArrayQueue<T>（循环队列）、ArrayStack<T>（堆栈）、LinkedList<T>（双向链表）、TreeMap<K,V>（二叉搜索树映射）等适用于不同应用场景的容器类型，细节请查询仓颉文档。

第 10 章　泛　　型

千举万变，其道一也。

——《荀子·儒效》

思维导图

事半功倍，一劳永逸是人们不变的追求。当仓颉的创造者在设计 ArrayList<T>（动态数组）类型时，他 / 她期望获得一个万能的数组容器：这个容器的元素既可以是牛奶，也可以是鸡蛋，还可以是梦想。至于容器到底存储什么，则由 ArrayList<T> 类型的使用者在使用时确定。

为达上述目的，设计者用类型参数 T 来指代 ArrayList<T> 容器存储的元素类型。诸如 ArrayList<T> 这类含有待确定的类型参数的类称为泛型类（generic type class）。类似地，设计中含有待确定类型参数的函数则称为泛型函数（generic type function）。

10.1　泛型函数

图 10-1 展示了用于从参数 a、b 中两者取大的全局泛型函数 bigger。与普通函数不同，泛型函数提供以 < > 包裹的类型参数列表，指代那些至使用时刻方能确定的参数或者返回值的类型。在类型参数列表中可以包含多个类型参数，以逗号分隔。

在本例中，函数的形参 a、b 均为 T 型。由于函数体使用了 > 操作符，这事实上要求类型为 T 的对象之间必须支持 > 操作，否则程序无法通过编译。为满足这一要求，给类型 T 添加了泛型约束，即要求实际使用时指定的类型 T 必须实现 Greater<T> 接口。

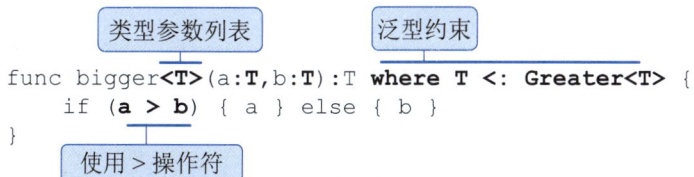

图 10-1　泛型函数示例

该接口位于 std.core 包下，从仓颉文档中找到其定义如下：

```
1 public interface Greater<T> {
2     operator func >(rhs: T): Bool   // 操作符重载 >
3 }
```

从第 2 行可见，凡是实现 Greater<T> 接口的类型都必须对 > 操作符进行重载。

下述示例演示了上述泛型函数 bigger 的使用方法。

```
1  package Bigger
2  import std.core.ToString; import std.convert
3
4  func bigger<T>(a:T,b:T):T where T <: Greater<T> {
5      if (a>b) { a } else { b }
6  }
7
8  class Fish <: Greater<Fish> & ToString  {
9      Fish(var name:String, var weight:Float64) {}
10     public operator func > (r:Fish):Bool {
11         weight > r.weight
12     }
13     public func toString():String {
14         "${name}, 重 ${weight.format(".2")}kg"
15     }
16 }
17
18 main(): Int64 {
19     let a = bigger<Float64>(3.1,2.3); println("3.1,2.3 中较大者：${a}")
20     let b = bigger(5,9);                println("5,9 中较大者：${b}")
21     let (f1,f2) = (Fish("鲤",3.7), Fish("鲲",13141516.17))
22     let c = bigger(f1,f2);              print("北冥有鱼：${c}")
23     return 0
24 }
```

上述程序的执行结果为：

```
1  3.1,2.3 中较大者：3.100000      3  北冥有鱼：鲲，重 13141516.17kg
2  5,9 中较大者：9
```

▷ **第 19 行：** bigger<Float64> 显式指定了泛型函数 bigger 的类型参数 T 为 Float64。如执行结果的第 1 行所示，泛型函数 bigger 可以从两个 Float64 对象中挑出较大者。

▷ **第 20 行：** 不同于第 19 行，本行使用 bigger 函数时未显式指定 T。但聪明的编译器给函数实参 5 和 9 推断确定类型参数 T 为 Int64。本行事实上执行的是 bigger<Int64>(5,9)。如执行结果的第 2 行所示，bigger 函数在 5 和 9 中挑出了较大者 9。

▷ **第 21 行：** 通过元组解构（参见 6.4 节）语法，一条名为鲤重 3.7kg 的鱼和一条名为鲲重 13141516.17kg 的鱼。

▷ **第 22 行：** 同样地，bigger(f1,f2) 未显式指定类型参数 T，但编译器根据 f1 和 f2 的类型推断执行了 bigger<Fish>(f1,f2)。如执行结果的第 3 行所示，北冥有鱼，其名为鲲。鲲之大，不知其几千里也。

如上，泛型函数 bigger 具备很强的自适应性，它既可以从浮点数/整数中两者取大，也能够从两条鱼里找出大鱼。理论上，该函数也可以从两头大象（Elephant）里两者取大，只要 Elephant 类型实现了 Greater<Elephant> 接口，即对于 Elephant 类型的对象 e1 和 e2 而言，e1 > e2 是被支持的合法操作。

▷ **第 8 行：** Fish 类型实现了 Greater<T> 泛型接口，这是 Fish 类型适用于 bigger 函数的前提。请注意，由于 Fish 类型本身不是泛型的，它没有任何类型参数，因此本行必须显式指定泛型接口 Greater<T> 中的 T 为 Fish（Greater<Fish>）。

▷ **第 10 ~ 12 行：** Fish 类型实现 Greater<Fish> 规定的 > 操作符函数。对于 Fish 类型的 a 和 b 而言，a > b 最终被编译器解释为执行 a 的 > 操作符函数，以 b 为实参。如代码的第 11 行所示，该函数事实上比较了两条鱼的体重（weight），重者为大。

▷ **第 13 ~ 15 行：** 为便于将 Fish 对象打印输出，Fish 类型还实现了 ToString 接口。根据该接口的要求，此处实现了成员函数 toString，将 Fish 对象转换为字符串表达形式。

在程序第 22 行对 Fish 类型的对象 c 进行字符串插值时，c 的 toString 成员函数被自动调用，以获得 c 的字符串表达形式。

除了全局函数，嵌套函数、类型的成员函数、静态成员函数也可以是泛型的。但有一个例外，当类型的成员函数具有 open 语义（可在子类中重写，参见 8.4 节）时，其不可以是泛型的。

编程练习

练习 10-1（泛型约束）删除前述示例中 bigger 函数的泛型约束部分，看看编译器给出的错误信息是什么，试着解释相关错误的产生原因。

注：泛型约束是指代码第 4 行的 "where T <: Greater<T>"。

10.2　泛　型　类

本书第 9 章所介绍的容器类型几乎都是泛型类型，它们通过类型参数来确定容器的元素类型。如果需要，也可以自定义泛型类型。图 10-2 展示了一个泛型设计的键值对类型。该类型拥有两个类型参数 K（键类型）和 V（值类型）。Node 的成员变量 key 和 value 分别被指定为 K 和 V 类型。

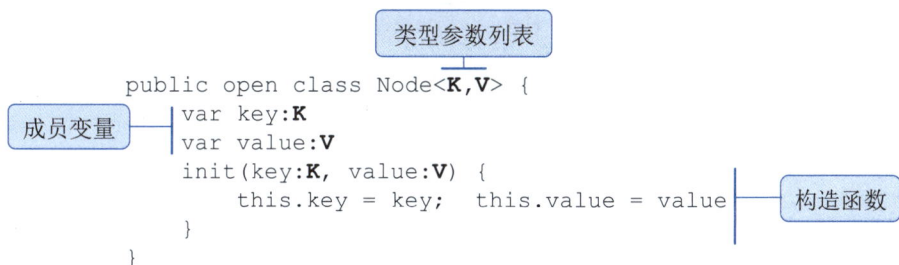

图 10-2　泛型类示例

在下述示例中使用 Node<K,V> 类型创建并使用了两个对象。

```
 1 package Pair
 2 // 如图 10-2 所示的 Node 类型定义
 3
 4 main(): Int64 {
 5     let a = Node<String,Int64>("Jack",65112002)
 6     println("a = [key:${a.key},value:${a.value}]")
 7     let b = Node("阿根廷 "," 布宜诺斯艾利斯 ")
 8     print("b = [key:${b.key},value:${b.value}]")
 9     return 0
10 }
```

上述程序的执行结果为：

```
1 a = [key:Jack,value:65112002]
2 b = [key:阿根廷 ,value: 布宜诺斯艾利斯 ]
```

▷ **第 5 行：** 显式指定变量 a 的类型为 Node<String,Int64>。对于泛型类型 Node<K,V> 而言，其类型参数 K 为 String，V 则为 Int64。

▷ **第 7 行：** 未显式指定变量 b 类型 Node<K,V> 中的 K 和 V。聪明的编译器根据构造函数的两个参数 " 阿根廷 " 和 " 布宜诺斯艾利斯 " 推断确定 b 的完整类型为 Node<String,String>。

🎯 **要点** ▰

在上述示例中的变量 a 和 b 具有不同的类型，前者为 Node<String,Int64>，后者则为 Node<String,String>。

当泛型类型被继承时，如果其子类没有对应的类型参数，则定义子类时须为其泛型父类显式指定类型参数。如图 10-3 所示，对于子类 LessonScore（课程及分数键值对），其键类型（课程名称应为 String）和值类型（分数宜为 Int64）是确定的，在没有对应的类型参数的情况下，只好将 String 和 Int64 显式提供给泛型父类 Node<K,V>。

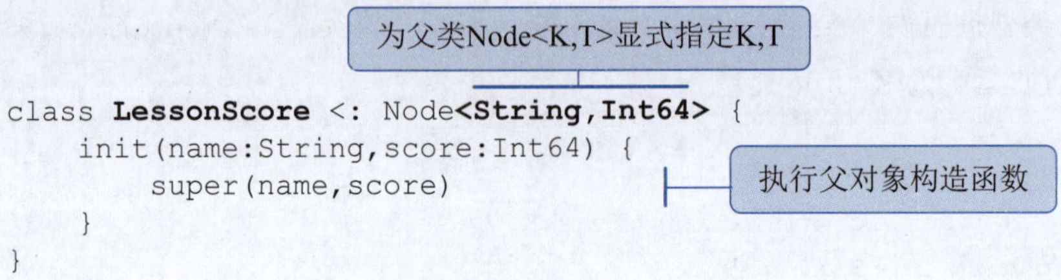

```
        ┌─────────────────────────┐
        │ 为父类Node<K,T>显式指定K,T │
        └─────────────────────────┘
class LessonScore <: Node<String,Int64> {
    init(name:String,score:Int64) {     ┌──────────────────┐
        super(name,score)          ─────│ 执行父对象构造函数 │
    }                                    └──────────────────┘
}
```

图 10-3   继承泛型类型

下述代码创建了一个 LessonScore 对象，并打印了其从 Node<K,V> 继承而得的成员变量 key 和 value。

```
1  package DerivePair
2  // 泛型类型 Node<K,T> 的定义，同图 10-2
3  // 非泛型子类 LessonScore 的定义，同图 10-3
4
5  main(): Int64 {
6      let a = LessonScore(" 高等数学 ",75)
7      print("[${a.key},${a.value}]")
8      return 0
9  }
```

结构体（struct）和枚举（enum）类型也可以设计成泛型的，语法规则大致相同。6.6 节介绍的 Option<T> 就是一个泛型的枚举类型。该类型事实上定义于 std.core 包之下，在仓颉文档中可以找到其定义代码（片段）如下：

```
1  package core // Option<T> 定义于 std.core 包
2
3  public enum Option<T> {
4      Some(T) | None
5      public func getOrThrow(): T {
6          match (this) {
7              case Some(v) => v
8              case None => throw NoneValueException()
9          }
10     }
11     ...
12 }
```

从上述代码可见，枚举类型 Option<T> 的类型参数 T 用于指定其所包裹的有值对象的类型。在本书的前半部分中使用过 Option<String>、Option<Float64> 以及 Option<Stock> 等多种类型。

10.3 泛型接口

10.3.1 Iterable<E> »

不论容器 s 是数组（Array<T>）、动态数组（ArrayList<T>），抑或集合（HashSet<T>）、映射（HashMap<K,V>）类型，都可以使用如下所示的 for 循环语法进行遍历。

```
1 for (e in s) {
2     //… 对集合 s 内的元素 e 进行处理
3 }
```

不同类型的容器拥有不同的内部数据结构，for 循环是如何做到如此的足智多谋而又明察秋毫，拥有将不同类型容器内部的元素逐一遍历的能力的呢？

答案在于这些容器类型通过实现 Iterable<E> 泛型接口，向 for 循环及外部程序提供了逐一列举其内部元素的能力。如图 10-4 所示，前述 4 种容器类型均继承了 Iterable<E> 接口，并实现了其所要求的成员函数 iterator():Iterator<E>。外部程序通过执行容器对象的 iterator 函数，可以获得一个类型为 Iterator<E> 的迭代器对象。通过这个迭代器对象，外部程序能够逐一列举容器的内部元素，而无须了解容器的数据结构。

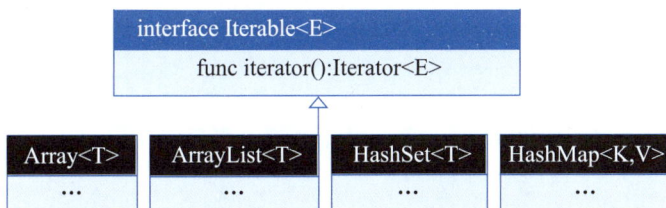

图 10-4 容器类型继承实现了 Iterable<E> 泛型接口

详细情况请见下述接口定义：

```
1 public interface Iterable<E> {
2     func iterator(): Iterator<E>
3 }
4
5 public interface Iterator<E> <: Iterable<E> {
6     func next(): Option<E>
7 }
8
9 public interface Collection<T> <: Iterable<T> {
10     prop size: Int64
```

```
11      func isEmpty(): Bool
12  }
```

▷ **第 1 ~ 3 行:** Iterable<E> 为泛型接口,其类型参数为 E 对应容器的元素类型。外部程序若执行该接口的成员函数 iterator,则可获得一个 Iterator<E> 类型的迭代器对象。

▷ **第 5 ~ 7 行:** 泛型接口 Iterator<E> 继承自 Iterable<E>,类型参数仍为 E。外部程序若执行该接口的 next 成员函数,则可获得一个 Option<E> 类型的枚举对象,其内包含了容器内的下一个元素。

▷ **第 9 ~ 12 行:** 泛型接口 Collection<T> 继承自 Iterable<E>,此处把子类型的类型参数 T 指定给了父类型的类型参数 E。多数容器类型,包括 ArrayList<T>、HashSet<T>、HashMap<K,V>,都是 Collection<T> 的间接子类型。

下面借助示例来解释迭代器是如何工作的,首先以数组为例。

```
1  package IteratorDemo1
2  main(): Int64 {
3      let a:Array<String> = [" 哪吒 "," 申公豹 "," 太乙 "," 风火轮 "," 李靖 "]
4      if (let e:Iterable<String> <- a) {
5          println("Array<String> 是 Iterable<String> 的子类型。")
6      }
7
8      print(" 使用 for 循环遍历 :")
9      for (x in a) {
10          print("${x},")     // 打印元素,加逗号,但不换行
11      }
12
13      print("\n 使用迭代器遍历 : ")
14      let itr = a.iterator()
15      while (let Some(x) <- itr.next()) {
16          print("${x},")        // 打印元素,加逗号,但不换行
17      }
18      return 0
19  }
```

上述程序的执行结果为:

```
1  Array<String> 是 Iterable<String> 的子类型。
2  使用 for 循环遍历 : 哪吒 , 申公豹 , 太乙 , 风火轮 , 李靖 ,
3  使用迭代器遍历 :  哪吒 , 申公豹 , 太乙 , 风火轮 , 李靖 ,
```

▷ **第 4 ~ 6 行:** 借助 if-let 表达式将数组 a 与模式 e:Iterable<String> 进行匹配。执行结果的第 1 行证实了前述匹配成功,证明 Array<String> 确为 Iterable<String> 的子类型,即继承自 Iterable<String> 接口。关于 if-let 表达式,必要时请回顾 8.7 节。

▷ **第8~11行:** 使用 for 循环遍历数组 a,以逗号为间隔打印全部元素。参见执行结果的第2行。

▷ **第14行:** 执行数组 a 的 iterator 成员函数,得迭代器 itr,其类型为 Iterator<String>。如稍早所述,iterator 成员函数源自 Iterable<E> 接口。

▷ **第15~17行:** 在 while-let 表达式中使用迭代器 itr 对数组 a 进行循环遍历。如执行结果的第3行所示,遍历结果与前述 for 循环等同。

关于 while-let 表达式,必要时请回顾 6.6 节。

通过执行迭代器 itr 的 next 成员函数,可以向其索取下一个元素。该成员函数的返回值类型为 Option<T>(本例中为 Option<String>)。当下一个元素存在时,其返回有值对象 Some(x),当容器已经被遍历完,下一个元素不存在时,next 成员函数返回无值对象 None,表示元素已耗尽,遍历过程应终结。

此处,while-let 表达式将 itr.next 返回的 Option<String> 与 Some(x) 进行模式匹配,如果匹配成功,说明成功获得了容器中的下一个元素,执行循环体代码(第16行)将其打印出来。如果匹配失败,说明容器中的元素已经耗尽,遍历已完成,循环结束。

◎ **见微知著** ▪

当 for 循环遍历一个实现了 Iterable<E> 接口的容器对象时,其实际工程过程如下:首先执行该容器对象的 iterator 成员函数,得到一个迭代器对象 itr;循环执行迭代器对象 itr 的 next 成员函数,向其索要下一个元素并执行循环体,直到该函数因元素耗尽返回无值对象 None 为止。

通过使用迭代器,外部程序如 for 循环,可以获得逐一列举容器元素的能力,而不必知晓容器的内部数据结构和实现细节。理论上,只要是实现了 Iterable<E> 接口的容器类型,即便是自定义的新类型,都可以通过 for 循环遍历。

编写软件,从某种角度看,就是设计出一大堆各种不同类型的对象,并让它们友好地相互协作,以实现功能。这并不容易,对象 a 和 b 如果要协同工作,它们之间最好有一个公认的通信协议,而迭代器,则是这类通信协议的良好典范。

下述示例展示了应用迭代器对映射容器进行遍历的过程。

```
1  package IteratorDemo2
2  import std.collection.HashMap
3  main(): Int64 {
4      let poets = HashMap<String,String>(
5              [("李白","太白"),("杜甫","子美"),("苏轼","子瞻")])
6      for ((k,v) in poets) { print("${k}, 字 ${v}\t") }
7
8      println()      // 输出换行符
9      let itr:Iterator<(String,String)> = poets.iterator()
```

10

```
10      while (let Some((k,v)) <- itr.next()){
11          print("${k}, 字${v}\t")
12      }
13      return 0
14 }
```

上述程序的执行结果为：

```
1 李白，字太白      杜甫，字子美      苏轼，字子瞻
2 李白，字太白      杜甫，字子美      苏轼，字子瞻
```

▷ **第4行：** 对于类型为 HashMap<String,String> 的容器 poets 而言，其元素可以视为类型为 (String,String) 的元组。

▷ **第6行：** 使用 for 循环遍历容器 poets。注意这里使用了元组形式的循环变量 (k,v) 用于吸收键值对。

▷ **第9行：** 执行 poets.iterator 成员函数获取类型为 Iterator<(String,String)> 的迭代器。

▷ **第9～12行：** 使用 while-let 表达式结合迭代器对容器进行遍历。

执行结果证实，for 循环和 while 循环遍历的效果等同。同样地，上述程序中，第6行 for 循环遍历的实际过程与第9～12行借助迭代器遍历的过程等同。

10.3.2 Equatable<T>、Comparable<T> ▷▷

如 10.1 节所述，在实现了 Greater<T> 泛型接口后，自定义类型 Fish 的两个对象之间可以进行大于（>）比较。在仓颉中，与比较相关的泛型接口还有 Equatable<T>、Comparable<T>、Less<T>、LessOrEqual<T> 等。

图 10-5 展示了这些泛型接口之间复杂的继承关系。如图所示，Equatable<T> 从 Equal<T> 和 NotEqual<T> 分别继承了 == 和 != 操作符成员函数，用于判定类型为 T 的两个对象是否相等或者不相等。

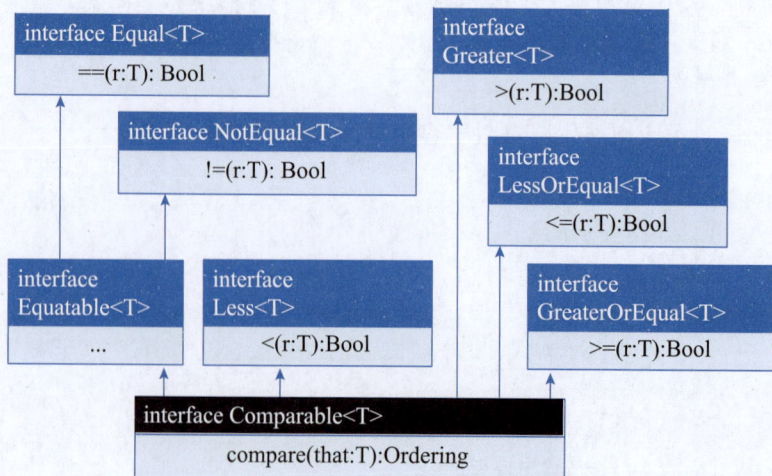

图 10-5　与比较相关的泛型接口之间的继承关系

Comparable<T> 一方面从 Equatable<T> 继承了 == 和 != 操作符成员函数，另一方面又从 Less<T>、LessOrEqual<T>、Greater<T> 以及 GreaterOrEqual<T> 分别继承了 <、<=、> 和 >= 操作符成员函数。实现了 Comparable<T> 接口的两个 T 类型对象间可以进行各种大小及相等比较。

编程练习

练习 10-2（绩点比拼）大学里免不了要比拼绩点。请将下述程序中的 Student 类型定义补充完整，使得程序能够以绩点（gpa 成员变量）为依据，对 Student 对象进行比较。

绩点比拼

```
package Ex10_2
class Student <: Greater<Student> & Less<Student> & Equal<Student> {
    Student(let name:String, let gpa:Float64) { }
    _____  // 请在此处补充多个函数代码

}

main(): Int64 {
    let dora = Student("朵朵",3.41); let peter = Student("彼得",3.12)
    print([dora>peter, dora<peter, dora==peter])
    return 0
}
```

10.4 高阶泛型函数 *

伴随容器类型，仓颉还在 std.collection 包中提供了数量众多的高阶泛型函数，以支持对容器元素的批量操作。

10.4.1 forEach<T>

在下述示例中使用了 3 种不同的语法调用执行了 forEach<T> 泛型函数，打印输出了 masters 数组内的全部元素。

```
1  package ForEachDemo
2  import std.collection.forEach  // 导入 std.collection 下的 forEach 函数
3
4  func display(e:String) { print("${e},") }
5
6  main(): Int64 {
7      let masters = ['柳宗元','韩愈','欧阳修','苏洵','苏轼',
8                     '苏辙','王安石','曾巩']
9      print("唐宋八大家, Round 1: ")
10     forEach(display)(masters)
11
```

```
12      print("\n唐宋八大家, Round 2: ")
13      let op = forEach<String>(display)
14      op(masters)
15
16      print("\n唐宋八大家, Round 3: ")
17      masters |> forEach(display)
18      return 0
19   }
```

上述程序的执行结果为：

```
1   唐宋八大家, Round 1: 柳宗元，韩愈，欧阳修，苏洵，苏轼，苏辙，王安石，曾巩，
2   唐宋八大家, Round 2: 柳宗元，韩愈，欧阳修，苏洵，苏轼，苏辙，王安石，曾巩，
3   唐宋八大家, Round 3: 柳宗元，韩愈，欧阳修，苏洵，苏轼，苏辙，王安石，曾巩，
```

▷ **第 4 行：** display 函数接收一个 String 类型的形参 e，打印该字符串并附加输出一个逗号。该函数的类型为 (String) -> Unit。

▷ **第 7、8 行：** masters 数组的类型为 Array<String>。按稍早的讨论，其实现了 Iterable<String> 接口，是可迭代的容器。

▷ **第 10 行：** 执行 forEach<T> 泛型函数，遍历 masters 数组，将其中的元素逐一传送给 display 函数打印输出。相关输出见执行结果的第 1 行。

于初学者而言，forEach<T> 函数的工作过程有些费解。从仓颉文档中查得该函数的声明如下：

```
1   public func forEach<T>(action: (T) -> Unit): (Iterable<T>) -> Unit
```

从上述声明中可以看出，forEach<T> 函数接收一个函数对象 action 作为输入，然后返回一个函数对象作为输出。其函数结构参见图 10-6。

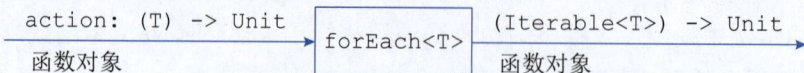

图 10-6   forEach<T> 函数的结构

如图 10-7 所示，代码 forEach(display)(masters) 事实上对应着两次函数调用。首先被执行的是 forEach(display)。由于 display 函数对象的类型为 (String)->Unit，编译器自动推断 forEach<T> 为 forEach<String>。第①步的函数调用事实上并没有进行任何实质性的操作，它只是简单返回了一个类型为 (Iterable<String>)->Unit 的临时函数对象 op。请注意，op 这个名字是为便于讨论而起的。

对数组容器 masters 的元素的实质操作发生在第②步。masters 容器对象的类型为 Array<String>，它实现了 Iterable<String> 泛型接口。op(masters) 迭代遍历 masters 容器，并将其中的元素按迭代顺序逐一交给 display 函数打印输出。在本例中，masters 数组内有 8 个元素，故 display 函数被调用执行 8 次。

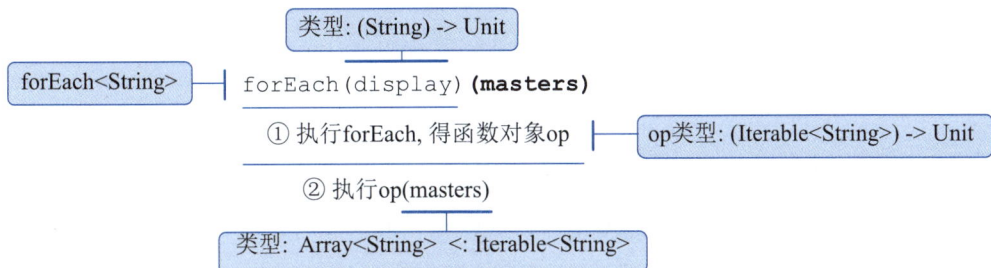

图 10-7　forEach(display)(masters) 的执行过程

▷ **第13、14行：** 工作原理和过程与第 10 行完全相同。区别在于此处展现了图 10-7 所示的临时函数对象 op，并显式指定了 forEach<T> 为 forEach<String>。相关输出见执行结果的第 2 行。

▷ **第17行：** 使用了流表达式语法（参见 7.14 节）。本行与第 10 行等价。相关输出见执行结果的第 3 行。

10.4.2　filter<T>

filter<T> 用于对容器元素进行筛选，在仓颉文档中查得其函数声明如下：

```
1  public func filter<T>(predicate:(T)->Bool):(Iterable<T>)->Iterator<T>
```

从上述声明中可以看出，filter<T> 函数接收一个函数对象 predicate 作为输入，然后返回一个函数对象作为输出。其函数结构参见图 10-8。

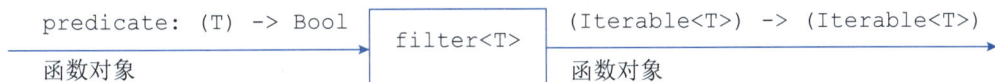

图 10-8　filter<T> 函数的结构

在下述示例中使用泛型函数 filter<T> 对存放于 masters 数组的唐宋八大家进行筛选，得到苏氏三杰。

```
1   package FilterDemo
2   import std.collection.{filter,forEach}
3
4   main(): Int64 {
5       let masters = ['柳宗元','韩愈','欧阳修','苏洵','苏轼',
6                      '苏辙','王安石','曾巩']
7
8       print("苏氏三杰, Round 1: ")
9       let r = filter<String>({s:String => s.startsWith("苏")})(masters)
10      for (x in r) { print(x+",") }
11
12      print("\n苏氏三杰, Round 2: ")
13      masters |> filter({s:String => s.startsWith("苏")})
```

```
14              |> forEach({s:String=>print("${s},")})
15      return 0
16 }
```

上述程序的执行结果为：

```
1 苏氏三杰，Round 1：苏洵，苏轼，苏辙，
2 苏氏三杰，Round 2：苏洵，苏轼，苏辙，
```

▷ **第2行：** 一次性从 std.collection 导入两个名字：filter 和 forEach。

▷ **第9行：** 使用 filter<String> 函数对 masters 进行筛选，所得 r 为包含筛选结果的可迭代对象。

如图 10-9 所示，代码第 9 行的执行过程主要分为两步：① 执行函数 filter<String>，以 {} 内的匿名函数对象为参数。该匿名函数使用字符串对象的 startsWidth 成员函数判断该字符串是否以"苏"字开头，即判定该"大家"是否姓苏。这一步并不涉及对 masters 数组容器的任何处理，它只是简单返回一个类型为 (Iterable<String>) -> Iterable<String> 的临时函数对象。为讨论方便，将这个返回的临时函数对象取名为 op。② 执行 op(masters)。masters 数组的类型是 Array<String>，它实现了 Iterable<String> 接口，其符合 op 函数对于形参的类型要求。事实上，第②步也没有对 masters 数组进行实质性的筛选，op 函数简单返回了一个类型为 Iterable<String> 的可迭代对象。在本例中，这个可迭代对象为变量 r 所吸收。

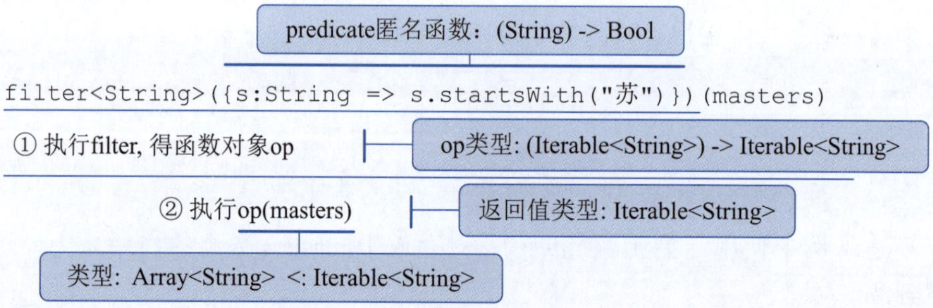

图 10-9　苏氏三杰的筛选过程

▷ **第10行：** 既然 r 是一个类型为 Iterable<String> 的可迭代对象，那么可以使用 for 循环对其进行遍历和打印。本行代码的输出参见执行结果的第 1 行。

真正的元素筛选发生在对 r 的遍历过程中。当 r 被迭代时，程序会隐含地迭代 masters 数组，逐一将其中的元素交给 predicate 匿名函数进行判定，只有判定结果为 True 的元素会被提供给外部 for 循环。

◎ **见微知著** ■

在某种意义上，上述类型为 Iterable<String> 的可迭代对象 r 是一个伪装成数据对象的程序对象。只有被遍历迭代时，该对象内的程序才会按需运行，对源容器内的元素按规则进行筛选，把符合规则的元素推送给迭代者（需方）。

▷ **第13、14行：** 使用 filter<T> 对 masters 进行筛选，然后通过 forEach<T> 进行遍历输出。程序输出参见执行结果的第2行。

这里使用到了流表达式语法（参见7.14节）。按照流表达式的语义，第13、14行的等价代码见图10-10。请注意，图中的对象名 f1、f2、op1、op2、s 均是出于方便表述的目的而引入，在实际场景中，相关对象都是匿名的。

匿名函数f1: (String) -> Unit　　匿名函数f2: (String) -> Bool

```
forEach({s:String=>print("${s},")})(filter({s:String=>s.startsWith("苏")})(masters))
```

③ 执行forEach, 得函数对象op2:
　　(Iterable<String>) -> Unit

① 执行filter, 得函数对象op1:
　　(Iterable<String>) -> Iterable<String>

② op1(masters), 得可迭代对象s: Iterable<String>
　　s被迭代时会调用f2进行筛选

④ 执行op2(s)，遍历s，将其元素逐一传参给f1打印输出

图 10-10　forEach<T> 与 filter<T> 的流式调用

如图10-10所示，相关代码的执行过程可以拆分为4步：①执行 filter<String> 函数，得类型为 (Iterable<String>)->Iterable<String> 的函数对象op1。②以 masters 数组作为实参，执行函数对象op1，得可迭代对象 s，其类型为 Iterable<String>。③以匿名函数 f1 为实参，执行 forEach<String> 函数，得函数对象op2，其类型为 (Iterable<String>)->Unit。④以可迭代对象 s 为实参，执行 op2 函数。op2 函数遍历 s，在 s 被遍历的过程中，匿名函数 f2 将被调用以对 masters 数组内的元素进行筛选，符合要求的元素将被 op2 所获得，并经由匿名函数 f1 打印输出至屏幕。

> **说明**
>
> 由于涉及多个函数对象间的协作，对初学者而言，理解前述示例难度较高。请不必自我怀疑，放慢阅读速度并给自己多一点耐心。

10.4.3　map<T,R>

如图10-11所示，泛型函数 map<T,R> 用于将类型为 Iterable<T> 的可迭代对象映射为类型为 Iterable<R> 的可迭代对象。其中，形参 transform 为一个函数，其负责将类型为 T 的单个元素映射为类型为 R 的对象。

```
transform: (T) -> R          (Iterable<T>) -> Iterable<R>
          函数对象   →   map<T,R>   →   函数对象
```

图 10-11　map<T,R> 泛型函数

下面借助下述示例简述 map<T,R> 函数的应用。

```
1 package MapDemo
2 import std.collection.map; import std.convert
```

```
3
4  main(): Int64 {
5      let s:Array<String> = "78,14,99,34,79".split(",")
6      //s = ["78","14","99","34","79"]
7      let r:Iterable<Int64> = map<String,Int64>(Int64.parse)(s)
8      for (x in r) {print("${x},")}
9      return 0
10 }
```

上述程序的执行结果为：

```
1  78,14,99,34,79,
```

▷ **第 5 行：** 使用 split 成员函数对字符串按逗号进行拆分，得类型为 Array<String> 的
字符串数组 s。本行执行后，s 的实际值请见第 6 行注释。由于 Array<String> 实现了
Iterable<String> 接口，因此 s 的类型也是 Iterable<String>。

▷ **第 7 行：** 如图 10-12 所示，本行代码涉及两次函数调用。①以 Int64.parse 函数对象为
transform 参数，执行 map<String,Int64> 函数，得临时函数对象 op。②以 s 为参数，执
行临时函数对象 op，得类型为 Iterable<Int64> 的可迭代对象 r。

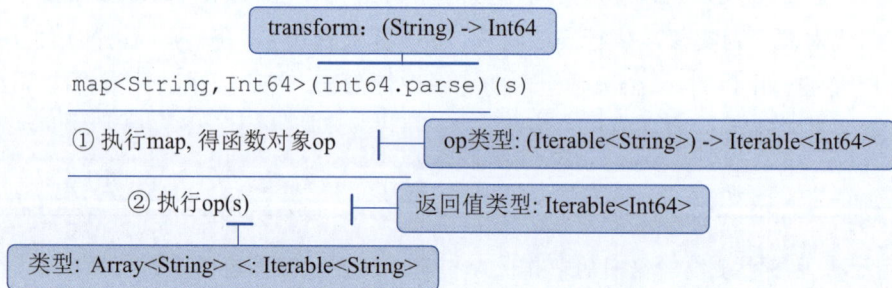

图 10-12　map<String,Int64>(Int64.parse)(s) 的执行过程

▷ **第 8 行：** 使用 for 循环迭代遍历可迭代对象 r。当 for 循环向 r 索取下一个元素时，r
会向数组容器 s 索取下一个元素，然后将得到的元素（String 类型）交给 Int64.parse 函
数进行转换，得到 Int64 类型的元素，并返回给 for 循环。

　　上述程序第 5 行、第 7 行蓝色粗体的变量类型、泛型的类型参数等在实践中皆可略
去，编译器能根据上下文自行推断确定。

10.4.4　reduce<T>

　　如图 10-13 所示，借助于形参 operation 函数对象，reduce<T> 泛型函数能将类
型为 Iterable<T> 的可迭代对象内的元素从前往后进行两两归并，最终得到类型为
Option<T> 的归并结果。其中，形参 operation 为一个函数对象，负责将两个 T 归并为
一个 T。

```
operation: (T,T) -> T        (Iterable<T>) -> Option<T>
                    ┌──────────────┐
                    │  reduce<T>   │
                    └──────────────┘
函数对象                            函数对象
```

图 10-13　reduce<T> 泛型函数

下面借助下述示例简述 reduce<T> 函数的应用。

```
1  package ReduceDemo
2  import std.collection.reduce
3
4  main(): Int64 {
5      let w = [1,3,5,7,9]
6      let sum = reduce({a,b=>println("${a} + ${b} = ${a+b}"); a+b})(w)
7      let product = w |> reduce<Int64>() {a,b=>a*b}
8      print("连加和:${sum}, 连乘积:${product??0}")
9      return 0
10 }
```

上述程序的执行结果为:

```
1  1 + 3 = 4              4  16 + 9 = 25
2  4 + 5 = 9              5  连加和:Some(25), 连乘积:945
3  9 + 7 = 16
```

▷ **第5行:** w 的类型为 Array<Int64>，同时也实现了 Iterable<Int64> 接口。

▷ **第6行:** 借助 reduce<T> 函数求数组连加和。

如图 10-14 所示，本行代码调用执行了两个函数。①执行 reduce<Int64> 函数，得临时函数对象 op。参数 operation 是一个匿名函数，该函数计算并返回两个整数之和。请注意，为向读者展示 reduce<T> 进行元素归并的过程，上述匿名函数通过 println 打印了执行信息。②以 w 为参数，执行 op 函数。该函数对 w 进行遍历，并反复调用 operation 匿名函数进行累加，最后返回 Option<Int64> 类型的归并结果，然后赋值给变量 sum。

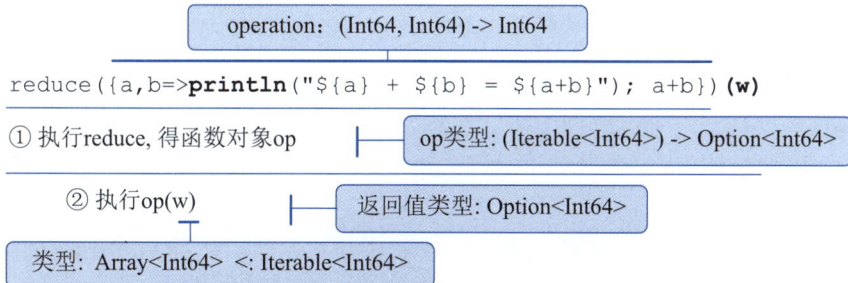

```
                    ┌─────────────────────────────────────┐
                    │ operation：(Int64, Int64) -> Int64   │
                    └─────────────────────────────────────┘
reduce({a,b=>println("${a} + ${b} = ${a+b}"); a+b})(w)

① 执行reduce, 得函数对象op  ┌─────────────────────────────────────────┐
                          │ op类型: (Iterable<Int64>) -> Option<Int64> │
                          └─────────────────────────────────────────┘
    ② 执行op(w)      ┌──────────────────────────────┐
                    │ 返回值类型: Option<Int64>        │
                    └──────────────────────────────┘
┌──────────────────────────────────┐
│ 类型: Array<Int64> <: Iterable<Int64> │
└──────────────────────────────────┘
```

图 10-14　reduce<T> 求数组连加和

执行结果的第 1～4 行表明，在上述 op 函数的执行过程中，匿名函数 operation

被调用执行 4 次。显然，这个调用次数与被迭代对象（本例中为数组 w）的元素数量有关。在本例中，w 有 5 个元素，共进行 5-1=4 次归并。请读者结合图 10-15 对 reduce<T> 引导的归并计算过程进行解读。

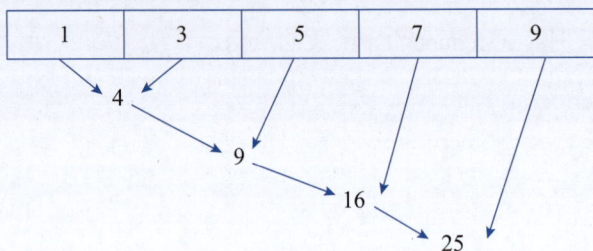

图 10-15　reduce<T> 归并求和过程

▷ **第 7 行**：借助 reduce<T> 函数求数组连乘积并赋值给变量 product。

这里使用了尾随 lambda 语法糖（参见 7.10 节），等号右端的代码等价于：

```
1 | w |> reduce<Int64>({a,b=>a*b})
```

求 a、b 之积的匿名函数事实上是 reduce<Int64> 函数的实参。同时，这里还使用到了流表达式（参见 7.11 节），等号右端的代码还等价于：

```
1 | reduce<Int64>({a,b=>a*b})(w)
```

经过转换后的代码与第 6 行大致相同，区别仅在于 operation 匿名函数。第 6 行中的匿名函数求两数之和，本行中的匿名函数求两数之积。

▷ **第 8 行**：打印 sum 和 product。参见执行结果的第 5 行。

sum 的类型为 Option<Int64>，其打印结果为有值对象 Some(55)。product 的类型也是 Option<Int64>，但 product??0 使用了合并（coalescing）表达式（参见 6.6 节）语法对 Option<T> 进行了解析，由于 product 为有值对象，解析得值为整数 945。

> 🖥 **说明** ▪
>
> 　　当可迭代对象为空，即不包含任何元素时，使用 reduce<T> 对其进行归并操作可能是无意义的。为了表达这种特殊情形，reduce<T> 返回的函数对象的返回值类型被定义为 Option<T>，而不是 T。

🏛 **编程练习**

可迭代斐波那契数列

练习 10-3（可迭代斐波那契数列）请将下述程序补充完整，使得 FibSeries(10) 可被 for 循环遍历，并生成期望的执行结果。

```
package Ex10_3
class FibSeriesIterator <: Iterator<Int64> {
    private var a = 0; private var b = 0      // 前项和前前项
    private var cnt = 0                        // 已经生成的项数
    FibSeriesIterator(let N:Int64) { }
    public func next():Option<Int64>{

        _____

    }
}

class FibSeries <: Iterable<Int64> {
    FibSeries(let N:Int64) { }
    public func iterator() {

        _____

    }
}

main(): Int64 {
    for (x in FibSeries(10)) { print("${x}, ") }
    return 0
}
```

期望的执行结果为：

```
1, 1, 2, 3, 5, 8, 13, 21, 34, 55,
```

练习10-4（质数筛选）在下述代码中的数组 v 包含 0～99 的 100 个整数。请使用 filter<T> 泛型函数配合 4.7 节中的 isPrime 函数从中筛选出所有质数，再应用 forEach<T> 泛型函数遍历并打印筛选结果。

质数筛选

```
    let v = Array<Int64>(100,{i=>i})
```

10.5　类 型 别 名

当类型特别是带有类型参数的泛型类型的名称较长，或者不具备良好的自解释性时，可以通过 type 关键字给类型取别名（alias）。请见下述示例。

```
1 package TypeAlias
2 public open class Node<K,V> {
3     Node(var key:K, var value:V) { }
4 }
5
6 type LessonScore = Node<String,Int64>
7 type Pair<K,V> = Node<K,V>        // 别名只能定义在源文件顶层
```

```
 8
 9  main(): Int64 {
10      let a = LessonScore(" 高等数学 ",85)
11      println("[${a.key},${a.value}]")
12      let b = Pair<String,Int64>(" 人工智能导论 ",77)
13      print("[${b.key},${b.value}]")
14      return 0
15  }
```

上述程序的执行结果为：

```
1  [ 高等数学 ,85]                    2  [ 人工智能导论 ,77]
```

▷ **第6行：** 给 Node<String, Int64> 定 义 别 名 LessonScore（课 程 分 数）。 相 较 于 Node<String,Int64>，类型别名 LessonScore 具有明确的含义和更好的自解释性。由于 LessonScore 的定义中明确指定了类型参数 String 和 Int64，因此 LessonScore 类型不再 是泛型的。

▷ **第7行：** 给泛型类型 Node<K,V> 定义别名 Pair<K,V>。由于仍然保留了类型参数， 类型别名 Pair<K,V> 仍然是泛型的。

▷ **第10行：** 将类型别名 LessonScore 作为类型构造函数名称使用。对象 a 的真实类型 是 Node<String,Int64>。

▷ **第12行：** 对象 b 的别名类型为 Pair<String,Int64>，真实类型是 Node<String,Int64>。

10.6 小　　结

泛型函数和泛型类型并不是真实的能够被编译和使用的程序实体，而只是用于生 产程序实体的模板（template）。在指定恰当的类型参数后，程序才能获得切实可用的 函数和类型。以数组为例，Array<T> 是用于生产数组类型的模板，Array<String> 和 Array<Int64> 则是这个模板的产出，它们才是可被编译和使用的程序实体。

通过定义并使用一系列的泛型接口，仓颉约束和规范了各类程序对象间的通信协 议。例如，Iterable<E> 接口统一了迭代者与被迭代者之间的交互过程。

forEach<T>、filter<T>、map<T,R>、reduce<T> 等是由 std.collection 包定义的高阶 泛型函数，使用它们，可以批量地对包含容器在内的可迭代对象内的元素进行筛选、映 射、归并等复杂操作。

使用 type 关键字可以给类型取别名，以简化代码或者增强程序可读性。

第 11 章　异常处理 *

思维导图

- 异常的捕获及处理
- try-catch的嵌套
- 异常的发生
- 异常处理
- 自动资源释放
- 自定义异常类型
- 用Option<T>处理失效

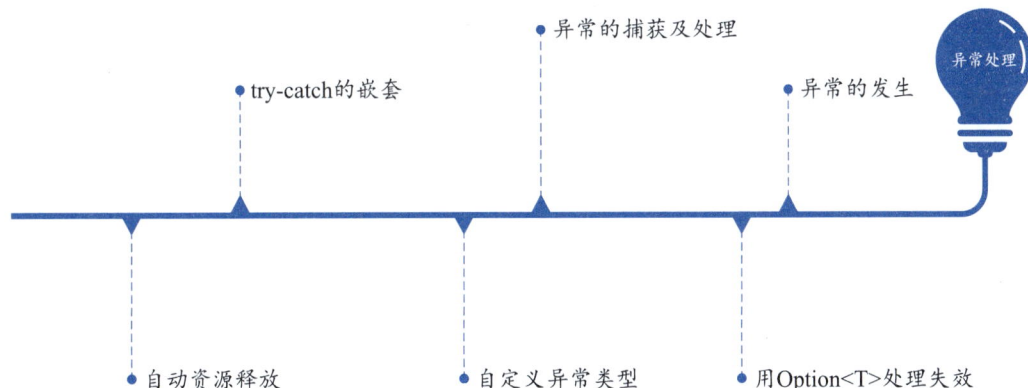

　　假设读者刚从学校毕业，到一家公司从事销售工作。作为一个资历尚浅的员工，读者负责挖掘、服务那些潜在的小规模客户。幸运的是，读者有着脚踏实地、从小事做起的精神，真诚周到地服务客户。在读者的意料之外，一家在业内名声响当当、之前一直从竞争对手那里拿货的大客户突然慕名联络你，愿意在你这里下订单。这笔订单的数量十分惊人，同时又有着苛刻的交期。这个行业大客户是整个公司梦寐以求的，但要在客户规定的交期内完成生产，却需要全公司所有部门的通力协作，可能整个制造相关的部门都需要放弃休假。作为基层普通销售员，这显然不是读者权限/能力范围内能处理的事。所以读者只好向你的顶头上司，也就是销售部经理汇报。遗憾的是，销售部经理跟生产部、采购部经理平级，他也无权调整全公司的生产计划，所以只好向总经理汇报。总经理对公司的全面运营负责，有权对公司的采购计划、生产计划乃至财务安排做出调整，在他的协调下，这笔订单终于如期交付。

　　程序的运行与企业的运营有着相似之处。程序本质上是一堆数据以及操纵数据的函数，这些函数都直接或间接地被 main 函数调用，就好像一个员工总是直接或间接地归总经理管辖一样。程序的运行总是伴随着意外，这些意外有的是能够被预料到的，有的则是程序员从未设想过的。这种程序在运行时发生的意外被称为异常（exception），表 11-1 给出了几个异常的示例。

表 11-1　异常示例

示　　例	典 型 情 况
除 0 错误	在进行除法运算时，除数为 0。
索引越界	通过索引访问容器元素时，索引超出实际范围。
试图以读模式打开不存在的文件	试图从一个不存在的文件中读取内容。

与那位接到大订单的销售员一样，遇到 / 发现异常的函数通常不具备处置该异常的能力，它需要将异常上报给本函数的调用者，同样，调用者函数或许也没有处置能力，继续逐级上报。最终，具备处置能力的函数调配合适的资源处置异常，将程序从错误中拯救回来，或者最低限度地做一些紧急的处理以避免灾难性的后果。这些紧急的处理可能包括：一个股票交易系统断开与数据库的连接，将程序内未保存的数据存盘并关闭文件；一个车载计算机控制系统切断发动机的油路，作为对"发动机异常高温"的回应。

仓颉提供了一套专门的异常处理机制来完成上述任务。

11.1　异常的发生

下面借助下述示例向读者解释何为异常，以及当异常发生且未得到妥善处理时程序将如何。

```
 1  package Divide0
 2
 3  func divide(a: Int64, b: Int64):Int64 { a / b }
 4  main(): Int64 {
 5      let c = divide(7,2)
 6      println("7 / 2 = ${c}")
 7
 8      let d = divide(11,0)                    // 发生异常
 9      println("11 / 0 = ${d}")
10      return 0
11  }
```

上述程序的执行结果为（蓝字注解系作者添加）：

```
1  7 / 2 = 3    [ 整数除以整数，结果小数部分舍弃，仍为整数 ]
2  An exception has occurred:   [ 一个异常发生了 ]
3  ArithmeticException: Divided by zero!   [ 算术异常：除以 0！ ]
4      at Divide0.divide(Int64, Int64)(D:\...\Divide0\src\main.cj:3)
5      at Divide0.main()(D:\...\Divide0\src\main.cj:8)
```

▷ **第3行:** divide 函数计算并返回形参 a、b 之商。

▷ **第5、6行:** 调用 divide 函数计算 7 除以 2 并打印结果。执行结果的第 1 行证实，divide 函数工作正常，计算结果正确。

▷ **第8行:** 调用 divide 函数计算机 11 除以 0。如执行结果的第 2～5 行所见，由于除数 b 为 0，divide 函数在计算 a 除以 b 的商时发生了算术异常：除以 0！
由于这个异常未被捕获和处理，在向屏幕打印异常相关信息后，程序崩溃并停止运行。

▷ **第9行:** 打印 11 除以 0 的商。由于程序在第 8 行发生了未处理的异常，程序崩溃，本行代码未被实际执行。

11.2　用 Option<T> 处理失效

如 6.6 节所述，枚举类型 Option<T> 可用于表达时有时无的值。针对前例的除 0 异常，可以将 divide 函数的返回值类型指定为 Option<Int64>。当除数 b 不为零时，正常计算并通过有值对象返回商；当除数 b 为 0 时，则返回无值对象，向调用者表示求商过程中出现了导致失效的意外情况。

改进后的程序如下。

```
1  package Divide1
2  func divide(a: Int64, b: Int64):Option<Int64> {
3      if (b!=0) {Some(a/b)} else {None}
4  }
5
6  main(): Int64 {
7      let c = divide(7,2)
8      match (c) {
9          case Some(v) => println("7/2 = ${v}")
10         case None => println("7/2 = 计算失败。")
11     }
12
13     let d = divide(11,0)
14     match (d) {
15         case Some(v) => print("11/0 = ${v}")
16         case None => print("11/0 = 计算失败。")
17     }
18     return 0
19 }
```

上述程序的执行结果为:

```
1  7/2 = 3                          2  11/0 = 计算失败。
```

▷ **第 2 ～ 4 行:** 改进后的 divide 函数对除数 b 是否为 0 进行了检查, 当 b 不为 0 时, 计算 a/b 并通过有值对象返回; 当 b 为 0 时, 返回无值对象。

▷ **第 7 行:** 调用 divide 函数计算 7 除以 2 的商, 所得变量 c 为 Option<Int64> 类型。

▷ **第 8 ～ 11 行:** 对返回值 c 进行模式匹配, 为有值对象则打印商, 否则打印计算失败。

由执行结果的第 1 行可知, 当 7 除以 2 时, 所得 c 为有值对象 Some(3)。程序正确计算并打印了两者之商。

▷ **第 13 ～ 17 行:** 以类似的过程调用 divide 函数计算 11 除以 0 的商, 并通过对返回值的模式匹配解析计算结果。

由执行结果第 2 行可知, 由于除数为 0, 所得 d 为无值对象 None。程序正确识别了求商过程因意外而导致失效的情形, 并打印了计算失败的信息。

11.3 异常的捕获及处理

就前述示例而言, 如果将 divide 函数视为黑盒 (在多数情况下, 函数的使用者并不明了函数内部的具体逻辑), 当外部程序 (即 main 函数) 从 divide 函数获得无值对象 None 时, 其仅仅知道函数因故未能达成使命, 却并不清楚是何种原因导致了失败。

更普适性的异常捕获及处理是通过 try-catch 表达式来完成的。请见下述示例。

```
1  package Divide2
2  func divide(a: Int64, b: Int64):Int64 { a / b }
3
4  main(): Int64 {
5      try {
6          let c = divide(7,2)
7          println("7 / 2 = ${c}")
8          let d = divide(11,0)
9          println("11 / 0 = ${d}")
10         let e = divide(9,3)
11         println("9 / 3 = ${e}")
12     }
13     catch (x:Exception) {
14         println("计算失败, ${x.toString()}")
15     }
16
17     print("程序正常执行完毕。")
18     return 0
19 }
```

上述程序的执行结果为:

```
1 7 / 2 = 3
2 计算失败，ArithmeticException: Divided by zero!
3 程序正常执行完毕。
```

▷ **第2行:** divide 函数直接求 a/b，放任潜在的除 0 异常的发生并将识别和处理该异常的责任留给函数调用者。

▷ **第5～15行:** 使用 try-catch 表达式执行受监管代码，捕获并处理程序异常。

仓颉的异常处理机制涉及执行、抛出、捕获、处理等多个阶段，下面结合图 11-1 进行解释。

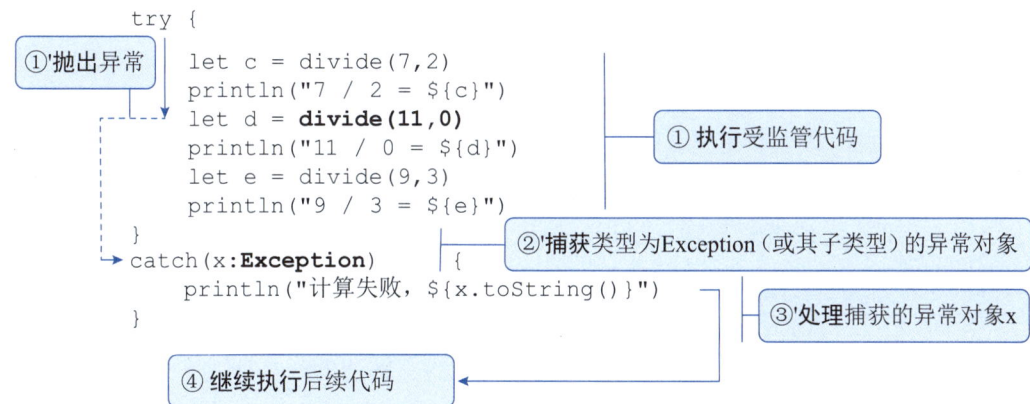

图 11-1 异常捕获及处理流程

总体而言，图中的代码有两条可能的执行路径。

路径 1：位于 try 关键字后 {} 内的代码为受监管代码，其依照从前往后的顺序执行（见①）。如果一切顺利，受监管代码执行结束后，将继续执行 try-catch 表达式的后续代码（见④），本例中即第 17 行。

路径 2：在受监管代码的执行过程中若抛出一个异常对象（见①'），则会放弃执行受监管代码的未执行部分，直接跳转到 catch，并将异常对象与 catch 关键字后括号内的参数类型进行匹配（见②'）。如匹配成功，表示捕获了异常对象 x，然后执行 catch 后方 {} 内的代码，处理捕获的异常对象（见③'），并继续执行后续代码（见④）。若抛出的异常对象未与 catch 后的参数类型匹配成功，表示异常对象未被捕获，程序将因异常未被捕获而中止运行。

就本例而言，受监管代码在执行至程序第 8 行的 divide(11,0) 时发生除 0 异常，按 11.1 节的错误信息，此处应抛出了一个类型为 ArithmeticException 的异常对象。接下来，尚未执行的受监管代码的剩余部分（第 9～11 行）被放弃执行，程序执行点来到 catch 关键字所在的第 13 行并将异常对象与 x:Exception 进行类型匹配。当异常对象为 Exception 或其子类型时，匹配成功。由于 ArithmeticException 是 Exception 的子类型，程序通过变量 x 成功捕获了异常对象。紧接着，在 catch 后的 {} 内的代码处理异常。本例对异常的处理十分简单，只是执行异常对象的 toString 成员函数获取异常的摘要信

11

息，然后将其打印出来。

▷ **第 17 行：** 由于前述受监管代码抛出的异常被成功捕获和处理，程序继续执行 try-catch 表达式之后的代码，即本行。

图 11-1 中的黑色箭头表明了上述程序的实际执行路径。第 6 行中的 7/2 成功完成，第 7 行的输出见执行结果的第 1 行；程序第 8 行中的 11/0 抛出异常，该异常在第 13 行被捕获，并在第 14 行被处理（输出见执行结果的第 2 行）；接下来，位于 try-catch 表达式后的第 17 行被执行，其输出见执行结果的第 3 行。

11.4　自定义异常类型

系统预置的异常类型（如前述 ArithmeticException）常常不足以表达形形色色的软件失效理由。此时需要自定义异常类型。

仓颉预置了 Error 和 Exception 两种异常类型。Error 类型常用于描述仓颉语言运行时的系统内部错误或者资源耗尽错误，当应用程序需要自定义新的异常类型时，应从 Exception 继承。

下面通过下述示例来解释自定义异常类型及其使用方法。示例中的 computeTriangleArea 函数（第 14 行）接收三角形的三条边的长度作为参数，然后按照海伦公式（见 6.5.2 节）计算并返回三角形的面积。

```
1  package Hellen
2  import std.convert
3
4  class InvalidSideLength <: Exception {
5      init() { super() }
6      public func toString():String { "0 边长或者负边长 " }
7  }
8
9  class NotTriangle <: Exception {
10     NotTriangle(let a:Int64, let b:Int64, let c:Int64) {super()}
11     public func toString() {"${a}、${b}、${c} 不构成合法三角形 "}
12 }
```

这一示例的代码较长，故分段讨论。

▷ **第 4 ~ 7 行：** 自定义 InvalidSideLength（不合法的边长）异常类型。如代码第 4 行所示，该自定义类型继承自 Exception。

▷ **第 5 行：** 提供一个零参数构造函数，该构造函数通过 super 调用执行了父类，即 Exception 的构造函数。

▷ **第 6 行：** 重写父类的 toString 成员函数。该函数生成并返回一个字符串，提供关于异常的关键信息，如异常的类型、成因等。

▷ **第 9 ～ 12 行：** 从 Exception 继承自定义异常类型 NotTriangle（非三角形）。

▷ **第 10 行：** 主构造函数 NotTriangle 为类型添加了三个成员变量以及一个包含三个形参的构造函数。该构造函数调用执行了父对象的零参数构造函数。

▷ **第 11 行：** 重写父类 toString 成员函数，在生成返回字符串时将成员变量，也就是三边长 a、b、c 填入。

```
14  func computeTriangleArea(a:Int64,b:Int64,c:Int64):Float64 {
15      if (a<=0 || b<=0 || c<=0) { throw InvalidSideLength() }
16
17      if (a+b>c && a+c>b && b+c>a) {
18          let p = Float64(a+b+c)/2.0
19          let s = p*(p-Float64(a))*(p-Float64(b))*(p-Float64(c))
20          return s**0.5
21      }
22      else { throw NotTriangle(a,b,c) }
23  }
```

▷ **第 14 ～ 23 行：** computeTriangleArea 接收 a、b、c 三边长作为参数，根据海伦公式计算并返回三角形的面积。

▷ **第 15 行：** 检查参数 a、b、c，如果发现零边长或者负边长，构造并抛出 InvalidSideLength 类型的异常对象。此处的异常对象由 InvalidSideLength 构造函数构造，抛出则是由 throw 关键字完成。

> 🖥 **说明** ▪
>
> 　　11.3 节中的异常对象是在 divide 函数进行除法操作时发生并被动抛出的。与之不同，本例中的程序主动进行检查，在发现异常状况后主动抛出了异常对象。

▷ **第 17 ～ 21 行：** 按三角形两边之和大于第三边的规则对 a、b、c 进行检查，如符合，则按海伦公式计算并返回三角形的面积。

▷ **第 22 行：** 当不满足三角形两边之和大于第三边的规则时，生成并抛出 NotTriangle（非三角形）异常对象。NotTriangle 类型的构造函数要求提供三边长作为参数。

　　接下来讨论程序的 main 函数部分。

```
25  main(): Int64 {
26      println("请输入以逗号为间隔的三角形三边长，直接按 Enter 键退出: ")
27      while (true) {
28          try {
29              let s = readln()
30              if (s.size == 0) { break }
31              let vs = s.split(",")
```

11

```
32              let (a,b,c) = (Int64.parse(vs[0]),
33                  Int64.parse(vs[1]),Int64.parse(vs[2]))
34              let r = computeTriangleArea(a,b,c)
35              println("三角形的面积为:${r}")
36          }
37          catch (x:InvalidSideLength) {
38              println("捕获并处理异常:${x.toString()}")
39              x.printStackTrace()
40          }
41          catch (x:Exception) {
42              println("捕获并处理异常:${x.toString()}")
43          }
44          finally { println("finally块一定执行! ") }
45      }
46
47      print("程序运行结束, 正常退出。")
48      return 0
49 }
```

▷ **第 27 ~ 45 行：** 在一个条件恒为真的 while 循环中反复从键盘读取三角形的三边长，调用 computeTriangleArea 函数计算其面积并打印结果。

▷ **第 28 ~ 36 行：** try 子句及其中的受监管代码。

▷ **第 29 ~ 30 行：** 从键盘读入一行字符串。然后检查从键盘读到的字符串 s 的长度，若为空，则执行 break 结束并跳出第 27 行的 while 循环。注意，这里的 break 跳出的不是其所在的 try 子句。

▷ **第 31 ~ 33 行：** 执行字符串 s 的 split 成员函数，以逗号的间隔将其拆成字符串数组 vs。然后使用 Int64.parse 函数将各子串转换成整数并赋值给边长变量 a、b 和 c。这里使用到了元组的解构语法（参见 6.4 节）。

▷ **第 34、35 行：** 以 a、b、c 为参数调用执行 computeTriangleArea 函数计算三角形的面积，并打印计算结果。由第 14 ~ 23 行的函数定义可知，computeTriangleArea 函数既可能正常计算并返回面积值，也可能抛出异常对象。

▷ **第 37 ~ 40 行：** 第 1 条 catch 子句。若 try 子句内受监管代码在执行过程中抛出了异常对象，则程序的执行点将首先来到第 37 行并与 x:InvalidSideLength 进行匹配。如果异常对象为 InvalidSideLength 类型或其子类型，即匹配成功并捕获异常对象。接下来程序将执行 catch 子句内的代码（第 38、39 行）以处理异常。

▷ **第 38 行：** 执行 x 的 toString 成员函数获取异常摘要信息并打印。

▷ **第 39 行：** 执行 x 的 printStackTrace 成员函数向屏幕打印异常对象 x 的追踪栈。追踪栈向阅读者提供从 main 函数一直到异常抛出位置的函数间调用信息，可以帮助程序员更好地定位并分析异常发生的成因和路径。

▷ **第 41 ～ 43 行：** 第 2 条 catch 子句。如果异常对象未能在第 1 条 catch 子句中成功匹配并捕获，便会来到第 2 条 catch 子句。当异常对象是 Exception 类型或其子类型时，则成功匹配并捕获为异常对象 x。接下来执行第 2 条 catch 子句内的代码（第 42 行）处理异常。

> 💻 **说明** ◀
> 　　try-catch 表达式可以有多条 catch 子句。异常对象按前后顺序与各 catch 子句进行匹配直至匹配成功或者全部匹配尝试都失败为止。若匹配成功，则执行该子句内的代码处理异常并放弃对后续 catch 子句的匹配。

▷ **第 44 行：** 对于 try-catch 表达式而言，finally 子句是可选的。无论受监管代码在执行过程中是否抛出异常，或者抛出的异常是否被成功捕获，finally 子句都会被执行。其执行时机分为以下几种情况：

　　① 受监管代码正常执行结束（未抛出异常）后，程序执行点跳转到 finally 子句。

　　② 受监管代码抛出的异常对象被某一 catch 子句捕获，在执行完对应 catch 子句中的代码后，程序执行点转到 finally 子句。

　　③ 受监管代码抛出的异常对象在经历全部匹配尝试后未被任一 catch 子句捕获，程序执行点转到 finally 子句。在执行完 finally 子句后，这个未被捕获的异常对象将导致程序崩溃并终止运行。

▷ **第 47 行：** 在 while 循环结束后，打印程序正常结束退出的信息。

　　在作者的一次测试运行中，上述示例得到下述执行结果（蓝字为作者输入或者注解）。下面对照执行结果对上述程序的执行时序进行分析。

```
1  请输入以逗号为间隔的三角形三边长，直接按 Enter 键退出：
2  3,4,5
3  三角形的面积为: 6.000000
4  finally 块一定执行！
5  3,0,7
6  捕获并处理异常: 0 边长或者负边长
7  An exception has occurred:
8  0 边长或者负边长
9    at Hellen.InvalidSideLength::init()(D:\...\Hellen\src\main.cj:5)
10   at Hellen.computeTriangleArea(...)(D:\...\Hellen\src\main.cj:15)
11   at Hellen.main()(D:\CJLearn\CH11\Hellen\src\main.cj:34)
12 finally 块一定执行！
13 3,3,8
14 捕获并处理异常: 3、3、8 不构成合法三角形
15 finally 块一定执行！
```

16	3,4,5
17	三角形的面积为：6.000000
18	finally 块一定执行！
19	[作者直接按下 Enter 键，相当于输入了空字符串]
20	finally 块一定执行！
21	程序运行结束，正常退出。

▷ **第 2 行（执行结果）：** 如图 11-2 所示，由于边长 3,4,5 构成合法的三角形，①受监管代码正常执行并打印了面积计算结果（第 3 行），然后②执行了 finally 子句（输出即第 4 行）。

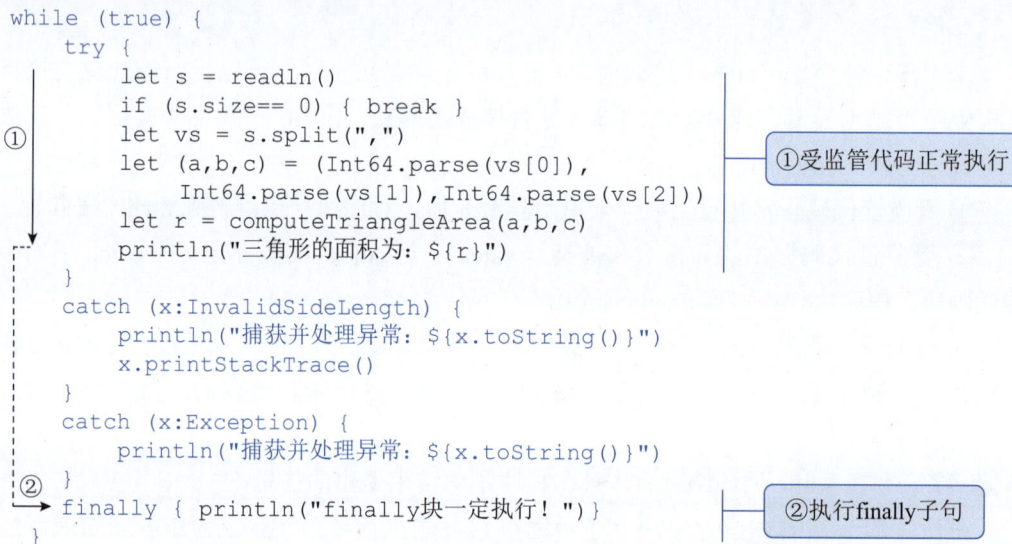

```
while (true) {
    try {
        let s = readln()
        if (s.size== 0) { break }
        let vs = s.split(",")
①      let (a,b,c) = (Int64.parse(vs[0]),                        ①受监管代码正常执行
            Int64.parse(vs[1]),Int64.parse(vs[2]))
        let r = computeTriangleArea(a,b,c)
        println("三角形的面积为：${r}")
    }
    catch (x:InvalidSideLength) {
        println("捕获并处理异常：${x.toString()}")
        x.printStackTrace()
    }
    catch (x:Exception) {
        println("捕获并处理异常：${x.toString()}")
②    }
    finally { println("finally块一定执行！")}           ②执行finally子句
}
```

图 11-2　输入为 3,4,5 时相关代码的执行时序（黑色代码为实际执行部分）

▷ **第 5 行（执行结果）：** 如图 11-3 所示，对于输入 3,0,7，由于边长 b 的长度为 0，①受监管代码在调用执行 computeTriangleArea 时抛出了类型为 InvalidSideLength 的异常对象，然后②该异常对象被第 1 条 catch 子句捕获并处理（输出对应第 6 ~ 11 行），最后③执行了 finally 子句（输出即第 12 行）。

　　程序执行结果中第 6 ~ 11 行系类型为 InvalidSideLength 的异常对象 x 的成员函数 printStackTrace（打印追踪栈）的输出。这些信息详细描述了异常发生的过程：main 函数在第 34 行调用执行 computeTriangleArea 函数；computeTriangleArea 函数在第 15 行发现异常，构造异常对象并抛出；为了构造异常对象，位于 main.cj 第 5 行的 InvalidSideLength 类型的构造函数被执行。

▷ **第 13 行（执行结果）：** 如图 11-4 所示，对于输入 3,3,8，由于 a、b 边之和不大于 c 边，①受监管代码在调用执行 computeTriangleArea 时抛出了类型为 NotTriangle 的异常对象，然后②异常对象在第 1 个 catch 子句处匹配失败，接着③第 2 个 catch 子句成功捕获并处理了异常对象（输出即第 14 行），最后④执行了 finally 子句（输出即第 15 行）。

```
while (true) {
    try {
        let s = readln()
①      if (s.size== 0) { break }
        let vs = s.split(",")
        let (a,b,c) = (Int64.parse(vs[0]),
            Int64.parse(vs[1]),Int64.parse(vs[2]))
        let r = computeTriangleArea(a,b,c)
        println("三角形的面积为: ${r}")
    }
    catch (x:InvalidSideLength) {
②      println("捕获并处理异常: ${x.toString()}")
        x.printStackTrace()
    }
③  catch (x:Exception) {
        println("捕获并处理异常: ${x.toString()}")
    }
    finally { println("finally块一定执行！")}
}
```

①受监管代码在 computeTriangleArea 函数调用时抛出异常对象

②异常对象被第1个 catch 子句捕获并处理

③执行finally子句

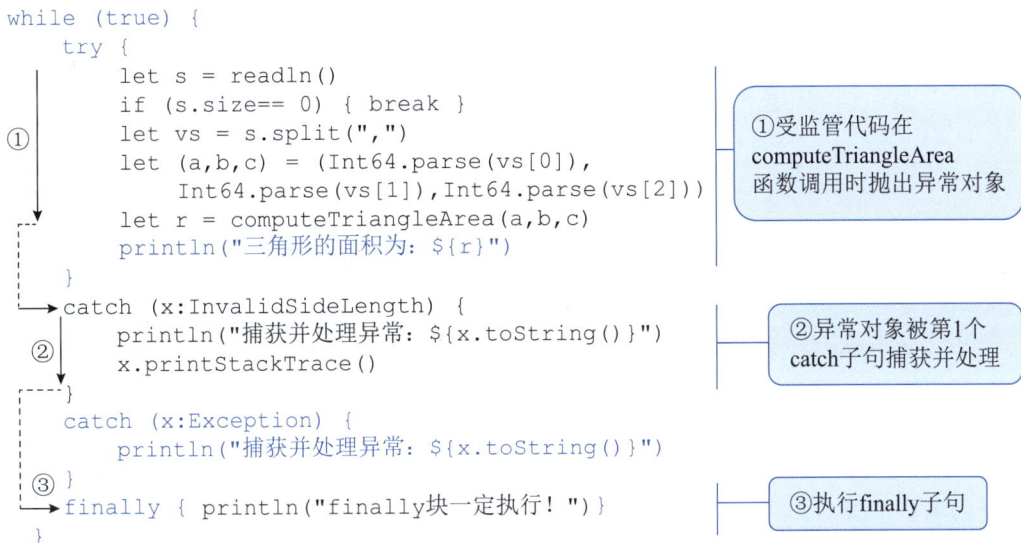

图 11-3 输入为 3,0,7 时相关代码的执行时序（黑色代码为实际执行部分）

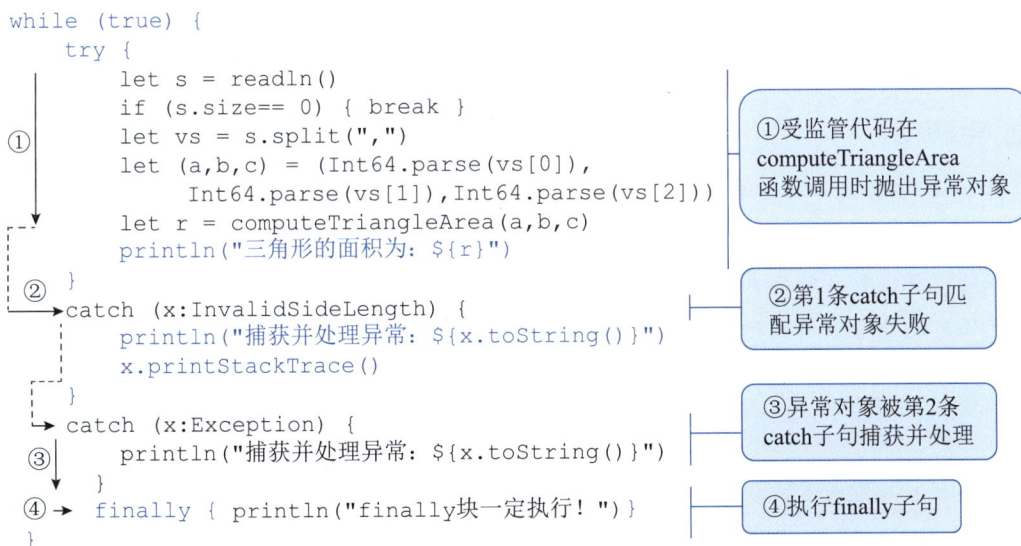

```
while (true) {
    try {
        let s = readln()
①      if (s.size== 0) { break }
        let vs = s.split(",")
        let (a,b,c) = (Int64.parse(vs[0]),
            Int64.parse(vs[1]),Int64.parse(vs[2]))
        let r = computeTriangleArea(a,b,c)
        println("三角形的面积为: ${r}")
②  }
    catch (x:InvalidSideLength) {
        println("捕获并处理异常: ${x.toString()}")
        x.printStackTrace()
    }
    catch (x:Exception) {
③      println("捕获并处理异常: ${x.toString()}")
    }
④  finally { println("finally块一定执行！")}
}
```

①受监管代码在 computeTriangleArea 函数调用时抛出异常对象

②第1条catch子句匹配异常对象失败

③异常对象被第2条 catch 子句捕获并处理

④执行finally子句

图 11-4 输入为 3,3,8 时相关代码的执行时序（黑色代码为实际执行部分）

▷ **第16行：** 再次输入 3,4,5，其执行时序同图 11-2。相关输出见执行结果的第 17、18 行。

▷ **第19行：** 作者直接按下 Enter 键，对应字符串 s 为空。如图 11-5 所示，①受监管代码中的 break 被执行。按照语义，break 将直接跳出 while 循环。但与期望的相反，在跳出 while 循环之前，②finally 子句被执行（输出即第 20 行）。接下来，③跳出循环，执行循环后代码（输出即第 21 行）。

```
while (true) {
    try {
        let s = readln()
        if (s.size== 0) { break}
        ...
    }
    catch (x:InvalidSideLength) {
        ...
    }
    finally { println("finally块一定执行！")}
    };
}
print("程序运行结束，正常退出。")
```

①受监管代码执行break

②执行finally子句

③跳出循环，执行循环后代码

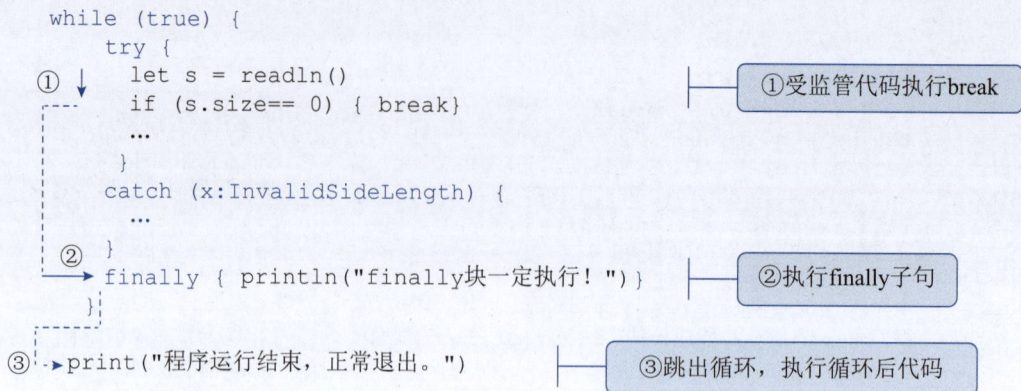

图 11-5　输入为空时相关代码的执行时序（黑色代码为实际执行部分）

> 💻 **说明** ◀
>
> 　　除了成员函数 toString 和 printStackTrace，Exception 父类型还有成员函数 getClassName（获取类型名称）、getStackTrace（获取追踪栈）以及属性 message。在自定义异常类型时，可根据需要使用或者重写。

📖 编程练习

练习 11-1（错误的十进制整数）请编写函数 parseInteger(s:String)，它负责把一个字符串，如 "-719" 转换成整数。当函数发现字符串不符合十进制整数的格式要求，如包含了非数字母，则应放弃转换并抛出一个异常。请实现该函数，并编写测试代码加以验证，测试代码应能处理该函数抛出的异常并打印错误信息。

错误的十进制整数

练习 11-2（菲姐游泳）游泳奥运冠军菲姐刻苦训练，从早上 a 时 b 分开始下水训练，直到当天的 c 时 d 分结束。请编程计算：菲姐当天共训练多少小时（h）多少分钟（m）？

菲姐游泳

　　(1) 编写函数 duration 计算训练时长。该函数接收整数类型的 a,b,c,d 作为参数，计算并返回元组 (h,m)。函数应能识别各种错误的参数输入，如小时数大于 24、开始时间晚于结束时间等，并视情况抛出不同的异常对象。

　　(2) 编写恰当的程序测试上述函数，测试代码应能正确捕获并处理相关异常。

11.5　try-catch 的嵌套

　　在实践中，try-catch 块可以嵌套多层。图 11-6 展示了一个双层 try-catch 嵌套。处于内层 try 块中的对 funcC() 函数的调用事实上也间接处于外层的 try 块中。

　　当 funcC() 函数的执行过程中抛出了异常时，异常的匹配首先在内层 try-catch 块中进行。如果匹配不成功，则回溯至外层 try-catch 块进行匹配。

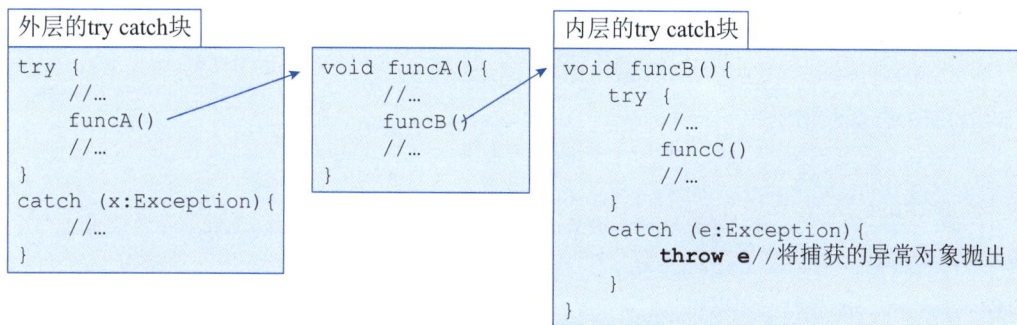

图 11-6 一个双层 try-catch 嵌套

内层的 catch 块捕获异常后，可以就地处置，恢复程序的正常运行；也可以再次将异常抛出，交由外层 try-catch 块处理。就好比一个部门经理如果发现员工报告的异常超过其权限或处理能力，就会向总经理报告一样。

如果一个异常对象在穷尽从内到外的所有 try-catch 块后均未被捕获，则会引发程序崩溃和运行中止。

11.6 自动资源释放

程序中有一些对象被视作资源，如存储在硬盘上的文件、与服务器的网络连接等。通常，程序分三个步骤来使用这些资源对象：①打开资源对象；②使用资源对象进行工作；③关闭（释放）资源对象，以便其能被其他程序所使用。

如果程序员因疏忽忘记及时关闭（释放）资源，或者在程序运行过程中发生异常崩溃中断，都可能导致这些资源对象的非合理占用。

通过让资源对象实现 std.core.Resource 接口，并将资源对象置于 try-catch 表达式的监管之下，可以确保资源对象的正确关闭，即便程序因异常崩溃中断。

```
1  public interface Resource {
2      func close(): Unit          // 执行此函数，关闭 / 释放资源
3      func isClosed(): Bool       // 返回 false：资源待关闭；返回 true：资源已关闭
4  }
```

Resource 接口要求实现两个成员函数。其中，close 用于关闭该对象并释放相关资源，而 isClosed 则用于询问该对象是否已经关闭。

简便起见，将餐厅厨房内的烤箱（oven）视为资源对象。当其不再被需要时，应及时关闭（断电）以确保安全。Oven 资源类型的定义请见下述代码。

```
1  package OvenDemo
2  class Oven <: Resource
3  {
4      private var closed = false
```

11

```
5       public func isClosed():Bool { closed }
6       public func close() {
7           closed = true
8           println("${number} 号烤箱断电 ")
9       }
10      Oven(private let number:Int64){ println(" 给 ${number} 号烤箱通电 ")}
11      public func cookTurkey() {
12          if (closed) {
13              println("${number} 号烤箱已断电，不能烤火鸡 ")
14          }
15          else {
16              println(" 用 ${number} 号烤箱烤火鸡 ")
17          }
18      }
19  }
```

▷ **第 2 行:** Oven 实现了 Resource 接口。

▷ **第 4 行:** 私有成员变量 closed 用于记录该对象状态，true 表示打开（通电），false 表示已关闭（断电）。初始值为 false。

▷ **第 5 行:** 实现 Resource 接口要求的 isClosed 成员函数，返回布尔型表示该对象是否已关闭。此处直接返回私有成员变量 closed。

▷ **第 6 ~ 9 行:** 实现 Resource 接口要求的 close 成员函数，该函数预期用于关闭资源对象。这里首先将 closed 置为真，然后向屏幕简单打印了烤箱断电的信息。

▷ **第 10 行:** 通过主构造函数添加了私有成员变量 number，存储烤箱对象的编号。同时，主构造函数还打印了烤箱通电的信息。

▷ **第 11 ~ 19 行:** cookTurkey 成员函数用于模拟使用烤箱烤火鸡。该函数根据烤箱是否已断电（closed）做出不同回应。

示例的 main 函数部分请见图 11-7。

```
                                    资源对象列表，以逗号分隔
21      main(): Int64 {
22          try (o1 = Oven(1), o2 = Oven(2)) {
23              o1.cookTurkey()
24              o2.close()
25              o2.cookTurkey()                          受监管代码
26              //throw Exception("故意抛出的假异常")
27          }
28          catch (_) {} //_为通配符(wildcard)        catch, finally块可选（可略去）
29          finally {}
30          return 0
31      }
```

图 11-7　OvenDemo 的 main 函数部分

示例程序的执行结果如下：

1	给 1 号烤箱通电	5	2 号烤箱已断电，不能烤火鸡
2	给 2 号烤箱通电	6	1 号烤箱断电
3	用 1 号烤箱烤火鸡	7	[空行]
4	2 号烤箱断电		

▷ **第 22 行**：try 关键字后的括号内为资源对象列表。当包含多个资源对象时，用逗号分隔。此处构造了 o1 和 o2 两个烤箱，相关的构造函数输出请见执行结果的第 1、2 行。

▷ **第 23 行**：使用 o1 烤火鸡。由于 o1 处于打开（通电）状态，得执行结果第 3 行的输出。

▷ **第 24 行**：主动关闭 o2 烤箱。参见执行结果的第 4 行。

▷ **第 25 行**：使用 o2 烤火鸡，由于 o2 已在稍早前关闭，程序反馈"2 号烤箱已断电，不能烤火鸡"，参见执行结果的第 5 行。

▷ **第 28、29 行**：此处的 catch 块和 finally 块是可选的，相关代码可以删去。

当 try-catch 表达式内的 受监管代码 执行结束后，对于每一个受监管的资源对象 x（本例中包含 o1 和 o2），如图 11-8 所示的关闭流程将自动执行。仓颉会首先通过 x.isClosed 函数询问该对象是否已关闭，如果还没有（返回 false），就执行 x.close 关闭之。

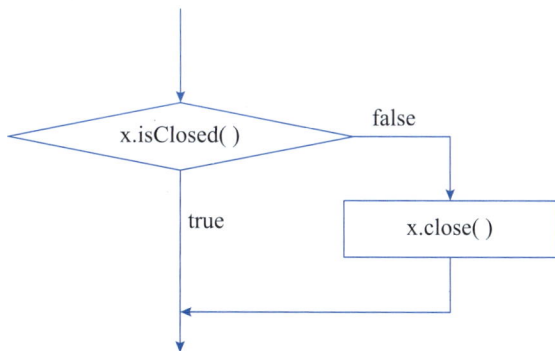

图 11-8　资源对象的自动关闭流程

在本例中，仓颉首先对 o2 执行自动关闭流程[1]，由于 o2 已经处于关闭状态（第 24 行），故不再执行 o2.close 以 避免重复关闭。

接下来，在关于 o1 的自动关闭流程中，o1.isClosed 返回 false，o1.close 被执行，得执行结果第 6 行的输出。

> ⊘ **要点** ▪
>
> 即使 try 块内的受监管代码抛出了异常并导致程序崩溃中止，受监管的资源对象的自动关闭流程也一定会被执行。即，try-catch 表达式会确保资源对象的正确释放。

---

[1] 资源对象的自动关闭顺序通常与创建顺序相反。

为证实上述论点，将程序第 26 行 throw 语句的注释去除，故意让受监管代码抛出异常并导致程序崩溃中止。程序（main 函数部分）如下：

```
21  main(): Int64 {
22      try (o1 = Oven(1), o2 = Oven(2)) {
23          o1.cookTurkey()
24          o2.close()
25          o2.cookTurkey()
26          throw Exception(" 故意抛出的假异常 ")
27      }
28      return 0
29  }
```

修改后程序的执行结果为：

```
1  给 1 号烤箱通电
2  给 2 号烤箱通电
3  用 1 号烤箱烤火鸡
4  2 号烤箱断电
5  2 号烤箱已断电，不能烤火鸡
6  1 号烤箱断电
7  An exception has occurred:
8  Exception: 故意抛出的假异常
9          at OvenDemo2.main()(D:\...\OvenDemo2\src\main.cj:26)
```

如执行结果的第 7 ~ 9 行所示，程序确实因为抛出的异常对象而崩溃中止，但两个烤箱对象的自动关闭流程依然在程序崩溃前被如期执行。在执行结果的第 6 行，可见 1 号烤箱的 close 函数的输出。请注意，2 号烤箱已在程序第 24 行提前关闭。

11.7　小　　结

在程序运行过程中发生的意外称为异常。如果异常未能得到处理，程序将崩溃并中止运行。通过 try-catch 表达式可以将一段代码的执行置于监管之下，当受监管代码发生并抛出异常对象后，程序会将异常对象逐一与 catch 关键字后的参数类型进行匹配，如果匹配成功，则会执行后方 {} 内的代码并处理异常。

通过继承 Exception，程序员可自定义异常类型。使用 throw 关键字可以主动抛出异常对象。

try-catch 表达式是可以嵌套的。当内层 catch 块未能捕获并处理异常，或者虽捕获但发现缺乏处理异常的资源和能力后，可以将其再次抛出，交由外层 try-catch 块处理。

将实现了 std.core.Resource 接口的资源对象置于 try-catch 表达式的监管之下，可以确保资源对象的正确关闭，即便程序因异常而崩溃中止。

第12章　文件及I/O操作

> "再看最远的那一边，可能要用望远镜才能看清，那是外存，我们又用了哥白尼起的名字，叫它'硬盘'，那是由三百万名文化程度较高的人构成，您上次坑儒时把他们留下来是对了，他们每个人手中都有一个记录本和一支笔，负责记录运算结果，当然，他们最大的工作量还是作为虚拟内存，存储中间运算结果，运算速度的瓶颈就在他们那里。"
>
> —— 刘慈欣《三体》

思维导图

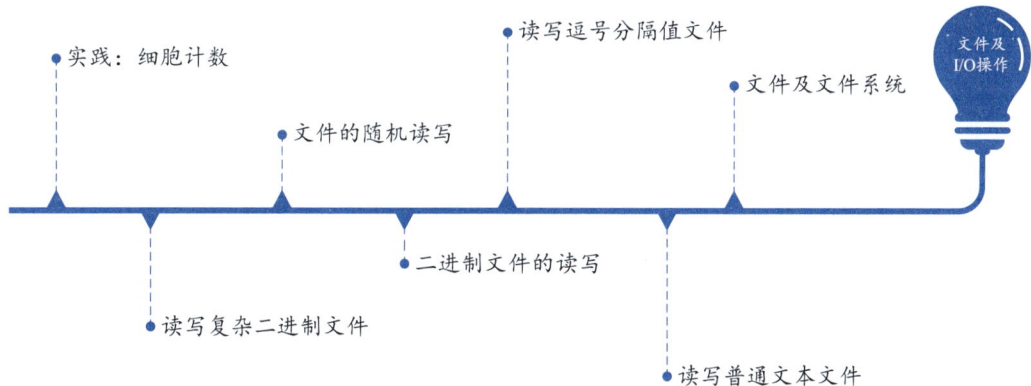

- 实践：细胞计数
- 读写逗号分隔值文件
- 文件及文件系统
- 文件的随机读写
- 文件及I/O操作
- 二进制文件的读写
- 读写复杂二进制文件
- 读写普通文本文件

　　到目前为止，程序中涉及的对象以及容器都是以内部存储器为介质的。而计算机的内存多数是易失（volatile）的，其中的数据将在计算机断电后永远消失。

　　为了"永久地"保存数据，程序需要以文件的形式将数据存储到非易失（non-volatile）的外部存储器中。外部存储器的数据可以在断电后保持，待程序再次运行时，再将文件从外存读入内存。目前常用的外部存储器有磁性硬盘、固态硬盘、U盘等，其中磁性硬盘是一种磁表面存储器，固态硬盘和U盘则属于半导体存储器。

12.1　文件及文件系统

　　运行在计算机上的操作系统以文件系统的形式组织和管理外部存储器。文件系统通常是一个树形的目录结构，在Windows下，计算机的文件系统被划分为多个盘或分区，分别用 C、D、E 等大写字母表示。其中，D:/ 表示 D 盘的根目录，目录（directory）也称文件夹（file folder），一个目录可以包含 0 到多个子目录，也可以包含 0 到多个文件。同一目录下的子目录及文件不可以重名。图 12-1 展示了作者计算机上 D 盘的简化目录结构。

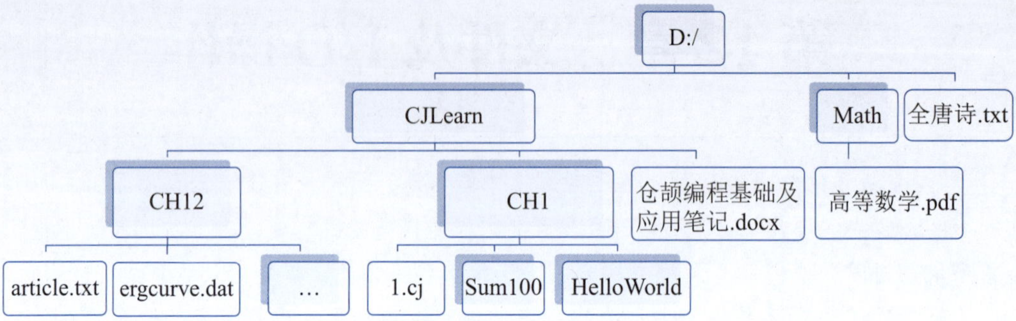

图 12-1　树形目录示意图

人们习惯把文件名分为基本名和扩展名（非必需）两部分，中间用点作分隔。其中，扩展名用于向操作系统表明该文件的类型，操作系统依据扩展名将文件与特定类型的应用程序相关联。例如，文件名 article.txt 中的 article 为基本名，txt 为扩展名，它表明该文件系文本文件。在 Windows 操作系统的资源管理器中，如果双击 article.txt，Windows 会使用记事本应用程序来打开该文件。表 12-1 列出了 Windows 操作系统下一些常见的文件扩展名。

表 12-1　Windows 操作系统下常见的文件扩展名

扩 展 名	类　　型	扩 展 名	类　　型
txt	文本文件	exe	可执行文件
cj	仓颉程序文件	jpg	JPEG 标准图片文件
pdf	Acrobat 文档	xlsx	Excel 表格文件
docx	Word 文档	dwg	AutoCAD 图纸文件

文件的路径指明了文件在文件系统中的具体位置，应用程序依赖于文件的路径来找到并使用文件。文件路径分为绝对路径和相对路径两种。其中，绝对路径是指从根目录出发，直到文件具体存储位置的完整路径。例如，图 12-1 中 article.txt 的绝对路径是 D:/CJLearn/CH12/article.txt。而文件的相对路径是指从当前工作路径出发，到达文件具体存储位置的路径。操作系统中每一个运行中的应用程序都有一条当前工作路径，现假设当前工作路径是 D:/CJLearn/CH1，则 article.txt 的相对路径是 ../CH12/article.txt，其中，".." 表示当前路径的上层目录，也就是 D:/CJLearn。

与 Windows 不同，在 Linux 系统下，文件系统不分盘符，其绝对路径全部从根目录出发。例如，/home/pi/abc.txt 即为根目录下 home 子目录下 pi 子目录下的名为 abc.txt 的文件。请注意，Linux 文件系统严格区分大小写，Cat 和 cat 被视为两个不同的目录或文件名。

从应用程序的角度出发，可以将文件分为两类：文本文件（text file）和二进制文件（binary file）。随书代码 CH12 下的 article.txt 就是一个文本文件，其部分内容如下：

```
In the summer of 1922, Nick Carraway moves from Minnesota to work as a
bond salesman in New York.
...
```

在 Windows 操作系统中，右击 article.txt，在弹出的菜单中选择"属性"命令，将得到如图 12-2 所示的文件属性窗口。该窗口显示，文件的大小为 4022 字节。

用记事本之类的文本编辑工具打开该文件，会发现该文件由 4022 个字符（含空格及其他符号）组成。显然，对于 article.txt，其文件内容中的一字节对应一个字符，其对应关系遵从 ASCII 码。

图 12-2　article.txt 的属性

> **⊘ 要点**
>
> 计算机里的一切都是二进制。文本文件本质上也是二进制的字节流（byte stream）。这些文件在读入时，程序默认按照特定的编码格式将二进制的字节流"转换"成文字；反之，写入时则由程序将文字按特定编码格式"转换"成字节流。

在 Windows 操作系统 PowerShell 下，可以使用 format-hex 命令以十六进制形式显示 artitle.txt 文件的内容。如图 12-3 所示，文件 article.txt 的第 1 个字节值为 $(49)_{16}$，按 ASCII 码，其对应英文字母 I；文件的第 3 个字节值为 $(20)_{16}$，其对应单词"In"和"the"之间的空格。请读者留意图 12-3 的右侧，由于 article.txt 是使用 ASCII 码编码的文本文件，format-hex 正确显示了文件所包含的文本内容。

使用 format-hex 显示文件内容

英文字符的 ASCII 编码

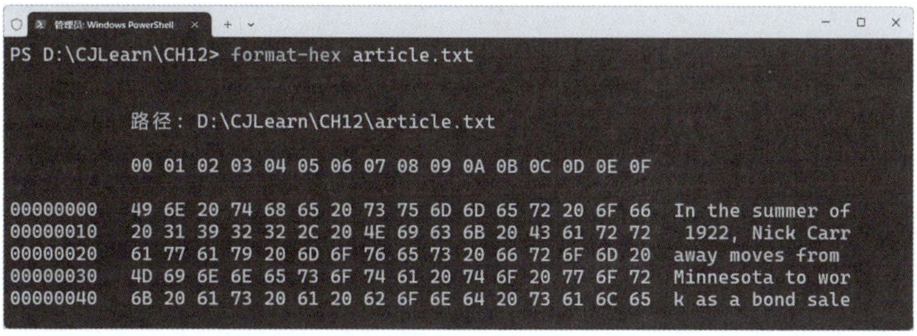

图 12-3　使用 format-hex 显示文本文件内容

二进制文件可以视为由二进制字节组成的字节流，其内容组织及转换形式均由程序员自行决定。由于二进制文件"预期"不用于存储文本，因此无法用常规的文本编辑器，如记事本打开和编辑。本书随书源代码 CH12 下的 ergcurve.dat 即为二进制格式文件，使用 format-hex 命令查看该文件内容，如图 12-4 所示，可见该文件仍然是由一系列字节所构成。同文本文件 article.txt 不同，ergcurve.dat 并非文本文件，format-hex 强行将文件中的字节流按 ASCII 码转换成文本，得到的是“乱码”，见图 12-4 的右侧部分。

```
PS D:\CJLearn\CH12> format-hex ergcurve.dat


           路径： D:\CJLearn\CH12\ergcurve.dat

           00 01 02 03 04 05 06 07 08 09 0A 0B 0C 0D 0E 0F

00000000   2B 6E 81 41 80 1A 88 41 2B 3E 89 41 D5 37 91 41  +nA.A+>AÕ7A
00000010   D5 78 9B 41 80 5A A7 41 2B 72 AA 41 D5 D7 A0 41  ÕxAZ§A+rªAÕ× A
00000020   D5 D8 8B 41 AA D1 68 41 AA BB 42 41 00 0F 43 41  ÕØAªÑhAª»BA..CA
00000030   AA 4F 54 41 00 A7 7D 41 D5 CC 8D 41 2B 79 94 41  ªOTA.§}AÕÌA+yA
```

图 12-4　使用 format-hex 显示二进制文件内容

12.2　读写普通文本文件

仓颉程序读写一个文件的基本过程通常分为三步：① 构造一个文件对象（打开文件）；② 使用文件对象的 read 或者 write 等函数读写文件内容；③ 关闭文件。

按照上述步骤，下述程序 TextWrite 在当前目录下打开了一个名为 textfile.txt 的文本文件，并在其中写入了两行文本内容。请注意，“黑云翻墨未遮山，”之后包含了一个换行符。

```
package TextWrite
import std.env; import std.fs.*

main(): Int64 {
    println("当前工作路径：${env.getWorkingDirectory()}")
    let f = File("textfile.txt",OpenMode.Write)
    f.write("黑云翻墨未遮山，\n".toArray())
    f.write("白雨跳珠乱入船。".toArray())
    f.close()
    print("操作完成，文件已关闭。")
    return 0
}
```

上述程序在屏幕上的输出为：

```
当前工作路径：D:\CJLearn\CH12\TextWrite
操作完成，文件已关闭。
```

此外，上述程序还在当前工作路径 D:/CJLearn/CH12/TextWrite 下创建了一个名为 textfile.txt 的新文件，其文件内容如下：

```
黑云翻墨未遮山，
白雨跳珠乱入船。
```

执行完上述程序后，请读者在计算机内的文件系统中找到上述文件，双击查看其内容。

▷ **第2行：** std.env 包提供了一些与程序运行环境（environment）相关的类型和函数。std.fs 为文件流（file stream）包，提供与文件读写操作相关的众多类型和函数。std.fs.* 意味着导入 std.fs 之下的全部名字。

▷ **第5行：** env.getWorkingDirectory 获取并返回程序的当前工作路径。计算机的文件系统内存在数量众多的目录和子目录，当前工作路径代表了程序在计算机文件系统中的当前工作位置。

⚠ 注意

如执行结果的第 1 行所示，D:\CJLearn\CH12\TextWrite 使用了 \ 作为分隔符，这是 Windows 操作系统的习惯。由于 \ 在仓颉里也被用作转义（参见 2.6.2 节），为避免潜在的风险，建议读者总是按照 Linux 系统的习惯使用 / 作为路径分隔符，这在 Windows 系统中也是被认可的。

▷ **第6行：** 构造一个 std.fs.File 类型的文件对象，仓颉会在构造文件对象的同时打开文件。File 类型的构造函数（之一）包含 path 和 mode 两个参数，path 用于提供文件的完整路径，mode 则指定文件的打开方式。参数 mode 为枚举类型 std.fs.OpenMode，其包含如表 12-2 所示的 4 个构造器。

表 12-2 文件打开模式（OpenMode）构造器

打 开 模 式	说　　　明
Read	以只读的方式打开文件。如果文件不存在，引发 FSException 异常。
Write	以只写的方式打开文件。如果文件存在，该文件截断为 0 字节；如果文件不存在，创建文件。
Append	以追加写的方式打开文件。如果文件不存在，创建文件。追加写是指新写入的内容将添加至文件的末尾，文件的原有内容不受影响。
ReadWrite	以可读可写的方式打开文件。如果文件不存在，创建文件；如果文件存在，其内容不会被截断。

本行的 File("textfile.txt",OpenMode.Write) 以只写方式打开名为 textfile.txt 的文件。由于未提供完整路径，仓颉选择在程序的当前工作路径打开此文件。在本程序第 1 次执行时，该文件不存在，File 构造函数将创建新文件。在本程序第 2 次执行时，该文件已存在，File 构造函数将打开并截断文件（清空文件内容）。

▷ **第7行：** 执行文件对象 f 的成员函数 write 向文件写入内容。查仓颉文档得该函数的原型如下：

```
public func write(buffer: Array<Byte>): Unit
```

如 12.1 节所述，文件本质上是二进制的字符流，因此 write 函数只接收向文件写入

12

字节数组（Array<Byte>）类型的 buffer。此处的 Byte（字节）类型，只是 UInt8 类型的别名，即包含 8 比特的无符号整数。

此处期望写入文件的是字符串形式的苏轼诗句。由于文件不能直接存储字符串文本，故调用字符串对象的 toArray 成员函数将其转换为 UTF-8 编码的字节数组。UTF-8 是 Unicode 编码标准的一种实现，必要时请回顾 6.1 节。

▷ **第 8 行：** 向文件写入另一个字符串。

▷ **第 9 行：** 执行文件对象 f 的 close 成员函数，关闭文件。关闭文件可以理解为对文件资源的释放，这将使计算机上的其他程序能够访问该文件。

下述示例展示了读取文本文件的过程和方法。

```
1  package TextRead
2  import std.fs.*; import std.env
3
4  main(): Int64 {
5      println(" 当前工作路径：${env.getWorkingDirectory()}")
6      let fi = FileInfo("textfile.txt")
7      println("${fi.name}，路径 ${fi.path}，尺寸 ${fi.size} 字节 ")
8
9      let f = File("textfile.txt",OpenMode.Read)
10     let data = Array<Byte>(fi.size,repeat:0)
11     let sizeReaded = f.read(data)
12     let s = String.fromUtf8(data)
13     print(" 读到 ${sizeReaded} 字节的内容：\n${s}")
14     f.close()
15     return 0
16 }
```

上述程序的执行结果为：

```
1  当前工作路径：D:\CJLearn\CH12\TextRead
2  textfile.txt，路径 D:\CJLearn\CH12\TextRead\textfile.txt，尺寸 49 字节
3  读到 49 字节的内容：
4  黑云翻墨未遮山，
5  白雨跳珠乱入船。
```

🔺 **注意**

注意，示例 TextWrite 所创建的文件位于 D:/CJLearn/CH12/TextWrite 目录（以作者计算机为例）下。而上述示例 TextRead 的当前工作目录为 D:/CJLearn/CH12/TextRead。请读者手工将 textfile.txt 复制至当前工作目录下，否则程序会因找不到文件而发生异常。

▷ **第6行：**创建 FileInfo 对象，由于传入的文件名未指明路径，程序会在当前工作目录下查找该文件。如果该文件不存在，则抛出异常。

▷ **第7行：**从 FileInfo 对象 fi 获取文件名、完整路径、文件尺寸等信息并打印。参见执行结果的第 2 行。

▷ **第9行：**以只读（OpenMode.Read）模式创建文件对象并打开文件 textfile.txt。

▷ **第10行：**创建字节数组 data，长度为 fi.size（文件尺寸），元素均初始化为 0。该数组预期将作为读文件的缓冲区（buffer）。

▷ **第11行：**f.read(data) 函数从文件中读取内容，并填入 data 字节数组。其返回值为实际读取的字节数。如果 data 的尺寸大于或等于文件的实际尺寸，该函数将读完文件的全部内容；如果 data 的尺寸小于文件的实际尺寸，该函数则读取 data.size 字节。

▷ **第12行：**字节数组 data 内存储的是从文件中读取的原始二进制数据。由于我们"知道"这个文件事实上是 UTF-8 编码的文本文件，故使用 String.fromUtf8 函数对 data 进行解码，得到文本字符串 s。fromUtf8 是 String 类型的静态成员函数。

▷ **第13行：**打印成功读取的字节数 sizeReaded 以及文本内容 s。见执行结果的第 3 ~ 5 行。

⚠ 注意

在文件读写完毕后应及时关闭文件，否则可能出现内容不能正确写入，甚至文件损坏、丢失的情况。

File 类型实现了 Resource 接口，如 11.6 节中的讨论，可以使用 try-catch 表达式对 File 对象进行监管，确保在相关读写操作结束后，该对象能被妥善关闭（释放），即便相关文件在读写操作过程中发生了异常。请见下述示例。

```
1  package TextRead2
2  import std.fs.*; import std.io.*; import std.env
3
4  main(): Int64 {
5      println("当前工作路径：${env.getWorkingDirectory()}")
6
7      try (f = File("../TextRead/textfile.txt",OpenMode.Read)) {
8          let data = readToEnd(f)
9          println("读到的字节数：${data.size}")
10         print("读到的内容：${String.fromUtf8(data)}")
11     }
12     return 0
13 }
```

上述程序的执行结果为：

```
1  当前工作路径：D:\CJLearn\CH12\TextRead2
2  读到的字节数：49
3  读到的内容：黑云翻墨未遮山，
4  白雨跳珠乱入船。
```

▷ **第5行：** 如执行结果的第 1 行所示，当前工作路径为 D:/CJLearn/CH12/TextRead2。图 12-5 展示了位于 D:/CJLearn/CH12/TextRead 目录下的文件 textfile.txt 与当前工作路径之间的相对位置关系。如图所见，从 TextRead2 目录出发，到达 textfile.txt 的路径可以表达为 ../TextRead/textfile.txt。其中，.. 表示当前目录的父目录，即 CH12。

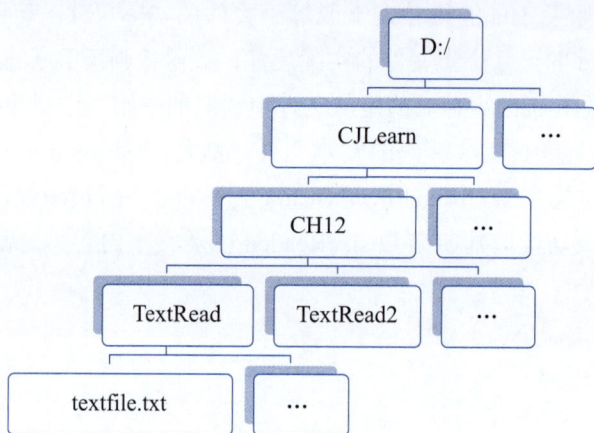

图 12-5　 textfile.txt 的相对路径

▷ **第7行：** 使用只读模式打开文件 ../TextRead/textfile.txt，并将文件对象 f 置于 try-catch 表达式的监管之下。

▷ **第8行：** std.io.readToEnd(f) 从文件 f 读入剩余全部数据（从当前读取位置开始至文件尾），以 Array<Byte> 形式返回读到的数据。此处仍使用 f.read 函数进行读取也是可以的。

▷ **第9行：** data.size 即为第 8 行实际读到的字节数。参见执行结果的第 2 行。

▷ **第10行：** 使用 String.fromUtf8 将字节数组 data 解码为文本并打印。执行结果的第 3、4 行证实，上述文件读取操作正确无误。

　　在本例中，当 try 块内的代码执行结束（或者因异常中断）时，受监管资源对象 f 的 isClosed 函数将被调用，如果返回值为 false，f.close 会被执行以关闭（释放）资源。

　　文本文件实质上存储的仍然是字节流。在本节的前述程序中，虽然明知 textfile.txt 存储的是文本，但仍然需要在写入前先将字符串编码为字节数组，并在读出后将字节数组解码为字符串。

　　借助于 std.io.StringWriter 和 StringReader 类型，可以简化对文本文件的读写操作。请见下述示例。

```
1  package TextWriteRead
```

```
2  import std.fs.*; import std.io.*
3
4  main(): Int64 {
5      println(" 通过 StringWriter 写入文件 ")
6      try (f = File("poem.txt",OpenMode.Write)) {
7          let s = StringWriter(f)
8          s.write(" 无可奈何花落去，似曾相识燕归来。")
9          s.flush()        // 强制写入
10     }
11
12     print(" 通过 StringReader 读取文件 :")
13     try (f = File("poem.txt",OpenMode.Read)) {
14         let s = StringReader(f)
15         print(s.readToEnd())
16     }
17     return 0
18 }
```

上述程序的执行结果为：

```
1  通过 StringWriter 写入文件
2  通过 StringReader 读取文件 : 无可奈何花落去，似曾相识燕归来。
```

下面结合图 12-6 对 StringWriter 和 StringReader 的工作原理进行讨论。如图所示，File 类型间接实现了 `OutputStream`（输出流）和 `InputStream`（输入流）接口。在 TextWrite 和 TextRead 示例中使用的 f.write 和 f.read 函数事实上源自这两个接口。

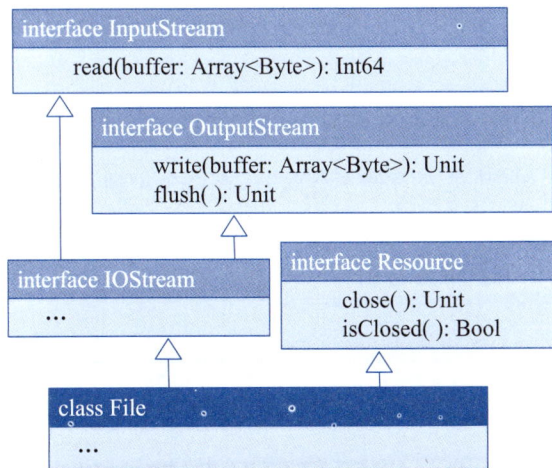

图 12-6　File 类型实现的各种接口（部分）

▷ **第 6 行**：以写模式在当前工作目录下打开 / 创建文件 poem.txt，并将文件对象置于 try-catch 表达式的监管之下。

▷ **第 7 行：** std.io.StringWriter 是一个泛型类，其构造函数接收一个 OutputStream（输出流）对象作为参数。如图 12-6 所示，文件对象也是输出流对象。

本行代码的实质是把作为输出流对象的文件对象 f 包装成 StringWriter 对象 s。

▷ **第 8 行：** 执行 StringWriter 对象 s 的 write 成员函数，将字符串写入。如图 12-7 所示，此处的 s.write 函数事实上承担了翻译官的角色，它先将参数字符串编码为字节数组，然后调用执行输出流对象 f 的 write 函数向文件写入。

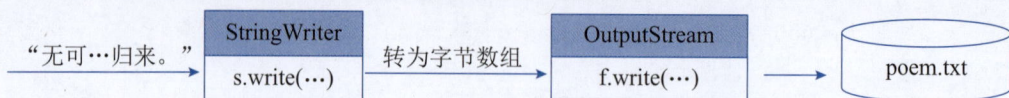

图 12-7　通过 StringWriter 向文件写入字符串

▷ **第 9 行：** 文件通常存储在外存（硬盘 / 固态硬盘）里，相对于内存，外存的访问速度通常要慢一些。为了避免对外存的频繁访问，StringWriter 及文件对象通常都使用了缓存机制，即多数文件读写操作都发生在内存，然后再适时写入外存。

执行这些对象的 flush 函数可以"清空"缓存，即将那些在内存中发生的数据变化写入外存。

▷ **第 10 行：** try 块执行结束后，受监管对象 f 被自动关闭。

▷ **第 13 行：** 以只读模式打开文件 poem.txt。

▷ **第 14 行：** std.io.StringReader 的工作机制与 StringWriter 相仿，区别在于 StringReader 用于从 InputStream（输入流）读取字符串。如图 12-6 所示，文件对象 f 也是 InputStream（对象）对象。

▷ **第 15 行：** StringReader 对象的 readToEnd 成员函数也是一个翻译官，它先调用执行输入流对象的 read 函数从输入流（文件）读取字节数组，然后再将字节数组解码为字符串，并返回。程序执行结果的第 2 行证实，StringReader 成功读取并返回了文件内的文本。

📖 编程练习

练习 12-1（经济发展数据的文本存储）数组 cn 存储了中国从 1960 年至 2021 年的 GDP 数据（单位：亿美元）。请设计合适的文本文件格式，并编程将下述数据写入。相关数据请扫描页侧二维码复制。请另行编写一个独立的程序，从文本文件读取并还原上述数据。

经济发展
数据的文本
存储

```
let cn = [1782.81, 1911.49, … ,146877.0, 177341.0]
```

GDP 数据

12.3　读写逗号分隔值文件 *

扩展名为 txt 的普通文本文件缺乏明确的内部结构，不太适宜存储表格数据。本节将介绍逗号分隔值（comma separated values）文件，其扩展名为 csv，特别适合存储表格数据。下述程序创建并写入了一个价格表至文件 PriceList.csv。

```
1  package CreatePriceList
2  import std.io.*;   import std.fs.*
3
4  main(): Int64 {
5      let priceList = [("A01"," 苹果 ",5.28,2000),
6                       ("B02"," 牛肉 ",65.74,5000),
7                       ("C03"," 樱桃 ",117.4,500)]
8
9      try (f = File("PriceList.csv",OpenMode.Write)) {
10         let s = StringWriter(f)
11         s.writeln(" 编号 , 名称 , 价格 , 数量 ")
12         for (x in priceList) {
13             s.write(x[0]+",")
14             s.write(x[1]+",")
15             s.write(x[2]); s.write(",")
16             s.write(x[3]); s.writeln()
17         }
18         s.flush()   // 清空缓冲区，强制写入
19     }
20     return 0
21 }
```

上述程序未在屏幕上产生任何输出，但在当前工作目录下新建了一个名为 PriceList.csv 的逗号分隔值文件。该文件同时也是文本文件，其内容如下：

```
编号 , 名称 , 价格 , 数量
A01, 苹果 ,5.280000,2000
B02, 牛肉 ,65.740000,5000
C03, 樱桃 ,117.400000,500
```

一般地，逗号分隔值文件的一行对应表格中的一行，而同一行的各列数据则用逗号分隔。这种类型的文件可以用 WPS Office 打开，如图 12-8 所示。

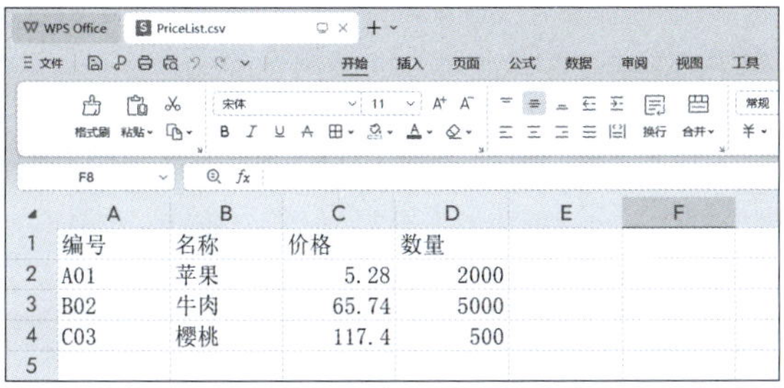

图 12-8　WPS Office 打开 PriceList.csv

▷ **第 5 ~ 7 行：** 创建商品信息表 priceList。priceList 为数组，其内包含 3 个元组对象，

元组对象的类型为 (String, String, Float64, Int64)。

▷ **第 9 行：** 以只写模式打开文件 PriceList.csv，并作为资源对象交给 try 表达式监管。

▷ **第 10 行：** 以文件对象 f 为基础创建 StringWriter 对象 s，以简化对文件的文本写操作。

▷ **第 11 行：** s.writeln 函数向输出流写入一个字符串并附加一个换行符。

▷ **第 12～17 行：** 对 priceList 数组进行遍历，逐一将其内的元组对象写入文件。

s.write 函数有多个重载版本。第 13、14 行的 write 函数写入的是字符串，第 15 行的 write 写入的是 Float64（x[2]），第 16 行的第 1 个 write 则写入 Int64（x[3]）。writeln 则仅写入一个换行符。

当 write 函数接收的是非字符串的数值对象（如 Float64）时，它会先将其格式化为字符串，然后编码为字节数组，再通过输出流对象的 write 函数写入。

▷ **第 18 行：** s.flush 清空缓存，强行将前述写操作的结果同步至文件。

下述 ReadPriceList 程序则读入并解析了 PriceList.csv 文件，复原了原有数据。

```
1  package ReadPriceList
2  import std.io.*;  import std.fs.*
3  import std.collection.ArrayList; import std.convert
4
5  type Commodity = (String,String,Float64,Int64)
6  main(): Int64 {
7      let priceList = ArrayList<Commodity>()
8      try (f = File("../CreatePriceList/PriceList.csv", Read)) {
9          let s = StringReader(f)
10         s.readln()    // 读入标题行并抛弃
11         for (x in s.lines()){
12             let vs = x.split(",")
13             let c:Commodity = (vs[0],vs[1],
14                 Float64.parse(vs[2]),Int64.parse(vs[3]))
15             priceList.add(c)
16         }
17     }
18
19     println(" 读到 ${priceList.size} 条数据 :")
20     for (x in priceList) {
21         println("${x[0]}, ${x[1]}, ${x[2].format(".2")}, ${x[3]}")
22     }
23     return 0
24 }
```

上述程序的执行结果为：

```
1  读到 3 条数据 :                         2 A01, 苹果 , 5.28, 2000
```

| 3 | B02，牛肉，65.74，5000 | 5 | [空行] |
| 4 | C03，櫻桃，117.40，500 | | |

▷ **第5行:** 使用 type 定义类型别名 Commodity（商品），以便使用。

▷ **第7行:** 创建动态数组 priceList，以存储从文件读出还原的商品对象。

▷ **第8行:** 以只读模式打开 PriceList.csv。注意这里使用了相对路径，读者可能需要根据情况调整这一路径。如果程序在指定路径找不到该文件，则会发生异常。

▷ **第9行:** 以文件对象 f 为基础，创建 StringReader 对象 s，以简化从文件读取文本的过程。

▷ **第10行:** s.readln 从输入流读取一行（遇到换行符或者文件尾为止），并返回 Option<String>。

在本例中，PriceList.csv 文件的第 1 行存储的是表格的标题信息。故忽略并抛弃了 s.readln 函数的返回值。

▷ **第11~16行:** s.lines 返回一个可迭代对象，遍历这个对象可以逐行取得从文件当前位置至文件尾的全部行。使用 for 循环逐行处理从文件读得的单行字符串，解析为 Commodity 对象并填入 priceList 数组。

▷ **第12行:** 执行 split 成员函数将字符串按逗号分拆为字符串数组 vs。

▷ **第13、14行:** 从字符串数组 vs 重建 Commodity（商品）元组 c。

▷ **第15行:** 将解析重建所得的商品元组 c 加入 priceList。

▷ **第19~22行:** 遍历 priceList，将读入的元组对象逐一打印输出至屏幕。

如执行结果所示，上述程序正确读入并解析了逗号分隔值文件 PriceList.csv，所得商品信息准确无误。

🔲 编程练习

练习 12-2（两个正弦波的叠加）请使用 std.math.sin 函数生成符合下述要求的"信号"：时长为 0.5 秒，采样频率为 2000 样本 / 秒；包含 2 个分量：振幅为 200 mV，频率为 5 Hz；振幅为 50 mV，频率为 20 Hz。

请将生成的"信号"保存至 CSV 格式文件，该文件包含两列，分别为 time：时间，等于样本编号（从 0 开始）× 1000 / 2000 ms；voltage：电压，单位为 mV。

请用 WPS Office 打开该文件，并以时间为横轴、振幅为纵轴，作曲线图观察两个不同频率、不同振幅的正弦波的叠加效果。

两个正弦波
的叠加

12

WPS 曲线
作图效果

12.4　二进制文件的读写

如 12.1 节所述，二进制文件本质上是由二进制字节组成的字节流。为了展示二进制文件与文本文件的差异，准备了下述示例。

```
1  package PiWrite
2  import std.fs.*; import std.io.*; import std.{convert,binary}
3
4  main(): Int64 {
5      let pi = Float32(3.1415926535897932)
6      try (f = File("pi.txt",OpenMode.Write)) {
7          f.write(pi.format(".7").toArray())
8      }
9
10     try (f = File("pi.dat",OpenMode.Write)) {
11         let t = Array<Byte>(4,repeat:0)
12         let size = pi.writeLittleEndian(t)
13         print("Float32 类型的 pi 转换为字节数组，包含 ${size} 字节")
14         f.write(t)      // 将字节数组写入文件
15     }
16     return 0
17 }
```

上述程序执行时，在屏幕上得到的执行结果为：

```
1  Float32 类型的 pi 转换为字节数组，包含 4 字节
```

上述程序执行后，在当前工作目录下将出现两个新文件 pi.txt 和 pi.dat，前者是文本文件，后者是二进制文件，它们都存储了圆周率值。

▷ **第 5 行：** Float32 类型的对象 pi 存储了圆周率。依仓颉的定义，一个 Float32 类型的对象占据 4 字节，共 32 比特的存储空间。

▷ **第 6 ~ 8 行：** 将 pi 格式化为包含 7 位小数的字符串，转换为字节数组，再写入文本文件 pi.txt。

▷ **第 10 行：** 以只读模式打开二进制文件 pi.dat。扩展名 dat 意为 data（数据），是二进制文件最常用的扩展名。

▷ **第 11、12 行：** 仓颉的文件对象只支持字节数组的读出和写入。为了能将 Float32 类型的 pi 写入文件，需要先将其转换为字节数组。

已知一个 Float32 对象占据 4 字节的内存空间，故先创建容量为 4 的字节数组 t 用于保存转换结果。pi.writeLittleEndian(t) 将 pi 按小端序（Little Endian）转换为字节数组，并存入 t。writeLittleEndian 成员函数定义于 std.binary 包。

关于小端序，必要时请回顾 2.3 节。

▷ **第 13 行：** 打印 pi.writeLittleEndian 函数返回的转换字节数。如执行结果所示，Float32 类型的对象 pi 转换为字节数组，其尺寸确为 4 字节。

▷ **第 14 行：** 将字节数组 t 写入文件。

▷ **第 15 行：** 文件 f 在 try 块执行结束后自动关闭。

以前述 PiWrite 示例生成的 pi.txt 和 pi.dat 为基础，下述示例分别从上述文件读出相关数据，并还原为 Float32 类型的对象 pi。

```
1  package PiRead
2  import std.fs.*; import std.io.*; import std.{convert,binary}
3
4  main(): Int64 {
5      try (f = File("../PiWrite/pi.txt",Read)) {
6          let data = readToEnd(f)
7          let t = String.fromUtf8(data)
8          let pi:Float32 = Float32.parse(t)
9          println(" 从 pi.txt 读得圆周率为 :${pi.format(".7")}")
10     }
11
12     try (f = File("../PiWrite/pi.dat",Read)) {
13         let data = readToEnd(f)
14         let pi:Float32 = Float32.readLittleEndian(data)
15         print(" 从 pi.dat 读得圆周率为 :${pi.format(".7")}")
16     }
17     return 0
18 }
```

上述程序的执行结果为：

```
1  从 pi.txt 读得圆周率为 :3.1415927
2  从 pi.dat 读得圆周率为 :3.1415927
```

▷ **第 5 行：** 打开稍早由 PiWrite 示例生成的 pi.txt 文件。请注意，此处使用了相对路径。

▷ **第 6 行：** 执行 std.io.readToEnd 函数从输入流 f（文件即输入流）读取全部数据为字节数组 data。

▷ **第 7 行：** 执行 String.fromUtf8 将字节数组转换为字符串。

▷ **第 8 行：** 执行 Float32.parse 对字符串 t 进行解析，得 Float32 类型的圆周率 pi。至此，数据读取并还原完毕。

▷ **第 9 行：** 打印读到的 pi 值，保留 7 位小数。

▷ **第 12 行：** 打开稍早由 PiWrite 示例生成的 pi.dat 文件。注意此处使用了相对路径。

▷ **第 13 行：** 读取文件全部内容为字节数组 data。

▷ **第 14 行：** 执行 Float32 类型的静态成员函数 readLittleEndian，按小端序将字节数组 data 解析为 Float32 类型的对象 pi。

▷ **第 15 行：** 打印读到的 pi 值，保留 7 位小数。

12

⚠ 知所以然

当把一个整数或者浮点数存入文本文件时，程序事实上会把整数或者浮点数转换成字符串。相应地，当从文本文件读出一个整数或者浮点数时，从文本文件中读出的事实上是对应的字符串，程序需要把字符串转换为数值对象后才能进行数值计算。文本文件的这种工作模式存在以下两个缺陷。

(1) 空间效率不高，相较于二进制文件而言，存储相同的数据需要占据更多的空间。读者如果查看 pi.txt 和 pi.dat 的文件尺寸，会发现虽然存储着相同的信息，文本文件 pi.txt 的尺寸为 9 字节，而二进制文件 pi.dat 仅为 4 字节。

(2) 数据读取 / 写入时的格式转换工作浪费 CPU 时间。

前述二进制文件示例 pi.dat 的结构十分简单，仅包含一个 4 字节的浮点数对象。在随书代码的 CH12 目录里，二进制文件 ergcurve.dat 连续存储了 400 个浮点数，每个浮点数 4 字节，共 1600 字节。事实上，这 400 个浮点数是由生物电放大器记录的人眼视网膜在接受闪光刺激后所引发的电位变化，每个浮点数称为一个采样（sample），采样间隔为 0.5 毫秒，400 个采样的时间跨度为 200 毫秒。将 400 个采样连接起来，可以得到一条曲线，称为视网膜电图（electroretinogram），该曲线反映了视网膜的工作能力，可以帮助医生诊断视觉系统疾病。

下述程序从 ergcurve.dat 读取了连续存储的全部采样，并将其转存为逗号分隔值文件 ergcurve.csv。

```
1  package ERG
2  import std.fs.*; import std.io.*; import std.binary
3
4  main(): Int64 {
5      var data = Array<Byte>()
6      try (f = File("D:/CJLearn/CH12/ergcurve.dat",Read)) {
7          data = readToEnd(f)
8      }
9      let sampleCount = data.size / 4
10     let samples = Array<Float32>(sampleCount,repeat:0.0)
11     for (i in 0..sampleCount) {
12         samples[i] = Float32.readLittleEndian(data[i*4..i*4+4])
13     }
14
15     try (f = File("D:/CJLearn/CH12/ergcurve.csv",Write)){
16         let s = StringWriter(f)
17         for (x in samples){ s.writeln(x) }
18         s.flush()        // 清空缓冲区，强制写入文件
```

```
19      }
20      println("ergcurve.dat 文件尺寸：${data.size} 字节 ")
21      print(" 从中读出 ${sampleCount} 个 32 位浮点数 ")
22      return 0
23  }
```

上述程序的执行结果为：

```
1  ergcurve.dat 文件尺寸：1600 字节
2  从中读出 400 个 32 位浮点数
```

将转换所得 ergcurve.csv 文件用 WPS Office 打开，选中 A 列，然后通过插入菜单绘制带平滑的散点图，可得如图 12-9 所示的视网膜电图曲线。

在 WPS
Office 中绘图

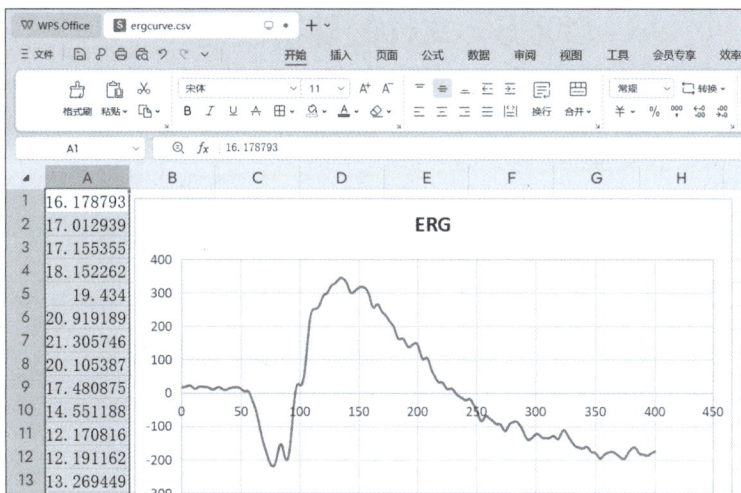

图 12-9　视网膜电图曲线

▷ **第5行：** 创建空字节数组 data，用于存放从 ergcurve.dat 读取的数据。事实上，这个空的字节数组对象将在第 7 行被赋值替换。

▷ **第6行：** 以只读模式打开文件 ergcurve.dat。请注意此处使用了绝对路径，在运行此程序时，读者需要根据自身计算机的实际情况酌情调整。

▷ **第7行：** std.io.readToEnd 函数从输入流 f 读取全部内容，并返回一个字节数组。这个字节数组赋值给变量 data，替换了原有的空字节数组（第 5 行创建）。

▷ **第9行：** data.size（字节数组元素个数）即为文件的实际尺寸，由于每 4 字节对应一个 32 位浮点数，将其除以 4，即得采样数（sampleCount）。
在本例中，由于文件的尺寸为 1600 字节，因此对应的采样数 sampleCount 等于 400。

▷ **第10行：** 创建包含 400 个元素的浮点数数组 samples，用于存储解析出来的电位样本。

▷ **第11 ~ 13行：** 循环 400 次，通过切片（参见 9.1.1 节）从 data 数组切出 4 字节，然后使用 Float32.readLittleEndian 将其依小端序解析为 32 位浮点数，并赋值给 samples[i]。

由于每个采样占 4 字节空间，因此，第 i 个采样在 data 中的起始位置分别是 i*4 和 i*4+4（不含）。

▷ **第 15 行：** 以只写模式打开 ergcurve.csv。同样，这里使用了绝对路径，请读者酌情检查调整。

▷ **第 16 行：** 逗号分隔值文件系文本文件，为简化文本写入过程，以输出流对象 f 为基础创建 StringWriter 对象 s。

▷ **第 17 行：** 遍历 samples，将其中有浮点数采样全部写入 s。在写入过程中，s.writeln 函数（有多个重载版本）会将 Float32 转换成字符串。

▷ **第 20、21 行：** 向屏幕打印摘要信息。执行结果证实，相关输出与预期一致。

12.5　文件的随机读写 *

图 12-6 并不完整，File 类型还实现了如图 12-10 所示的 Seekable 接口以支持对文件的随机读写。即从文件中读取或者写入数据并非只能一往直前，还可以瞻前顾后，即根据需要跳转至指定位置进行读写。Seekable 的英文原意为可搜索的。

interface Seekable	
prop length: Int64	流数据总量
prop position: Int64	当前读写位置
prop remainLength: Int64	剩余数据量
func seek(sp: SeekPosition): Int64	移动读写位置

class File
...

图 12-10　File 类型实现 Seekable 接口

下面通过下述示例进行讨论。

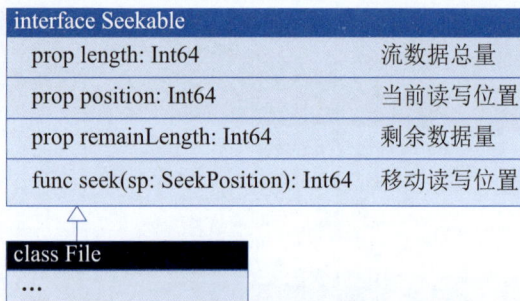

```
1  package RandomAccess
2  import std.fs.*; import std.io.*; import std.binary
3
4  main(): Int64 {
5      let data4 = Array<Byte>(4,repeat:0)
6      var value:Float32 = 0.0
7      try (f = File("D:/CJLearn/CH12/ergcurve.dat",Read)) {
8          println(" 文件长度 : ${f.length}")
9          println(" 位置 / 剩余 : ${f.position}/${f.remainLength}")
10
11         var readed = f.read(data4)
12         value = Float32.readLittleEndian(data4)
13         println(" 位置 / 剩余 : ${f.position}/${f.remainLength}")
14         println(" 读入字节数 : ${readed}, 读入值 : ${value}")
15
16         f.seek(SeekPosition.Current(800)) // 当前位置后移 800 字节
17         println(" 位置 / 剩余 : ${f.position}/${f.remainLength}")
```

```
18          readed = f.read(data4)
19          value = Float32.readLittleEndian(data4)
20          println(" 读入字节数：${readed}，读入值：${value}")
21          print(" 位置 / 剩余：${f.position}/${f.remainLength}")
22      }
23      return 0
24  }
```

上述程序的执行结果为：

```
1  文件长度：1600                        5  位置 / 剩余：804/796
2  位置 / 剩余：0/1600                    6  读入字节数：4，读入值：124.048256
3  位置 / 剩余：4/1596                    7  位置 / 剩余：808/792
4  读入字节数：4，读入值：16.178793
```

下面结合图 12-11 讨论对 ergcurve.dat 文件的随机访问。如 12.4 节所述，ergcurve.dat 文件存储了 400 个 32 位浮点数对象，每个浮点数占 4 字节，共 1600 字节。将该文件内的每个字节编上号，则为 0～1599。请注意，0～1599 这些数字是文件内各字节的序号，非字节内的存储内容。

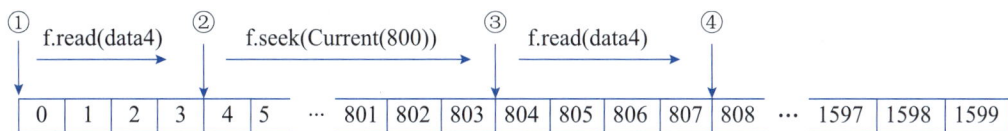

图 12-11   当前读写位置在文件内的移动

▷ **第5行：** 创建 4 字节的字节数组 data4 备用。

▷ **第7行：** 以只读模式打开 ergcurve.dat，请注意这里使用了绝对路径。运行程序前请读者酌情调整。

▷ **第8、9行：** 打印文件的总字节数（f.length）、当前读写位置（f.position）、剩余字节数（f.remainLength）。其中，剩余字节数是指从当前读写位置到文件尾所包含的字节数。

如执行结果的第 1、2 行所示，文件打开后，当前读写位置位于 0 字节处（图 12-11 中箭头①），由于文件的总长度是 1600 字节，因此剩余字节数为 1600。

▷ **第11行：** f.read(data4) 从文件的当前读写位置往前，读取 4 字节（期望值）的内容至 data4，并返回实际读入字节数（实际值）。这里的期望值由 data4.size 决定。当从当前位置开始的剩余字节数不足时，函数的实际读入字节数可能小于期望值。

▷ **第12行：** 将 data4 中的数据按小端序解析为 32 位浮点数 value。

▷ **第13行：** 再次打印当前读写位置（f.position）和剩余字节数（f.remainLength）。

执行结果的第 3 行证实，第 11 行的数据读取动作使得当前读写位置往前移动了 4 字节，由 0 变成了 4（图 12-11 中箭头②），剩余字节数则由 1600 变成了 1596。

▷ **第 14 行：** 打印实际读入字节数（readed）及读入值（value）。参见执行结果的第4 行。

▷ **第 16、17 行：** f.seek(SeekPosition.Current(800)) 从当前读写位置出发，将读写位置往前移动 800 字节。然后再次打印当前读写位置和剩余字节数。

执行结果的第 5 行证实，f.seek 的执行使得当前读写位置往前移动了 800 字节，由 4 变成了 804（图 12-11 中的箭头③），剩余字节数则由 1596 变成了 796。

f.seek 函数的参数为 SeekPosition 枚举类型，它包含如下 3 个有参构造器：

```
1  public enum SeekPosition {
2      | Begin(Int64)                // 从起点开始移动
3      | Current(Int64)              // 从当前位置开始移动
4      | End(Int64)                  // 从末尾开始移动
5  }
```

Begin、Current、End 构造器的参数均为 Int64 类型的偏移量。当偏移量为正时，表示朝末尾方向移动；当偏移量为负时，表示朝起点方向移动。

▷ **第 18 ～ 21 行：** 再次读取 4 字节并转换成 32 位浮点数，然后打印相关结果。

参见执行结果的第 6、7 行，可见因为 f.read 的执行，当前读写位置再次前移 4 字节，变成了 808（图 12-11 中的箭头④）。

🎯 **要点** ◾

通过执行 Seekable 接口中定义的 seek 函数，程序可以任意移动文件中的当前读写位置，从而实现想读 / 写哪里就读 / 写哪里的随机访问效果。

12.6　读写复杂二进制文件 *

除了存储浮点数，二进制文件中也可以将整数、字符串、浮点数混合存储。下述示例 SmartPriceList 中的二进制文件使用了一个稍显复杂的文件结构，存储了三条商品的编号（整数）、名称（字符串）、价格（浮点数）和数量（整数）信息。

本示例程序较长，下面分段进行讨论。

```
1  package SmartPriceList
2  import std.io.*; import std.fs.*; import std.{binary,convert}
3
4  class Commodity {
5      Commodity(var number:Int64,  var name:String,
6               var price:Float64, var quantity:Int64) { }
7      //number/ 商品编号：8 字节, 不重复
```

```
8        //name/ 名称：20 字节，price/ 价格 :8 字节，quantity/ 数量 :8 字节
9    }
```

▷ **第 4 ~ 9 行：** 一个 Commodity 对象存储一个商品信息，包括 number（商品编号）、name（商品名称）、price（价格）和 quantity（数量）共 4 个成员变量。程序应确保商品编号的唯一性，即不同的商品应具备不同的编号。

当商品对象被存储时，Int64 类型的 number、quantity，Float64 类型的 price 各占 8 字节，这是固定的。与 Int64/Float64 固定的尺寸不同，作为字符串的商品名称可能有长有短（西红柿有三个字，牛肉只有两个字）。为便于规划文件结构，将商品名称的存储空间武断地规定为20 字节[①]。总计，一条商品记录在文件中占据 44 字节（8+20+8+8）的空间。

```
11  class CommodityFile <: Resource {
12      private var file:File   // 私有
13      public init(path:String) {
14          file = File(path,OpenMode.ReadWrite)
15      }
16      ...
62  }
```

CommodityFile 为自定义商品文件类型，其预期使用文件存储多个Commodity对象。

▷ **第 11 行：** CommodityFile 类型实现了 Resource 接口（参见 11.6 节）。

▷ **第 12 行：** 私有成员变量 file 用于执行实际的文件读写操作。

▷ **第 13 ~ 15 行：** 构造函数以可读可写模式打开路径为 path 的文件。

```
11  class CommodityFile <: Resource {
12      ...
17      public func isClosed():Bool { file.isClosed() }
18
19      public func close(){
20          file.close()
21          println("Commodity File ${file.info.name} closed.")
22      }
23      ...
62  }
```

▷ **第 17 行：** 实现 Resource 接口要求的 isClosed 成员函数，以文件对象 file 的 isClosed 函数的返回值为返回值。

▷ **第 19 ~ 22 行：** 实现 Resource 接口要求的 close 成员函数。该函数关闭文件对象，然

---

① 当使用 UTF-8 编码时，通常用 3 字节表达 1 个汉字，20 字节可以存储 6 个汉字。

后向屏幕打印了一行提示信息。

其中，file.info 为 FileInfo 类型的属性，其 name 成员为文件名称。

```
11  class CommodityFile <: Resource {
12      ...
24      public func locateCommodity(number:Int64):Bool {
25          let data8 = Array<Byte>(8,repeat:0)
26          file.seek(Begin(0))                    // 起始位置偏移 0 字节
27          while (file.remainLength > 0){
28              file.read(data8)
29              if (Int64.readLittleEndian(data8)==number) {
30                  file.seek(Current(-8))         // 当前位置回退 8 字节
31                  return true
32              }
33              else { file.seek(Current(36)) }   // 当前位置前进 36 字节
34          }
35          return false
36      }
37      ...
62  }
```

成员函数 locateCommodity(number) 的作用是将文件的当前读写位置移动到编号为 number 的商品记录的起始处。如果文件中不存在编号为 number 的商品记录，则返回 false。

为便于讨论，先给出本示例生成的 commodity.dat 文件的内部结构，如图 12-12 所示，其内存储了 3 种商品记录，每项占 44 字节，起始位置分别是 0（图中箭头①）、44（箭头②）和 88（箭头③）。

	编号	名称	价格	数量									
数据	1	苹果	5.27	200	3	猪肉	65.74	500	5	樱桃	117.40	50
地址	0~7	8~27	28~35	36~43	44~51	52~71	72~79	80~87	88~95	96~115	116~123	124~131

　　　　↑①　　　　　　　　　　　↑②　　　　　　　　　↑③

图 12-12　示例生成的 commodity.dat 文件的结构

▷ **第 25 行：** 生成长度为 8 的字节数组备用。

▷ **第 26 行：** 程序选择从文件起始位置（0 字节）开始，往文件结尾方向顺序查找。f.seek(Begin(0)) 将当前读写位置移至文件起始处。

▷ **第 27 ~ 34 行：** 循环查找。剩余字节数（f.remainLength）大于 0，说明对文件的搜索尚未到达末尾。

▷ **第 28 行：** 读入 8 字节至 data8。

▷ **第 29 ~ 33 行：** 将读入的 8 字节转换成 Int64。根据文件结构，这个 Int64 系某种商品记录的编号。如果该编号等于期望查找的商品编号（number），说明已找到对应的商品记录，读写位置从当前回退 8 字节至商品记录起始处，然后返回 true。如果读入的编号不等于 number，则将读写位置前移 36 字节，尝试匹配下一项商品记录。

如前所述，每种商品记录占据 44 字节，在读入编号的过程中已前移 8 字节，再次前移 36 字节即为下一种商品记录的起始处。

▷ **第35行：** 循环查找到文件末尾，仍未找到指定编号的商品记录，说明其在文件中不存在。返回 false。

```
11  class CommodityFile <: Resource {
12      ...
38      public func saveCommodity(c:Commodity) {
39          if (!locateCommodity(c.number)) { file.seek(End(0)) }
40          let data8 = Array<Byte>(8,repeat:0)
41          c.number.writeLittleEndian(data8);   file.write(data8)
42          let dataName = c.name.toArray();      file.write(dataName)
43          file.write(Array<Byte>(20-dataName.size,repeat:0))
44          c.price.writeLittleEndian(data8);     file.write(data8)
45          c.quantity.writeLittleEndian(data8); file.write(data8)
46      }
47      ...
62  }
```

成员函数 saveCommodity(c) 用于将商品对象 c 写入文件的当前读写位置处。

▷ **第39行：** 调用 locateCommodity(c.number) 以查找并定位商品对象 c 在文件中的存储起始位置。如函数返回 true，则说明文件的当前读写位置已移动至对应商品记录的起始处，接下来的写入过程将覆盖原有记录。如果函数返回 false，则说明指定的商品编号在文件中不存在，执行 file.seek(End(0)) 将读写位置移至文件结尾，接下来的写入过程将会延长文件。

▷ **第41行：** 将 c.number（商品编号）转换成小端序字节数组，然后写入文件。

▷ **第42行：** 将 c.name（商品名称）编码成字节数组 dataName，然后写入文件。

▷ **第43行：** 程序假设 dataName 的长度小于 20，为保证达到规定的长度，补充写入 20 – dataName.size 个值为 0 的字节数据。注意，此处补充的 0 不会影响商品名称字符串的值，因为在 UTF-8 编码中，字节 0 值表示字符串的结尾。

> 📖 **注意** ━━━━━━━━━━━━━━━━━━━━━━━━━━━━━━━━
>
> dataName.size 小于 20 的假设并不一定成立。一个谨慎的程序应当对这种假设加以验证，并在验证失败时加以处理。要么抛出异常，要么将数据强行截断。

▷ **第44行：** 将 c.price（价格）转换成小端序字节数组，然后写入文件。

▷ **第45行：** 将 c.quantity（数量）转成小端序字节数组，然后写入文件。

12

```
11 class CommodityFile <: Resource {
12    ...
48    public func loadCommodity(number:Int64):?Commodity {
49        if (!locateCommodity(number)) { return None }
50
51        let data8 = Array<Byte>(8,repeat:0)
52        let data20 = Array<Byte>(20,repeat:0)
53        file.seek(Current(8))    // 略过编号，无须重复读
54        file.read(data20)
55        let name = String.fromUtf8(data20)
56        file.read(data8)
57        let price = Float64.readLittleEndian(data8)
58        file.read(data8)
59        let quantity = Int64.readLittleEndian(data8)
60        return Commodity(number,name,price,quantity)
61    }
62 }
```

成员函数 loadCommodity(number) 则用于从文件中查找并读取编号为 number 的商品记录。由于指定编号的商品记录有存在和不存在两种可能，故规定函数的返回值类型为 ?Commodity，即 Option<Commodity>。

▷ **第 49 行：** 尝试用 locateCommodity(number) 定位商品记录，如返回假，说明指定的商品编号不存在，返回无值对象 None。

▷ **第 53 行：** 当前读写位置前移 8 字节，略过编号。此处读取编号是不必要的，理论上读出来的结果应与形参 number 相同。

▷ **第 54、55 行：** 读入 20 字节，然后解码为商品名称字符串。

▷ **第 56、57 行：** 读入 8 字节，然后解码为价格 price。

▷ **第 58、59 行：** 读入 8 字节，然后解码为数量 quantity。

▷ **第 60 行：** 商品记录读取完成，构造一个 Commodity 对象，然后返回。注意，这里事实上返回的是有值对象 Some(c)，聪明的编译器自动完成了这一转换。

```
64 main(): Int64 {
65    try (f = CommodityFile("commodity.dat")) {
66        let c1 = Commodity(1," 苹果 ",5.27,200)
67        f.saveCommodity(c1)
68        let c3 = Commodity(3," 牛肉 ",65.74,500)
69        f.saveCommodity(c3)
70        let c5 = Commodity(5," 樱桃 ",117.4,50)
71        f.saveCommodity(c5)
72        c3.name = " 猪肉 ";     f.saveCommodity(c3)
```

```
73
74          println(" 编号 \t 名称 \t 价格 \t 数量 ")
75          println("-----------------------------------")
76          for (i in 1..=5) {
77              let r = f.loadCommodity(i)
78              match (r) {
79              case Some(t) =>
80                  print("${t.number}\t${t.name}\t");
81                  println("${t.price.format(".2")}\t${t.quantity}")
82              case None => println("${i}\tNA\t---\t---")
83              }
84          }
85      }
86      return 0
87  }
```

以上是示例程序的 main 函数部分。我们在其中对 CommodityFile 类型进行了测试。

▷ **第65行：**创建 CommodityFile 对象，并将其置于 try 块的监管之下。请注意，CommodityFile 类型实现了 Resource 接口，其内还包含一个 File 对象并通过它操作文件。

▷ **第66～71行：**调用执行 f.saveCommodity 成员函数，依次存入编号为1、3、5的三个商品对象。

▷ **第72行：**修改 c3 的商品名称，然后再次存入。可以预见，由于编号为3的商品记录已存在，这里将会覆盖原有记录。

▷ **第76～84行：**依次使用编号1至5从商品文件 f 读取商品记录，如果读得的是有值对象 Some(t)，则打印其值；如果读得的为无值对象 None，则输出"NA"和"---"等信息表示对应编号的商品不存在。

请注意，此处使用了转义符号 \t，使得输出内容按表格形式对齐。

```
1 编号    名称    价格    数量
2 -----------------------------------
3 1      苹果    5.27    200
4 2      NA      ---     ---
5 3      猪肉    65.74   500
6 4      NA      ---     ---
7 5      樱桃    117.40  50
8 Commodity File commodity.dat closed.
9 [ 空行 ]
```

以上为本示例的执行结果。执行结果证实，1、3、5 号商品信息成功从文件中读取并还原，2、4 号商品不存在。请注意，3 号商品的名称已由牛肉改成为猪肉。

▷ **第 85 行:** try 块结束后，商品对象 f 的 close 函数被自动执行。执行结果的第 8 行证实了这一论断。

编程练习

练习 12-3（经济发展数据的二进制存储）请编写程序将练习 12-1 中的 GDP 发展数据写入二进制文件，然后再从二进制文件读出还原。

练习 12-4（股票信息）请设计合理的二进制文件结构，将 6.7 节中的股票信息存入二进制文件。然后再从文件中读出相关信息，转存为逗号分隔值文件，并使用 WPS Office 软件打开查看。

12.7　实践：细胞计数

一张细胞照片经过二值化以后可以视为像素值为 0 或 1 的矩阵，如图 12-13 所示。在该矩阵中，值为 1 的元素表示该处是细胞或细胞的一部分，该元素的**上、下、左、右**的相邻元素如果也是 1，则相邻元素与该元素位于同一个细胞内；矩阵中值为 0 的元素表示该处无细胞。识别并统计显微镜下一张细胞照片中的细胞数量，是血液常规检查的最基本任务之一。

对于图 12-13 所示的细胞照片，按上述规则，容易数出该张照片中包含 7 个细胞。注意，第 3 行第 3 列（灰色格子处）是一个孤

	1	2	3	4	5	6	7	8
1	1	1	0	0	1	0	0	0
2	1	0	0	1	1	1	0	1
3	0	0	1	0	1	0	0	0
4	0	0	0	0	0	0	1	0
5	1	1	0	0	0	0	0	0
6	1	1	1	0	0	0	0	0
7	1	1	1	0	0	1	1	1
8	0	1	0	0	0	1	1	0
9	0	0	0	0	0	0	0	0

图 12-13　细胞计数示例

立细胞，它与第 2 行第 5 列的细胞并非同一个，因为它位于第 2 行第 4 列元素的左下方，而不是上下左右的位置。

在随书代码的 CH12 子目录下，有一个名为 cellpicture.txt 的文本文件，其内容为细胞照片的二值化矩阵：

```
 1 12 14                      8 00011101100111
 2 10111000011100            9 11000100000001
 3 01100110001101           10 00000000011000
 4 000000111000011          11 00000000000000
 5 00110000001000           12 00001100110000
 6 000011000111000          13 00001000011111
 7 001111000010011
```

其中，第 1 行的 12 14 以空格分隔，表示该矩阵有 12 行 14 列。接下来，则是 12 行元

素数据，每行包含 14 个 0/1 字符。

本示例的程序相对较长，下面分步骤进行讨论。

12.7.1　从文件读入二值化矩阵

进行细胞计数的第 1 步是从文件中读取二值化矩阵。该任务可由函数 readPixelData 完成。

```
1  package CellCounter
2  import std.fs.*; import std.io.*
3  import std.convert; import std.collection.ArrayQueue
4
5  func readPixelData(path:String):?(Array<Array<Int8>>,Int64,Int64) {
6      try (f = File(path,OpenMode.Read)){
7          let s = StringReader(f)
8          let t = s.readln().getOrThrow().split(" ")
9          let (m,n) = (Int64.parse(t[0]),Int64.parse(t[1]))
10         let d = Array<Array<Int8>>(m,repeat:[])
11         for (i in 0..m){
12             let p = s.readln().getOrThrow().toRuneArray()
13             if (p.size != n) { return None }
14             let q = Array<Int8>(n,repeat:0)
15             for (j in 0..p.size){
16                 q[j] = (if (p[j]==r'0') {0} else {1})
17             }
18             d[i] = q
19         }
20         return (d,m,n)     //Some((d,m,n))
21     }
22     return None
23 }
```

▷ **第3行：** 导入 ArrayQueue 队列类型备用。

▷ **第5行：** path 为待读取文件的路径。图 12-14 展示了函数的返回值类型。如图所示，为应对文件不存在，或者文件内的数据格式错误等异常情形，函数的返回值类型设定为 Option<T>，其中，类型 T 是形为 (d,m,n) 的元组。d 为二值化像素矩阵，m 和 n 则为其

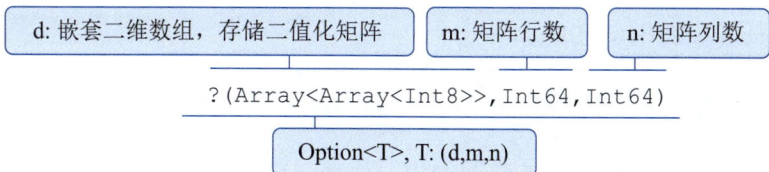

图 12-14　readPixelData 函数的返回值类型

行列数。此处的 d 系所谓的二维数组，按照预期，该数组应包含 m 个元素，每个元素仍为数组；而每个元素数组又包含 n 个 Int8 类型的整数，其值为 0 或者 1。

▷ **第 6 ~ 21 行:** 将从文件读取并解析数据的过程置于 try 块中，以确保即使发生异常，文件对象 f 作为资源对象，仍能被正常关闭。

▷ **第 8 行:** s.readln 函数从文件读取一行字符串，其返回值类型为 Option<String>。执行其返回值的 getOrThrow 函数取得字符串值，再执行字符串的 split 成员函数将其按空格拆分。在本例中，t 预期得值 ["12","14"]。

▷ **第 9 行:** 使用元组解构语法取得行数 m 和列数 n。

▷ **第 10 行:** 创建包含 m 个空数组的二维数组 d 备用。

▷ **第 11 ~ 19 行:** 循环读取构成矩阵的 m 行数据并填入二维数组 d，一次读取一行。整个过程如图 12-15 所示。

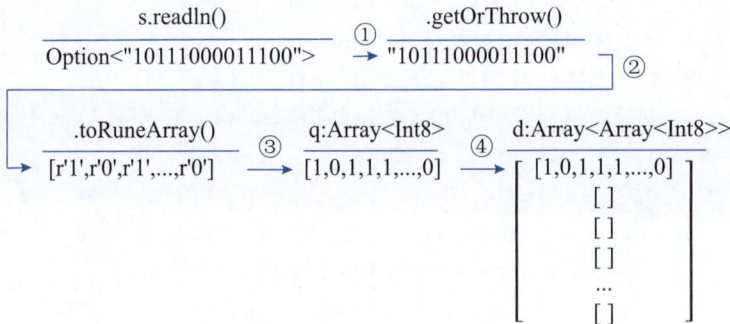

图 12-15　读取像素矩阵中的一行

▷ **第 12 行:** s.readln 从文件读取一行字符串，其值为 Option<String>；执行 Option<String> 的 getOrThrow 函数得到字符串（图 12-15 中的序号①）；执行字符串的 toRuneArray 函数得到字符（rune）数组 p（图 12-15 中的序号②）。

▷ **第 13 行:** 如果读得的字符数组的长度不等于预期的矩阵列数 n，返回无值对象 None，表示因文件数据格式错误导致矩阵读取失败。

▷ **第 14 行:** 创建包含 n 个 0 值的整数数组 q。

▷ **第 15 ~ 17 行:** 将字符数组 p 内的字符一一转换成整数，存入数组 q（图 12-15 中的序号③）。

▷ **第 18 行:** 将一维数组 q 赋值给二维数组 d 内下标 i 处的元素（图 12-15 中的序号④）。

▷ **第 20 行:** 返回元组 (d,m,n)。如注释，此处编译器会根据函数的返回值类型自动将返回值包装成有值对象 Some((d,m,n))。

12.7.2　图的宽度优先遍历

细胞的计数依赖于对矩阵元素的遍历。在逐行逐列遍历矩阵元素的过程中，发现一个值为 1 的元素 / 像素，则意味着新发现了一个细胞。此时，需要从该像素出发，往多个方向搜索，找出该像素归属细胞所包含的全部像素，并将这些像素标记为"已探索"，以避免在后续遍历过程中，这些像素被错误地认为属于一个"新细胞"。

这个任务可以通过一个称为"图的宽度优先遍历"的算法来解决，该算法可用函数explorePixel(d,m,n,i,j)来表达和实现。

```
25  func explorePixel(d:Array<Array<Int8>>,
26                     m:Int64, n:Int64, i:Int64, j:Int64) {
27      let q = ArrayQueue<(Int64,Int64)>()
28      q.add((i,j))
29      while (!q.isEmpty()) {
30          let (x,y) = q.remove().getOrThrow()
31          if (d[x][y] < 0) {
32              continue
33          }
34          d[x][y] = -1
35          if (x>0 && d[x-1][y]>0){ q.add((x-1,y)) }
36          if (x<(m-1) && d[x+1][y]>0){ q.add((x+1,y)) }
37          if (y>0 && d[x][y-1]>0) { q.add((x,y-1)) }
38          if (y<(n-1) && d[x][y+1]>0) { q.add((x,y+1)) }
39      }
40  }
```

▷ **第25、26行：** explorePixel 函数的任务可以描述为在 m 行 n 列的矩阵 d 中，从第 i 行第 j 列（i、j 从 0 开始计数）的像素出发，往各个方向探索，找出与第 i 行第 j 列像素同属一个细胞的全部像素，并将这些像素标记为"已探索"。

对于像素 d[i][j] 而言，其取值可为 0、1 或者 -1，以表达 3 种状态。0 表示该像素不属于细胞，1 表示该像素属于细胞且"待探索"，-1 则表示该像素属于细胞且"已探索"。请注意，d[i][j] 的原始取值仅含 0 和 1 两种可能，-1 则是在细胞计数过程中为区分待探索和已探索而额外添加的状态值。

▷ **第27行：** 创建待探索队列 q 备用，其元素类型为元组 <Int64,Int64>。在本例中，q 用于存储那些已发现，但其自身及其相邻像素尚未被探索的像素的坐标。

如图 12-16 所示，队列是一个先进先出的线性容器，其内元素从队头至队尾存在先后次序：A 在 B 前，B 在 C 前。当从队列中出队元素时，总是获得排在队头的首元素。当往队列中入队元素时，新加入的元素总是排在队尾。

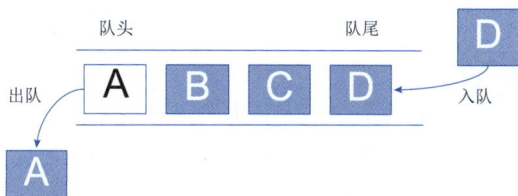

图 12-16　先进先出的队列

▷ **第 28 行:** 出发点像素 (i,j) 入队。q.add 函数用于将元素入队，即将元素添加至队尾。

▷ **第 29 ~ 39 行:** 循环进行下述操作，直至队列为空。

▷ **第 30 行:** 出队元素至 (x,y)。q.remove 函数用于出队元素，即从队列中移除队头元素，并将其返回。为应对队列为空，即无队头元素的情形，q.remove 返回 Option<T>。在本例中，第 29 行的循环条件判断已经确保了队列非空，此处 q.remove 返回的一定是有值对象，getOrThrow 不会抛出异常。

▷ **第 31 ~ 33 行:** 当 d[x][y] 等于 –1（<0）时，说明坐标 (x,y) 处的像素已探索，执行 continue 跳过当次循环。

▷ **第 34 行:** 将 d[x][y] 赋值为 –1，表示像素 (x,y) 的状态变为已探索。

▷ **第 35 行:** 如果 (x,y) 的上侧存在像素（x>0）且该像素属于细胞并待探索（d[x–1][y]>0），将上侧像素 (x–1,y) 入队。

▷ **第 36 ~ 38 行:** 以类似方法检查 (x,y) 的下侧、左侧和右侧像素，符合条件者入队。

请注意，函数中的 x 表示行坐标，y 表示列坐标。即与平面坐标系的通常习惯有所不同，这里的 x 表示上下方向，y 表示左右方向。

为帮助读者理解上述"图的宽度优先遍历"算法，下面手工模拟一遍 explorePixel 函数的执行过程，从像素 (0,4) 出发。请见图 12-17，为了与程序一致，图中的行号、列号改为从下标 0 开始。

	0	1	2	3	4	5	6	7
0	1	1	0	0	1	0	0	0
1	1	0	0	1	1	1	0	1
2	0	0	1	0	1	0	0	0
3	0	0	0	0	0	0	1	0

图 12-17   图的宽度优先遍历过程

当程序遍历矩阵元素到第 0 行第 4 列时，发现像素 (0,4) 值为 1，即该像素状态为待探索且属于一个新细胞，执行 explorePixel(d,m,n,0,4) 从像素 (0,4) 出发搜索与该像素连接的全部细胞像素：

(1) 待探索队列 q 被初始化为只包含像素 (0,4)。此时，q = [(0,4)]。

(2) 像素 (0,4) 出队，其值等于 1，表示待探索，像素 (0,4) 被赋值 –1。此时，q = [ ] 为空。

(3) 像素 (0,4) 位于第 1 行，其上方元素不存在。

(4) 像素 (0,4) 的下方元素 (1,4) 的值为 1，属于同一细胞，将 (1,4) 加入队列 q。此时，q = [(1,4)]。

(5) 像素 (0,4) 的左方和右方元素值为 0，不属于细胞。

(6) 像素 (1,4) 出队列，其值等于 1，表示待探索，赋值 –1。此时，q = [ ] 为空。

(7) 像素 (1,4) 的上方元素 (0,4) 此时值为 –1，表示已探索。

(8) 像素 (1,4) 的下方元素 (2,4) 值为 1，属于同一细胞，加入队列 q。此时，q = [(2,4)]。

(9) 像素 (1,4) 的左方和右方元素值均为 1，属于同一细胞，将左方元素 (1,3) 和右方元素 (1,5) 加入队列 q。此时，q = [(2,4), (1,3), (1,5)]。

(10) 像素 (2,4) 出队列，其值为 1，表示待探索，赋值 −1。此时，q = [(1,3), (1,5)]。

(11) 像素 (2,4) 的上方元素已探索，下方、左方、右方元素均为 0，故未发现新的待探索像素。

(12) 像素 (1,3) 出队列，其值为 1，表示待探索，赋值 −1；(1,3) 的右方元素已探索，上方、左方、下方元素均为 0，故未发现新的待探索像素。注意，(2,2) 位于 (1,3) 的左下方，并不属于题目定义的相邻像素。此时，q = [(1,5)]。

(13) 像素 (1,5) 出队列，其值 1，表示为待探索，赋值 −1；(1,5) 的左方元素已探索，其他三个方向的元素均为 0，未发现新的待探索元素。

此时，q = [ ] 为空，循环结束。在循环过程中，(0,4)、(1,4)、(2,4)、(1,3)、(1,5) 共 5 个像素被探索并标记为已探索，这 5 个像素构成了一个完整的细胞。

```
31  if (d[x][y] < 0) {
32      continue
33  }
```

读者可能会对代码第 31 ~ 33 行感到疑惑：既然一个待探索元素在加入队列前其值确定为 1，即待探索，那么在该像素出队时，其值可能变为 −1（已探索）吗？

考虑图 12-18 所展示的情况。当从 (1,1) 出发搜索该细胞的全部像素时，(2,2) 作为像素 (2,1) 的相邻元素，在探索 (2,1) 时会被加入队列。同时，作为 (1,2) 的下方元素，在探索 (1,2) 时也会被加入队列。这样，队列中就会存在两个 (2,2)，当第 1 个 (2,2) 被取出时，其像素值为 1，未探索，而当第 2 个 (2,2) 被取出时，其像素值已经是 −1，已探索。此时，再去考虑 (2,2) 的相邻元素已不具实践意义，故略过。

	0	1	2	3
0	0	0	0	0
1	0	1	1	0
2	0	1	1	0
3	0	0	0	0

图 12-18　重复加入队列的待探索像素

12.7.3　循环遍历与搜索

接下来讨论示例的 main 函数。它通过调用 readPixelData 函数读取像素矩阵，然后再逐行逐列地遍历全部矩阵元素，在 explorePixel 函数的配合下完成细胞计数。

```
42  main(): Int64 {
43      let r = readPixelData("D:/CJLearn/CH12/cellpicture.txt")
44      if (r.isNone()) {
45          println(" 数据错误，无法计数。")
46          return 1
```

```
47        }
48        let (d,m,n) = r.getOrThrow()
49        for (r in d) { println(r) }
50
51        var cellCount = 0
52        for (i in 0..m) {
53            for (j in 0..n) {
54                if (d[i][j] <= 0){
55                    continue
56                }
57                cellCount += 1
58                explorePixel(d,m,n,i,j)
59            }
60        }
61        print(" 共发现 ${cellCount} 个细胞。")
62        return 0
63 }
```

▷ **第 43 行：** 调用 readPixelData 函数从文件读取细胞照片的二值化像素矩阵。注意这里使用了绝对路径，读者可能需要根据实际情形加以调整。

▷ **第 44～47 行：** readPixelData 函数如果返回无值对象，说明文件不存在或者数据格式错误，直接报错并返回。第 46 行返回 1 给操作系统，意为程序运行错误而结束。

▷ **第 48 行：** 从返回值 r 取出值，然后元组解构给 d（像素矩阵）、m（行数）、n（列数）。

▷ **第 49 行：** d 是一个元素为一维数组的一维数组。这里对 d 进行遍历，逐一打印其元素。d 的元素自身也是一维数组，一个元素对应矩阵的一行。

▷ **第 51 行：** 变量 cellCount 存储已发现的细胞数。

▷ **第 52～60 行：** 逐行逐列地考查像素 d[i][j]。如果 d[i][j] 小于或等于 0，则 continue 跳过该像素。当 d[i][j] 小于 0 时，说明该像素属于细胞，但其状态为已探索；当 d[i][j] 等于 0 时，则说明像素不属于细胞。如果 d[i][j] 大于 0，则说明遇到了一个属于细胞且待探索的新像素，将细胞计数加 1（第 57 行），然后调用 explorePixel 函数从该像素出发探索整个细胞。由于 explorePixel 函数会将所有探索过的细胞像素置为已探索，因此当程序第 52 行、第 53 行的双重循环遍历到已探索的细胞像素时，该像素值为 –1，不会将其视为一个新细胞。

▷ **第 61 行：** 打印计数结果。

对于随书代码 CH12 目录下的 cellpicture.txt，上述程序的计数结果为 14 个细胞。读者可以使用记事本等文件编辑软件打开 cellpicture.txt，然后使用人脑这个"神经网络大模型"，按规则数一遍细胞数量。

12.8 小 结

文件类型实现了 InputStream 接口，它可被视为输入流。通过输入流的 read 函数，可以从文件中读取字节数组。文件类型也实现了 OutputStream 接口，它也可以被视为输出流。通过输出流的 write 函数，可以向字节数组写入文件。文件类型还实现了 Seekable 接口，通过 Seekable 对象的 seek 函数，可以改变文件的当前读写位置，实现想读 / 写哪里，就读 / 写哪里的随机访问。

在把仓颉对象写入文件前，需要通过 writeLittleEndian 等函数先将其转换为字节数组。读入文件内容后，则需要通过 readLittleEndian 等函数将读得的内容转换为仓颉对象。

通过将输入流、输出流包裹进 StringReader、StringWriter 对象，可以自动完成文本文件读写过程中字符串与字节数组之间的相互转换。

文件类型还实现了 Resource 接口。通过将文件对象置于 try 块的监管之下，可以确保文件对象的关闭，即便程序的执行发生异常。

本章主要讨论了 File 类型。在 std.fs 包下，还有 Path 和 Directory 等类型，以支持目录的创建、复制、移动、删除和遍历等操作。需要使用时请查询仓颉文档。

12

第 13 章　程序的并发执行

> 至繁归于至简。
>
> Simplicity is the ultimate sophistication.
>
> ——列奥纳多·达·芬奇

🔧 思维导图

- 线程同步
  - 同步计数器
  - 数据竞争
  - 原子操作
  - 可重入互斥锁
  - 屏障
  - 信号量
  - 定时器
- 访问线程
- 终止线程
- 分而治之
- 线程的创建与使用
- 线程及分时系统
- 主线程
- 程序的并发执行

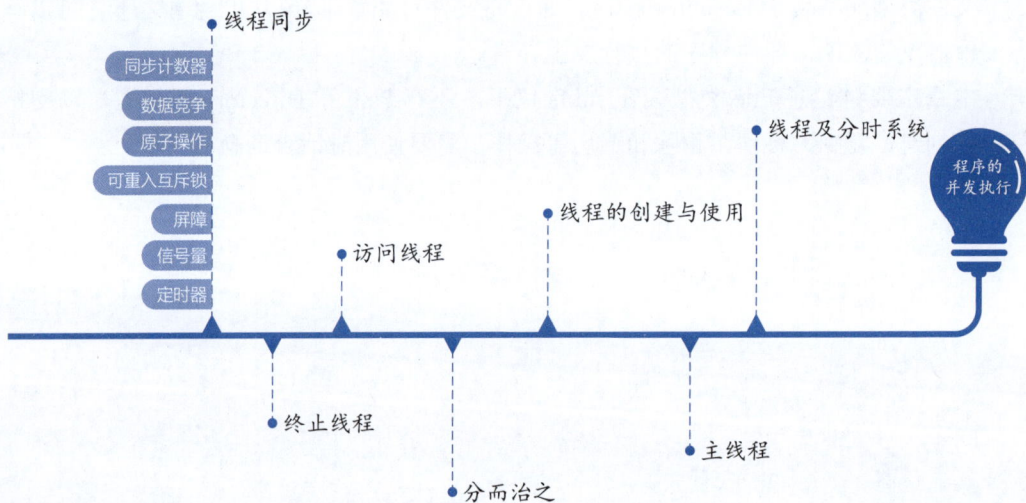

13.1　线程及分时系统

　　要讨论程序的并发执行，需要从操作系统说起。现代操作系统大多是分时系统，计算机通常需要"同时"进行多项工作。当读者一边上网一边听音乐时，浏览器进程需要从 Web 服务器下载网页数据，经过解析后显示在页面上；而音乐播放器进程则需要从文件系统或者流媒体服务器上读取经过压缩的音频数据（如 MP3 格式的音乐文件），经过解压缩后源源不断地发送给计算机的扬声器；与此同时，读者的即时通信软件（如 QQ）则周期性地监视着计算机的网络通信，当"好友"有信息传来时，加以提示。

　　在 Windows 操作系统的计算机上同时按 Ctrl + Alt + Del 组合键，然后在显示的选项中选择"任务管理器"，可以看到如图 13-1 所示的数十乃至数百个进程（process）。一个进程就是一个运行中的程序，它既可以是读者熟知的应用软件，如图 13-1 中显示的 WPS Office、CodeArts IDE for Cangjie 以及 Microsoft Edge，也可以是操作系统的后台进程。看起来这些进程在"同时"运行。而事实并非如此，这些进程的数量远远大于计算机内的 CPU（内核）数量，同时运行这些进程是不可能的。

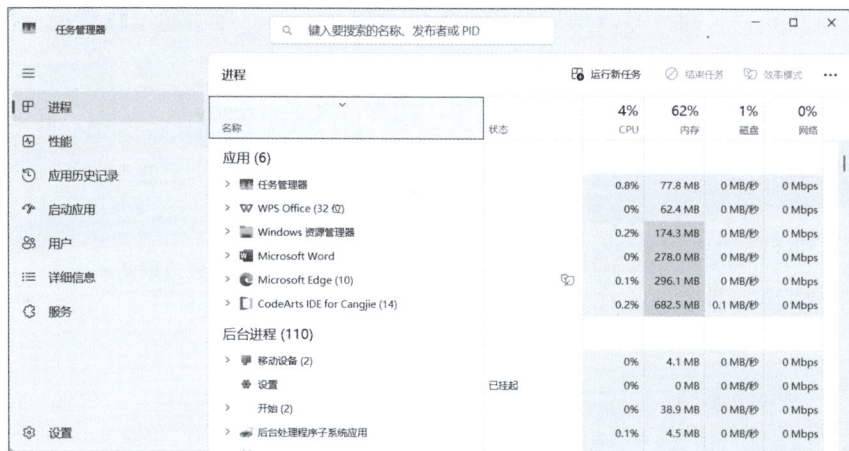

图 13-1　Windows 任务管理器中的进程

如图 13-2 所示，一个进程可能又是由多个线程（thread）来构成。以浏览器进程为例，其主线程负责程序的运行主线，等待并处理来自操作者的命令，如输入网址、点击超链接等，而当操作者试图从网站上下载一个大文件时，主线程则会创建一个单独的线程来下载文件，而原有的主线程则随时待命，以便及时地响应操作者的操作。

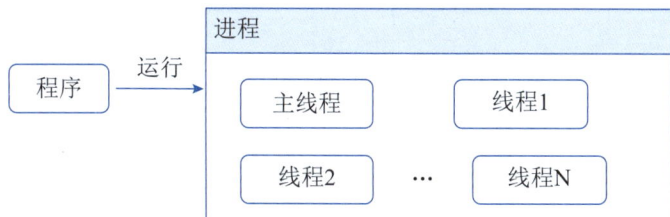

图 13-2　程序、进程与线程的关系

操作系统管理着 CPU，将 CPU 的时间切割成非常小的时间片（如 20 毫秒）。它按照效率与公平兼顾的原则将时间片分配给线程，线程获得时间片后，将执行相应的运算或其他操作。线程的时间片用完后，借助定时的硬件中断（interrupt），操作系统会收回 CPU，将时间片分给其他线程。

如图 13-3 所示，一个线程（程序）在启动后，是断续而不是连续执行的：图中蓝色块表示线程获得时间片在 CPU 上运行，空白块则表示线程时间片被剥夺，暂停运行。由于 CPU 的工作速度堪比闪电侠，且时间片的轮转速度非常快，使用者一般感觉不到应用程序的这种间断执行，似乎应用程序拥有一个"专享"的 CPU。

图 13-3　线程的断续执行

上述时间片的分配和回收对于应用程序而言是透明的，也就是应用程序根本不知道也无法预测或者控制时间片的获得与丧失。当一个线程被剥夺时间片时，操作系统会保存好执行现场，包括CPU内各个寄存器的值，然后暂停线程的执行。当这个被暂停执行的线程重新获得时间片时，操作系统会先恢复执行现场，然后通过跳转指令恢复线程的执行，线程并不知道自己曾经被暂停过。

如图13-4所示，在其生命周期过程中，线程在就绪（ready）、运行（running）、阻塞（blocked）、结束（ended）4个状态之间流转。

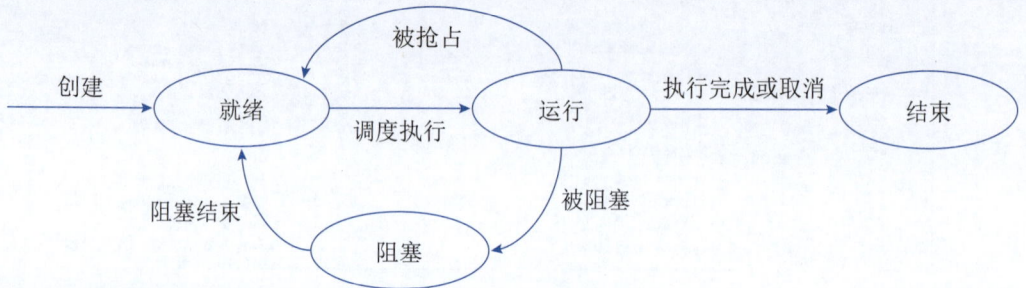

图 13-4　线程的生命周期

就绪：已做好运行准备，获得时间片即可（继续）运行。当一个线程被创建后，其通常处于就绪态。

运行：操作系统内核执行抢占式调度，在剥夺其他线程的时间片后，从处于就绪状态的线程中选择一个，通过跳转指令使得该线程（继续）运行。这个被选中的线程的状态由就绪变为运行。

阻塞：一个处于运行状态的线程由于等待资源（如等待网络读写完成）等原因，无法继续运行，便会进入阻塞态。为了避免处于等待状态的线程浪费宝贵的CPU时间，操作系统不会给阻塞线程分配时间片。当导致线程无法继续运行的阻塞事项消除后，其会改回就绪态，并等待获得时间片恢复运行。

结束：当线程内的指令序列执行完成或取消后，线程变为结束态。

13.2　主 线 程

如图13-2所示，每个进程内包含一个主线程。对于仓颉程序而言，读者可以简单地认为主线程就是负责执行main函数的线程。它负责程序的启动和结束、用户交互（读取用户输入、提供用户输出），以及子线程管理等任务。

为便于讨论，重写4.6节中的示例程序。该程序使用蒙特卡洛法以均匀投针的方式来估算圆周率。理论上，投针次数越多，估算而得的圆周率越精确。在下述示例中，将投针次数N扩张至1亿。

```
1  package FindPi
2  import std.random; import std.time.MonoTime
```

```
3
4  func estimate(N:Int64):Int64 {
5      var nHits = 0;  let r = random.Random()
6      for (_ in 0..N){
7          let x = r.nextFloat64() * 2.0 - 1.0
8          let y = r.nextFloat64() * 2.0 - 1.0
9          if (x*x + y*y <= 1.0) {
10             nHits++
11         }
12     }
13     return nHits
14 }
15
16 main(): Int64 {
17     let dtStart = MonoTime.now()
18     let N = 100000000
19     let nHits = estimate(N)
20     let pi = 4.0 * Float64(nHits)/Float64(N)
21     let cost:Duration = MonoTime.now() - dtStart
22     print("pi = ${pi}, Hits = ${nHits}/${N}, 用时 : ${cost}")
23     return 0
24 }
```

上述程序的执行结果为：

```
1  pi = 3.141715, Hits = 78542878/100000000, 用时 : 2s435ms901us900ns
```

💻 说明 ▪

　　由于随机数的运用及操作系统线程调度的随机性，上述计算结果及计算用时在每次执行时都会有差异。

▷ **第 4 ~ 14 行：** estimate(N) 函数使用一个 for 循环借助随机数模拟投针 N 次，计算并返回落入内切圆内的投针数。函数内相关代码的工作原理请回顾 4.6 节。

▷ **第 17 行：** MonoTime 结构体类型的静态成员函数 now 返回一个 MonoTime 对象，其内存储了系统的当前单调时间。现代计算机基本上都有计时功能，其内存在一个不间断运行的"高精度秒表"。所谓系统单调时间，即为这个秒表的当前读数。在本例中，变量 dtStart 代表计算开始时间。

▷ **第 18 行：** N 为 1 亿，为期望的总投针次数。

▷ **第 19 行：** 以 N 为参数调用执行函数 estimate，其返回落入内切圆内的投针数赋值给 nHits。在本例中，程序主要的计算耗时发生在本行。

13

▷ **第20行：** 用正方形面积 4.0 乘以落入内切圆内的投针比例，估算圆周率 pi。

▷ **第21行：** 获取计算结束时间，然后减去计算开始时间 dtStart，得计算耗时 cost。这里的减法操作是由 MonoTime 类型的重载减法操作符函数完成的，该函数的返回值类型为 Duration。Duration 为 std.core 包下的结构体类型，表示时间间隔。

▷ **第22行：** 打印计算结果及计算耗时。

如执行结果所示，经过 1 亿次的模拟投针后，本次估算的圆周率精确到了小数点后 3 位。而 1 亿次的模拟投针确实是太多了，其计算耗时长达 2 秒 435 毫秒 901 微秒 900 纳秒。

当上述程序经编译器编译，然后经由操作系统运行时，会产生一个进程。而这个进程仅包含一个线程，即主线程。主线程负责执行程序的 main 函数。当主线程，也就是 main 函数执行完毕时，即意味着程序执行的终结。

13.3　线程的创建与使用

使用 spawn 关键字修饰一个零参数 lambda 表达式即可创建一个线程，参见图 13-5。执行这个 lambda 表达式内的代码块即为这个线程需要完成的任务。spawn 的英文本义为产卵、派生。

```
=> 可省略            spawn  {
                        =>
                        线程代码块          { … }为一个零参数的lambda表达式
                    }
```

图 13-5　spawn 表达式

为了讨论线程的创建与使用，将 13.2 节中的示例进行改造，创建一个线程来完成投针估算。以下为修改后的程序。

```
1  package ThreadPi1
2  import std.random; import std.time.MonoTime
3
4  func estimate(N:Int64):Int64 { … }   // 略，函数代码同13.2节示例
5
6  main(): Int64 {
7      println(" 主线程开始运行 ")
8      let dtStart = MonoTime.now()
9      let N = 100000000
10
11     spawn {
12         println("1 号线程开始运行 ")
13         let nHits = estimate(N)
14         let pi = 4.0 * Float64(nHits)/Float64(N)
```

```
15          println("pi = ${pi}, Hits = ${nHits}/${N}")
16          println("1 号线程运行结束 ")
17      }
18
19      let cost:Duration = MonoTime.now() - dtStart
20      println(" 计算用时 : ${cost}")
21      println(" 主线程运行结束 ")
22      return 0
23 }
```

上述程序的执行结果为：

1	主线程开始运行	4	1 号线程开始运行
2	计算用时 : 64us300ns	5	[空行]
3	主线程运行结束		

💻 **说明** ▸

    由于线程调度的不确定性，读者得到的执行结果可能有差异。

▷ **第 7 行：** 在 main 函数的第 1 行打印主线程开始执行的信息。

▷ **第 21 行：** 在 main 函数的 return 语句之前，打印主线程运行结束的信息。

▷ **第 11 ~ 17 行：** 通过 spawn 表达式创建 1 号线程。注意这里的 1 号仅为方便讨论而强行赋予。1 号线程的语句块从第 12 行开始至 16 行结束。其中，第 12 行和第 16 行分别打印了线程开始运行 / 运行结束的信息。

    从执行结果中可以看到主线程开始运行（第 1 行）和运行结束（第 3 行）信息，也可以看到主线程输出的计算用时（第 2 行）。显然，64 微秒 300 纳秒的计算用时是不正确的，它仅反映了主线程的运行时间，而与 1 号线程无关。

    在执行结果的第 4 行可以看到 1 号线程开始执行的信息。而 1 号线程关于 pi 的估算结果（程序第 15 行）以及运行结束的信息（程序第 16 行）并未如期出现。

◎ **要点** ▸

    主线程和普通线程"平等"地参与时间片分配，由操作系统或者语言运行时的线程调度器调度执行。在多个线程创建并进入就绪态后，这些线程获得时间片的顺序是由线程调度器决定的，具有相当的不确定性。

    主线程的执行结束，同时意味着进程的终结。此时，对于进程内的其他普通线程，无论是否执行结束，都会被强行终止。

    以上理论可以帮助我们解释本程序的执行结果。如图 13-6 所示，主线程在执行过程中创建了 1 号线程，然后继续执行，在第 19、20 行计算并打印了计算用时，在第 21

13

行打印了运行结束的信息。然后便迎来了 main 函数的 return 语句，这意味着主线程的执行结束了。

在作者的计算机上的当次运行中，1 号线程获得了被调度执行的机会，其在第 12 行输出了 1 号线程开始运行的信息后不久（具体时刻未知），便因主线程的终止而终止。

为了取得期望的圆周率估计结果，需要让主线程等待 1 号线程运行结束后再结束运行。这可以通过 spawn 表达式返回的 Future<T> 对象来实现。请见下述修改后的示例 ThreadPi2。

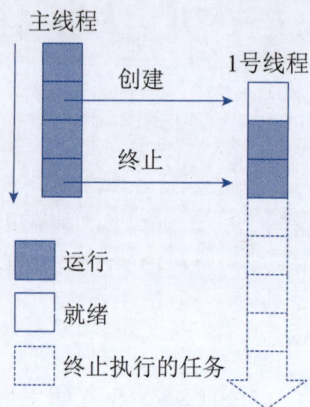

图 13-6　1 号线程被提前终止

```
1  package ThreadPi2
2  import std.random; import std.time.MonoTime
3
4  func estimate(N:Int64):Int64 {  …  }   //略，同 13.2 节示例
5
6  main(): Int64 {
7      println(" 主线程开始运行 ")
8      let dtStart = MonoTime.now()
9      let N = 100000000
10
11     let fut:Future<Int64> =
12         spawn {
13             println("1 号线程开始运行 ")
14             let r:Int64 = estimate(N)
15             println("1 号线程运行结束 ")
16             return r          //r 的类型为 Int64
17         }
18
19     let nHits = fut.get()    // 等待 1 号线程执行结束并获取其返回值
20     let pi = 4.0 * Float64(nHits)/Float64(N)
21     println("pi = ${pi}, Hits = ${nHits}/${N}")
22     let cost:Duration = MonoTime.now() - dtStart
23     println(" 计算用时 : ${cost}"); print(" 主线程运行结束 ")
24     return 0
25 }
```

除 pi 值和计算用时之外，上述程序中主线程和 1 号线程的执行次序是确定的。在作者的计算机上得到如下执行结果：

1	主线程开始运行	4　pi = 3.141507, Hits = 78537682/100000000
2	1 号线程开始运行	5　计算用时 : 2s613ms400us700ns
3	1 号线程运行结束	6　主线程运行结束

▷ **第11～17行：** 主线程在运行过程中创建 1 号线程（图 13-7 中的序号①）。除了创建线程，spawn 表达式还会返回一个 Future<T> 类型的对象作为结果。其中，T 为线程语句块的返回值类型，当线程语句块无返回值时，T 为 Unit。

在本例中，estimate 函数返回落点在内切圆内的投针数，这个返回值被线程语句块返回，其类型为 Int64。因此，fut 的类型为 Future<Int64>。

▷ **第19行：** Future<T> 实例 fut 代表了 1 号线程任务。执行其 get 成员函数将导致本线程（本例中即主线程）阻塞，等待 1 号线程执行结束，并获取其返回值。

如图 13-7 中序号②处所示，当主线程因 fut.get 函数而阻塞后，其进入阻塞态，线程调度器不再向其分配时间片。当且仅当 1 号线程执行结束后，主线程才恢复就绪（图 13-7 中的序号③）态，然后在恰当的时机被调度继续执行。

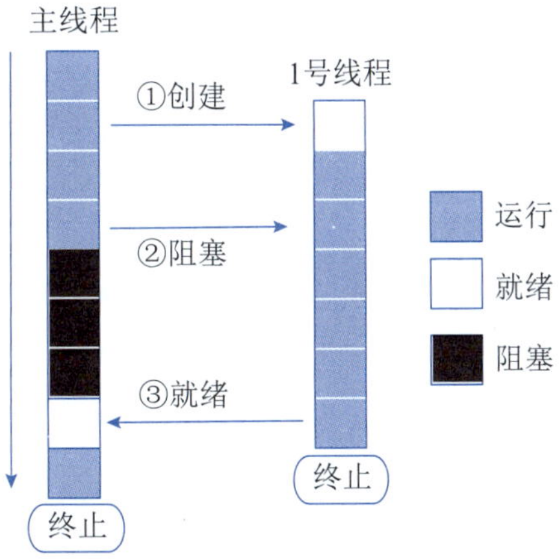

图 13-7　主线程阻塞，等待 1 号线程终止

▷ **第20、21行：** 使用通过 fut.get 函数取得的 1 号线程的返回值 nHits（落在内切圆内的投针数）计算并输出圆周率。

▷ **第22、23行：** 计算并打印耗时信息。

如执行结果所示，1 号线程成功打印了开始运行（程序第 13 行）和运行结束（程序第 15 行）的信息，且 1 号线程的运行结束（第 3 行）位于主线程的运行结束信息（第 6 行）之前。此外，主线程关于 pi（第 4 行）和计算用时（第 5 行）的输出，发生在 1 号线程的运行结束信息（第 3 行）之后。这些都说明主线程确实是在等待 1 号线程执行结束后才进行相关计算和输出的。

13.4　分而治之

比较 13.3 节示例 ThreadPi2（普通线程承担计算任务）所报告的计算用时和 13.2 节示例 FindPi（主线程承担计算任务）所报告的计算用时，会发现没有显著性差异，都是 2 秒多。这是因为，无论是主线程还是普通线程，在某一时间点 t，单个线程的运行只能发生在单个的 CPU 内核上。

为了充分利用现代计算机的多核心 CPU，可以将单一计算任务分而治之，分割成多个子任务并交给多个线程去执行。据此，改进程序如下：

```
1  package ThreadPi3
2  import std.random; import std.time.MonoTime
3  import std.collection.ArrayList
4
5  func estimate(N:Int64):Int64 { ... }     // 略，同 13.2 节示例
6
7  main(): Int64 {
8      let dtStart = MonoTime.now()
9      let N = 100000000
10
11     let futs = ArrayList<Future<Int64>>()
12     for (i in 1..=5) {
13         let x = spawn {
14             println("${i} 号线程开始执行 ")
15             return estimate(N/5)
16         }
17         futs.add(x)
18     }
19
20     var nHits = 0
21     for (x in futs) { nHits += x.get() }
22     let pi = 4.0 * Float64(nHits)/Float64(N)
23     println("pi = ${pi}\nHits = ${nHits}/${N}")
24     let cost:Duration = MonoTime.now() - dtStart
25     print(" 计算用时 : ${cost}")
26     return 0
27 }
```

在作者计算机上的一次运行中，上述程序的执行结果为：

```
1  5 号线程开始执行              5  2 号线程开始执行
2  1 号线程开始执行              6  pi = 3.141519
3  3 号线程开始执行              7  Hits = 78537968/100000000
4  4 号线程开始执行              8  计算用时 : 662ms628us300ns
```

▷ **第 11 行：** 动态数组 futs 预期用于存储多个线程任务的 Future<Int64>。

▷ **第 12 ~ 18 行：** for 循环 5 次，使用 spawn 表达式创建 5 个线程，并将 spawn 返回的线程任务对象 x 存入 futs。这 5 个线程各自独立完成 N/5，即 2000 万次投针。

▷ **第 14 行：** 在线程语句块的起始处打印 i 号线程开始执行的信息。

▷ **第 21 行：** 主线程遍历 futs，依次执行 5 个线程任务对象 x 的 get 函数，阻塞等待其

运行完成并返回落点在内切圆内的投针数。并将该值累加至 nHits。

▷ **第22、23行：** 计算并打印圆周率 pi。

▷ **第24、25行：** 计算并打印用时信息。

图 13-8 展示了本例中主线程与 5 个普通线程之间的关系。5 个普通线程由主线程依次创建（图 13-8 中序号①），但由于线程调度器所带来的不确定性，5 个线程的实际开始运行时间各不相同。执行结果的第 1 ~ 5 行印证了这一论述，最先被创建的 1 号线程并不是最早输出开始执行信息的线程。

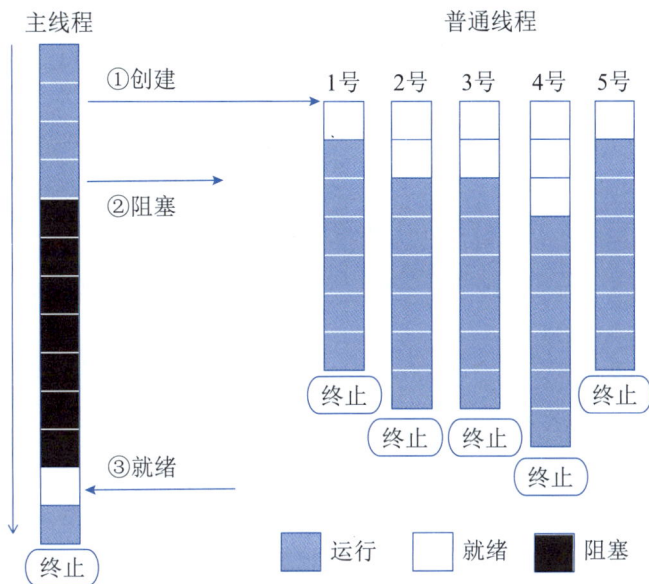

图 13-8　主线程阻塞，等待多个普通线程结束

程序第 21 行的 5 次 get 函数导致了主线程的多次阻塞（图 13-8 中序号②）。在 5 个普通线程均计算完毕并返回结果后，主线程才得以继续执行。

执行结果的第 8 行显示，由于多线程更有效地利用了多核心 CPU，1 亿次模拟投针的计算用时从 2 秒多降低到了 662 毫秒。

13.5　访问线程

对线程的操纵（operate）需要借助 Thread 对象来完成。std.core.Thread 是一个不允许直接实例化的类型，程序仅能通过两种途径获得 Thread 对象：① spawn 表达式返回的 Future<T> 对象的 thread 属性；② Thread 类型的静态属性 currentThread。

下述示例分别使用上述两种途径获取线程的 Thread 对象，打印其 id 号。

```
1  package OperateThread
2
3  main(): Int64 {
```

```
4        println(" 主线程 id: ${Thread.currentThread.id}")
5        let fut =
6            spawn {
7                println(" 新线程 id: ${Thread.currentThread.id}")
8                println(" 新线程进入 5 秒休眠 ")
9                sleep(5000 * Duration.millisecond)    //5*Duration.second
10               println(" 新线程运行结束 ")
11           }
12
13       println(" 主线程内输出的新线程 id: ${fut.thread.id}")
14       fut.get()      // 阻塞等待新线程运行结束
15       return 0
16 }
```

在作者计算机上的一次运行中，上述程序的执行结果为：

1	主线程 id: 1	4	新线程进入 5 秒休眠
2	主线程内输出的新线程 id: 2	5	新线程运行结束
3	新线程 id: 2	6	[空行]

▷ **第 4 行：** Thread 类型的静态属性 currentThread 为 Thread 类型的对象，代表正在执行的当前线程。由于本行代码是在主线程中执行的，这里的 Thread.currentThread 必然指向主线程。Thread 对象的属性 id 为线程标识号，所有存活的线程都有不同的 id 号。

如执行结果的第 1 行所示，主线程的 id 号为 1。

▷ **第 7 行：** 这行代码是在 spawn 表达式创建的新线程中执行的，故此处打印的是新线程的 id 号。如执行结果的第 3 行所示，新线程的 id 号为 2。

▷ **第 9 行：** 执行 sleep 函数让当前线程（即新线程）休眠 5 秒。

时间间隔（Duration）类型的静态常量 millisecond 为表示 1 毫秒间隔的 Duration 实例，其乘以 5000，即得 5000 毫秒（5 秒）的 Duration 实例。显然，5000*Duration.millisecond 等价于 5*Duration.second。在线程休眠期间，线程调度器不会为其分配时间片，以节约计算资源。

读者如果再次运行示例并仔细观察，将会发现执行结果的第 4 行（对应程序第 8 行）出现后，程序经历了 5 秒的停顿，然后才出现执行结果的第 5 行（对应程序第 10 行）。这个停顿即休眠导致的结果。

📖 **注意** ◼

在多数非实时操作系统上，上述休眠时长并不能十分精确地执行，特别是当时长短至毫秒甚至纳秒级时。

▷ **第 13 行：** 通过 Future<T> 对象的 thread 属性得到新线程的 Thread 对象，然后打印其

id。请注意本行代码是在主线程中执行的，获取的却是新线程的 id 号。

如执行结果的第 2 行所示，此种方法获取的新线程 id 号与程序第 7 行获取的 id 号相同，均为 2 号。

读者或许注意到程序第 13 行的输出信息（执行结果的第 2 行）是早于程序第 7 行的输出信息（执行结果的第 3 行）出现的。这并不奇怪，新线程被创建就绪后，何时被线程调度器调度执行是不确定的。

▷ **第 14 行：** 阻塞主线程，等待新线程运行结束。

如果缺失本行代码，如 13.3 节的讨论，主线程的结束将会导致新线程被强行中止，执行结果的第 3～6 行可能不会出现或不会完整出现。

13.6　终止线程

通常主线程创建普通线程以完成那些复杂而又冗长的工作，而自己则专注于用户交互。软件的使用者通常是反复无常的，有时他会要求放弃已经开始的任务，如当他发现浏览器正以蜗牛般的速度下载 10GB 的电影时。放弃已经开始的任务，即意味着要终止已有线程的执行。

通过执行 Future<T> 对象的 cancel 成员函数，可以向对应线程发出终止执行的建议。注意，仅仅是建议。如果线程期望对外部程序的友善建议做出反馈，应在线程块代码中检查 Thread 对象的 hasPendingCancellation 属性，该属性为真即意味着线程收到了外部程序的终止执行建议。此时，在线程块代码中执行 return 语句即可提前结束线程的执行。

在下述示例中创建了 1 号线程来执行 1 亿次的模拟投针试验。在作者的笔记本电脑上，这是一项耗时 2 秒多的冗长工作。

```
1  package CancelThread
2  import std.random
3
4  main(): Int64 {
5      let N = 100000000
6      let fut  =      // 类型为Future<?Int64>
7          spawn {
8            var nHits = 0;  let r = random.Random()
9              for (i in 1..=N){
10                   let x = r.nextFloat64() * 2.0 - 1.0
11                   let y = r.nextFloat64() * 2.0 - 1.0
12                   if (x*x + y*y <= 1.0) { nHits++ }
13                   if (Thread.currentThread.hasPendingCancellation){
14                       println("1号线程放弃，进度:${i}/${N}")
15                       return Option<Int64>.None
16                   }
```

13

```
17              }
18              return Option<Int64>.Some(nHits)
19          }
20
21      sleep(Duration.millisecond*500)    // 主线程休眠 500ms
22      fut.cancel()
23      let r = fut.get()                          // 阻塞等待 1 号线程结束
24      match (r) {
25          case Some(v) => print("1 号线程正常结束，返回值：${v}")
26          case None => print("1 号线程中断执行，返回 None")
27      }
28      return 0
29 }
```

在作者计算机上的一次运行中，上述程序的执行结果为：

```
1 1 号线程放弃，进度 :8609641/100000000
2 1 号线程中断执行，返回 None
```

▷ **第 13 ~ 16 行：** 在模拟投针的 for 循环中反复检查当前线程对象的 hasPendingCancellation 属性。如果发现外部终止建议，向屏幕打印进度信息（第 14 行），然后返回 Option<Int64> 的无值对象（第 15 行）。在线程代码块中执行 return 语句，即意味着线程执行的结束。

> ⚠ **注意** ▪
>
> 线程响应终止执行请求的及时性取决于线程代码块检查 hasPendingCancellation 属性的频率。程序员如果期望线程的终止请求能迅速实现，就需要如上述示例一样一边工作一边检查。

▷ **第 6 行：** spawn 表达式的返回值类型为 Future<?Int64>。线程正常执行完成计算任务后，以有值对象形式返回落入内切圆的投针数；当线程因响应外部终止要求而提前结束时，返回无值对象，表示任务未完成。

▷ **第 18 行：** 1 号线程正常执行结束时，返回 Some(nHits)。

▷ **第 21 行：** 在创建（启动）1 号线程后，主线程休眠 500ms，故意让 1 号线程先执行一小会儿。

▷ **第 22 行：** 主线程通过 fut 建议 1 号线程终止执行。

▷ **第 23 行：** 主线程阻塞等待 1 号线程运行结束并取得其返回值。理论上，这个阻塞时间极短，因为 1 号线程在收到终止执行建议后响应迅速，很快就终止了。在执行结果的第 1 行可以看到 1 号线程打印的终止执行信息（程序第 14 行）。

▷ **第 24 ～ 27 行：**检查并打印 1 号线程的返回值。如执行结果的第 2 行所示，1 号线程确因响应外部请求而提前终止了，到终止时止，其完成了不到 10% 的工作。

图 13-9 总结了示例中两个线程间的互动过程。1 号线程由主线程创建（序号①）。在创建完 1 号线程之后，主线程先是休眠了 500 毫秒，然后执行 fut.cancel 向 1 号线程发出终止建议（序号②），然后紧接着执行 fut.get，阻塞等待 1 号线程结束（序号③）。由于 1 号线程在 for 循环中频繁检查 hasPendingCancellation 属性，来自主线程的终止建议很快被响应，1 号线程提前终止（序号④）。在 1 号线程提前终止后，主线程的阻塞等待条件得到满足，其恢复就绪（序号⑤）后被调度执行直至终止。

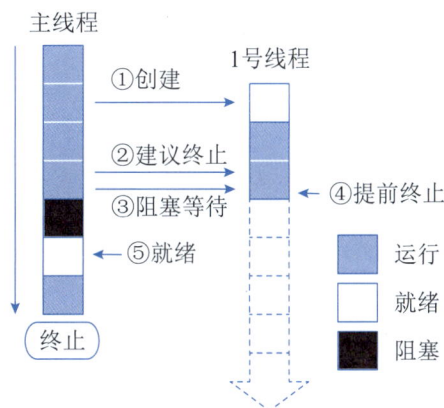

图 13-9　主线程终止普通线程

13.7　线程同步 *

11.4 节的示例 ThreadPi3 创建了 5 个线程来分担 1 亿次的模拟投针任务。由于任务各自独立，因此这 5 个线程自顾自地埋头苦干就好，线程之间的社交似乎完全不需要。

然而，在更普遍的应用场景下，类似于复杂的人类社会，线程间也存在相互协作甚至相互竞争的关系。线程同步，即要管理好这些相互协作、竞争的线程间的工作时序，使得它们可以正确又高效地完成任务。

以煮饺子为例，线程同步要实现的目标包括：①先烧水，后下饺子。即确保线程间正确的工作时序。②在水开后迅速下饺子。即在确保正确的前提下用尽可能少的资源完成尽可能多的任务。

仓颉的 std.sync 包提供了用于线程同步的多种工具。

13.7.1　同步计数器 ▹

SyncCounter 是由 std.sync 包提供的同步倒数计数器工具。在线程同步任务中，使用倒数计数器可以使得一个或多个线程等待其他线程完成各自的工作后再继续运行。为讨论同步倒数计数器，使用线程来模拟图 13-10 所示的百米飞人大战过程。

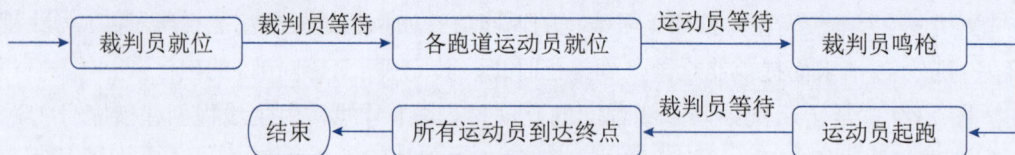

图 13-10　百米飞人大战过程

在下述程序中，主线程代表裁判，4 个普通线程则用于模拟 4 位短跑运动员。

```
1  package RunRace
2  import std.sync.*; import std.collection.*; import std.random
3
4  const N = 4
5  main(): Int64 {
6      let readyCounter = SyncCounter(N)     // 等待运动员就位同步倒数计数器
7      let runCounter = SyncCounter(1)        // 裁判员鸣枪同步倒数计数器
8
9      println(" 裁判员就位，等待各跑道运动员就位 ")
10     let runners = ArrayList<Future<Unit>>()
11     for (i in 1..=N) {
12         let x =
13             spawn {
14                 let r = random.Random()
15                 println("${i} 号选手就位 ")
16                 readyCounter.dec()                 // 未就位的运动员人数减 1
17                 runCounter.waitUntilZero()         // 等待裁判员鸣枪
18                 println("${i} 号选手起跑 ")
19                 sleep((r.nextFloat64())*Duration.second) // 休眠 0 ～ 1 秒
20                 println("${i} 号选择到达终点 ")
21             }
22         runners.add(x)
23     }
24
25     readyCounter.waitUntilZero()         // 裁判员等待所有运动员就位
26     println(" 裁判员鸣枪 ")
27     runCounter.dec()                      // 鸣枪
28     for (x in runners) { x.get() }        // 裁判等待所有运动员跑完全程
29     return 0
30 }
```

程序的执行结果是不确定的，在作者计算机上的一次运行中，上述程序的执行结果如下：

1	裁判员就位，等待各跑道运动员就位	2	4 号选手就位

3	1 号选手就位	10	1 号选手起跑
4	3 号选手就位	11	1 号选择到达终点
5	2 号选手就位	12	3 号选择到达终点
6	裁判员鸣枪	13	4 号选择到达终点
7	2 号选手起跑	14	2 号选择到达终点
8	3 号选手起跑	15	[空行]
9	4 号选手起跑		

▷ **第 4 行：** 常量 N 代表参加百米飞人大战的运动员数量。这里取 4 是为了节省程序执行结果的篇幅。

裁判员主线程

▷ **第 6 行：** 创建等待运动员（未）就位同步倒数计数器 readyCounter。这个计数器的初始值为 N，表示尚有 N 位运动员未就位（N=4）。

▷ **第 7 行：** 创建裁判员鸣枪同步倒数计数器 runCounter。在一次正常的短跑比赛中，裁判员只会鸣枪一次，故计数器的初始值设定为 1。

▷ **第 10 行：** 动态数组 runners 用于存放各运动员线程的 Future<Unit>。

▷ **第 11 ~ 23 行：** 使用 for 循环创建 4 个运动员线程，并将相关的 Future<Unit> 对象存入 runners 数组。请注意线程代码块的返回值类型为 Unit（未返回值）。

▷ **第 25 行：** 执行 readyCounter.waitUntilZero 函数。该函数将阻塞当前线程（即主线程）直至运动员就位同步倒数计数器归零。运动员就位同步倒数计数器归零，即意味着所有运动员均已就位。

▷ **第 27 行：** 待全体运动员就位后，执行 runCounter.dec 函数，该函数将鸣枪同步倒数计数器减 1。由于该计数器初值为 1，本行将导致其归零。接下来，那些阻塞等待该计数器归零（程序第 17 行）的运动员线程将解除阻塞，运动员起跑。

▷ **第 28 行：** 循环遍历，阻塞等待所有运动员线程运行完成。就好比裁判员需要等待所有运动员跑至终点，然后才能统计并宣布成绩。

运动员线程

▷ **第 16 行：** 选手就位后，执行 readyCounter 的 dec 成员函数，将计数器减 1，意即未就位的运动员少了一位。可以预见，当 4 个运动员线程都执行完 readyCounter.dec 之后，该计数器将归零，而阻塞等待该计数器归零（程序第 25 行）的裁判员主线程将恢复执行。

▷ **第 17 行：** 执行 runCounter.waitUntilZero 函数。该函数将阻塞当前线程，直至鸣枪同步倒数计数器归零。即只有当裁判员鸣枪（程序第 27 行）后，4 位运动员才能起跑。

▷ **第 18 行：** 在鸣枪同步倒数计数器归零后，运动员线程恢复就绪然后被调度执行。输出运动员起跑的信息。

▷ **第 19 行：** 使用 sleep 函数随机休眠的 0~1 秒，以模拟运动员的奔跑过程。

13

▷ **第 20 行：** 输出运动员到达终点的信息。

读者观察程序的执行结果，不难发现如下事实：①全部运动员都就位后，裁判员才鸣枪；②裁判员鸣枪后，运动员才起跑，无人抢跑；③运动员线程的创建顺序（1-2-3-4）、运动员的就位顺序（4-1-3-2）、运动员起跑顺序（2-3-4-1）各不相同。其中，①、②说明上述同步倒数计数器的应用很好地协调了裁判员主线程和运动员线程之间的时序，与预期一致；③则反映了由线程调度器所引发的程序行为的不确定性。

图 13-11 展示了本例中各线程间的协作过程。裁判员创建好两个同步计数器后，就开始阻塞等待就位计数器归零。该计数器初值为 4，每就位一位运动员，其值减 1。运动员在对就位计数器减 1 后，便阻塞等待鸣枪计数器归零。在就位计数器归零后，裁判员解除阻塞并鸣枪（计数器减 1）。由于鸣枪计数器初值为 1，裁判员的减 1 动作致其归零，各运动员得以相继解除阻塞并起跑，然后在经过随机时长的"休眠"后到达终点。而裁判员则阻塞等待所有运动员完成比赛。

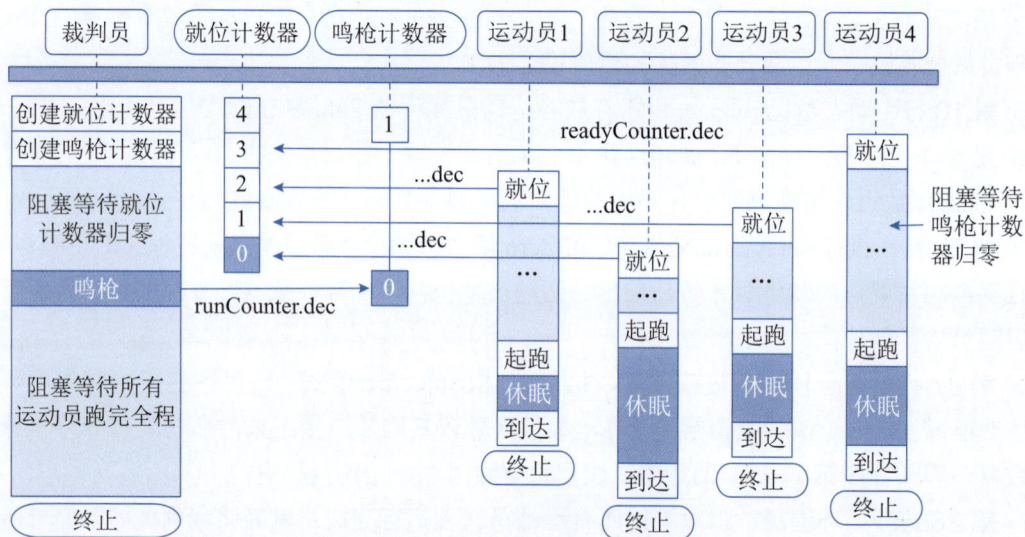

图 13-11　裁判员与运动员线程间的协作过程

13.7.2　数据竞争

当多个线程共享地访问某项资源时，如果不进行妥善的同步，可能因数据竞争（data race）而导致错误。

为了说明何为数据竞争以及可能引发的后果，"创造"了下述示例。程序创建了1000 个线程来模拟一家大型工厂的 1000 位工人，他们各自独立加工一种零件。每加工完一件，就将全局计数器 quantity 加 1。理论上，当这 1000 个线程／工人分别加工完一个零件时，零件总数应为 1000。事实却并非如此。

```
1  package DataRace
2  import std.collection.ArrayList
```

```
3
4   var quantity:Int64 = 0                    // 加工完成的零件数量
5   main(): Int64 {
6       let workers = ArrayList<Future<Unit>>()
7       for (_ in 0..1000) {
8           let r = spawn {
9               sleep(Duration.millisecond)  // 休眠模拟加工零件的时间
10              quantity = quantity + 1      // 新加工完一个零件
11          }
12          workers.add(r)
13      }
14
15      for (x in workers) {x.get()}
16      print("quantity = ${quantity}")
17      return 0
18  }
```

程序的执行结果不确定，在作者计算机上的一次运行中，得执行结果如下：

```
1   quantity = 988
```

▷ **第4行：** 全局变量 quantity 代表加工完成的零件总数。这个变量在后续程序中为多个线程共享访问。

▷ **第7~13行：** 创建 1000 个线程。

▷ **第9行：** 线程休眠 1 毫秒，假装加工零件。

▷ **第10行：** 线程加工完一个零件后，将 quantity 加 1。

▷ **第15行：** 阻塞等待全部线程运行完成。

程序的执行结果中的 988 显然是个错误！正确的零件个数应为 1000。问题的发生与程序第 10 行有关。quantity = quantity + 1 名义上是把一个变量的值加 1，但在一台典型的通用计算机上，该项任务通常要分成 3 步完成：①将内存中的 quantity 对象（8 字节）装入寄存器（register）；②将寄存器中的值与 1 相加，和仍存入该寄存器；③将寄存器中的和值写回内存中的 quantity 对象。当 quantity 对象仅被一个线程使用时，上述 3 个步骤一定能按序进行，即便线程因时间片被剥夺而中途暂停也不会造成错乱，因为线程调度器会帮助保存和恢复线程的执行现场。

13

> 🖥 **说明**
>
> 寄存器是 CPU 内部可超快访问的微小存储空间。为提高速度，大多数计算工作都是在 CPU 内部以寄存器为基础完成的，然后再写回 CPU 之外的内存。虽然名为内存，但它事实上对 CPU 而言是慢速的外部设备。

但当多个线程竞争性地使用 quantity 变量时，则可能引发错乱。图 13-12 演示了在单一 CPU 上运行的线程 A、B 竞争访问 quantity 变量导致错误的过程。图中的线程 A、B 都试图执行 quantity = quantity + 1。整个过程分为 6 步：①线程 B 将内存中的 quantity 对象装入寄存器，寄存器得值 50。②线程 B 将寄存器中的值加 1，寄存器得值 51。接下来，由于时间片被剥夺，线程 B 暂停执行。③线程 A 被调度执行，将内存中的 quantity 对象调入寄存器，此时，内存对象 quantity 的值仍为 50，故寄存器得值 50。④线程 A 将寄存器中的值加 1，寄存器得值 51。⑤线程 A 将寄存器值 51 写回内存，内存对象 quantity 的值变为 51。⑥在经过一段时间的暂停后，线程 B 被调度执行，线程调度器恢复执行现场后，相关寄存器的值仍为 51。线程 B 将该值写回内存，内存对象 quantity 的值事实上未改变，还是 51。

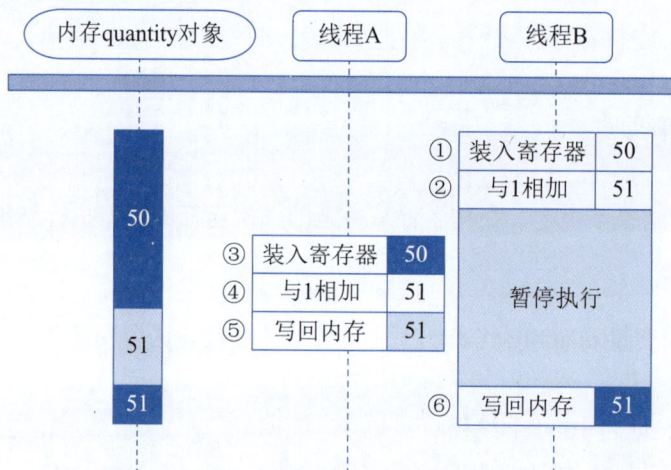

图 13-12   单 CPU 上的两线程数据竞争示例

显然，线程 A 和线程 B 分别给 quantity 加 1，其值应由 50 变为 52。但由于非原子操作的 quantity = quantity + 1 被异常打断，导致了错误的结果。

> 📑 **注意** ◢
>
> 图 13-12 展示了在单个 CPU 上运行的多个线程数据竞争的情形。当多个线程在多个 CPU 核心上进行数据竞争时，情况更为复杂，导致出现错误结果的概率也更大。

13.7.3   原子操作 ▸

从前述示例可以看出，线程因数据竞争而导致出现错误的原因之一，在于线程对共享变量的操作是可拆分的非原子操作。如果线程对共享变量的操作是不可拆分的原子操作，便不存在因线程调度导致中断而引发错误的可能。

仓颉提供了对整数类型、Bool 类型和引用类型的原子操作。可以将前述 DataRace 示例中 quantity 的类型由普通的 Int64 替换为支持原子操作的 AtomicInt64 类型，从而避免因线程间数据竞争而导致的错误。以下为改进后的程序。

```
1  package AtomicOperation
2  import std.collection.ArrayList; import std.sync.AtomicInt64
3
4  var quantity = AtomicInt64(0)          // 加工完成的零件数量
5  main(): Int64 {
6      let workers = ArrayList<Future<Int64>>()
7      for (_ in 0..1000) {
8          let r = spawn {
9              sleep(Duration.millisecond)
10             quantity.fetchAdd(1)      // 新加工完一个零件
11         }
12         workers.add(r)
13     }
14
15     for (x in workers) {x.get()}
16     print("quantity = ${quantity.load()}")
17     return 0
18 }
```

由于原子操作的引入，上述程序的执行结果是确定以及正确的。上述程序的执行结果为：

```
1  quantity = 1000
```

▷ **第 4 行:** quantity 的类型由普通的 Int64 替换为支持原子操作的 AtomicInt64。该类型定义在 std.sync 包内。

▷ **第 10 行:** AtomicInt64 类型的 quantity 的成员函数 fetchAdd(x) 将 quanity 的值增加 x，并返回加操作前 quantity 的原值。

quantity.fetchAdd(1) 为不会因线程调度而中断的原子操作。此外，由于该函数返回 Int64 类型的 quantity 原值，语法上相当于线程语句块也返回了一个 Int64。与此相应，spawn 表达式的返回值类型由 Future<Unit> 变成 Future<Int64>（第 6 行）。

▷ **第 16 行:** AtomicInt64 类型的 quantity 不能当成普通整数使用，需要使用 load 函数取得其值（Int64 类型）。load 也是原子操作。

无论读者运行上述改进示例多少次，执行结果中的 quantity 永远确定以及正确地等于 1000。

表 13-1 列出了 AtomicInt64 类型所支持的原子操作的清单。这些原子操作都是以成员函数的形式提供的。其他关于整数的原子类型，如 AtomicInt8、AtomicUInt32，其所支持的原子操作与表 13-1 大同小异。

表 13-1　AtomicInt64 类型支持的原子操作 / 成员函数

操　　作	功　　能
init	init(val: Int64) 构造原子对象，val 为初始值。
load	load(): Int64 从原子对象读取并返回值。
store	store(val: Int64): Unit 将 val 写入原子对象。
swap	swap(val: Int64): Int64 将 val 写入原子对象，并返回前值。
compareAndSwap	compareAndSwap(old: Int64, new: Int64): Bool 比较当前原子对象的值是否等于 old，相等则写入 new 值并返回 true；否则不写入值，并返回 false。
fetchAdd	fetchAdd(val: Int64): Int64 将原子对象增加 val，并返回前值。
fetchSub	fetchSub(val: Int64): Int64 将原子对象减去 val，并返回前值。
fetchAnd/Or/Xor	fetchAnd/Or/Xor(val: Int64): Int64 将原子对象与 val 执行按位与 / 或 / 异或操作，结果写入原子对象，并返回前值。

AtomicBool、AtomicReference 提供分别关于 Bool 和 Reference（引用）类型的原子操作，仅包括 load、store、swap 以及 compareAndSwap。

13.7.4　可重入互斥锁 ▷

如果工厂里有一台设备，只允许一个工人单独使用。当多个工人同时使用时，则会出错甚至发生危险。一个简单粗暴但有效的管理方法就是把这台设备置入一个带锁的房间。当任何一位工人试图使用这台设备时，如果发现门没锁，立即进入并反锁，然后使用设备，使用结束后再开门离开。试图使用设备的工人如果发现门已锁，则说明当前设备正被他人独占使用，那就在门口排队等待。

在多线程竞争性资源使用的场合，类似的资源管理方法早已有之。仓颉的 std.sync 包提供了可重入互斥锁（Mutex）工具。

所谓竞争使用的资源，可以是一个共享变量，也可以是一个容器对象，或者是一项需要独占使用的硬件，如手机里的摄像头。访问这项关键资源的代码块（类比为放置设备的房间）称为临界区（critical section）。可重入互斥锁的使用目的是确保同一时刻仅有一个线程可以进入临界区。

为简便起见，将 13.7.2 节中 DataRace 示例里的 quantity（已加工完的零件数量）视为竞争使用的资源，并通过可重入互斥锁加以保护。以下为修改后的程序。

```
1  package LockDemo
2  import std.collection.ArrayList; import std.sync.Mutex
```

```
3
4  var quantity:Int64 = 0                          // 加工完成的零件数量
5  let mux = Mutex()                               // 可重入互斥锁
6  main(): Int64 {
7      let workers = ArrayList<Future<Unit>>()
8      for (_ in 0..1000) {
9          let r = spawn {
10             sleep(Duration.millisecond)
11             mux.lock()                          // 进入临界区前，先加锁
12             quantity = quantity + 1             // 临界区：零件数量加1
13             mux.unlock()                        // 离开临界区后，解锁
14         }
15         workers.add(r)
16     }
17
18     for (x in workers) {x.get()}
19     print("quantity = ${quantity}")
20     return 0
21 }
```

在可重入互斥锁的保护下，程序的执行结果是确定以及正确的。上述程序的执行结果为：

```
1  quantity = 1000
```

▷ **第5行：** 创建可重入互斥锁对象。互斥锁存在加锁和解锁两种状态，加锁表示临界区被某线程占用，解锁则说明其空闲可用。

▷ **第12行：** 本行代码访问竞争资源，它构成了本程序的临界区。

▷ **第11行：** 在线程进入临界区前，先执行 mux.lock 函数加锁。当互斥锁处于解锁状态时，该函数将其加锁，以阻止其他线程进入临界区。如果互斥锁处于加锁状态，说明有其他线程正占用临界区，阻塞本线程直至互斥锁解锁。

▷ **第13行：** 线程离开临界区后，应及时执行 mux.unlock 函数解锁，让出临界区供其他线程使用。

在本例中，得益于可重入互斥锁的保护，在任意时刻至多只有一个线程访问共享变量 quantity。本例的执行结果是确定以及正确的，读者可以多次运行加以观察。

如图 13-13 所示，线程访问临界区必须遵循先加锁后访问、离开后即解锁的标准流程。如果未加锁就访问，可能因竞争导致出错；如果离开后未解锁，便会造成其他阻塞等待的线程无法解除阻塞，造成程序卡顿乃至崩溃。

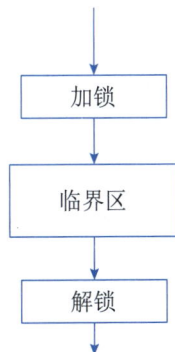

13

图 13-13　临界区访问流程

可重入互斥锁是可重入的，意即如果某线程已经对 mux 加锁且未锁，那么同一线程可以再次对 mux 加锁。对于一个事实上已在临界区内的线程而言，再次申请临界区的使用权虽然多余，却并不会导致错误。

下述示例展示了互斥锁的可重入特性。与稍早的 1000 个线程各加工一个零件不同，这一示例改为 100 个线程，每个线程循环加工 10 个零件。

```
1  package ReLock
2  import std.collection.ArrayList; import std.sync.Mutex
3
4  var quantity:Int64 = 0                          // 加工完成的零件数量
5  let mux = Mutex()                               // 可重入互斥锁
6  main(): Int64 {
7      println("Start… Please wait…") // 运行时间较长，需耐心等待
8      let workers = ArrayList<Future<Unit>>()
9      for (_ in 0..100) {
10         let r = spawn {
11             mux.lock()                          // 加锁
12             for (_ in 0..10) {
13                 sleep(Duration.millisecond)
14                 mux.lock()                      // 再加锁
15                 quantity = quantity + 1
16                 mux.unlock()                    // 解锁
17             }
18             mux.unlock()                        // 解锁
19         }
20         workers.add(r)
21     }
22
23     for (x in workers) {x.get()}
24     print("quantity = ${quantity}")
25     return 0
26 }
```

程序的执行结果是确定以及正确的。上述程序的执行结果为：

```
1  Start… Please wait…
2  quantity = 1000
```

▷ **第 11、18 行：** 成对的加锁和解锁。

▷ **第 14、16 行：** 成对的加锁和解锁。如果线程执行到第 14 行，说明线程事实上已经对 mux 加锁，由于 mux 的可重入特性，再次加锁瞬间成功，不会导致阻塞。

如上述程序所示，加锁和解锁动作需成对出现。线程对互斥锁加锁多少次，就应当

解锁多少次，否则可能导致其他线程持续阻塞甚至程序崩溃。

> **🎯 要点**
>
> 　临界区应当尽可能简短。在本例中，第 11、18 行的加解锁包裹了一个"漫长"的临界区，其内甚至包含了 for 循环。由于单个线程占用临界区的时间较长，这使其他线程需要阻塞等待更多的时间，从而降低了程序的整体执行效率。在作者的计算机上，示例 ReLock 的运行明显慢于示例 LockDemo。

　　除了 lock，可重入互斥锁还有一个 tryLock 成员函数。与 lock 不同，tryLock 不会阻塞线程，它尝试加锁，成功则返回 true，否则立即返回 false。

> **⚠ 注意**
>
> 　程序员应谨慎处理加解锁操作。未加锁而解锁，或者加锁次数与解锁次数不同，都会导致异常抛出或者程序的卡顿乃至崩溃。

　　使用 synchronized 关键字可简化线程访问临界区的加解锁过程。下述代码的第 1 ~ 3 行与第 4 ~ 6 行等价。

```
1 synchronized(mux) {
2     quantity = quantity + 1
3 }
4 mux.lock()
5 quantity = quantity + 1
6 mux.unlock()
```

　　synchronized 是一个语法糖，它可以有效避免只加锁而忘记解锁的程序缺陷。读者可以查看并运行随书代码 CH13 中的示例 SynchronizedLock，其中演示了 synchronized 语法糖的使用。

13.7.5　屏障

　　std.sync 包提供 Barrier（屏障）类型，提供协调多个线程在特定集合点"集合"，然后"一起"继续执行的功能。在这一过程中，率先到达集合点的线程将会阻塞，待所有线程到达集合点后，再一并解除阻塞继续执行。

　　下面借助步步、朵朵、听听三位小朋友相约登山的示例来讨论屏障。如图 13-14（左）所示，三位小伙伴各自从家里出发，前往集合点。通常情况下，三位小伙伴到达集合点有先后，但显然先行到达的小伙伴会停下脚步并等待其他伙伴，就好像集合点是一个当且仅当全体人员都到齐后才会打开的屏障［图 13-14（中）］。当所有小伙伴都到齐后，屏障打开，小伙伴们一起越过屏障，开始登山［图 13-14（右）］。

　　见如下示例代码。

```
1  package BarrierDemo
2  import std.sync.Barrier; import std.collection.ArrayList
3  import std.random.Random
4
5  main(): Int64 {
6      let friends = ["步步"," 朵朵"," 听听"]
7      let assemble = Barrier(friends.size)
8
9      let futs = ArrayList<Future<Unit>>()
10     for (f in friends) {
11         let fut = spawn {
12             println("${f}：坐车前往集合点 ")
13             sleep(Duration.millisecond*Random().nextInt64(1000))
14             println("${f}：到达集合点，等待小伙伴到齐 ")
15             assemble.wait()
16             println("${f}：跟小伙伴一起爬山看风景 ")
17         }
18         futs.add(fut)
19     }
20
21     for (x in futs) {x.get()}
22     return 0
23 }
```

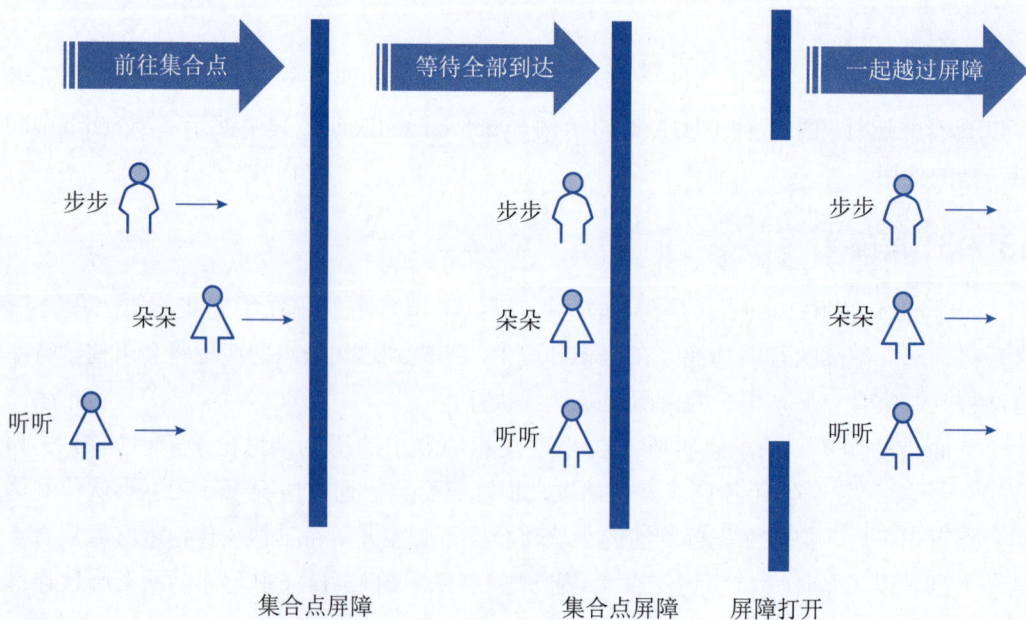

图 13-14　小伙伴相约登山远足

因线程调度和随机数的原因，示例的执行结果是不确定的。在作者计算机上的一次运行中，上述程序的执行结果为：

1	听听：坐车前往集合点	6	步步：到达集合点，等待小伙伴到齐
2	步步：坐车前往集合点	7	步步：跟小伙伴一起爬山看风景
3	朵朵：坐车前往集合点	8	听听：跟小伙伴一起爬山看风景
4	朵朵：到达集合点，等待小伙伴到齐	9	朵朵：跟小伙伴一起爬山看风景
5	听听：到达集合点，等待小伙伴到齐	10	[空行]

▷ **第 7 行：**创建 Barrier（屏障）对象 assemble（英文意为集合），参数 friends.size 的值为 3，表示该屏障要求 3 个线程都到齐后才会打开。

▷ **第 13 行：**线程随机休眠 0~1000 毫秒，模拟各位小伙伴有快有慢地前往集合点。Random().nextInt64(1000) 生成并返回范围为 [0,1000) 的随机整数。

▷ **第 15 行：**线程执行 assemble.wait() 函数向屏障报到并等待其他线程到达。如果其他线程尚未到齐，线程将阻塞等待。当全部线程都到达后，阻塞解除，wait 函数返回，线程（连同其他线程一起）继续执行。

从执行结果的第 4 行可见，在本次执行中，最先到达集合点（屏障）的是朵朵，朵朵线程的 assemble.wait 函数将阻塞等待。待到听听和步步线程都执行了 assemble.wait 后，阻塞解除，三位小伙伴越过屏障，一起爬山看风景。

13.7.6　信号量 ▸

当过多的线程挤占有限的网络带宽从互联网下载数据时，会导致蜗牛般的传输速度，甚至网络崩溃。比较明智的做法是限制同时使用网络通信的最大线程数量。此类限制共享资源的最大并发线程数量的任务，常用 std.sync.Semaphore（信号量）来完成。Semaphore 的核心是一个计数器，它表示共享资源允许的剩余可承载线程数。

作者无意用复杂的应用场景冲淡主题，所以还是回到幼儿园。幼儿园有一辆仅有 3 个座位的小火车，想坐的小朋友却很多。由于座位限制，只有当小火车上有空座位时，想坐的小朋友才能心想事成，否则只好心心念念地等待。

下述示例演示了 6 位小朋友（线程）竞争性乘坐小坐车的过程。在如下示例中使用信号量 seats 来确保小火车上最多只有 3 个人（线程）。

```
1  package ToyTrain
2  import std.sync.Semaphore; import std.collection.ArrayList
3  import std.random.Random
4
5  main(): Int64 {
6      let children = ["朵朵","步步","听听","果果","希希","橙橙"]
7      let seats = Semaphore(3)          // 玩具火车上只有 3 个座位
8      let futs = ArrayList<Future<Unit>>()
```

```
9        for (c in children) {
10           let fut = spawn {
11               sleep(Duration.millisecond*Random().nextInt64(500))
12               seats.acquire()          // 获取座位
13               println("${c}上车，空闲座位：${seats.count}")
14               sleep(Duration.millisecond*Random().nextInt64(500))
15               // 线程在此处使用限制最大并发数的共享资源
16               seats.release()          // 释放座位
17               println("${c}下车，空闲座位：${seats.count}")
18           }
19           futs.add(fut)
20        }
21
22        for (x in futs) {x.get()}
23        return 0
24 }
```

程序的执行结果是不确定的。在作者计算机上的一次运行中，上述程序的执行结果为：

```
1   朵朵上车，空闲座位：2          8    希希下车，空闲座位：1
2   果果上车，空闲座位：1          9    步步上车，空闲座位：0
3   果果下车，空闲座位：2          10   步步下车，空闲座位：1
4   朵朵下车，空闲座位：3          11   橙橙下车，空闲座位：2
5   希希上车，空闲座位：2          12   听听下车，空闲座位：3
6   听听上车，空闲座位：1          13   [空行]
7   橙橙上车，空闲座位：0
```

▷ **第7行：** 创建信号量 seats。3 表示有 3 个座位，或者说共享资源（小火车）最多允许 3 个线程并发访问。

▷ **第12行：** 当有小朋友 / 线程想坐火车时，执行 seats.acquire 函数获取一个座位。如果火车上的剩余座位数，即信号量 seats 内的计数器大于 0，函数将其减 1 并返回。如果火车上的剩余座位数为 0，函数将阻塞当前线程，直至有座位空出来（计数器大于 0）并获得座位（将计数器减 1）为止。

与 acquire 不同，信号量的 tryAcquire 成员函数不会阻塞线程，当计数器大于 0 时，它将其减 1 并返回 true，当计数器等于 0 时，函数直接返回 false，表示资源不可用。

▷ **第13行：** 打印小朋友上车及空余座位的信息。count 为信号量对象的属性，代表计数器的当前值。

▷ **第14、15行：** 小朋友享受坐上小火车及被其他没坐上小火车的小朋友艳羡目光照射的快乐。这里通过线程的随机时长休眠来模拟小火车的乘坐过程。

▷ **第16行：** 小朋友被其他玩具所吸引，离开火车。seats.release 函数将导致其计数器加 1，表明又空出了一个座位。此时，如果存在其他因信号量计数器为 0 正在阻塞等待的线程，其中一个将解除阻塞。

图 13-15 展示了与示例执行结果相对应的玩具火车的乘客变化情况。如图所示，最先上车的是朵朵（序号 1），她上车后剩余 2 个座位（执行结果的第 1 行）；然后果果上车（序号 2），剩 1 个座位（执行结果的第 2 行）；紧接着，果果又下了车（序号 3），剩 2 个座位……

在信号量的管理之下，小火车的乘坐人数上限得到保证：图 13-15 中小火车上的小朋友从未超过 3 个，即便想坐小火车的小朋友有 6 位。

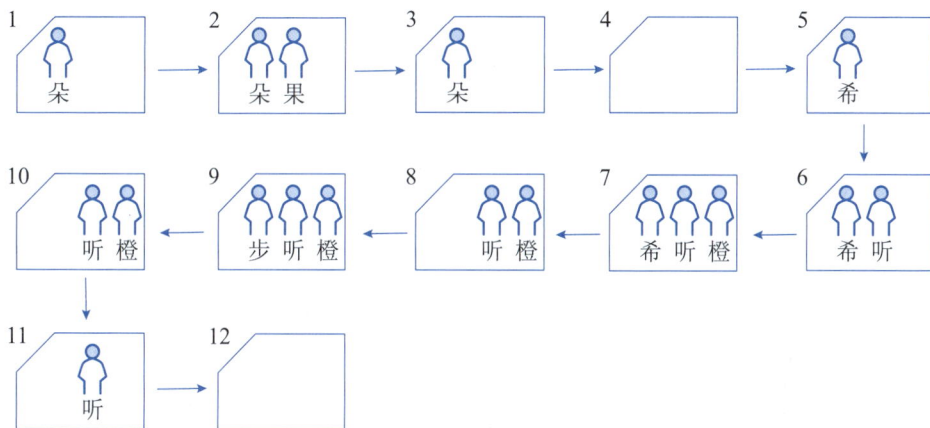

图 13-15　玩具火车上的乘客变化

13.7.7　定时器 ▷

std.sync.Timer 类型为定时器，它允许创建一个线程，在指定的时间点或指定的时间间隔执行指定任务一次或者多次。

与众不同，Timer 类型没有提供公开的构造函数，这意味着我们无法直接创建定时器对象。定时器对象的创建只能通过 Timer 的几个静态成员函数来完成。其中，名为 repeatTimes 的静态成员函数用于创建从指定时间开始以指定时间间隔执行指定任务的定时器，在指定任务重复执行指定次数后，定时器自动终止。该函数的接口如下：

```
1    public static func repeatTimes(count: Int64, delay: Duration, interval:
     Duration, task: () -> Unit, style!: CatchupStyle = Burst): Timer
```

其中，参数 task 为一个零输入、零返回（Unit）的函数对象，为指定给定时器的指定任务；count 表示指定次数；delay 表示从现在开始到任务被首次执行的时间间隔；interval 则为两次任务执行之间的时间间隔。如果定时器线程某次执行指定任务耗时过长，就会导致下一次指定任务的延迟。参数 style 为所谓追平策略，用于确定当前述情形发生时，如何确定下一次指定任务的执行时机。关于追平策略，此处不赘述，

13

读者需要时请查询仓颉文档。

　　我们总是期望用尽可能简单的示例来描述复杂的程序工作原理。在下述示例中使用定时器来模拟中央广场上钟楼的整点报时。

```
1  package TimerDemo
2  import std.sync.Timer; import std.convert
3
4  main(): Int64 {
5      print(" 几点钟 : ")
6      var t = Int64.parse(readln())
7      t = t % 12
8      if (t==0) {t = 12}
9      let timer = Timer.repeatTimes(t, Duration.Zero, Duration.second,
10         { => print(" 当 ") }
11     )
12     sleep(Duration.second*(t+1))
13     return 0
14 }
```

　　上述程序的执行结果为（蓝字为操作者输入）：

```
1  几点钟 : 20
2  当当当当当当当当
```

▷ **第6行：** 从键盘读入整点时间字符串并转换成整数。

▷ **第7行：** t 对 12 求余。以 20 点为例，20 % 12 = 8，依习惯 20 点报时 8 次。

▷ **第8行：** 处理例外，12 点和 24 点都报时 12 次。

▷ **第9～11行：** 执行 Timer 的 repeatTimes 静态成员函数创建定时器。实参 t 为指定次数，实参 Duration.Zero 表示首次任务立即执行，实参 Duration.second 表示两次任务之间的时间间隔为 1 秒。第 10 行的 lambda 表达式 / 匿名函数对象对应形参 task，为指定任务：向屏幕打印一个当。

　　请注意，定时器隐含了 spawn 操作，一个定时器对象对应一个新的线程，指定任务的每次执行，都是由该线程规划安排并实施的。

　　变量 timer 接收 repeatTimes 函数返回的 Timer 对象。在后续程序中，timer 并未被使用。作者在此处使用 timer 变量仅为提醒读者相关函数返回了定时器对象。

▷ **第12行：** Timer 对象 timer 并没有类似于 Future<T> 那样的 get 函数。此处，为避免主线程结束而提前终结定时器线程，让主线程休眠 t + 1 秒。

　　在输入 20 并按 Enter 键后，读者可以观察到，执行结果第 2 行中的 8 个"当"是以 1 秒为间隔分 8 次出现的。这说明上述程序中的定时器线程确实以 1 秒为间隔，调用执行了程序第 10 行的 lambda 表达式（匿名函数）8 次。

除了 repeatTimes，Timer 类型还提供了诸如 once（定时执行一次性任务）、repeat（设置并启动重复性定时任务）、after（可灵活改变间隔和执行次数的定时器任务）等静态成员函数。相关细节请查询仓颉文档。

对于执行中的定时器对象，执行其 cancel 成员函数可以终止定时器任务。

按照作者的童年记忆，中央人民广播电台的整点报时，最后一声是嘀，前几声是嘟。接下来我们试图改进程序。下述代码是作者的一次失败的尝试。

```
 1  package SmartClock1
 2  import std.sync.Timer; import std.convert
 3  main(): Int64 {
 4      let t = 5        // 注意是不可变变量
 5      let timer = Timer.repeatTimes(t, Duration.Zero, Duration.second,
 6          { =>
 7              var c = 1        // 函数每次被调用，都会执行 c=1
 8              print(if (c<t) {"嘟 "} else {"滴 "})
 9              c += 1
10          }
11      )
12      sleep(Duration.second*(t+1))
13      return 0
14  }
```

上述程序的执行结果为:

```
 1  嘟嘟嘟嘟嘟
```

期望的执行结果是 4 个嘟 1 个嘀，但实际结果却是 5 个嘟。

▷ **第 6 ~ 10 行：** 这个 lambda 表达式 / 匿名函数对象事实上是 Timer.repeatTimes 参数的一个实参。当定时器线程执行指定任务时，该线程调用执行该函数。所以，该函数的每次执行都是一次全新的执行，第 7 行的 c 在每次函数调用时都会被赋值为 1，故函数总是向屏幕打印嘟。

▷ **第 8 行：** 匿名函数对象对外部变量 t 的使用事实上是一种捕获行为（参见 7.12 节）。根据要求，函数闭包时只能捕获不可变变量。故程序第 4 行的 t 被设计为不可变变量。

改进问题的本质在于要让定时器定时执行的任务函数具备状态，即该函数应知道自己的当前报时次数以及总报时次数。而让函数具备状态，可以通过闭包实现。

13

```
 1  package SmartClock2
 2  import std.sync.Timer; import std.convert
 3
 4  class Memory { Memory(var current:Int64, var total:Int64){} }
```

```
5
6  func bellRing(count:Int64) {
7      let memory = Memory(1,count)
8      func ring() {
9          if (memory.current < memory.total)
10             { print("嘟") }
11         else { print("嘀") }
12         memory.current += 1
13     }
14     return ring
15 }
16
17 main(): Int64 {
18     Timer.repeatTimes(5, Duration.Zero, Duration.second, bellRing(5))
19     sleep(Duration.second*6)
20     return 0
21 }
```

上述代码的执行结果为:

```
1  嘟嘟嘟嘟嘀
```

▷ **第 18 行:** bellRing(5) 返回的是一个闭包的函数对象,该函数对象作为实参传递给 Timer.repeatTimes 的 task 形参。

▷ **第 4 行:** 定义 Memory 类型,用于储存闭包函数对象的记忆。数据成员 current 代表当前报时次数,total 则代表总报时次数。

▷ **第 6 ~ 15 行:** bellRing(count) 函数返回嵌套函数 ring,该函数捕获了外部不可变变量 memory。

如此,作为定时器指定任务的函数对象便有了状态,它可以通过 memory.current 知道当前报时次数,并在最后一次报时发出嘀。

📖 编程练习

练习 13-1(大数组排序)生成包含 10 万个随机整数的数组,然后使用 4.14 节介绍的选择排序算法对数组进行排序,并使用 13.2 节介绍的方法计算排序耗时。

大数组排序

练习 13-2(并行的大数组排序)生成包含 10 万个随机整数的数组,然后将其等分为 10 个子数组,并创建 10 个线程,分别使用选择排序算法进行排序。待各子数组的排序完成后,再在主线程中将各有序子数组合并为整体有序的数组。请注意选用合适的线程同步工具,确保主线程在各子线程分别完成排序后再进行解的合并(合并方法参见 7.8 节)。请重新计算排序耗时,并与练习 13-1 中的耗时情况进行比较。

并行的大数组排序

13.8　小　　结

程序的一次运行称为进程，而进程又可以包含主线程和普通线程。操作系统将 CPU 的时间分割成非常小的时间片，然后通过线程调度器将时间片分配给线程。程序事实上是间断运行的，但由于时间片的轮转速度非常快，使用者一般感受不到程序的间断执行。

使用 spawn 关键字修饰一个零参数的 lambda 表达式即可创建线程，lambda 表达式内的线程语句块即为线程需要执行的任务。通过创建多线程的应用程序，可以更有效地利用现代计算机的多核心 CPU，并使得主线程可以专注于用户交互。spawn 表达式返回一个类型为 Future<T> 的线程任务对象，执行该对象的 get 成员函数，可以阻塞等待线程结束并获取返回值；执行该对象的 cancel 函数，可建议线程终止。

当多个线程竞争性地访问共享资源时，可能因数据竞争而导致错误。使用原子操作，或者给共享资源加互斥锁，可以避免相关错误的发生。

借助于同步计数器、屏障、信号量、Monitor（本书未介绍，请查询文档）等工具，可以协调相互协作或者竞争的多个线程间的工作时序，使得它们正确又高效地完成任务。使用定时器也可以创建线程，并在指定的时间点或者指定的时间间隔执行指定任务一次或者多次。

仓颉的线程事实上是用户态协程（coroutine），这些协程的管理和调度是由仓颉运行时（runtime）完成的。如图 13-16 所示，M 个仓颉协程事实上运行在 N 个操作系统线程之上，通常 M>N。相较于操作系统线程，仓颉的用户态协程更加轻量化，即因调度而产生的额外开销更小。

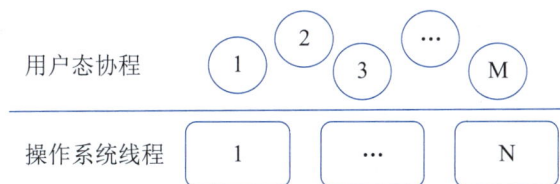

图 13-16　仓颉 M:N 轻量级线程模型

第 14 章　初探——仓颉开发鸿蒙应用

> 混沌未分天地乱，茫茫渺渺无人见。自从盘古破鸿蒙，开辟从兹清浊辨。
>
> ——《西游释厄传》

思维导图

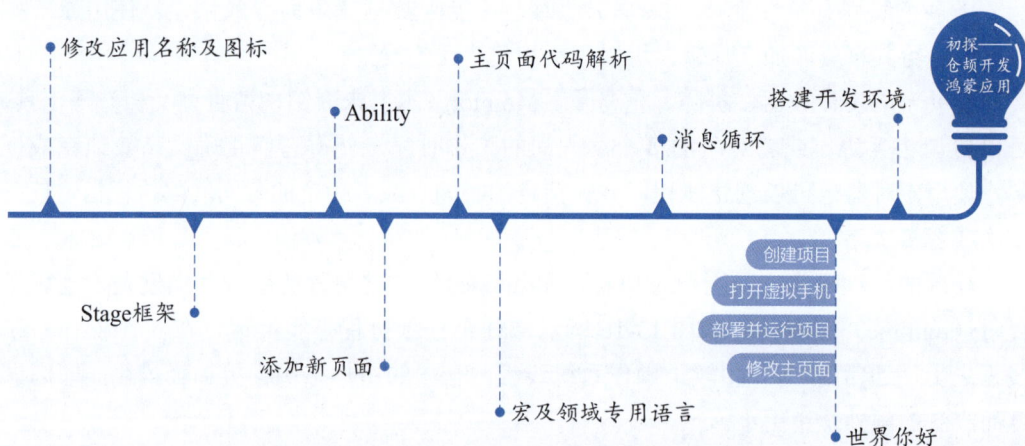

14.1　搭建开发环境

使用仓颉开发鸿蒙应用需要安装 DevEco Studio 集成开发环境以及与之配套的仓颉语言插件（plugin）。

操作指南　仓颉鸿蒙开发工具的下载和安装

DevEco Studio 及与之配套的仓颉插件都可以从华为开发者官网下载。具体的下载和安装过程请扫码阅读。建议读者严格遵从该指南所提供的方法和步骤进行相关工具的安装和配置，以避免不必要的麻烦。

14.2　世界你好

本节带领读者逐步地创建并运行第 1 个仓颉鸿蒙手机应用程序。

14.2.1　创建项目 ▷

运行 DevEco Studio，单击图 14-1 中所示的 Create Project（创建项目）按钮。

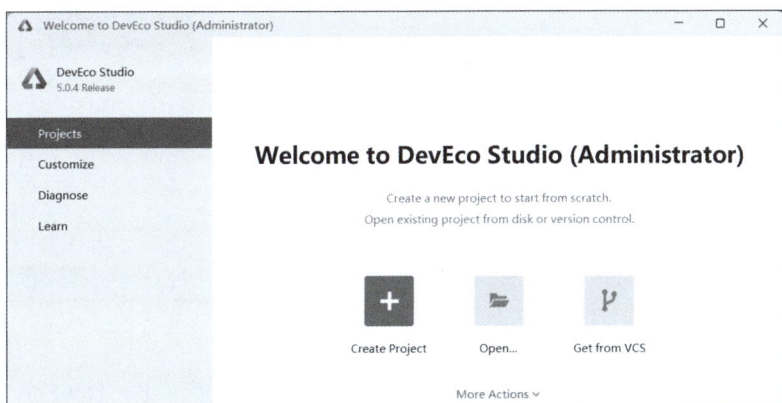

图 14-1　在 DevEco Studio 中创建项目（第 1 步）

向下拖动图 14-2 右侧的滚动条，选择 [Cangjie]Empty Ability（[仓颉] 空的能力）选项，然后单击 Next 按钮。

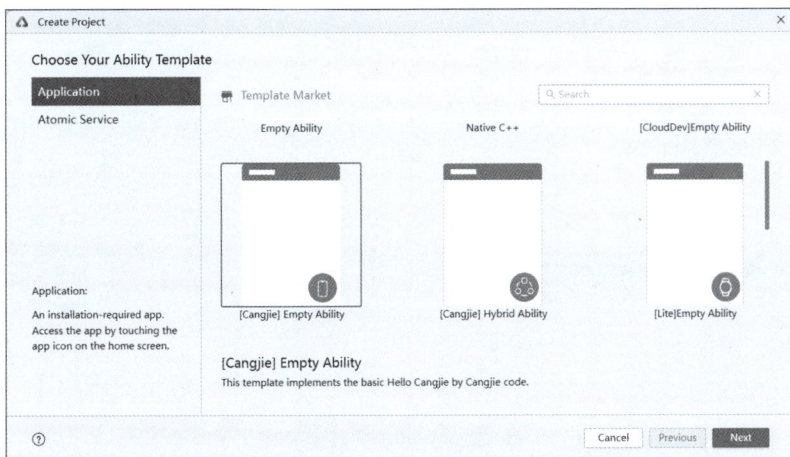

图 14-2　在 DevEco Studio 中创建项目（第 2 步）

接下来设置项目参数，如图 14-3 所示，从上到下依次是 Project name（项目名称）、Bundle name（捆绑包名称）、Save location（项目保存路径）、Compatible SDK（兼容 SDK 版本）、Module name（模块名称）以及 Device type（设备类型）。

其中，Bundle name 通常使用倒序域名格式设置。在本例中，作者没有使用默认的保存路径，而是手工选择了一条路径。请注意，每个项目应存储在一个独立的子目录中。按照上述设置，这个鸿蒙应用只能运行在 5.0.4 及以上版本的鸿蒙手机上。

14

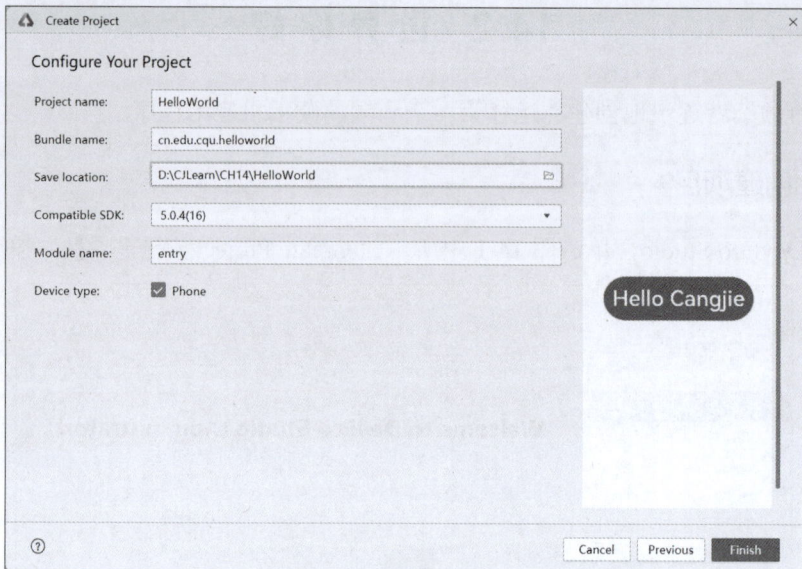

图 14-3　在 DevEco Studio 中创建项目（第 3 步）

完成前述设置后，单击图 14-3 中所示的 Finish 按钮。接下来，DevEco Studio 在一阵忙碌之后，呈现了创建并打开的 HelloWorld 项目，如图 14-4 所示。

创建项目

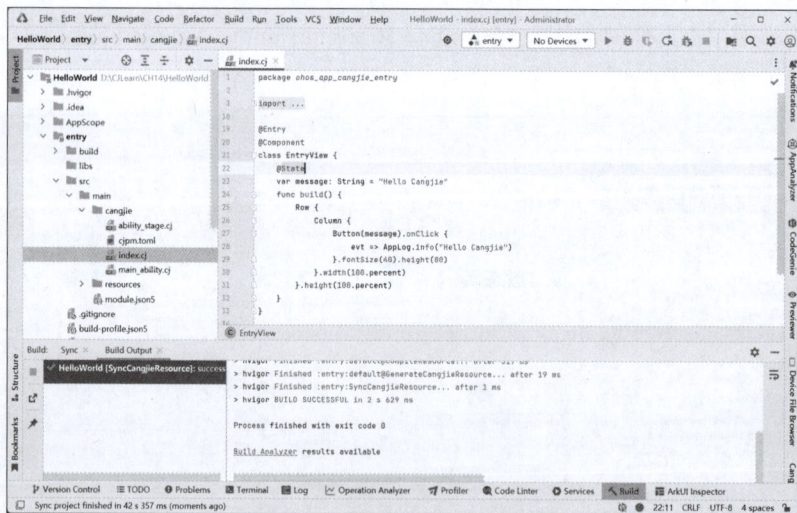

图 14-4　在 DevEco Studio 中创建项目（第 4 步）

至此，项目创建完成。

14.2.2　打开虚拟手机

本节的应用程序预期运行在基于鸿蒙操作系统的手机上，而不是读者的计算机上。在没有实体的鸿蒙手机的情况下，需要创建一个虚拟的鸿蒙手机。

如图 14-5 所示，在 DevEco 窗口右上侧的工具栏中，在下拉设备列表（图中 No Devices 处）中选择 Device Manager（设备管理器）命令。

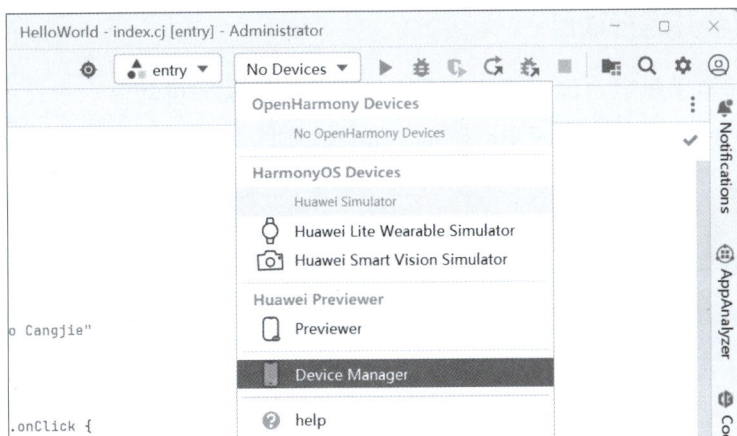

图 14-5 打开设备管理器

作者稍早已经创建好了一台运行鸿蒙系统的虚拟手机，如图 14-6 所示。单击 Actions（动作）列中的三角形按钮即可启动该手机。

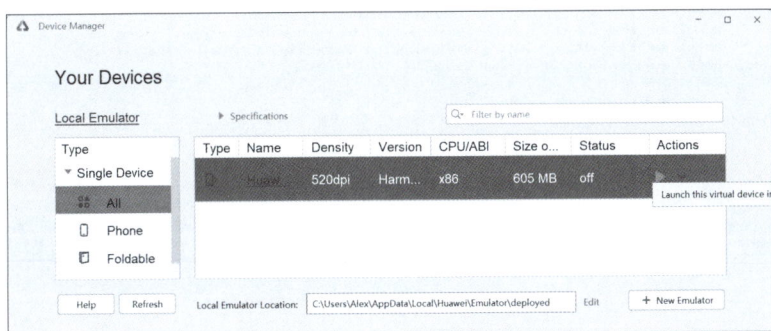

图 14-6 设备管理器中的虚拟设备清单

⚠ 注意 ◀

如果读者找不到如图 14-6 所示的虚拟手机，请扫码阅读 14.1 节中的操作指南，并按指南所提供的方法创建仿真手机。

图 14-7 展示了该虚拟手机启动中（图左）和启动完成后的样子（图右）。在手机的右侧有一个工具条，请读者将光标移动该工具条中各按钮的上方，逐一查看弹出的文字提示，了解各按钮的功能。

在虚拟手机启动完成后，可以关闭如图 14-6 所示的设备管理器。

创建并运行
虚拟手机

图 14-7 虚拟鸿蒙手机（左：启动中，右：启动完成）

14

14.2.3 部署并运行项目

在启动虚拟手机后，虚拟手机名称（Huawei_Phone）自动显示于设备清单中，如图 14-8 所示。单击其右侧的三角形按钮，将当前项目 / 应用程序部署至该设备并运行。

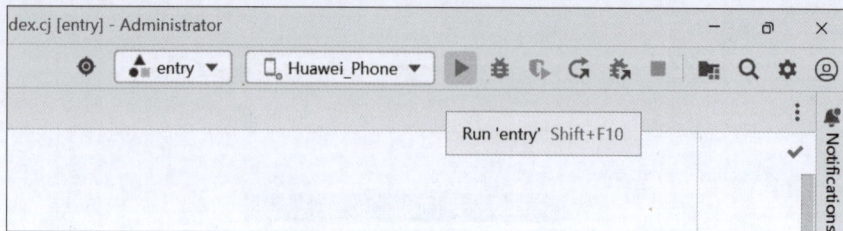

图 14-8 部署并运行项目

接下来可见 DevEco 进行了一系列复杂的部署操作，最后以失败告终。错误信息见图 14-9。

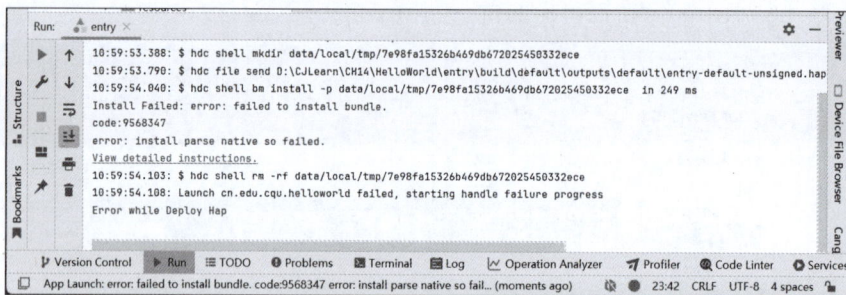

图 14-9 部署项目失败

出错的原因与仓颉工程默认的处理器架构有关。仓颉鸿蒙工程默认的编译架构为 arm64-v8a（即编译器生成的机器语言指令源于 arm64-v8a 指令集），而作者的仿真手机事实上工作在 x86_64 指令集的 CPU 上。

在 DevEco 中，展开左侧的树形目录结构，找到并打开 HelloWorld/entry/build-profile.json5，然后添加图 14-10 中高亮显示的第 6 行信息。请读者仔细核对，确保修改的内容和位置都准确无误。

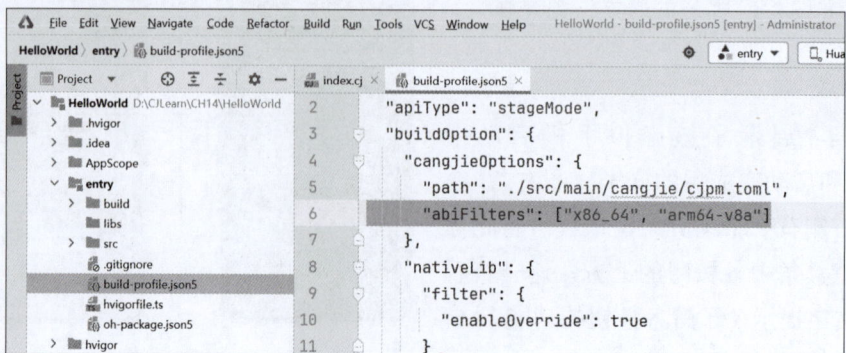

图 14-10 修改 build-profile.json5

使用快捷键 Ctrl+S 保存修改，然后再次单击图 14-8 中所示的三角形按钮。接下来，在 Windows 任务栏中找到隐藏的虚拟手机，将其切换至前台。

不出意外的话，读者的第一个仓颉 App 部署并运行成功。如图 14-11 所示，一个名称为 Hello Cangjie 的按钮显示在手机屏幕的正中央。

此时，单击图 14-12 所示的正方形按钮即可终止 App 在设备上的运行。单击图 14-11 所示手机右侧工具条右上角的×，则可关闭虚拟设备。

图 14-11 Hello Cangjie
显示成功

图 14-12 停止运行

在虚拟手机
上运行项目

14.2.4 修改主页面

文件 HelloWorld/entry/src/main/cangjie/index.cj 对应着本示例的主页面。为便于解释示例程序的工作原理（稍后），按照图 14-13 对该文件进行了修改。

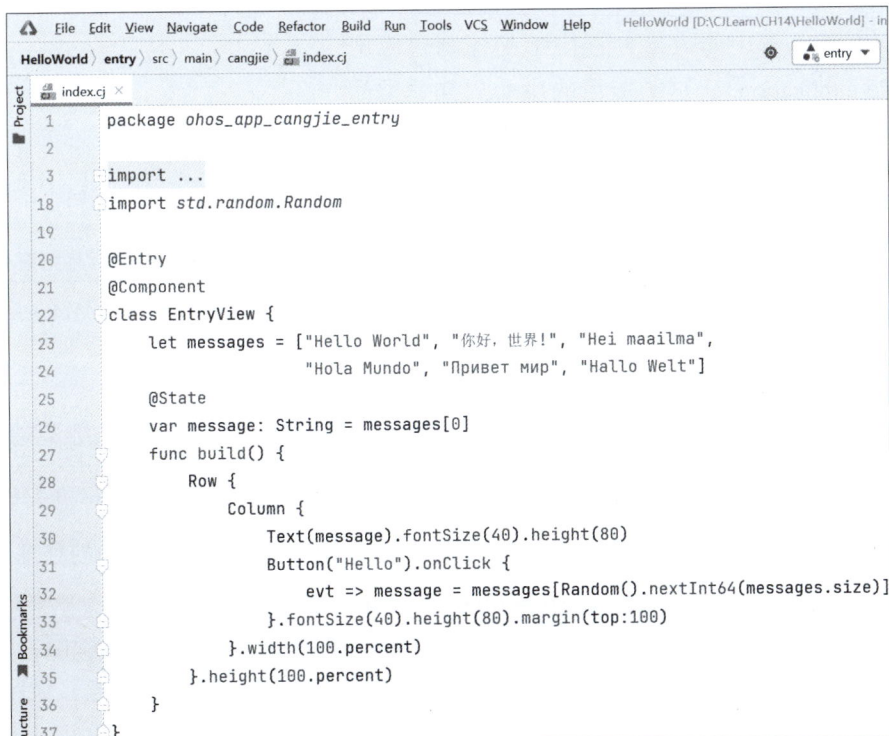

```
1    package ohos_app_cangjie_entry
2
3    import ...
18   import std.random.Random
19
20   @Entry
21   @Component
22   class EntryView {
23       let messages = ["Hello World", "你好，世界！", "Hei maailma",
24                       "Hola Mundo", "Привет мир", "Hallo Welt"]
25       @State
26       var message: String = messages[0]
27       func build() {
28           Row {
29               Column {
30                   Text(message).fontSize(40).height(80)
31                   Button("Hello").onClick {
32                       evt => message = messages[Random().nextInt64(messages.size)]
33                   }.fontSize(40).height(80).margin(top:100)
34               }.width(100.percent)
35           }.height(100.percent)
36       }
37   }
```

图 14-13 对 index.cj 的修改

完成上述修改并保存后，再次运行程序，在虚拟手机上得如图 14-14 所示的运行效果。如图所见，应用运行时，手机屏幕上显示了意为世界你好的一段文字，其下有一个名称为 Hello 的按钮。使用鼠标模拟手指单击该按钮，其上方文字会在中、英、西、俄等多国语言的"世界你好"间随机切换。图中当前显示的 Hola Mundo 即为西班牙语版本的世界你好。

至此，读者的第一个仓颉鸿蒙应用创建完成。

> 📺 **说明** ▪
>
> 　　这个示例的代码虽然简单，但清晰地描述其结构和工作原理却并非易事。
>
> 　　可能已经有读者对图 14-13 中展示的 index.cj 中的代码感到疑惑了：其语法令人十分陌生。这还是仓颉吗？
>
> 　　本章的后续部分将使用很大的篇幅来讨论仓颉鸿蒙应用的结构和工作原理。

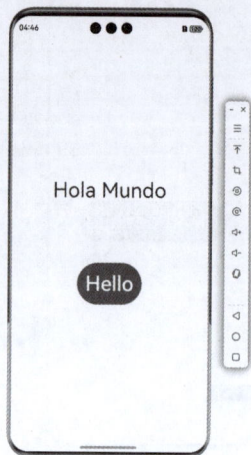

图 14-14　HelloWorld
运行效果

14.3　消息循环

本书前 13 章中的大部分程序都是控制台应用（console application）。这类应用的生命周期非常简单，如图 14-15 所示，程序的运行从 main 函数开始，并因 main 函数的返回而告终。

显然，14.2 节中的鸿蒙应用世界你好的生命周期与控制台应用的生命周期有着显著的不同。如图 14-16 所示，应用在完成初始化及初始界面绘制后，便进入消息循环。

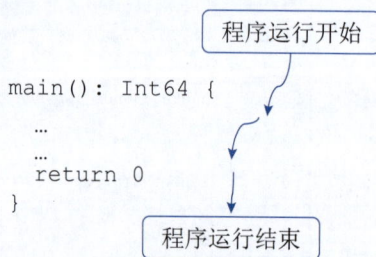

```
main(): Int64 {
  …
  …
  return 0
}
```

程序运行开始

程序运行结束

图 14-15　控制台应用的生命周期

（1）主线程在获得时间片后，便会尝试从由操作系统及应用框架▲所管理的消息队列中获取消息。这些消息通常是指由操作者对程序发出的指令，如按钮单击。这些消息也被称为事件（event）。

（2）如果收到消息，应用根据消息的类型及程序的当前状态进行恰当的处理并做出响应。如果必要的话，还会刷新 / 重绘界面。

（3）如果没有收到消息，应用通常会主动让出时间片并等待下一次被唤醒。

不同于 Windows 桌面应用程序，在手机应用窗口的右上角没有 × 按钮。如图 14-17 所示，在手机上关闭一个应用，需要从手机屏幕底部向上滑动，待出现应用卡片时，再点击其下的垃圾桶按钮。对于应用而言，用户的这个操作也是一个消息（事件），作为对这个事件的响应，应用在完成必要的诸如数据保存之类的善后工作后结束执行。

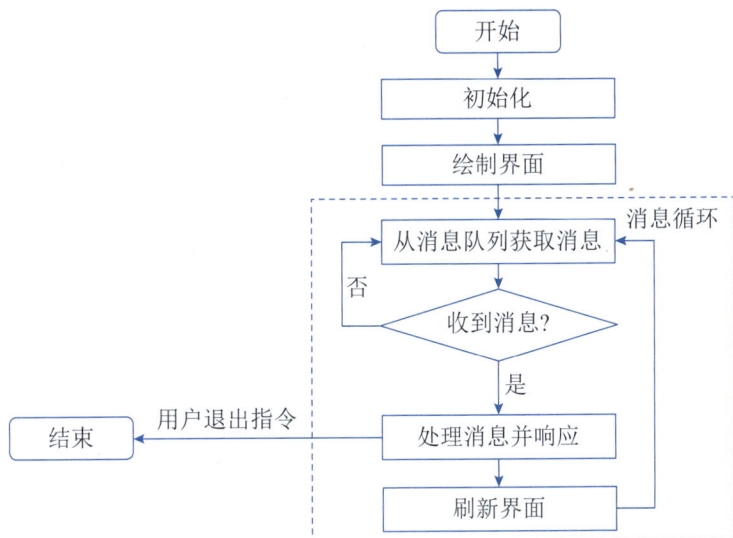

图 14-16　图形界面应用程序的生命周期

图 14-16 所示的消息循环对于程序员而言是透明（不可见）的。在操作系统的支持下，应用框架隐含地实现了前述消息循环。而应用的开发者仅需为相关消息 / 事件提供回调函数（callback function）即可。当相关事件发生时，应用框架会自动调用执行相关的回调函数，以完成对事件的处理和响应。

在本示例 index.cj 的第 31～33 行，可以看到如图 14-18 所示的代码。粗略地解释，{} 及其内的代码即为一个匿名函数对象，它作为回调函数与 Hello 按钮的 Click 事件相关联。

当操作者单击 Hello 按钮时，最先获得这一消息的是操作系统。操作系统根据当前界面上各应用的显示状态判断出该单击动作归属于世界你好，然后将该单击动作的原始信息封装为消息，置于世界你好的消息队列里。而世界你好应用的主线程，稍后从消息队列中取得该消息，并在应用框架的支持下调用相关的回调函数完成对事件的处理：随机挑一种语言的"Hello World"，替换 message 状态▲，并刷新屏幕上方的文字显示。

图 14-17　关闭鸿蒙手机应用

```
31      Button("Hello").onClick {
32          evt => message = messages[Random().nextInt64(messages.size)]
33      }.fontSize(40).height(80).margin(top:100)
```

图 14-18　为 Hello 按钮的 Click 事件提供回调函数

14

> **◎ 要点** ●━━━━━━━━━━━━━━━━━━━━━━━━━━━━━━━━━━━
>
> 在底层操作系统的支持下，鸿蒙应用框架的存在隐藏了一个复杂图形应用程序的实现细节，极大地简化了应用的开发工作。从复杂的技术细节中解放出来的程序员，可以腾出手来专注于业务逻辑。

14.4 宏及领域专用语言

图 14-13 中展示的 index.cj 代码让人十分疑惑。文件的扩展名告诉我们这是一个仓颉程序文件，但里面的代码却并不符合通常的仓颉语法规则。

事实上，index.cj 中的代码使用的是借助于仓颉的宏（macro）特性而定制出来的领域专用语言（domain specific language，DSL）。这种语言声明式的语法结构特别适合描述手机应用的页面（page）结构。

> **◎ 要点** ●━━━━━━━━━━━━━━━━━━━━━━━━━━━━━━━━━━━
>
> 宏可以视为一种特殊的函数。普通的函数接收一些数据作为输入，经过计算及处理后产生另一些数据作为输出。而宏，它接收一个程序片段作为输出，经处理，产生一个新的程序片段作为输出。

下面通过一个简单的示例来讨论宏的工作机制。在计算机上创建名为 Decoration 的目录，然后打开 CodeArts（不是 DevEco），执行文件 → 打开项目命令定位并打开 Decoration 空目录。接下来在其中创建名为 logging.cj 和 main.cj 的两个仓颉程序文件，其内容如图 14-19 及图 14-20 所示。

```
1   macro package macrodefine
2   import std.ast.*
3
4   public macro Logging(input: Tokens): Tokens {
5       let funcDecl = FuncDecl(input)
6       return quote(
7           func $(funcDecl.identifier)(id: Int64) {
8               println("-----start ${id}----------")
9               $(funcDecl.block.nodes)
10              println("-----end-----------")
11          })
12  }
```

图 14-19 Decoration 目录下的 logging.cj 文件

logging.cj 的第 4～12 行定义了一个名为 Logging 的宏。如代码第 4 行所示，Logging 宏在形式上很像函数，但它的输入形参类型和返回值类型均为 Tokens。Tokens 是由 Token（词法单元）组成的序列，代表一个程序片段。

> 💻 **说明** ▪━━━━━━━━━━━━━━━━━━━━━━━━━━━━━━━━━━━━━━━
>
> 作者无意向本书的读者详细介绍宏定义的语法细节，因为掌握它们需要编译原理的基础知识。同时，在绝大多数的使用场景，程序员都是在使用宏而不是创造宏。

下述关于 Logging 宏代码的讨论相当简略，读者如果实在看不明白，略过即可。

▷ **第 5 行：** 将类型为 Tokens（程序片段）的形参 input 解析为一个函数声明（FuncDecl, Function Declaration）。这说明，Logging 宏所期望的输入是包含且仅包含一个函数声明的程序片段。

▷ **第 6～11 行：** 以输入的旧函数声明为基础，生成并返回一个新的函数声明。quote 表达式用于从代码模板构造 Tokens。

▷ **第 7 行：** funcDecl.identifier 为输入函数声明的函数名；id:Int64 系宏为函数新增的形参。

▷ **第 8 行：** 在新函数中生成一行 println 代码。

▷ **第 9 行：** 在新函数中引用旧函数的函数体代码（funcDecl.block.nodes）。

▷ **第 10 行：** 在新函数中生成另一行 println 代码。

```
文件(F)  编辑(E)  查看(V)  …        ● Decoration - main.cj - CodeArts IDE for Cangjie [管理员]

📁 Decoration  >  ☰ main.cj

资源管理器        …   ✕       ☰ main.cj  3  ●
▼ DECORATION                   1   package macrocall
   ☰ logging.cj                2   import macrodefine.*
   ☰ main.cj         3         3
                               4   @Logging
                               5   func myFunc() {
                               6       println("executing myFunc()")
                               7   }
                               8
                               9   main():Int64 {
                              10       myFunc(2025)
                              11       return 0
                              12   }
```

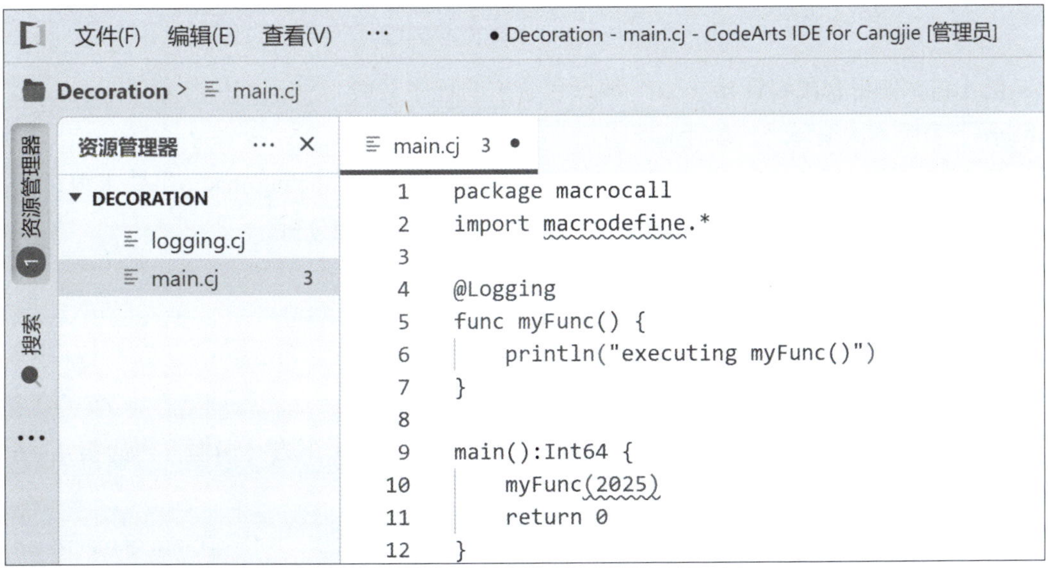

图 14-20　Decoration 目录下的 main.cj 文件

main.cj 则包含了对 Logging 宏的调用。

▷ **第 2 行：** 导入包含 Logging 宏定义的 macrodefine 包。

▷ **第 4～7 行：** @Logging 即为对 Logging 宏的调用。在这次调用中，第 5～7 行的

myFunc 函数声明成为宏调用的输入参数。而 Logging 宏，经过对输入的处理，就地生成并返回了经过修饰或改造的同名新函数。

▷ **第 10 行：**调用 myFunc 函数。请注意，这里为 myFunc 提供了整数 2025 作为实参，而第 5 行的原始 myFunc 函数为零参数。myFunc 的名为 id 的形参，系由 Logging 宏改造修饰而得的。

接下来，单击 CodeArts 下方工具栏中的"终端"按钮，然后依次输入如图 14-21 所示的三行终端命令并执行。

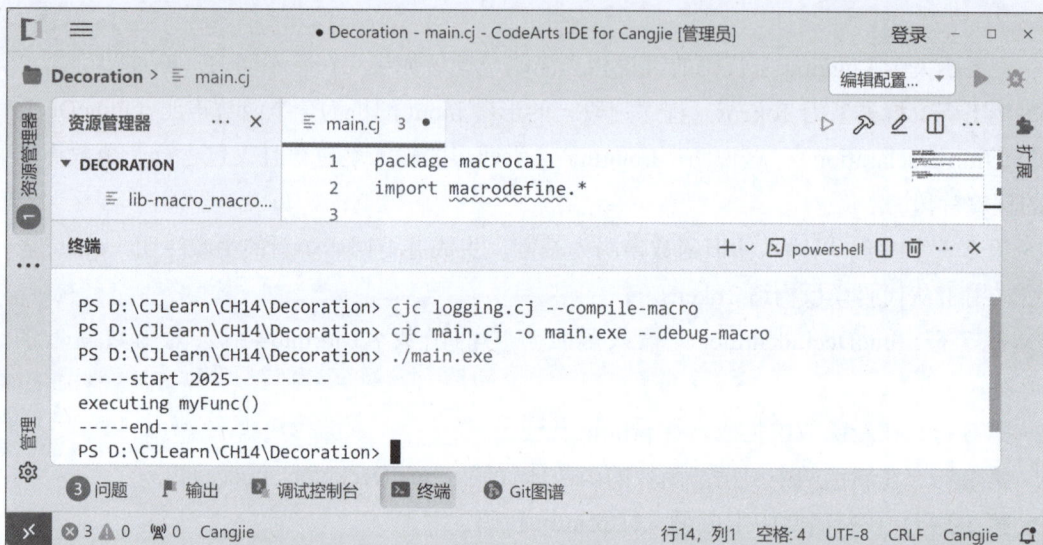

图 14-21　编译并执行包含宏的示例程序

▷ **第 1 行：**使用仓颉编译器（cjc）编译包含宏的程序文件 logging.cj，参数"--compile-macro"表明本次编译为宏编译。

▷ **第 2 行：**编译 main.cj，生成可行文件 main.exe。参数"--debug-macro"要求编译器生成并保留 main.cj 经宏调用 / 展开后的结果代码文件，以供分析。

> **注意**
>
> 在 Windows 操作系统下，可执行文件的扩展名为 exe。

▷ **第 3 行：**执行当前目前（.）下的 main.exe 文件。图 14-21 下方终端框页内的第 4 ~ 6 行即为程序的执行结果。

上述编译过程在 Decoration 目录下生成了很多中间文件。其中，main.cj.macrocall 为 main.cj 经宏调用 / 展开后的结果文件，其内容请见图 14-22。

图 14-23 展示了本例中 Logging 宏对函数 myFunc 的改造过程。原始的零参数的 myFunc 函数作为输入提供给 Logging 宏，经过宏调用 / 展开，得到一个新的 myFunc 函数。新函数不但增加了提供调试输出的 println 代码，还增添了名为 id 的形参。

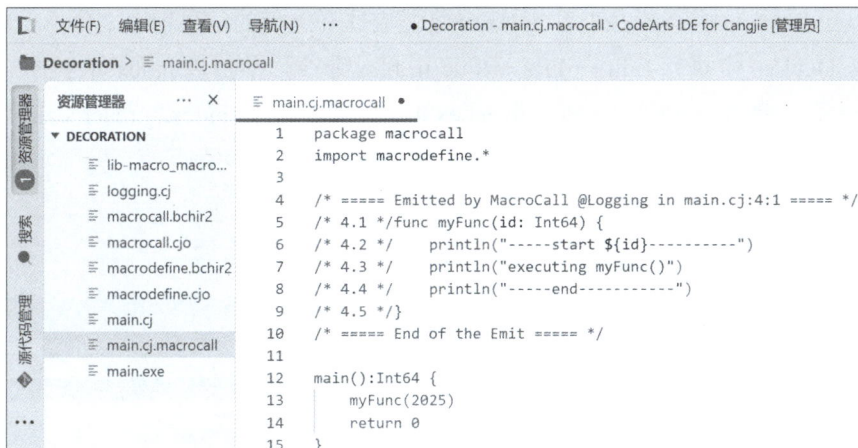

图 14-22　main.cj 的宏展开结果

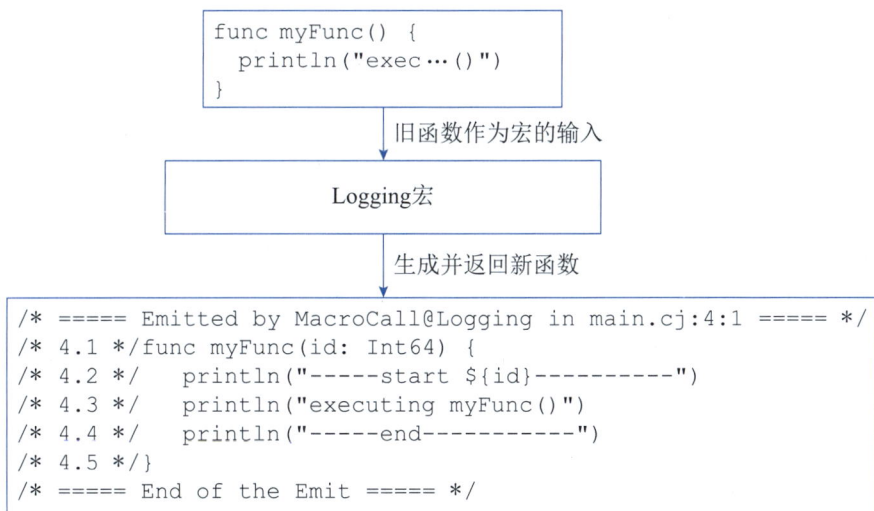

图 14-23　Logging 宏对函数 myFunc 的改造过程

至此，可以大致解释 index.cj（图 14-13）中那些看不懂的语法表达了。代码中的 @Entry、@Component、@State 等都是宏调用。为便于进行移动终端应用的开发，仓颉鸿蒙团队使用宏创造了一种领域专用语言，以声明式的语法描述移动应用的页面组件构成及组件间的协作。

如图 14-24 所示，宏调用可以视为编译的一个前序过程。由领域专用语言混合仓颉书写的包含宏调用的程序文件（如本示例中的 index.cj），首先由编译工具链（tool chain）进行宏调用 / 展开，生成不含宏调用的 100% 符合原生仓颉语法的程序文件，再经编译得到可执行文件。

图 14-24　宏调用与编译过程

可以在 DevEco 中查找并查看 index.cj 经过宏展开之后的结果程序文件。如图 14-25 所示，在 DevEco 中执行 Edit → File → File in files 命令，然后以 index.cj 中的类型名称 EntryView 为关键字进行搜索，可查得 index.cj 的宏展开文件 index.cj.macrocall。

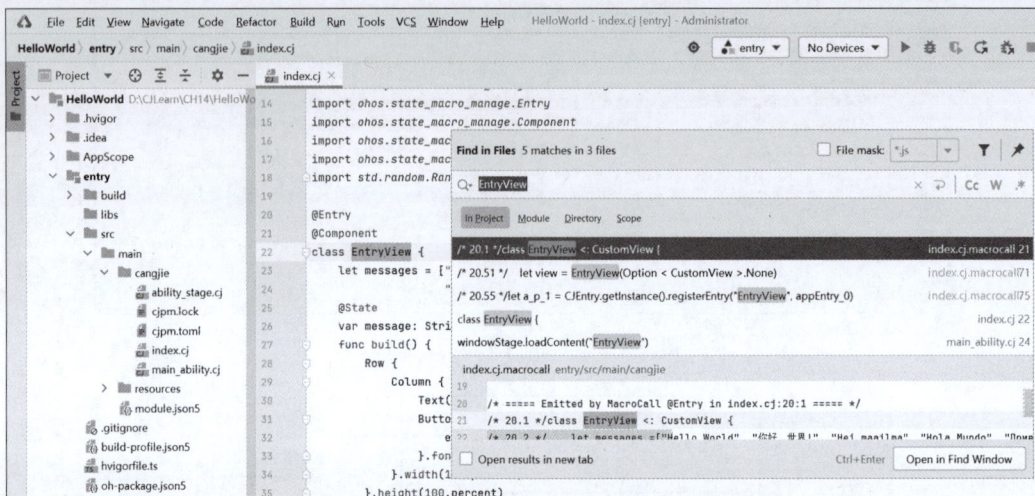

图 14-25 在 DevEco 中查找宏展开结果文件

index.cj.marcrocall 与 index.cj 处于同一子目录下。图 14-26 展示了该文件的部分内容。仔细查看该文件，可知：① 宏展开后的文件 100% 使用了仓颉的原生语法；② 仅有 37 行代码的 index.cj，经宏展开后变为 77 行，其内容面目全非而又纷繁复杂。

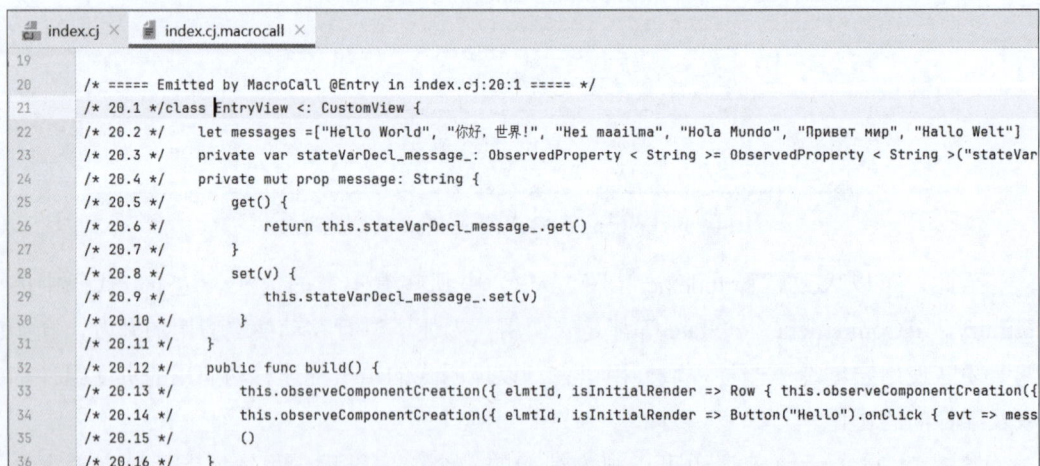

图 14-26 index.cj 的宏展开结果文件（局部）

显然，由宏所构建的声明式领域专用语言大大简化了移动应用页面的设计工作。

14.5 主页面代码解析

示例项目中的代码文件 index.cj 用于生成图 14-14 中所示的应用主页面。图 14-27 再次展示了 index.cj 的核心代码部分。如图中所示，第 3 ～ 18 行的部分被折叠了，单击第 3 行 import 左侧的 + 号按钮，展开可见下述代码：

```
 3  internal import ohos.base.LengthProp
 4  internal import ohos.component.Column
 5  internal import ohos.component.Row
 6  internal import ohos.component.Button
 7  internal import ohos.component.Text
 8  internal import ohos.component.CustomView
 9  internal import ohos.component.CJEntry
10  internal import ohos.component.loadNativeView
11  internal import ohos.state_manage.SubscriberManager
12  internal import ohos.state_manage.ObservedProperty
13  internal import ohos.state_manage.LocalStorage
14  import ohos.state_macro_manage.Entry
15  import ohos.state_macro_manage.Component
16  import ohos.state_macro_manage.State
17  import ohos.state_macro_manage.r
18  import std.random.Random
```

这些代码负责导入与声明式 DSL 相关的宏（Entry、Component、State）以及仓颉鸿蒙的界面组件，包括 Row（行容器）、Column（列容器）、Text（标签）、Button（按钮）等。

```
index.cj ×
 1  package ohos_app_cangjie_entry
 2
 3  import ...
19
20  @Entry
21  @Component
22  class EntryView {
23      let messages = ["Hello World", "你好，世界!", "Hei maailma",
24                      "Hola Mundo", "Привет мир", "Hallo Welt"]
25      @State
26      var message: String = messages[0]
27      func build() {
28          Row {
29              Column {
30                  Text(message).fontSize(40).height(80)
31                  Button("Hello").onClick {
32                      evt => message = messages[Random().nextInt64(messages.size)]
33                  }.fontSize(40).height(80).margin(top:100)
34              }.width(100.percent)
35          }.height(100.percent)
36      }
37  }
```

图 14-27　主页面核心代码

上述包名多以 ohos 开始。ohos 是 open harmoney operating system（开源鸿蒙操作系统）的首字母缩写。

▷ **第 21 行：**Component 宏用于装饰一个自定义组件。自定义组件是可被复用的 UI（用户界面）单元。对于本行的 Component 宏而言，其输入为第 22 ~ 36 行的 EntryView 类型声明。

▷ **第 20 行：**Entry 宏进一步将自定义组件装饰为入口组件。入口组件，即常规意义上的页面组件。对于 Entry 宏而言，其输入为 Component 宏对 EntryView 类型声明进行展开后的输出。

此处的 Entry 宏和 Component 宏构成了嵌套的宏调用：EntryView 类型声明先经 Component 宏展开，展开后的结果再交由 Entry 宏进一步展开。

查看 index.cj 的宏展开文件 index.cj.macrocall 可见，经过两个宏的装饰，EntryView 类型改为从 CustomView 继承，并添加了 init、aboutToBeDeleted、updateWithValueParams、rerender、forceRerender 等成员函数。

> 📖 **说明** ▪
>
> 诸如 Component、Entry 这类用于改造提升函数声明或者类型声明的宏，常被称为装饰器（decorator）。

▷ **第 23、24 行：**字符串数组 messages 存储了 6 种语言的"世界你好"。

▷ **第 27 ~ 36 行：**build 成员函数用于创建页面内容。这个函数可以认为是回调函数，程序员不必主动书写代码调用这个函数。该函数预期由鸿蒙应用框架▲适时调用。

▷ **第 28 ~ 35 行：**Row（行）是一个容器组件，它约束其内的子组件沿从左至右的水平方向布局。

容器组件不可见，用户不能在实际页面上看到它。通过将可见的组件（如标签、按钮）置于不同类型的布局（layout）容器内，可以合理地安排这些可见组件在不同分辨率及不同尺寸的屏幕上的位置和尺寸。主页面内各组件间的布局和从属关系见图 14-28。

在第 35 行调用了 Row 对象的 height 成员函数，设置其高度为 100%（100.percent），即纵向占满整个屏幕。

▷ **第 29 ~ 34 行：**Column（列）也是一个容器组件，它约束其内的子组件沿从上至下的垂直方向布局。如图 14-28 所示，这个 Column 组件系 Row 组件的子（成员）组件。

在第 34 行调用了 Column 对象的 width 成员函数，设置其宽度为 100%，即横向铺满整个屏幕。

▷ **第 30 行：**Text（标签）用于显示文本，是可见组件。在本例中，它与 Button（按钮）一起被置于 Column 组件的内部，

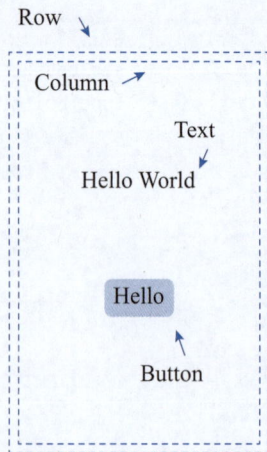

图 14-28　主页面布局

它是 Column 组件的成员。主页面布局如图 14-28 所示。

如图 14-29 所示，本行代码的执行分三步完成：①构造函数构造 Text 对象。②以构造函数返回的 Text 对象为基础，执行其成员函数 fontSize，设置字体大小。该函数返回 this，即 Text 对象自身作为返回值。③以 fontSize 成员函数返回的 Text 对象为基础，执行其成员函数 height，设置组件高度（单位为像素）。同样地，height 成员函数也返回了 this，如果必要，可以在其后方继续执行 Text 对象的成员函数。

$$\underbrace{\text{Text(message)}}_{①}.\underbrace{\text{fontSize(40)}}_{②}.\underbrace{\text{height(80)}}_{③}$$

图 14-29　串联的函数调用序列

"成员变量" message 作为参数参与了 Text 对象的构造。如代码第 25 行所见，message 被 State 宏装饰为状态。这意味着，只要 message 的值发生改变，这个 Text 对象的显示内容就会自动刷新，以反映状态的变化。

▷ **第 25、26 行：** State 宏装饰成员变量 message 为状态。第 26 行的 message 成员变量声明构成了 State 宏的输入。

```
21  /* 20.1 */class EntryView <: CustomView {

22  //...

23  /* 20.3 */    private var stateVarDecl_message_: ObservedProperty <
    String >=ObservedProperty < String >("stateVarDecl_message_", messages[0])

24  /* 20.4 */    private mut prop message: String {

25  /* 20.5 */        get() {

26  /* 20.6 */            return this.stateVarDecl_message_.get()

27  /* 20.7 */        }

28  /* 20.8 */        set(v) {

29  /* 20.9 */            this.stateVarDecl_message_.set(v)

30  /* 20.10 */        }

31  /* 20.11 */    }

32  //...

68  }
```

在 index.cj 的宏展开文件中，挑选出了与 message 相关的部分。不难看出，经过 State 宏装饰，message 由普通成员变量变成了属性，在属性被置值时，第 29 行的函数将被调用。这个函数调用将最终导致页面内与 message 绑定的 Text 对象的刷新。

▷ **第 31～33 行：** Button（按钮）对象与 Text 对象都是 Column 对象的成员。由于 Text

14

在前，Button 在后，作为 Column 容器从上至下纵向布局的结果，在主页面中，Text 在上，Button 在下。

通过 Button 对象的 onClick 成员函数，向 Button 对象提供一个匿名函数。如 14.3 节所述，当这个按钮被单击后，鸿蒙应用框架会自动调用这个匿名函数对象，并提供类型为 ClickEvent 的 evt 作为参数。

在本例中，按钮单击事件的响应回调函数十分简单，如代码第 32 行所示，它从 messages 数组中随机挑选一个字符串，然后赋值给 message。如前所述，由于 message 被装饰为状态，它改变后，与之关联的 Text 对象会自动刷新以反映这一变化。

接下来，以 onClick 函数返回的 this 对象为基础，fontSize、height 和 margin 成员函数被依次执行。其中，margin(top:100) 设置了按钮的上部间距，这个间距反映到手机屏幕上，构成了 Text 和 Button 之间的纵向间隙。

读者可以详细查看 index.cj.macrocall 文件中经宏展开后的 build 函数的详细内容，以便更深入地理解隐藏在 index.cj 背后的复杂工作原理。

14.6　添加新页面

一个移动应用程序通常包含多个页面。如图 14-30 所示，在 DevEco 的 Project 树形目录中，右击 HelloWorld/entry/src/main/cangjie 子目录，在弹出的菜单中依次选择 New（新建）→ Cangjie File（仓颉文件）命令。接着在随后出现的对话框中给新文件取名为 about（关于），然后单击 OK 按钮。

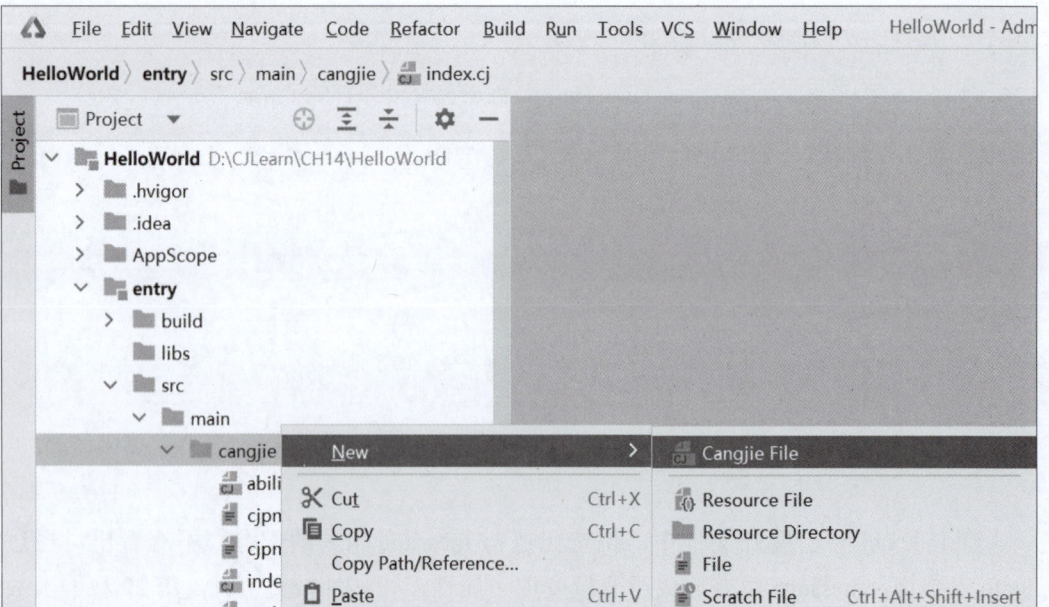

图 14-30　新建仓颉程序文件

新文件 about.cj 随之被创建并自动打开。该文件与 index.cj 在同一目录里。接下来，仿照 index.cj 中的声明式语法为 about 页面创建内容，见图 14-31。

```
about.cj ×
1   package ohos_app_cangjie_entry
2   import ohos.state_macro_manage.{Entry,Component}
3   import ohos.router.Router    //导入页面路由模块
4
5   @Entry
6   @Component
7   class About {
8       func build() {
9           Row {
10              Column {
11                  Text("Earth").fontSize(30)
12                  Text("Our Home Planet").fontSize(20).foregroundColor(0x707070)
13                  Button("Back").fontSize(30).width(180).height(50).margin(top:100)
14                  .onClick {
15                      evt => Router.back()
16                  }
17              }.width(100.percent)
18          }.height(100.percent)
19      }
20  }
```

图 14-31　about.cj 文件内容

如图 14-31 所示，About（关于）页面是类 About 描述，该类由 Entry 和 Component 宏装饰。About 页面最终的显示效果及内部布局（layout）结构分别见图 14-32 及图 14-33。

图 14-32　About 页面

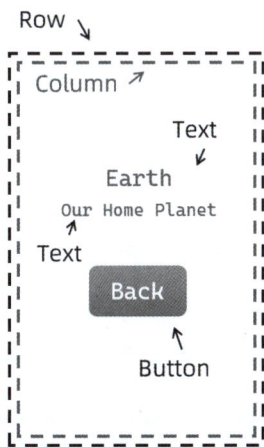

图 14-33　About 页面的布局

▷ **第3行：** ohos.router.Router 为界面路由包。其提供一系列函数支持终端屏幕上的页面切换和跳转。

▷ **第 8 ~ 19 行:** About 类型的 build 成员函数用于创建页面内容。该函数预期由鸿蒙应用框架▲适时调用。

▷ **第 11 ~ 16 行:** 在 Column（列）容器内从上至下依次布局了 3 个可视的组件，包含两个 Text（标签）及一个 Button（按钮）。

▷ **第 12 行:** "Our Home Planet" 的字体大小为 20，较 "Earth" 为小；成员函数 foregroundColor 设置前景色，对于标签而言，前景色即文字颜色。0x707070 表示由 0x70 的红、0x70 的绿、0x70 的蓝 3 个颜色分量混合而成的灰色。每个颜色分量的取值范围为 0 ~ 255（0xff）。

▷ **第 13 行:** margin 成员函数设置 Button（按钮）的上方间距为 100 像素。该间距形成了图 14-32 中 "Our Home Planet" 与 Back 按钮之间的空隙。

▷ **第 14 ~ 16 行:** 以第 13 行 margin 成员函数返回的 this 对象为基础，执行其 onClick 成员函数，设置该按钮被单击后的回调函数。

▷ **第 15 行:** 函数 Router.back 执行页面回退，即切换至当前显示页面的前一页。在本例中，About 页由主页面（即 Index 页）跳转而得，Router.back 的执行将屏幕切换回主页面。

为了能够在主页面中跳转至 About 页，在主页面的 Column 容器中新增了一个 Row 容器，将原有的 Hello 按钮和新增的 About 按钮置于其中。改造后的主页面显示效果及其布局如图 14-34 及图 14-35 所示。

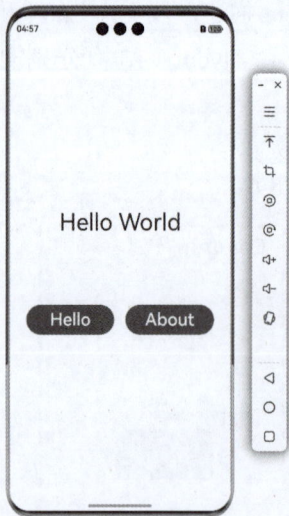

图 14-34 改造后的主页面

图 14-35 改造后的主页面布局

图 14-36 展示了主页面（index.cj）文件的变化部分。

```
index.cj ×
18    import std.random.Random
19    import ohos.router.Router    //导入页面路由包
20
21    @Entry
22    @Component
23    class EntryView {
24        let messages = ["Hello World", "你好，世界！", "Hei maailma",
25                        "Hola Mundo", "Привет мир", "Hallo Welt"]
26        @State
27        var message: String = messages[0]
28        func build() {
29            Row {
30                Column {
31                    Text(message).fontSize(40).height(80)
32                    Row {
33                        Button("Hello").onClick {
34                            evt => message = messages[Random().nextInt64(messages.size)]
35                        }.fontSize(30).height(50).width(40.percent)
36
37                        Button("About").onClick {
38                            evt => Router.push(url:"About")
39                        }.fontSize(30).height(50).width(40.percent).margin(left:5.percent)
40                    }.margin(top:100)
41                }.width(100.percent)
42            }.height(100.percent)
43        }
44    }
```

图 14-36 修改 index.cj

▷ **第 32～40 行：** 在 Column 容器中 Text 组件之下添加一个 Row 容器。用于容纳 Hello 及 About 按钮。在 Row 容器内，两个按钮从左至右水平布局。

▷ **第 40 行：** 执行 Row 容器的 margin 成员函数设置其上方间距。该间距设置形成了图 14-34 中两个按钮与"Hello World"之间的纵向空隙。

▷ **第 37～39 行：** 在 About 按钮的 onClick 回调函数内，执行 Router.push(url:"About") 由主页面跳转至 About 页面。命名参数 url 表示目标页面的路径。

至此，成功为示例添加了 About 页面。单击图 14-34 中所示的 About 按钮，由主页面跳转至 About 页面。单击图 14-32 中所示的 Back 按钮，由 About 页面回退至主页面。

主页面与
About 页面
的跳转

14.7 Ability

在 14.2.1 节创建鸿蒙应用时，选择的 Template（模板）是 [Cangjie]Empty Ability（参见图 14-2）。

在鸿蒙的术语体系里，Ability（能力）才是系统调度的基本单元。Ability 组件

14

包含 UI（用户界面），并负责与用户的交互。一个移动应用程序可以包含一个或多个 Ability。假设一个应用既能导航、又可支付，则可将导航和支付分别设计为独立的 Ability 并包裹在同一个应用中。当移动终端上的其他应用请求导航服务时，该应用的导航 Ability 可以被独立调度以提供相应服务。

每个运行中的 Ability 实例均会表现为系统任务列表（参见图 14-17）中的一个任务。除非需要多屏协同，即在多个屏幕上分别处理属于同一个应用的多项任务，否则"一个 Ability+ 多个页面"的模式可以满足绝大多数应用场景。

于本示例而言，与 index.cj 及 about.cj 在同一目录下的 main_ability.cj 即应用的唯一 Ability。逻辑上，主页面和关于页面归属于这个 Ability。如图 14-37 所示，main_ability.cj 定义了类型 MainAbility，其继承自 ohos.ability.Ability。

```
main_ability.cj ×

1    package ohos_app_cangjie_entry
2
3   +import ...
7
8   class MainAbility <: Ability {
9       public init() {
10          super()
11          registerSelf()
12      }
13
14      public override func onCreate(want: Want, launchParam: LaunchParam): Unit {
15          AppLog.info("MainAbility OnCreated.${want.abilityName}")
16          match (launchParam.launchReason) {
17              case LaunchReason.START_ABILITY => AppLog.info("START_ABILITY")
18              case _ => ()
19          }
20      }
21
22      public override func onWindowStageCreate(windowStage: WindowStage): Unit {
23          AppLog.info("MainAbility onWindowStageCreate.")
24          windowStage.loadContent("EntryView")
25      }
26  }
```

图 14-37　main_ability.cj 文件内容

如图 14-38 所示，当用户打开、切换、返回应用时，应用中的 Ability 实例会在生命周期的不同状态之间切换。与这些状态对应，Ability 提供 onCreate（创建）、onForeground（拉至前台）、onBackground（退至后台）、onDestroy（销毁）等回调函数。在对应的状态迁移发生时，应用框架会调用执行对应的回调函数。

图 14-37 中的 MainAbility 重写了 Ability 父类的 onCreate 回调函数。可以在该回调函数中进行页面初始化操作，如从文件系统装载初始数据等。其类型为 Want 的形

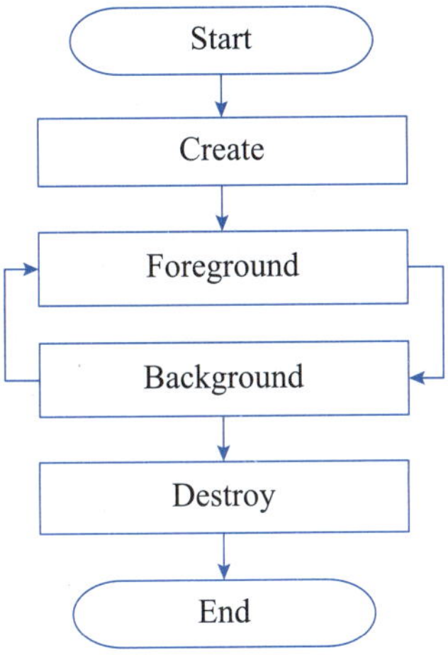

图 14-38　Ability 的生命周期

参 want 包含了正在被创建的 Ability 的名称、捆绑包名称（Bundle name）等信息。launchParam 则提供了 Ability 的启动原因等信息。

在 Ability 实例创建完成之后进入前台之前，应用框架会创建一个窗口舞台（WindowStage）。每个 Ability 实例都会与一个窗口舞台实例相绑定，通过该舞台，Ability 持有一个主窗口，该窗口为 Ability 提供绘制区域。在相关舞台对象创建完成之后，应用框架会调用执行 Ability 的 onWindowStageCreate 回调函数。如图 14-37 中的第 24 行所示，正是在该回调函数里，Ability 执行 windowStage 的 loadContent 成员函数，载入并显示了主页面 EntryView。EntryView 即 index.cj 中的页面类型。

14.8　Stage 框架

鸿蒙应用框架以 Stage（舞台）模型来描述一个移动应用的结构。该模型由舞台和舞者组成，其中，舞台包括 AbilityStage 及 WindowStage，而舞台上的舞者则是 Ability 和 Window（窗口）。

本示例中的另一个程序文件 ability_stage.cj 则描述了本应用的 AbilityStage。图 14-39 展示了该文件的内容，由图中可见，MyAbilityStage 继承自 AbilityStage。

```
1    package ohos_app_cangjie_entry
2
3    import ...
7
8    class MyAbilityStage <: AbilityStage {
9        public override func onCreate(): Unit {
10           AppLog.info("MyAbilityStage onCreated.")
11       }
12   }
```

图 14-39　ability_stage.cj 文件内容

向当前阶段的读者解释 Stage 模型是一个艰难的任务，这里只能浅尝辄止。简单地说，一个移动应用可以由多个 Module（模块）构成，而一个 Module 又可以包含一个或多个 Ability。这些 Ability 作为舞者，在由 AbilityStage 提供的舞台上运作。每一个 Ability 实例又与一个 WindowStage 实例相绑定，并通过该 WindowStage 持有一个主窗口，从而获得页面的绘制区域。

在项目的 entry/src/main 目录下，可以找到一个名为 module.json5 的配置文件。该文件提供了名为 entry 的 Module（模块）的配置信息。图 14-40 展示了该配置文件的局

14

部内容。由图中可见，名为 entry 的模块由程序中的 MyAbilityStage（见图 14-39）类型管辖，该舞台包含名为 EntryAbility 的 Ability。EntryAbility 对应程序里的 MainAbility（见图 14-37）类型。

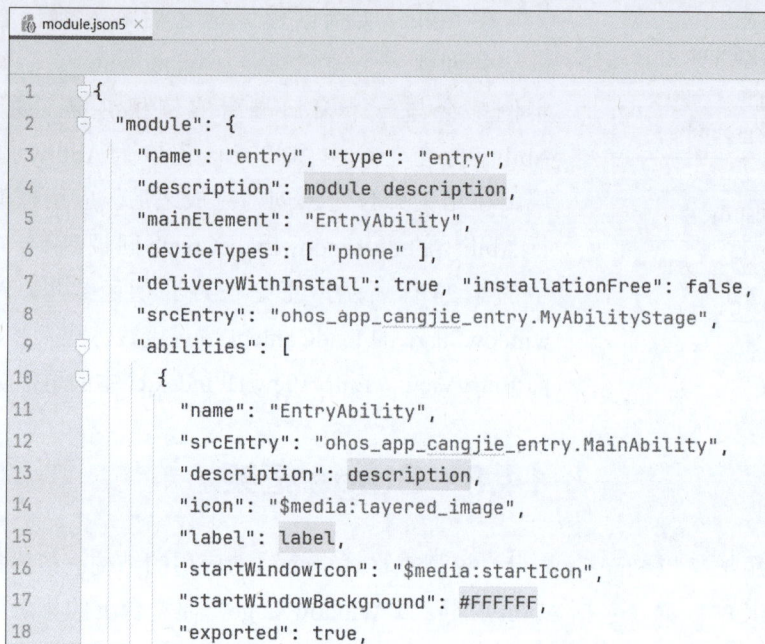

```json5
module.json5 ×

1  {
2    "module": {
3      "name": "entry", "type": "entry",
4      "description": module description,
5      "mainElement": "EntryAbility",
6      "deviceTypes": [ "phone" ],
7      "deliveryWithInstall": true, "installationFree": false,
8      "srcEntry": "ohos_app_cangjie_entry.MyAbilityStage",
9      "abilities": [
10       {
11         "name": "EntryAbility",
12         "srcEntry": "ohos_app_cangjie_entry.MainAbility",
13         "description": description,
14         "icon": "$media:layered_image",
15         "label": label,
16         "startWindowIcon": "$media:startIcon",
17         "startWindowBackground": #FFFFFF,
18         "exported": true,
```

图 14-40　模块配置文件内容（局部）

14.9　修改应用名称及图标

接下来给本章的小小示例画上句号。如图 14-41 所示，"世界你好"应用在手机桌面上的图标和名称都是默认的。接下来修改应用的名称及图标。

图 14-41　应用名称及图标

首先，如图 14-42 所示，在虚拟手机的桌面，用长按应用图标，然后选择卸载删除应用。

接下来从 IconPark[①] 下载一个 PNG 格式的图片文件，将其命名为 hello.png，然后复制到项目的 entry/src/main/resources/base/media 目录下。这种复制可以直接在文件夹中完成，如图 14-43 所示。

图 14-42　卸载应用

上述复制完成后，稍等一会儿，便可在 DevEco 的项目文件夹的对应子目录下看到这个文件。接下来再次打开 entry/src/main/module.json5，找到如图 14-44 中第 14 行所示的 icon 项，将其值修改为 "$media:hello"。

---

① IconPark 是一个开源的共享图标网站，其内提供的图标和插图可以免费商用。

图 14-43　复制图标文件至资源文件夹

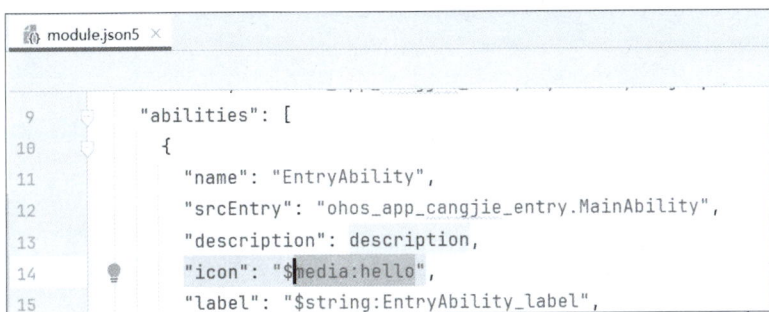

图 14-44　修改 module.json5

在图 14-44 中的第 15 行，label 项用于设置应用的名称，其值仍然是以 $ 符号开始的资源项。按住 Ctrl 键不放，然后单击"$string:EntryAbility_label"，DevEco 便打开了一个名为 string.json 文件，将其中 EntryAbility_label 的 value 项改为 Hello World，见图 14-45。

最后，在 DevEco Studio 中，执行菜单项 Build → Rebuild project 命令重新构建项目，然后再次运行，便可在虚拟手机上看到应用的图标和名称发生了期待的变化，见图 14-46。

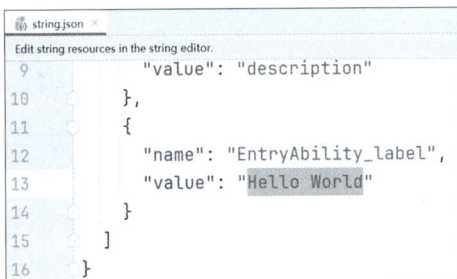

图 14-45　修改 string.json

图 14-46　修改后的应用名称及图标

修改应用
名称及图标

14.10　小　　结

使用仓颉开发鸿蒙应用需要安装 DevEco Studio 以及与之配套的仓颉语言插件。在 DevEco Studio 中可以创建虚拟手机，以运行鸿蒙应用。

图形界面应用程序的生命周期包含一个由操作系统和应用框架支持的消息循环。在完成初始化及初始界面绘制后，应用会保持运行并进行消息循环，接收操作者的操作指令，并做出恰当的反馈。

借助于宏特性，华为开发了一种专门领域专业语言，它以声明式的语法描述页面的结构。如果把宏视作函数，那么它的输入和输出均为程序片段。

一个移动应用可以由多个 Module（模块）构成，而一个 Module 又可以包含一个或多个 Ability。这些 Ability 作为舞者，在由 AbilityStage 提供的舞台上运作。每一个 Ability 实例又与一个 WindowStage 实例相绑定，并通过该 WindowStage 持有一个主窗口，从而获得页面的绘制区域。

第 15 章　再造轮子——DeepSeek 聊天机器人

> 我们由星辰所铸，如今眺望群星。
>
> We are made of star-stuff. We are a way for the universe to know itself.
>
> ——卡尔·萨根（美国天文学家）

⚙️ 思维导图

- 与DeepSeek大语言模型的交互
  - robot对象及上下文
  - LLM构造及成员变量
  - 流式对话chat函数
  - 请求发送send函数
  - 应答片段解析parse函数
  - 上下文记录record函数
  - 其他成员函数

- 页面结构
  - 主体布局
  - 标题栏
  - 欢迎信息
  - 输入框
  - 控制栏
  - 自定义Switch组件
  - 对话信息显示框

- 界面及功能

- 再造轮子——DeepSeek聊天机器人

- 功能函数
  - 更新输入输出状态
  - 附加AI消息至消息列表
  - 停止对话
  - 重置对话
  - 执行发送/停止功能

- 数据结构
  - 对话及输入输出状态
  - State宏装饰的其他成员
  - 消息列表

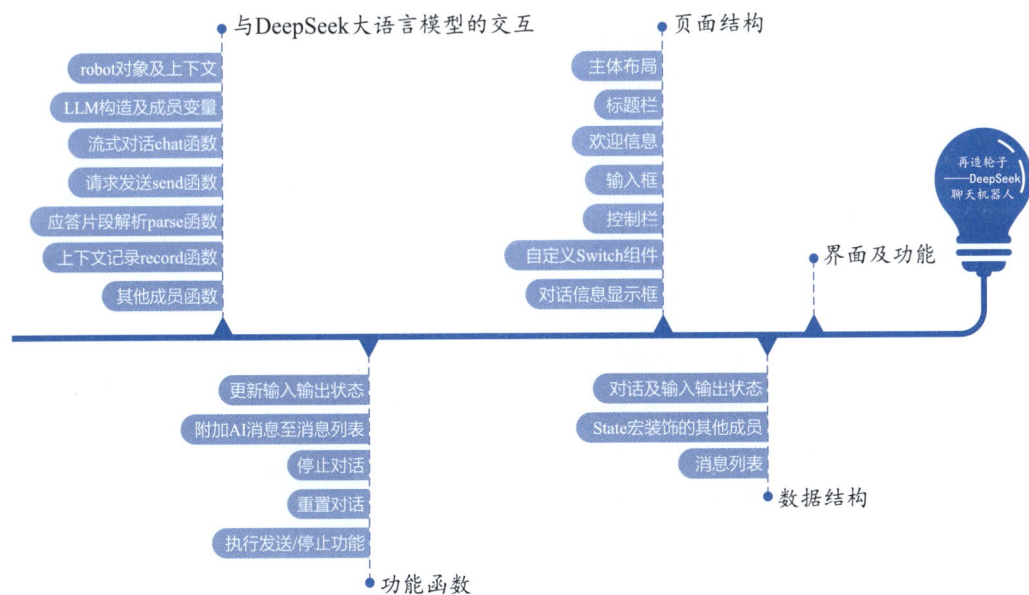

15.1　界面及功能

本章拟实现如图 15-1 左侧所示的聊天机器人客户端。如图所示，这个客户端事实上充当用户与 DeepSeek 大语言模型之间的沟通桥梁。用户在客户端中发问，再由客户端将提问通过网络发送给部署在云端的大语言模型；大语言模型通过推理生成解答，再借由网络发回并显示在客户端上。

网络通信

聊天机器人客户端　　　　　　　　　　DeepSeek大语言模型

图 15-1　客户端及大语言模型

图 15-2 展示了客户端在"新对话"状态下的界面。如图所示，手机屏幕由上至下，由 5 部分构成。

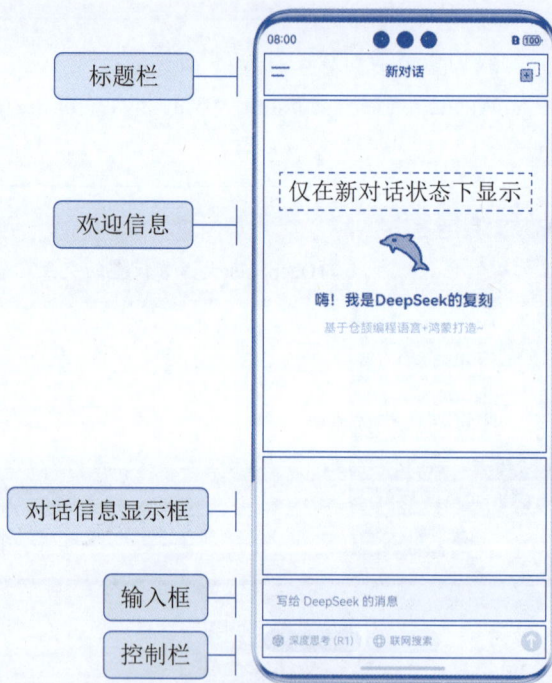

标题栏

欢迎信息

对话信息显示框

输入框

控制栏

图 15-2　客户端界面（新对话）

- 标题栏：左侧的"="是一个图像（Image）组件，原意是选取历史对话记录，本示例中未实现其功能。中间是一个标签（Text）组件，显示对话标题。右侧的"▢"也是一张图片（Image），如果点击该图片，将结束当前对话并产生一个空的新对话。

- 欢迎信息：从上到下包含一个图像组件（蓝色海豚图标）和两个标签组件。欢迎信息作为一个整体，仅在新对话状态下显示。如图 15-3 所示，在用户点击"发送"按钮●开始对话后，欢迎信息便会从界面中消失。

- 对话信息显示框：用于显示当前对话的消息列表。在新对话状态下，其为空白，在界面中承担"空间占位者"的作用，如图 15-2 所示。到了对话进行态，见图 15-3，对话信息显示框会纵向拉伸，占据欢迎信息消失后留下的空白区域。

- 输入框：提供一个文本输入框（TextInput）组件。用户可在此处输入文字，然后单击"发送"按钮●向 DeepSeek 提问。

- 控制栏：从左至右提供两个自定义的开关（Switch）组件和一个按钮（Button）组件。当"深度思考"被点击时，其颜色由灰变蓝（见图 15-4），表示该选项开。如图 15-4 所示，在"深度思考"模式下，DeepSeek 不光为问题提供答案输出，还提供思维链输出表明得出答案的思考过程和理由（reason）。在对话信息显示框中，答案输出（黑色）和思维链输出（灰色）使用不同颜色加以区分。虽然"联网搜索"被点击时也会由灰变蓝，但本示例未实现其功能。控制栏最右侧的按钮本为"发送"按钮 ⬆，当 DeepSeek 正在输出内容时，其图标会变成 ⏹，意为停止输出。

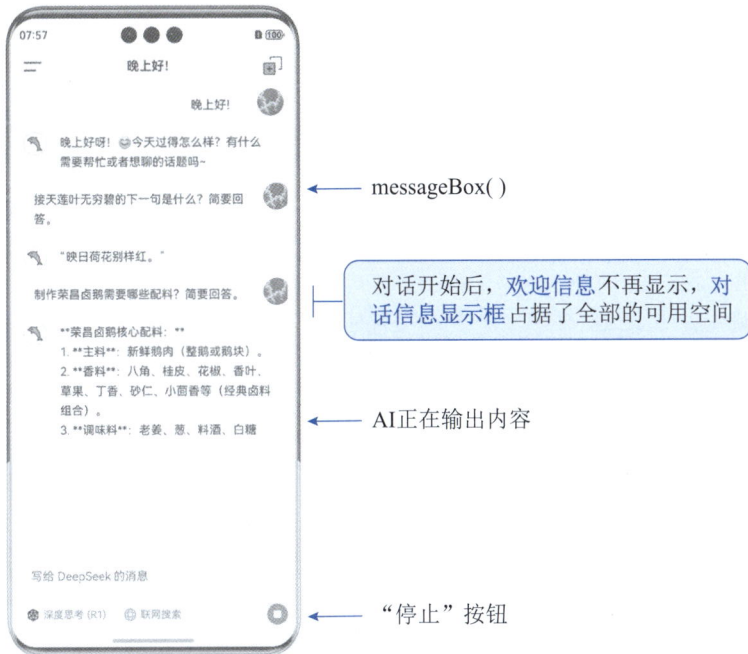

图 15-3 客户端界面（对话进行中）

图 15-4 客户端界面（深度思考）

15

15.2　数据结构

本案例仅包含一个界面，即 index.cj 中的 EntryView。在仓颉鸿蒙的应用框架里，界面即数据的视图（View），要讨论用户界面的结构和实现，需要从背后的数据结构开始。

15.2.1　对话及输入输出状态 ▶

在主页面 index.cj 中，有如下代码：

```
 1 package ohos_app_cangjie_entry
 2 //… 此处节略大量 import 代码
 3
13 enum ChatState {                      // 对话状态
14     New  | Modified                   // 新对话态 | 对话进行态
15 }
16
17 enum IOState {                        // 输入输出状态
18     Empty | Input | Output           // 用户输入空 | 用户输入非空 | AI 输出中
19
20     func icon(): CJResource {
21         match (this) {
22             case Empty => @r(app.media.send_disable)  // 发送按钮禁用
23             case Input => @r(app.media.send_enable)   // 发送按钮可用
24             case Output => @r(app.media.stop)         // 停止按钮可用
25         }
26     }
27 }
28
29 @Entry
30 @Component
31 class EntryView {
32     @State
33     var chatState:ChatState = New   // 对话状态
34     @State
35     var ioState:IOState = Empty     // 输入输出状态
36     //… 此处节略大量代码
236 }
```

▷ **第 33 行:** EntryView 的成员 chatState 被 State 宏装饰为类型为 ChatState 的属性，表示应用的对话状态。

▷ **第 13 ~ 15 行:** 枚举类型 ChatState 有两个无参构造器。New 表示尚未开始的新对话。新对话意味着用户还没有向 DeepSeek 发问，当前消息列表为空；Modified 则表示对话进行态。该状态意味着用户已向 DeepSeek 发问，当前对话的消息列表中包含消息。

▷ **第35行:** ioState 也是被 State 宏装饰的属性，表示应用的输入输出状态。

▷ **第17、18行:** 枚举类型 IOState 有 3 个无参构造器。Empty 表示用户输入框为空，此时，无法向 AI 发送消息，发送按钮禁用；Input 表示用户输入框非空，此时，可以向 AI 发送消息，发送按钮可用；Output 则表示 AI 正在输出内容，此时，发送按钮应变身为停止按钮，点击该按钮可终止 AI 输出。

稍后可以看到，chatState 和 ioState 两个状态对应用至关重要，它们的变化影响界面的组成及各按钮的可用性。

▷ **第20～26行:** icon 成员函数根据枚举对象的匹配结果返回一个仓颉资源对象（CJResource）。在本例中，该成员函数返回的资源对象用于确定"发送"/"停止"按钮（见图15-3）的图标。其中，@r(app.media.send_disable) 代表发送禁用 🔼，@r(app.media.send_enable) 对应发送可用 🔼，@r(app.media.stop) 则为停止 ⏹。

⚠️ **知所以然**

在仓颉鸿蒙应用中，资源既可以是图片，也可以是字体、字符串，甚至颜色。于本例而言，程序使用到的图片资源存储在 entry/src/main/resources/base/media 目录下，如图 15-5 所示。这些文件也可以在 DevEco Studio 的项目目录中找到。

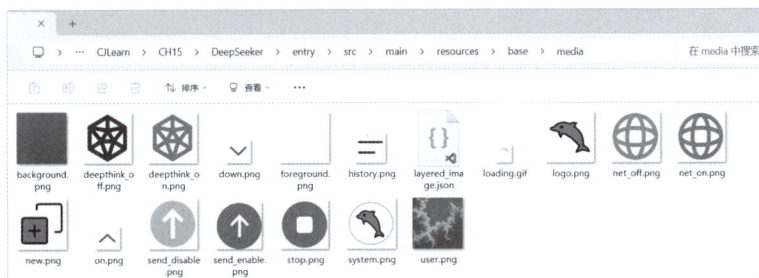

图 15-5　图片资源的存储位置

在项目被构建（Build）时，项目中的资源也会参与编译，由其原始格式转换为仓颉内部的程序片段（Tokens），并赋予各自不同的唯一 ID。使用 14.4 节所介绍的方法进行搜索（参见图 14-25），可找到如图 15-6 所示的文件 AppR.cj。在该文件中，可以看到图片文件 send_disable.png 所对应的 ID。这些 ID 可因项目的重新构建而改变。注意，这里的

```
27    public var new = 16777233
28    public var on = 16777234
29    public var send_disable = 16777235
30    public var send_enable = 16777236
31    public var stop = 16777237
32    public var system = 16777238
33    public var user = 16777239
34  }
```

图 15-6　资源 ID 号

文件 AppR.cj 是项目构建过程中产生的中间结果，通常不应直接修改它。

这里的 @r 是所谓的资源宏，通过宏调用 @r(app.media.send_disable)，即可取得图片文件 send_disable.png 所对应编译后的程序片段（Tokens），然后再隐含转换为

CJResource 并返回。

15.2.2　State 宏装饰的其他成员

index.cj 中的 EntryView 还包括数个用 State 宏装饰的属性成员：

```
29  @Entry
30  @Component
31  class EntryView {
32      @State
33      var chatState:ChatState = New   // 对话状态
34      @State
35      var ioState:IOState = Empty      // 输入输出状态
36      @State
37      var input: String = ""           // 用户输入
38      @State
39      var output: String = ""    //AI 生成中的答案输出
40      @State
41      var reasons: String = ""   //AI 生成中的思维链输出，表明思考过程和理由
42      @State
43      var caption: String = " 新对话 "   // 标题
44      @State                           // 当前对话：消息列表
45      var currentChat:GeneralDataSource<Message> =
46          GeneralDataSource<Message>()
47      //… 大量删节
236 }
```

▷ **第 37 行：** input 属性代表用户输入，它与图 15-2 中的输入框"绑定"。稍后可以看到，当用户在输入框中输入内容时，input 属性会随之改变。

▷ **第 39 行、第 41 行：** 字符串类型的 output 和 reasons 分别对应图 15-4 中的答案输出和思维链输出。一轮对话（chat）可以包含多条消息（message），已经完整生成并显示的消息存储在第 45 行的 currentChat 容器中，这里的 output 和 reasons 对应 AI 正在生成中的答案输出和思维链输出。

▷ **第 43 行：** caption 表示当前对话的标题，即用户主动发起的首个提问的内容。Caption 属性与标题栏（见图 15-2）中间的标签（Text）组件绑定。

▷ **第 45 行：** currentChat 存储当前对话的消息列表。详细讨论见 15.2.3 节。

15.2.3　消息列表

根据稍前所述，currentChat 用于存储当前对话中已经完整生成并显示的消息列表，不包含正在生成中的消息。currentChat 是一个类型为 GeneralDataSource<Message> 的容器，容器的元素类型为 Message（消息）。

在图 15-7 所示的对话中，对话信息显示框共显示了 6 条消息。前 5 条消息已经完整生成并显示，其中 3 条是用户发给 DeepSeek 的，2 条是 DeepSeek 回复给用户的。这5 条消息存储在 currentChat 的消息容器里。而最后一条消息是正在生成中的 AI 消息，它存储在属性 output 和 reasons 里。当然，对于图 15-7 所示的对话而言，由于"深度思考"并未开启，reasons 变量事实上为空。

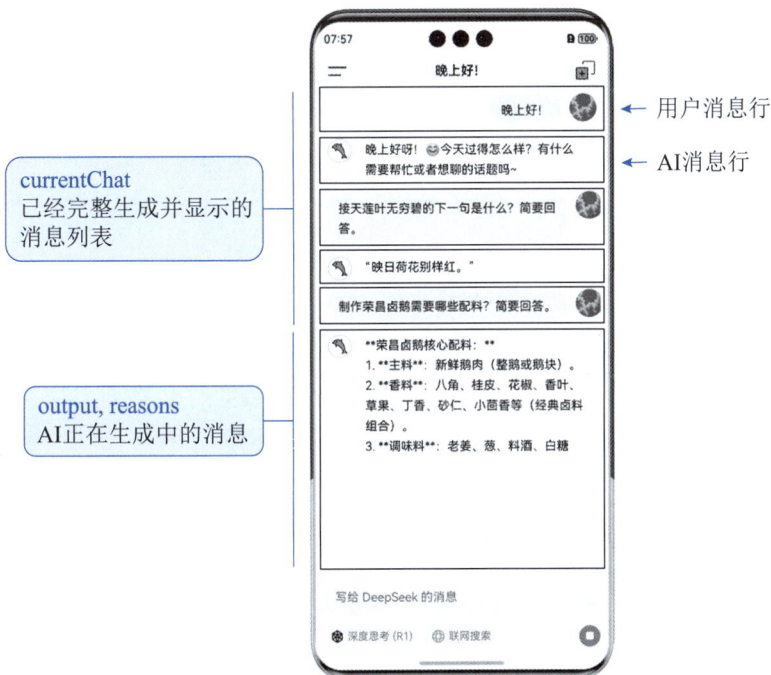

图 15-7 消息列表及生成中的消息

在 entry/src/main/cangjie/src/chat/data.cj 文件中找到了定义于 ohos_app_cangjie_entry.chat 包内的 Message 结构类型及与之相关的 Role 枚举类型。

```
1  package ohos_app_cangjie_entry.chat
2  //… 此处节略了多行 import 语句
3
6  public enum Role <: ToString {
7      User | AI              // 用户 | AI 助手
8      public func toString() {
9          match (this) {
10             case User => 'user'
11             case AI => 'assistant'
12         }
13     }
14 }
15
16 public struct Message {
```

```
17        public Message(public var role:Role, public var content:String,
18                      public var reason:String) { }
19  }
```

▷ **第1行：** 主页面文件 index.cj 通过 import ohos_app_cangjie_entry.chat.* 导入了本包下的所有类型。data.cj 里定义的类型均可在 index.cj 中使用。

▷ **第6～14行：** 枚举类型 Role 用于区分参与对话者的角色，拥有 User（用户）和 AI（助手）两个构造器。请注意，该类型实现了 ToString 接口以及该接口所要求的 toString 函数。Role 枚举型实现 ToString 接口的用意稍后再讨论。

▷ **第16～19行：** 结构体类型 Message 是 currentChat 容器的元素类型。一个 Message 对象对应对话中的一条消息。请注意，结构体类型 Message 属于值类型，当 Message 对象被复制时，会生成完全独立的副本。

▷ **第17、18行：** 通过主构造函数（参见 5.3 节）为 Message 类型定义了 3 个公有的成员变量 role、content 和 reason。

- 成员变量 role 表明消息对象的生成者。取值 User 时，该消息由用户输入并发出，系用户消息；取值 AI 时，该消息由 DeepSeek 生成并发回，系 AI 消息。
- 成员变量 content 用于存储消息的内容。当 role 取 AI 时，content 来源于 AI 的答案输出（index.cj 中的 output）；当 role 取 User 时，content 则来源于用户输入（index.cj 中的 input）。
- 当 role 取 AI 时，reason 成员变量用于存储由 AI 产生的思维链输出（index.cj 中的 reasons）。

⚠ **知所以然**

程序文件 data.cj 里 ohos_…_entry.chat 包内的类型及其成员几乎全部定义为公有（public），以确保这些类型及其成员可以在包外访问，如 index.cj 所在 ohos_…_entry 包。

还是在 entry/src/main/cangjie/src/chat/data.cj 文件中找到了泛型容器类型 GeneralDataSource<T> 的定义。

```
21  public class GeneralDataSource<T> <: IDataSource<T> {
22      var data: ArrayList<T>    //动态数组，实际存储容器的元素
23      var listener: Option<DataChangeListener> = None // 数据改变监听器
24
25      public init() { this.data = ArrayList<T>() }
26      public init(data: Array<T>) { this.data = ArrayList<T>(data) }
27      public init(data: ArrayList<T>) { this.data = data }
28      public override func totalCount(): Int64 { data.size }
29      public override func getData(index: Int64): T { data[index] }
30      // 注册数据改变监听器
```

```
31      public override func onRegisterDataChangeListener(
32          listener: DataChangeListener) {
33          this.listener = listener
34      }
35
36      public override func onUnregisterDataChangeListener(
37          listener: DataChangeListener) {
38          this.listener = None
39      }
40      // 重载 [] 操作符，支持负数下标
41      public operator func [](index: Int64): T {
42          data[if (index < 0) {data.size + index} else {index}]
43      }
44      // 通知数据改变监听器，要求重新加载所有数据
45      public func notifyChange() {
46          if (let Some(x) <- listener) { x.onDataReloaded() }
47      }
48
49      public func append(item: T) {
50          data.append(item); notifyChange()
51      }
52
53      public func set(data: ArrayList<T>) {
54          this.data = data.clone(); notifyChange()
55      }
56
57      public func get(): Array<T> { data.toArray() }
58
59      public func update(index: Int64, item: T) {
60          data[index] = item; notifyChange()
61      }
62
63      public func clear() {
64          data.clear(); notifyChange()
65      }
66
67      public func delete(index: Int64) {
68          data.remove(index); notifyChange()
69      }
70 }
```

▷ **第21行**：GeneralDataSource<T> 实现了 ohos.component.IDataSource<T> 接口。后

续将会看到，index.cj 中一个名为 LazyForEach 的组件会以 currentChat 为数据源生成界面中如图 15-7 所示的消息列表。LazyForEach 要求数据源必须实现 IDataSource<T> 接口。

▷ **第 22 行：** ArrayList<T> 类型的动态数组 data，实际存储容器的元素。

▷ **第 23 行：** 成员变量 listener 用于保存数据改变监听器。稍后将可以看到，当容器，即消息列表内的数据发生变化时，容器将通过该监听器通知相关 UI 组件刷新显示。请注意，listener 为 Option<T>，初值为 None。

▷ **第 31 ~ 34 行：** 外部 UI 组件通过执行数据源的 onRegisterDataChangeListener 函数，可向数据源注册数据改变监听器。当数据源，即消息列表内的数据发生变化时，将通过该监听器通知 UI 组件刷新以反映数据变化。

▷ **第 41 ~ 43 行：** 重载 [] 操作符函数，通过下标从容器存取元素。在第 42 行的 [] 里，我们使用条件表达式（参见 3.1.3 节）对下标 index 进行了处理。如果下标为负数，则将其与数组长度 data.size 相加，转换成正数下标。

假设 data 数组内包含 10 个元素，即 data.size 等于 10。当下标 index 为 –1 时，data.size + index 即为 9。下标 9 正好对应容器内的倒数第 1 个元素。以此类推，–2 正好对应倒数第 2 个元素。

▷ **第 45 ~ 47 行：** 当容器内的数据发生变化时，通过执行 notifyChange 成员函数通知数据改变监听器 listener，以便相关的外部 UI 组件适时刷新以反映数据变化。

在第 46 行通过 if-let 表达式（参见 8.7 节）对 listener 进行模式匹配，仅当 listener 为有值对象时，方执行其 onDataReloaded 成员函数。onDataReloaded 成员函数将通知相关的 UI 组件适时重新从数据源加载所有数据。

▷ **第 49 ~ 51 行：** append(item) 成员函数用于向容器添加一个元素。如代码第 50 行所示，在将 item 添加至数组 data 后，notifyChange 成员函数被调用，通知监听器数据源内的数据发生了变化。

▷ **第 63 ~ 65 行：** clear 成员函数用于清空容器，即消息列表。同样地，notifyChange 成员函数被调用，向外传递数据源数据变化的信息。

可以看到，类型 GeneralDataSource<T> 中的所有成员函数，只要其执行预期会导致数据变化，均调用执行了 notifyChange 成员函数。

15.3　页 面 结 构

本节按照从整体到局部的方法来讨论程序的主页面结构。

15.3.1　主体布局 ▷

在恰当时机，仓颉鸿蒙应用框架会调用执行 index.cj 中 EntryView 类型的 build 成员函数来构造页面。

```
29  @Entry
30  @Component
31  class EntryView {
32      //⋯ 节略大量代码
221     func build() {
222         Column {
223             titleBar()          // 标题栏
224             if (let New  <- chatState) {
225                 greeting()      // 欢迎信息
226             }
227             messageBox()        // 对话信息显示框
228             Column(10) {
229                 inputBox()      // （底部）输入框
230                 controlBar()    // （底部）控制栏
231             }.width(100.percent)
232              .justifyContent(FlexAlign.SpaceBetween)
233              .alignItems(HorizontalAlign.Start)
234         }.padding(left: 10, right: 10, top: 5)
235     }
236  }
```

下面对照图 15-8 来解释上述代码。

图 15-8　客户端界面布局（新对话）

▷ **第 222 ~ 234 行:** Column 是一个从上到下的布局容器。在它的安排下,图 15-8 中的标题栏、欢迎信息等组件从上到下纵向排列。第 234 行的 padding 函数用于设定各方向上组件边界及其内容之间的距离。

▷ **第 223 行:** 成员函数 titleBar 用于生成图 15-8 中手机顶端的标题栏。

▷ **第 224 ~ 226 行:** 使用 if-let 表达式(参见 8.7 节)对 chatState 进行模式匹配,当对话状态为 New(新对话)时,执行 greeting 成员函数生成欢迎信息。

▷ **第 227 行:** 成员函数 messageBox 用于生成对话信息显示框。在新对话状态下,currentChat 消息列表为空,对话信息显示框亦为空。

▷ **第 228 ~ 231 行:** 生成一个布局间距为 10 个 vp 的 Column 容器,在其中从上到下生成输入框(inputBox)和控制栏(controlBar)。

💬 **说明** ▪

　　vp 为屏幕密度相关像素。与之对应,px 为屏幕物理像素。为使软件能更好地适应不同分辨率的屏幕,应用框架引入了 vp 的概念。在实际绘制界面时,应用框架会将 vp 映射成 px。在实际宽度为 1440 像素的屏幕上,1 个 vp 大约等于 3 个 px。

　　除非特别指出,否则第 14 章及第 15 章中提及的像素都以 vp 为单位。

15.3.2　标题栏 ▷

　　titleBar 也是 index.cj 中 EntryView 类型的成员函数,它负责布局标题栏。

```
123  @Builder
124  func titleBar() {
125      Row {
126          Image(@r(app.media.history))
127              .fillColor(0x000000).size(width: 30, height: 30)
128          Text(caption)                        //Text 与 caption 属性绑定
129              .fontSize(17).fontWeight(Bold).maxLines(1)
130              .textOverflow(TextOverflow.Ellipsis)
131              .width(75.percent).textAlign(TextAlign.Center)
132          Image(@r(app.media.new))
133              .fillColor(0x000000).size(width: 30, height: 30)
134              .onClick { _ =>
135                  resetChat()    // 重置对话
136                  caption = '新对话'
137              }
138      }.width(100.percent).padding(left:5,right:5,bottom:15,top:5)
139      .justifyContent(FlexAlign.SpaceBetween)
```

```
140        .background Color(0xffffff)
141        .expandSafeArea(types: [SafeAreaType.SYSTEM],
142        edges: [SafeAreaEdge.TOP, SafeAreaEdge.BOTTOM])
143 }
```

下面结合图 15-9 来解释标题栏的布局。

图 15-9　标题栏布局

▷ **第 123 行:** Builder 宏装饰成员函数 titleBar，使得该函数得以进行声明式 UI 描述。

▷ **第 125～138 行:** 图 15-9 中所示的 3 个可见组件处于一个从左到右横向布局的 Row 容器中。

▷ **第 126、127 行:** 创建位于图 15-9 左侧的图像（Image）组件，以 @r 宏获取的图片资源对象为参数。关于 @r 的宏的工作原理，必要时请回顾 15.2.1 节。

这个图像组件预期作为一个按钮使用，用于调取历史对话记录。本示例未实现这一功能。

▷ **第 128～131 行:** 创建位于图 15-9 中间的标签（Text）组件，该组件与使用 @State 宏装饰的 caption 属性相绑定。只要程序修改 caption 的值，应用框架便会刷新这个标签，以反映数据变化。

▷ **第 132～138 行:** 创建位于图 15-9 右侧的图像（Image）组件。该图像事实上被作为按钮使用，点击这个按钮将开启新对话。

在该组件的 onClick 成员函数调用中，向其提供了一个匿名函数对象。当点击该图像时，应用框架会执行这个匿名函数。如程序第 135、136 行所示，图像被点击后，首先执行 resetChat 成员函数重置对话，然后再将 caption 修改为"新对话"。

关于 resetChat 成员函数将在 15.4 节中讨论。

15.3.3　欢迎信息

greeting 也是 index.cj 中 EntryView 类型的成员函数，在被 Builder 宏装饰后，它负责构建页面中的欢迎信息部分。

```
144 @Builder
145 public func greeting() {
146     Column {
147         Image(@r(app.media.logo))
148             .width(80).height(60).margin(top:20).borderRadius(20)
```

15

```
149        Text(" 嗨！我是 DeepSeek 的复刻 ")
150            .fontSize(20).fontWeight(Bold).margin(top: 20)
151        Text(" 基于仓颉编程语言 + 鸿蒙打造 ~")
152            .margin(top: 15).fontColor(0x999999)
153            .width(300).textAlign(TextAlign.Center)
154    }.width(100.percent).height(60.percent)
155    .justifyContent(FlexAlign.Center)
156 }
```

如图 15-10 所示，greeting 函数创建了一个图像（Image）和两个标签（Text）组件。它们在一个 Column 容器中从上到下纵向排列。

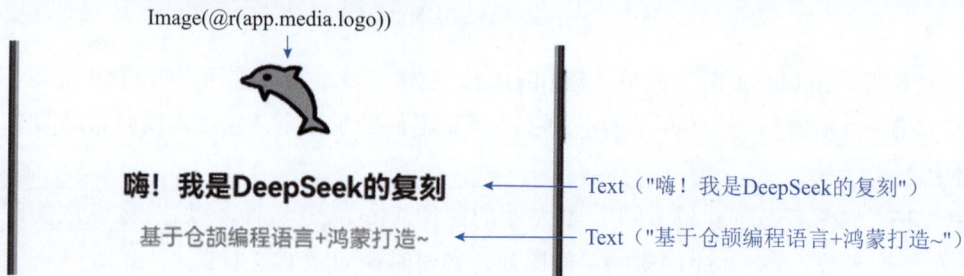

图 15-10　欢迎信息布局

▷ **第 152 行：** 0x999999 表示值为 0x99（最大 0xff）的红、绿、蓝混合而成的灰色。

▷ **第 154 行：** Column 组件的高度为 60.percent，即整个手机屏幕竖向高度的 60%。

15.3.4　输入框

inputBox 也是 index.cj 中 EntryView 类型的成员函数，在被 Builder 宏装饰后，它负责构建页面中的输入框部分。

```
186 @Builder
187 func inputBox() {
188    Row {
189        TextInput(text: input, placeholder: ' 写给 DeepSeek 的消息 ')
190            .height(50).fontColor(0x717171).backgroundColor(0xf5f5f5)
191            .layoutWeight(1).borderRadius(50).margin(bottom: 10)
192            .onChange { value =>
193                input = value
194                match (ioState) {
195                    case Output => ()        //AI 输出中：什么都不做
196                    case _ => updateIOState() // 否则，更新 ioState
197                }
198            }
199    }
```

```
200 }
```

如图 15-11 所示，inputBox 函数仅创建了一个文本输入框（TextInput）组件，该组件位于一个 Row 容器中。

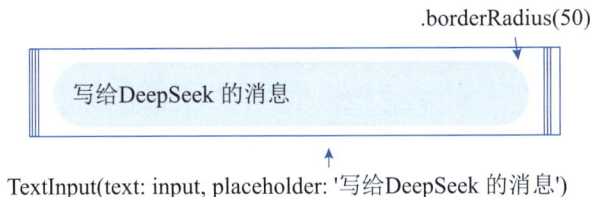

图 15-11　输入框布局

▷ **第 189 行:** placeholder 命名参数提供图 15-11 中浅灰色的提示信息。

▷ **第 190 行:** fontColor 函数设置文本输入框组件的字体颜色。0x717171 是指由值为 0x71 的红、绿、蓝混合而得的灰色。由于各颜色分量的值 0x71 相对较小，混合而得的灰色相对较深。backgroundColor 函数则用于设置组件的底色。0xf5f5f5 是指由值 0xf5 的红、绿、蓝混合而得的灰色。由于各颜色分量的值 0xf5 相对较大（最大为 0xff），混合而得的灰色相对较浅，接近白色。

▷ **第 191 行:** borderRadius 函数设置边界倒角半径，形成了如图 15-11 所示的圆弧形边角。如果将倒角半径设为 0，输入框将变成标准的矩形。

▷ **第 192 ~ 198 行:** 为 onChange 函数提供了一个匿名函数。当文本输入框的内容发生变化时，应用框架会调用执行该匿名函数。参数 value 对应文本输入框中的新内容，类型为字符串。

▷ **第 193 行:** 使用新内容修改 input 属性。

▷ **第 194 ~ 197 行:** 对输入输出状态 ioState 进行模式匹配，只要不为 Output（AI 输出中），执行 updateIOState 函数更新 ioState。后面将看到，ioState 的更新会影响"发送"按钮的可用性。updateIOState 函数将在 15.4 节中讨论。

15.3.5　控制栏 ▷

controlBar 也是 index.cj 中 EntryView 类型的成员函数，在被 Builder 宏装饰后，它负责构建页面中的控制栏部分。

```
158 @Builder
159 func controlBar() {
160     Row {
161         Row {
162             Switch( caption: '深度思考 (R1)',
163                     onImage: @r(app.media.deepthink_on),
164                     offImage: @r(app.media.deepthink_off),
165                     onChange: { on: Bool =>
```

15

```
166                    robot.changeModel(
167                        if (on) {'deepseek-ai/DeepSeek-R1'}
168                        else {'deepseek-ai/DeepSeek-V3'})
169                    } )
170            Row().width(5)
171            Switch( caption: '联网搜索',
172                    onImage: @r(app.media.net_on),
173                    offImage: @r(app.media.net_off) )
174        }.width(70.percent).justifyContent(FlexAlign.Start)
175
176        Row {
177            Button().shape(ShapeType.Normal)
178                .height(30).width(30).borderRadius(30)
179                .backgroundImage(src:ioState.icon())
180                .backgroundImageSize(width: 30, height: 30)
181                .onClick {execute()}.backgroundColor(0xffffff)
182        }.width(30.percent).justifyContent(FlexAlign.End)
183    }
184 }
```

控制栏的布局如图 15-12 所示。在一个从左到右横向布局的 Row 容器里，包含一个占宽 70% 的 Row 容器以及一个占宽 30% 的 Row 容器。在左侧 70% 占宽的 Row 容器里，又有两个自定义的开关（Switch）组件以及位于其间的占宽 5 vp 的 Row 容器。在右侧 30% 占宽的 Row 容器里，则有一个按钮（Button）组件。

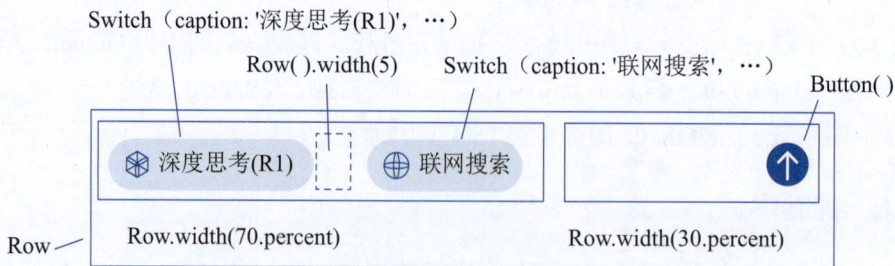

图 15-12　控制栏的布局

▷ **第 162 ~ 169 行：**创建"深度思考 (R1)"开关（Switch）组件。与稍前讨论过的 Text 和 Image 等系统预定义组件不同，此处的 Switch 是一个自定义组件（稍后讨论）。参数 caption 为标题，onImage 和 offImage 则对应开关处于开 / 闭状态时显示的图标。

当开关因点击状态变化时，程序提供给 onChange 的匿名函数对象将被调用。这个匿名函数根据开关状态（on）为 robot（聊天机器人）选用不同的模型。DeepSeek 提供了两个模型，其中 DeepSeek-R1 提供思维链输出，而 DeepSeek-V3 则不提供。

▷ **第 170 行：**创建一个占宽 5 vp（屏幕密度相关像素）的 Row 容器。Row 容器是不可见的，在这里它帮助形成两个开关组件之间的间隙。

▷ **第171~173行：** 创建"联网搜索"开关。如代码所示，本案例未实现其功能。

▷ **第174行：** 左侧的 Row 容器占宽 70.percent，即 70%。

▷ **第177~181行：** 创建按钮（Button）组件。这个按钮事实上是可复用的，它既是"发送"按钮，也是"停止"按钮。

▷ **第179行：** backgroundImage 函数设置按钮中显示的图片。如代码所示，这个图片资源对象来自 ioState 的 icon 函数（参见 15.2.1 节）。输入输出状态 ioState 是使用 @State 宏装饰的属性。当 ioState 发生变化时，这个按钮的显示图片也会在 ⬆◉◎ 间变化，依次对应发送禁用、发送可用、停止输出三种形态。

▷ **第181行：** 当按钮被点击时，onClick 对应的匿名函数对象会被调用。按钮的功能通过 execute 函数实现。Execute 函数将在 15.4 节中讨论。

▷ **第182行：** 右侧 30% 占宽 Row 容器的 justifyContent(FlexAlign.End) 函数调用设置其内容靠尾（右）布局。这就是图 15-12 中"发送"按钮位于容器右侧的原因。

15.3.6　自定义 Switch 组件 ▸

在 entry/···/src/ui/ui.cj 文件内，包 ohos_···_entry.ui 里，可见自定义 Switch 组件的相关代码。

```
14  @Component
15  public class Switch {
16      var caption: String = ''         // 标题
17      var onImage: CJResource          // 开时的图标
18      var offImage: CJResource         // 关时的图标
19      var onChange: (Bool) -> Unit = { _ => }     // 状态改变回调函数
20      @State
21      var state: Bool = false          // 状态
22
23      func build() {
24          Text {
25              ImageSpan(if (state) {onImage} else {offImage})
26                  .width(18).height(18).objectFit(ImageFit.Contain)
27                  .verticalAlign(ImageSpanAlignment.CENTER)
28                  .margin(right:5)
29              Span(caption)
30                  .fontColor(if (state) {0x3f82ee} else {0x717171})
31                  .backgroundColor(if(state){0xe7f0fe} else {0xf5f5f5})
32                  .layoutWeight(1).borderRadius(50).fontSize(14)
33          }.backgroundColor(if (state) {0xe7f0fe} else {0xf5f5f5})
34              .borderRadius(50).padding(top:7,bottom:7,left:10,right:10)
```

```
35              .onClick { _ => state = !state; onChange(state) }
36      }
37 }
```

▷ **第 14 行:** Component 宏装饰类型 Switch，使其成为可被复用的自定义 UI 组件。其他程序文件从 ohos_…_entry.ui 包导入 Switch 类型以后，便可使用 Switch 创建开关组件。

▷ **第 15 行:** 为确保类型能在包外访问，将其声明为公有（public）。

▷ **第 16 ~ 18 行:** 成员 caption、onImage、offImage 分别表示标题、开时的图标和关时的图标。

▷ **第 19 行:** onChange 为一个函数对象，该函数对象接收一个 Bool 作为参数，返回 Unit。稍后将看到，当 Switch 组件因点击而发生状态变化时，onChange 回调函数将被调用。

　　作为 Component 宏装饰的结果之一，上述 caption、onImage、offImage、onChange 成员自动成为 Switch 类型的构造函数参数。在 15.3.5 节中，controlBar 函数正是以构造函数参数的形式向 Switch 组件提供这些信息的。读者可以使用 14.4 节中介绍的方法找到 Switch 类型经宏展开之后的代码文件，了解相关细节。

▷ **第 21 行:** 经 State 宏装饰的 state 属性发生变化时，与之绑定的 UI 组件会适时刷新以反映该变化。state 为 false 时表示关，为 true 时表示开。

▷ **第 23 ~ 36 行:** build 函数用于构建 Switch 组件的 UI 实体。出乎意料的是，Text（标签）也可以作为容器容纳子组件。如图 15-13 所示，本例中的 Switch 组件由一个 Text 组件构成，而在 Text 组件的内部又包含了一个 ImageSpan（行内图片）子组件和一个 Span（行内文本）子组件。

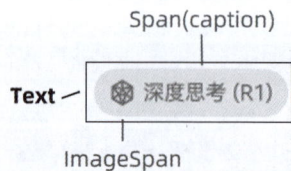

图 15-13　自定义 Switch 布局

▷ **第 25 行:** ImageSpan 根据 state 来确定显示 onImage 和 offImage 之一。由于 state 是由 State 宏装饰的属性，当 state 发生变化时，ImageSpan 显示的图标也会随之切换。

▷ **第 29 行:** Span 作为行内文本子组件，负责显示标题（caption）。

▷ **第 30、31 行:** Span 的 fontColor（字体色）和 backgroundColor（背景色）均随 state 变化。

▷ **第 33 行:** Text 组件的背景色也随 state 变化。

▷ **第 35 行:** 当 Text 被点击时，修改 state，然后调用 onChange 回调函数。

15.3.7　对话信息显示框

　　messageBox 也是 index.cj 中 EntryView 类型的成员函数，在被 Builder 宏装饰后，它负责构建页面中的对话信息显示框部分。

```
202 @Builder
203 func messageBox() {
```

```
204  Scroll(scroller) {
205    Column(10) {
206      LazyForEach(
207        currentChat,itemGeneratorFunc:
208      { x: Message, _: Int64 =>
209          MessageLine(content: x.content,reason: x.reason,
210            self: if (let User <- x.role) {true} else {false})
211        }
212    )
213    if (let (Modified, Output) <- (chatState,ioState)) {
214        MessageLine(content:output, reason:reasons, self:false)
215      }
216    }.padding(top: 0, bottom: 20)
217  }.align(Alignment.TopStart).layoutWeight(1)
218  .backgroundColor(0xffffff)
219 }
```

下面对照图 15-14 来讨论上述代码。图 15-14 是对图 15-7 的重复。

▷ **第 204 行:** 使用一个 Scroll（滚动）容器组件来容纳消息列表。一个对话的消息列表可能包含很多条消息，超出屏幕显示范围。如注释所述，Scroll 组件需要与一个滚动组件控制器协作使用，该控制器（scroller）在 index.cj 的第 53 行定义。

▷ **第 205 ～ 216 行:** 创建从下到上纵向布局的 Column 容器，以容纳多个消息行（MessageLine）。参数 20 用于指定元素间的布局间距。

图 15-14　消息列表及生成中的消息

▷ **第 206 ~ 212 行:** LazyForEach(dataSource, itemGeneratorFunc) 是一个渲染控制组件。当 LazyForEach 位于滚动容器中时,它会"懒惰"地迭代数据源(dataSource),对于数据源中的元素,在显示空间足够的情况下,使用 itemGeneratorFunc 函数生成一个显示组件。

在本例中提供给 LazyForEach 的数据源是 currentChat,根据 15.2.3 节,currentChat 是实现了 IDataSource 接口的消息列表。由于 IDataSource 允许注册数据改变监听器,根据合理推测可知,LazyForEach 会在内部向 currentChat 注册监听器。当 currentChat,即消息列表发生改变时,LazyForEach 会得到通知,适时刷新以反映 currentChat 的变化。

> 🏛 **追本溯源** ▪
>
> 读者可能会疑惑,作为 State 宏装饰的属性,理论上,在 currentChat 发生变化时,与之关联的 UI 组件应该自动刷新。本例中的消息列表,即 GeneralDataSource<Message> 类型的 currentChat,为何需要实现 IDataSource 接口并引入数据改变监听器?
>
> currentChat 是引用类型的对象(class 类型都是引用类型)。程序中消息列表的变化(如增加消息),都是对 currentChat 所引用的消息容器对象的修改。我们从来不会对 currentChat 整体赋值,也就不会执行该属性的置值函数。因此,原有的依赖于属性置值函数执行的 UI 组件自动刷新机制便失效了。这也是 LazyForEach 要求 dataSource 必须实现 IDataSource 接口的原因。

在图 15-14 中,LazyForEach "懒惰遍历"了 currentChat,对于其中的 5 个 Message 对象,逐一创建 MessageLine(消息行)组件并显示之。合理推测,当 currentChat 消息列表包含超过屏幕可用空间的多余消息时,多余的 MessageLine 组件会被自动销毁或不被创建,以节省内存。

▷ **第 208 行:** itemGeneratorFunc 函数的 x 参数对应 currentChat 中的 Message 对象。通配符 "_" 用于忽略 x 在容器中的索引。

▷ **第 209 行:** MessageLine(消息行)也是一个自定义组件。其参数 self 用于区分用户消息(false)和 AI 消息(true)。

▷ **第 210 行:** 使用 if-let 表达式对 x.role 进行模式匹配,返回 Bool 型。该返回值作为实参传给 MessageLine 的 self 参数。

▷ **第 213 ~ 215 行:** 使用 if-let 进行模式匹配,如果对话还在进行中(Modified)且 AI 正在生成内容(Output),以 AI 正在生成的答案输出(output)和思维链输出(reasons)为数据,单独生成一个 MessageLine(消息行)。

显然,当前正在生成的 AI 消息总是会显示在屏幕上。由于当前正在生成的消息会频繁变化(DeepSeek 是逐字生成),将其与历史消息分开,可以避免前述 LazyForEach 组件内的消息行的频繁刷新。

自定义消息行(MessageLine)组件定义于 entry/⋯/src/ui/ui.cj 文件中。其工作机制与前述 Switch 自定义组件相似，此处不再赘述。我们给 ui.cj 文件的相关部分添加了足够详细的注释，请读者自行阅读理解。

15.4　功 能 函 数

在 index.cj 下的类型 EntryView 中，还有一些功能性的成员函数，包括 appendMessage（附加 AI 消息至消息列表）、stopChat（停止对话）、updateIOState（更新输入输出状态）、resetChat（重置对话）以及 execute（执行发送 / 停止功能）。

15.4.1　更新输入输出状态 ▸

在下述情况之一，updateIOState 函数将直接或间接地被调用：① 输入框内容改变且当前未处于 AI 输出态（Output）时；②"停止"按钮◉被点击；③ AI 输出完成。

```
71  func updateIOState() {
72      ioState = if (input.isEmpty()) { Empty } else { Input }
73  }
```

函数的功能十分简单明了。如果当前用户输入（input）为空，设置 ioState 为 Empty（用户输入框空），否则设置为 Input（用户输入框非空）。

15.4.2　附加 AI 消息至消息列表 ▸

当下述情况之一发生时，appendMessage 函数会被调用，以将当前 AI 消息添加至消息列表：① AI 输出正常完成后；② AI 输出被中止。

```
55  func appendMessage() {          // 将当前 AI 输出加入当前对话的消息列表
56      if (!reasons.isEmpty() || !output.isEmpty()) {
57          currentChat.append(Message(AI, output, reasons))
58          output = "";   reasons = ""
59      }
60  }
```

▷ **第 56 行**：极端情况下，当 AI 输出因用户点击"停止"按钮而中止时，reasons（思维链输出）以及 output（答案输出）连一个字符都没有。本行代码用于排除这种情形。

▷ **第 57 行**：创建一个 Role（角色）为 AI 的消息（Message）对象，添加至 currentChat 容器。

▷ **第 58 行**：将 output（答案输出）以及 reasons（思维链输出）置空。

15.4.3　停止对话 ▸

stopChat 函数用于停止对话。在下述情况之一，stopChat 函数被直接或间接调用：① 用户点击▣按钮重置会话（创建新对话）时；② 用户点击◉按钮停止对话时。

```
62 func stopChat() {
63     if (let Some(future) <- taskThread) {
64         future.cancel()          // 建议 AI 通信线程终止
65         future.get()             // 阻塞等待 AI 通信线程结束
66         taskThread = None
67     }
68     appendMessage()
69 }
```

稍后会看到程序使用一个单独的线程与 DeepSeek 通信。EntryView 的成员变量 taskThread 类型为 Option<Future<Unit>>，存储着 AI 通信线程的 Future<T> 对象。关于线程及 Future<T>，必要时请回顾第 13 章。

▷ **第 63 行:** if-let 表达式对 taskThread 进行模式匹配，若为有值对象，说明 AI 通信线程存在，future 即为该线程创建时返回的 Future<T>。

▷ **第 64 行:** 执行 future 对象的 cancel 成员函数向线程发出终止执行的建议。

▷ **第 65 行:** 阻塞等待 AI 通信线程终止。

▷ **第 66 行:** 将 taskThread 重置为无值对象。

▷ **第 68 行:** 将当前 AI 消息添加至消息列表。

15.4.4　重置对话 ▷

resetChat 函数用于重置对话。当用户点击▢按钮时，resetChat 函数将被执行。

```
75 func resetChat() {
76     stopChat()                  // 停止对话
77     currentChat.clear()         // 清空当前对话的消息列表
78     robot.reset()               // 重置对话机器人
79     input = ""                  // 将用户输入置空
80     chatState = New;  ioState = Empty   // 重置状态：新对话，用户输入空
81 }
```

▷ **第 76 行:** 停止当前对话。

▷ **第 77 行:** 清空消息列表。这将导致对话信息显示框中的 LazyForEach 组件刷新。

▷ **第 78 行:** 重置对话机器人对象 robot。该对象的具体类型和工作原理将在 15.5 节中讨论。

▷ **第 80 行:** 对话状态重置为 New，将导致欢迎消息重新在屏幕上出现。

15.4.5　执行发送 / 停止功能 ▷

如前所述，发送⬆和停止⬛复用了同一个按钮。当这个按钮被单击时，下述 execute 函数被执行，以实现发送或停止的功能。

```
84   func execute() {
85       match (ioState) {
86           case Output =>   //AI 输出中，执行停止功能
87               stopChat(); updateIOState()
88               return
89           case Empty => return   // 用户输入为空，直接返回
90           case Input => ()        // 用户输入非空，应执行发送功能
91       }
92       // 以下代码执行发送功能
93       if (let New <- chatState) { caption = input }
94       chatState = Modified; ioState = Output
95       currentChat.append(Message(User, input, ''))
96       input = ''
97       // 新建线程发送请求，在流式传输中接收大模型输出
98       taskThread = spawn {
99           robot.chat(currentChat[-1].content) {   // 尾随 lambda 开始
100              slice: String, reason: Bool =>
101                  if (Thread.currentThread.hasPendingCancellation) {
102                      return false
103                  }
104                  launch { //  在主线程中将文本更新到显示组件上
105                      if (reason) { //reason 标识当前片段是否为思维链内容
106                          reasons += slice
107                      } else {
108                          output += slice
109                      }
110                      scroller.scrollEdge(Edge.Bottom)
111                  }
112                  return true
113          }     // 尾随 lambda 结束
114          if (Thread.currentThread.hasPendingCancellation) { return }
115          // 流式传输完成 -> 将完整消息添加到当前对话
116          launch {
117              appendMessage()
118              updateIOState()
119          }
120      }
121  }
```

▷ **第86～88行：** 当 ioState 为 Output 时，说明当前 AI 正在输出内容，按钮功能应为"停止"。执行 stopChat 停止对话，执行 updateIOState 更新输入输出状态，然后 return。

▷ **第89行：** 当 ioState 为 Empty 时，说明用户输入为空。此时按钮功能应为"发送禁用"，即什么也不做，直接返回。

▷ **第90行：** 当 ioState 为 Input 时，说明用户输入非空，按钮功能应为"发送"。继续执行函数的剩余代码，实现发送功能。

▷ **第93行：** 如果 chatState（对话状态）为 New（新对话），使用用户输入（input）更新对话标题（caption）。

▷ **第94行：** 修改对话状态为 Modified（进行中），修改输入输出状态为 Output（AI 生成中）。

▷ **第95行：** 将用户的当前提问添加至当前对话的消息列表。消息的角色（Role）为 User（用户）。

▷ **第98～120行：** 使用 spawn 创建一个单独的线程处理与 DeepSeek 的通信。将线程的 Future<T> 保存至 taskThread。

▷ **第99～113行：** robot 对象负责处理与 DeepSeek 的交互。这个对象的具体类型和工作原理将在 15.5 节中讨论。

robot.chat(input:String,task:(String,Bool)->Bool) 函数用于执行与 AI 的流式对话。所谓流式对话，即将提问内容（input）发送给 AI（DeepSeek），AI 以增量方式生成并分多次发回应答内容片段。

参数 input 为客户端向 AI 的提问内容。task 则为一个回调函数，客户端每收到 AI 发回的一个程序片段，便会调用 task 回调函数一次。

task 回调函数预期返回一个 Bool，true 表示"期望 AI 继续输出"，false 则"要求 AI 停止输出"。

▷ **第99行：** currentChat[-1].content 传参给 robot.chat 函数的形参 input，表示用户向 AI 的提问内容。回顾 15.2.3 节可知，消息列表依赖于操作符重载支持负数下标，-1 表示倒数第 1 条消息。

▷ **第99～113行：** 蓝色 {} 之间的部分是一个尾随 lambda（参见 7.10 节）函数对象，它事实上对应 robot.chat 的 task 形参，系该函数的第 2 个实参。

▷ **第100行：** 回调函数参数 slice 为刚收到的 AI 内容片段，reason 表明相关片段是否属于思维链输出。

▷ **第101～103行：** 检查是否收到外部线程的中止执行建议，如果有，返回 false "要求 AI 停止输出"。注意，此处的返回只是 task 回调函数的返回。这里返回的 false 预期将导致 robot.chat 函数的返回，然后进一步导致线程语句块的执行结束。

▷ **第104～111行：** 将收到的 AI 内容片段更新并显示至屏幕上。

🎯 **要点**

与界面显示有关的操作由主线程负责，其他线程如果越俎代庖，则会引发错乱。其他线程可以使用 launch 函数将代码注入主线程以执行与界面有关的操作。

luanch 是源自 ohos.concurrency 包的函数，其后的 {} 也是尾随 lambda。这个尾随 lambda 函数对象中的代码将在主线程中执行。

▷ **第 105 ～ 109 行：** reason 为 true 表明得到的 AI 内容片段（slice）为思维链输入，将其累加至 reasons（AI 思维链输出），否则累加至 output（AI 答案输出）。

由于 reasons 和 output 都是使用 State 宏装饰的属性，它们的修改将会触发相关 UI 组件的更新。

▷ **第 110 行：** 将对话信息显示框的滚动组件控制器滚动至底，以确保当前 AI 输出在屏幕中可见。

▷ **第 112 行：** task 回调函数返回 true，指示"AI 继续输出"。

▷ **第 114 行：** 第 99~113 行的尾随 lambda 事实上是 robot.chat 函数的 task 参数。只有当 robot.chat 函数返回后，程序执行点才会来到第 114 行。robot.chat 函数的返回，意味着 AI 流式对话已结束。本行再次检查是否存在源自其他线程的终止执行建议，如果有，直接返回，终止当前线程。

▷ **第 116 ～ 119 行：** 再次使用 launch 函数，在主线程中执行 appendMessage（添加当前 AI 消息至消息列表）和 updateIOState（更新输入输出状态）函数。回顾 15.4.1 节及 15.4.2 节可知，这两个函数的执行也会导致 UI 组件刷新。

15.5 与 DeepSeek 大语言模型的交互

💬 **说明** ▪

本节内容涉及 HTTP、JSON 编码、加密通信等背景知识，这些知识通常是"计算机网络"等课程的教学内容。为了让不具备这些背景知识的读者也能"读懂"，只粗略地描述相关代码的用途，而略过其实现细节。

15.5.1 robot 对象及上下文 ▷▷

如 15.4 节所述，聊天机器人客户端与 DeepSeek 的交互通过 robot 对象来完成。在 index.cj 文件中，robot 被定义为 EntryView 的成员变量。

```
48  var robot: LLM = LLM(
49      url: 'https://api.siliconflow.cn/v1/chat/completions',
50      key: 'sk-clakyopqtjvdyrspetfestakwsgpfkrsyakcxamzoqjicowb',
51      model: 'deepseek-ai/DeepSeek-V3', context: true)
```

如上所见，robot 为 LLM 类型，该类型定义在 entry/⋯/src/chat/llm.cj 文件中。LLM 是 large language model（大语言模型）的缩写。在 robot 的构造函数中，参数 url 表

示服务器提供 DeepSeek 推理服务的网址；key 是访问密钥，它是客户端使用该网络服务的凭证；model 表示默认选用的 DeepSeek 模型名称；context 则表示对话是否上下文（context）相关。

> 💬 **说明** ▪
>
> 　　本示例使用了由硅基流动（SiliconFlow）提供的 DeepSeek 推理服务。上述访问密钥是由作者申请的，如果该密钥过期，请读者按照随书代码中本项目代码文件 index.cj 中第 47 行注释的指引申请新密钥。

　　图 15-15 展示了何为上下文相关的对话。如图所见，首先向 AI 询问了一个关于月饼的问题，在 AI 给出答案后，又进一步追问"这种食物"一般什么时间吃。从 DeepSeek 的回答中可以看出，它根据历史问答记录推断出追问中的"这种食物"指的是月饼。AI 在回答问题时，如果综合考虑了提问之前的历史问答记录，即为上下文相关的对话。所谓上下文（context），本质上就是历史问答记录。

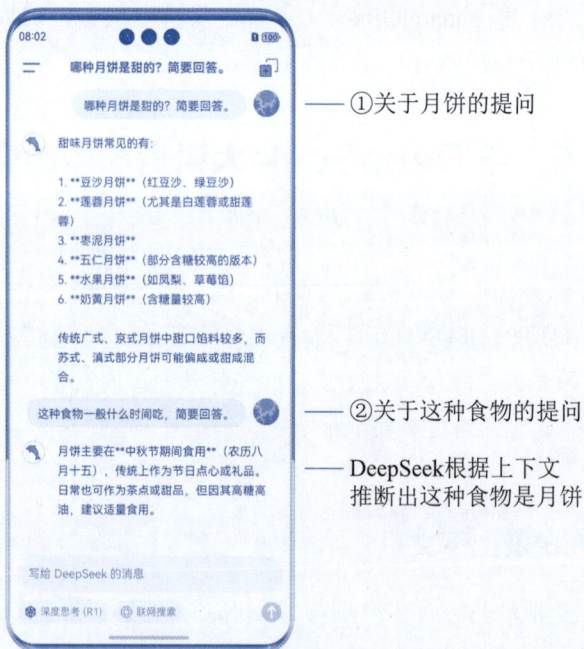

图 15-15　上下文（context）相关的对话

15.5.2　LLM 构造及成员变量 »

　　LLM 类型的定义代码较长，下面分段进行讨论。

```
1 package ohos_app_cangjie_entry.chat
2 import std.time.Duration
```

```
 3  import encoding.json.*
 4  import net.http.*          //net.http 包用于实现 HTTP 通信
 5  import net.tls.*           //net.tls 包用于进行安全加密的网络通信
 6
 7  public class LLM {
 8      let client: Client //HTTP 客户端
 9      let history = StringBuilder() // 用于记录对话上下文
10      public LLM(let url!: String, let key!: String,
11               var model!: String, let context!: Bool = false) {
12          var config = TlsClientConfig()     //TLS 客户端配置
13          config.verifyMode = TrustAll       // 信任全部连接对象
14          client = ClientBuilder().tlsConfig(config)
15                   .readTimeout(Duration.Max).build()
16      }
17      //… 此处有节略
101 }
```

▷ **第3行：** 客户端向 AI 发送提问以及 AI 向客户端发送回答，都是以 JSON 格式为基础的。encoding.json 包提供相关数据的 JSON 编码、解析服务。

💬 **说明** ▪

　　JSON 系 Java Script object notation 的缩写，原是 Java Script，一种广泛用于网页的编程语言中的数据表达格式。项目中的 entry/src/main/module.json5 即为 JSON 格式文件。

▷ **第4、5行：** net.http 包用于实现 HTTP（超文本传输协议）通信。net.tls 包用于进行安全加密的网络通信。

▷ **第8行：** 成员变量 client 的类型为 net.http.Client，为与 DeepSeek 服务器进行通信的 HTTP 客户端。

▷ **第9行：** 成员变量 history 用于存储对话的上下文，即历史问答记录。StringBuilder 源自 std.core 包，它支持高效的字符串构建，可以方便地把其他对象转换并加入字符串。

▷ **第10～16行：** 主构造函数。按 5.3 节所述，主构造函数的成员变量形参，在本例中即 url、key、model 以及 context，自动成为类型的成员变量。加上第 8、9 行的 client 及 history，LLM 类型共有 6 个成员变量。

▷ **第12～15行：** 创建 HTTP 客户端对象 client。程序与 DeepSeek 服务器的通信均通过 client 对象完成。

15.5.3 流式对话 chat 函数 ▸

```
 7  public class LLM {
```

```
  8        //… 有节略
 64        // 进行一次与 DeepSeek 的流式对话
 65        public func chat(input: String, task: (String, Bool) -> Bool) {
 66            const INDEX = 6
 67            var slice = ''
 68            let output = StringBuilder()
 69            let buffer = Array<Byte>(1024 * 8, item: 0)
 70            let response = send(input, stream: true)
 71            var length = response.body.read(buffer) // 读取 DeepSeek 数据
 72            while (length != 0) {
 73                let text = String.fromUtf8(buffer[..length])
 74                for (line in text.split('\n', removeEmpty: true)) {
 75                    if (line.size > INDEX && line[INDEX] == b'{') {
 76                        let json = line[INDEX..line.size]
 77                        let reason =
 78                            !json.contains('"reasoning_content":null')
 79                        slice = parse(json, reason: reason)
 80                        if (!reason && context) {
 81                            if (output.size == 0) {
 82                                slice = slice.trimLeft('\n')
 83                            }
 84                            output.append(slice)
 85                        }
 86                        if (!task(slice, reason)) {
 87                            //task 返回 false 意为结束流式对话
 88                            record(AI, output.toString())
 89                            return
 90                        }
 91                    }
 92                }
 93                length = response.body.read(buffer)
 94            }
 95            record(AI, output.toString())   // 将 AI 输出记录至对话上下文
 96        }
 97        //… 节略
101    }
```

robot.chat 成员函数在 index.cj 的 execute 函数中被调用，它负责进行与 DeepSeek 服务器之间的一次流式对话：客户端向 AI 发送一个提问，等待并接收源自 AI 的应答。这些应答是以增量方式分多次发回的。

▷ **第 65 行：** 参数 input 为客户端向 AI 的发问内容；参数 task 为 chat 函数获取源自 AI

的应答片段之后的回调函数。

task 回调函数接收类型为 String 和 Bool 的参数各一，前者为 AI 应答片段，后者表明应答片段是不是思维链输出。task 回调函数返回一个 Bool，true 表示期望"AI 继续输出"，false 则表示要求"AI 停止输出"。

▷ **第67行：** slice 预期用于存储自 AI 响应流数据中解析出来的应答内容片段。

▷ **第68行：** output 预期用于存储本次流式对话中 AI 应答的完整内容。在程序中，output 的值由各次解析而得的 slice 累加而得。

output 的类型为 StringBuilder，如前所述，StringBuilder 可以高效地构建字符串，也可以很容易地转换成普通字符串对象。

▷ **第69行：** 创建 8kB 大小的字节数组，作为从网络读取 AI 响应流数据的缓冲区。

▷ **第70行：** 执行 send 成员函数（稍后讨论）将提问内容（input）发送给 AI，stream 为 true 意为要求 AI 进行流式响应。

　　send 函数返回的 response 对象为 HttpResponse 类型。通过它，可以读取 AI 响应的流数据。

▷ **第71行：** 通过 response 对象读取 AI 响应流数据，存入缓冲区 buffer。返回值 length 表明本次读得的字节数。

▷ **第72~94行：** 使用循环持续读取 AI 响应流数据，对读得的数据进行解析，并将解析所得的 AI 应答内容片段 slice 通过 task 回调函数"传出"。循环一直持续到无法从 AI 读得新的流数据为止，即读得字节数 length 变成 0。

▷ **第73行：** 对缓冲区内的读得数据按 UTF-8 编码进行解码，所得文本存入 text。

▷ **第74~92行：** 使用 for 循环对 text 文本进行逐行解析。这里的解析过程涉及复杂的 AI 响应格式细节，不加详述。

▷ **第77、78行：** 从 JSON 中解析判定当前收到的片段是否为思维链输出（reason）。

▷ **第79行：** 使用 parse 函数（稍后讨论）从 JSON 解析应答片段。

▷ **第80~85行：** 如果应答片段 slice 不是思维链输出（reason）且要求对话上下文（context）相关，将应答片段加入 output。如前所述，output 用于存储本次对话的 AI 完整应答。

▷ **第86~90行：** 调用 task 回调函数，将应答片段 slice 和 reason"传出"。如果 task 回调函数返回 false，意为"外部程序"要求 AI 流式对话中止，执行 record 函数（稍后讨论）将尚不完整的 AI 完整应答 output 存入上下文 history，然后 return。这里的 return 导致 chat 函数的返回，即本次流式对话的结束。

▷ **第93行：** 再次从 response 读取 AI 响应流数据。本行代码依然处于 while 循环内部。

▷ **第95行：** 本行代码位于 while 循环外。程序执行点到达本行，即意味着 AI 响应流已经结束。执行 record 函数将本次对话的完整 AI 应答 output 存入上下文。接下来 chat 函数返回，本次 AI 流式对话结束。

15.5.4 请求发送 send 函数 ▷

```
 7  public class LLM {
 8      //… 此处节略
34      func send(input: String, stream!: Bool = false):HttpResponse {
35          let message = encode(User, input)
36          let content = '{"model":"${model}","messages":'+
37                        '[${history}${message}],"stream":${stream}}'
38          record(User, input)
39          let request = HttpRequestBuilder()
40              .url(url)
41              .header('Authorization', 'Bearer ${key}')
42              .header('Content-Type', 'application/json')
43              .header('Accept',
44                      if (stream) {'text/event-stream'}
45                      else {'application/json'})
46              .body(content).post().build()
47          return client.send(request)
48      }
49      //… 此处节略
101 }
```

send 函数负责向 AI 服务器发送提问消息 input，参数 stream 用于指示 AI 是否进行流式对话。如果 stream 为 false，AI 将待应答完整生成后再一次性返回。显然，这将导致用户需要等待相当长的时间才能看到 AI 应答。故在本例中 chat 函数调用 send 时提供的 stream 为 true（第 70 行）。

▷ **第 35 行：** 通过 encode 函数（稍后讨论）将提问消息 input 连同角色（消息发起人 User）编码为 JSON 格式。

▷ **第 36、37 行：** 将第 35 行编码所得的 message 连同 history 及 stream 进一步组织为 JSON 格式字符串 content。请注意，history 所存为历史问答记录，它连同提问消息一起被打包拟发送给 AI。

> 🎯 **要点** ◀
>
> 　客户端向 AI 提问时，如果期望 AI 基于上下文回答相关提问，则应将历史问答记录 history 按照规定格式一同发给 AI。

▷ **第 38 行：** 执行 record 函数（稍后讨论）将本次提问消息 input 连同角色（消息发起人 User）一同记入对话上下文，即 history。

▷ **第 39 ～ 46 行：** 将 JSON 格式提问消息 content 进一步存入 HTTP 请求对象 request。

如代码第 46 行所见，JSON 格式的 content 被存入了 request 的 body 块①。

▷ **第 47 行：** 通过 client（HTTP 客户端对象）将 request 请求通过网络发出。client.send 函数返回一个 HttpResponse 对象。这个返回的对象最终被 chat 函数所吸收，并用于后续 AI 响应流数据读取。

15.5.5 应答片段解析 parse 函数 ▷

```
 7 public class LLM {
 8     //… 此处有节略
50     func parse(text: String, stream!: Bool = true,
51             reason!: Bool = false) {
52         let json = JsonValue.fromStr(text).asObject()
53         let choices = json.getFields()['choices'].asArray()
54         // 流式和非流式情况下，这个字段名称不同
55         let key = if (stream) { 'delta' } else { 'message' }
56         let message =
57             choices[0].asObject().getFields()[key].asObject()
58         let value =
59             if (reason) {'reasoning_content'} else {'content'}
60         let content =
61             message.getFields()[value].asString().getValue()
62         return content
63     }
64     //… 此处有节略
101 }
```

　　parse 函数负责从 AI 发回的文本字符串中解析出响应片段。本质上，AI 发回的流式应答数据也是基于 HTTP 传输的 JSON 格式字符串。上述 parse 函数的实现细节与 DeepSeek 响应的 JSON 格式细节紧密相关，此处不予详述。

15.5.6 上下文记录 record 函数 ▷

```
 7 public class LLM {
 8     //… 此处有节略
26     func record(role: Role, message: String) {
27         if (!context) { return }
28         let text =
29             if (let AI <- role) {',' + encode(role, message) + ','}
30             else { encode(role, message) }
31         history.append(text)
```

---

① body 块是 HTML 标记。HTML 是超文本标记语言的简称，用于表达和组织网页。

32	`    }`
33	`    //… 此处有节略`
101	`}`

record 函数负责将单条对话消息（包含角色和内容）存入上下文。

▷ **第 27 行：** context 为 false，意味着 LLM 不要求进行上下文相关的对话。故直接返回，不进行上下文记录。

▷ **第 29、30 行：** encode 函数负责将单条对话消息打包成 JSON 格式字符串。在上下文 history 中，多条对话消息间使用逗号分隔。由于 AI 问答的工作模式总是一问一答且先问后答，因此，仅当角色为 AI 时，在 JSON 格式字符串的前后各添加一个逗号。

▷ **第 31 行：** 将信息添加至上下文。

15.5.7　其他成员函数

7	`public class LLM {`
8	`    //… 此处有节略`
18	`    public func changeModel(model: String) {`
19	`        this.model = model`
20	`    }`
21	`    // 将 role（角色）和 content（内容）按 JSON 格式编码为字符串`
22	`    func encode(role: Role, content: String) {`
23	`        '{"role":"${role}","content":${JsonString(content)}}'`
24	`    }`
25	`    //… 此处有节略`
98	`    public func reset() {`
99	`        history.reset()`
100	`    }`
101	`}`

▷ **第 18 行：** 在主页面中单击"深度思考"开关按钮时，robot 的 changeModel 函数被调用，以切换不同版本的 DeepSeek 大语言模型。

▷ **第 22 行：** encode 成员函数用于将由 role 发起的内容为 content 的消息转换成 JSON 格式。在第 23 行中对 role 进行了字符串插值，这隐含要求 role 必须可以转换成字符串。这就是让 Role 类型实现 ToString 接口的原因（见 15.2.3 节）。

▷ **第 98 行：** 在主页面创建新对话时，resetChat 成员函数调用执行了 robot.reset 成员函数。该函数负责清除 robot 对象内在的对话上下文（history）。

15.6　小　　结

仓颉鸿蒙框架很好地实现了界面与数据的解耦。在使用声明式语法描述完界面组件及其与数据对象的绑定关系后，界面组件会自动刷新以反映与之绑定的数据对象的变化。

通过 Component 宏，用户可以将系统原生 UI 组件进行组合，从而生成自定义组件类型。自定义组件类型的引用和使用方法与原生组件大同小异。

应用的界面显示及与用户的交互通常由主线程完成。为确保用户操作反馈的及时性，通常不应在主线程里进行耗时过长的操作。这类操作通常应创建单独的工作线程来完成。但在除非线程之外的其他线程中进行可能导致界面刷新的操作时，应通过 launch 函数将代码注入主线程中执行。

DeepSeek 客户端与 DeepSeek 服务器之间的通信以 HTTP 为基础，数据以 JSON 格式表达。